I0056803

2의 제곱근의 첫 번째 백만 자리

편집자

데이빗 E. 맥아담스

저자의 웹사이트는 https://www.demcadams.com 입니다.

데이빗 **E.** 맥아담스"의 다른 책들

앵무새 색상 - 앵무새 그림을 활용한 색상 개념 소개. 미취학 아동용.
꽃의 색 - 꽃 그림을 이용한 색상 개념 소개. 미취학 아동용.
우주의 색상 - NASA 의 사진을 사용하여 색상 개념 소개. 미취학 아동용.
도형 - (영어로) 도형에 대한 소개입니다. 미취학 아동을 위한.
Numbers - (영어로) 숫자 개념 소개. K-2 학년용.
What is Bigger Than Anything? (Infinity) - (영어로) 무한의 개념에 대한 소개. 1-3 학년용.
Swing sets (Sets) - (영어로) 집합 이론 소개. 2-4 학년용.
One Penny, Two - (영어로) 제리의 페니가 매일 두 배로 늘어난다면, 그가 짙은 녹색 스포츠카를 살 수 있을 때까지 얼마나 걸릴까요? 3-6 학년용.
플레이머니 활동 키트로 학습하기 - $1,000,000 가 넘는 플레이 머니로 큰 숫자와 계산을 가르칩니다.
내가 좋아하는 프랙탈**(1 권, 2 권)** - 고해상도 이미지로 표현된 놀라운 프랙탈의 그림책. 모든 연령대에 적합합니다.
All Math Words Dictionary - (영어로) 전대수학, 대수학, 기하학, 미적분학 전 과목을 공부하는 학생을 위한 영어 수학 사전입니다.
파이의 첫 번째 백만 자리 - 파이의 첫 백만 자리. 모든 연령대를 위한.
오일러 수의 첫 백만 자리 - 오일러 상수 e 의 첫 백만 자리. 모든 연령대에 해당.
2 의 제곱근의 첫 번째 백만 자리 - 2 의 제곱근의 처음 백만 자리. 모든 연령대를 위한.
처음 십만 소수 - 첫 번째 10 만 개의 소수. 모든 연령대에 적합합니다.
기하학적 개발 활동 책 - 80 전개도 展開圖 복사하고, 잘라내고, 테이프로 붙여 3 차원 다면체로 만듭니다. 9 세 이상.
Geometric Nets Mega Project Book - (영어로) 253 전개도 展開圖 복사하고, 잘라내고, 테이프로 붙여 3 차원 다면체로 만듭니다. 9 세 이상.

최신 목록은 https://www.DEMcAdams.com 에서 확인하세요.

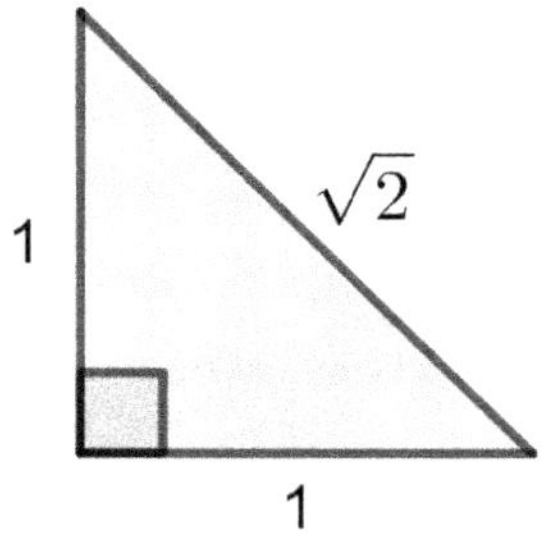

$\sqrt{2}$ ≈

1.4142135623730950488016887242096980785696718753769480731766797379
907324784621070388503875343276415727350138462309122970249248360558
507372126441214970999358314132226659275055927557999505011527820605
714701095599716059702745345968620147285174186408891986095523292304
843087143214508397626036279952514079896872533965463318088296406206
152583523950547457502877599617298355752203375318570113543746034084
988471603868999706990048150305440277903164542478230684929369186215
805784631115966687130130156185689872372352885092648612494977154218
334204285686060146824720771435854874155657069677653720226485447015
858801620758474922657226002085584466521458398893944370926591800311
388246468157082630100594858704003186480342194897278290641045072636
881313739855256117322040245091227700226941127573627280495738108967
504018369868368450725799364729060762996941380475654823728997180326
802474420629269124859052181004459842150591120249441341728531478105
803603371077309182869314710171111683916581726889419758716582152128
229518488472089694633862891562882765952635140542267653239694617511
291602408715510135150455381287560052631468017127402653969470240300
517495318862925631385188163478001569369176881852378684052287837629
389214300655869568685964595155501644724509836896036887323114389415
576651040883914292338113206052433629485317049915771756228549741438
999188021762430965206564211827316726257539594717255934637238632261
482742622208671155839599926521176252698917540988159348640083457085
181472231814204070426509056532333398436457865796796519267292399875
366617215982578860263363617827495994219403777753681426217738799194
551397231274066898329989895386728822856378697749662519966583525776
198939322845344735694794962952168891485492538904755828834526096524
096542889394538646625744927556381964410316979833061852019379384940
057156333720548068540575867999670121372239475821426306585132217408
832382947287617393647467837431960001592188807347857617252211867490
424977366929207311096369721608933708661156734585334833295254675851
644710757848602463600834449114818587655554286455123314219926311332
517970608436559704352856410087918500760361009159465670676883605571
740076756905096136719401324935605240185999105062108163597726431380
605467010293569971042425105781749531057255934984451126922780344913
506637568747760283162829605532422426957534529028838768446429173282
770888318087025339852338122749990812371892540726475367850304821591
801886167108972869229201197599880703818543332536460211082299279293
072871780799888099176741774108983060800326311816427988231171543638
696617029999341616148786860180455055539869131151860103863753250045
581860448040750241195184305674533683613674597374423988553285179308
960373898915173195874134428817842125021916951875593444387396189314
549999906107587049090260883517636224749757858858368037457931157339
802099986622186949922595913276423619410592100328026149874566599688
874067956167391859572888642473463585886864496822386006983352642799

0562831656139139425576490620651860216472630333629750756978706066068564981600927187092921531323682813569889370974165044745909605374727965244770940992412387106144705439867436473384774548191008728862221495895295911878921491798339810837882781530655623158103606486758730360145022732088293513413872276841766784369052942869849083845574457940959862607424995491680285307739893829603621335398753205091998936075139064444957684569934712763645071632791547015977335486389394232572775400382602747856741725809514163071595978498180094435603793909855901682721540345815815210049366629534488271072923966023216382382666126268305025727811694510353793715688233659322978231929860646797898640920856095581426143636310046155943325504744939759339991254195323009321753044765339647066276116617535187546462096763455873861648801988484974792640450654448969100407942118169257968575637848814989864168549949163576144840470210339892153423770372333531156459443897036531667219490493518829058063074013468626416724701106534634939164071462855679801779338144240452691370666097776387848662380033923243704741153318725319060191659964553811578884138084332321053376746181217801429609283241136275254088737290512940733947943306194395693670207942951587822834932193166641113015495946983789776743444353933770995713498840789085081589236607008865810547094979046572298888089246128281601313370102908029099974564784958154561464871551639050241985790613109345878330620026220737247167668545549990499408571080992575992889323661543827195500578162513303815314657790792686850080698442847915242427544102680575632156532206188575122511306393702536292716196825125919202521605870118959673224423926742373449076464672737534796459881914980793171800242385545388603836831080077918246646275411744425001872777951816438345146346129902076334301796855438563166772351838933666704222211093914493028796381283988931173130843004212555018549850652945563776603146125590910461138476828235959247722862904264273616326458544339287726386034314980489639736332975488592568114929683612672589857383321643666348702347730261010613050729861153412994880877447311122954265275165366591173014236062652586907719821703709810464436047722673928298741525930695620638471082740821849067372330587430297092428994817392440786937528440104439904852087885191419354151290068173517030693869705900474251576552480784473621441050162008454441222559562029847259403528019067980680983003964539856859304586252606377974535599277472990648887454512424960763780108639001910580928747647207511092386059501954322816020887962151623385216128752285180252928761832570371728574067639449098254644221846543088066105802015847284067126302545937989065081685713716566859413005331970365964033766741461049563765103083661348931094780268129355733189055197052018451503996909866315251241161119259405528085649893195898345623319836834948808061715624391128663127978483719789533690152776005498055166350197855571101405552976338412750446860464766318326611651820675012047669910987219104447440326894364159594279219944235537187042995592403140917128481585438660053857135836398163094524075570093251682434416824083619792733728252154622469615332170268299509790890345948588783494396162043584224973971871139589273050921970549171769616004455808994278788803691694328945951472267229261248506961731638094108218600452861026965475763043102560271523139694821355198214097165490973199928349256740974903922971263486934145749331980417180761119639022786640759224341677624662362389131102703433045763681411283213263085822394562195980866129399962012341561763181743124200890149838485604808798646083935964923665142968125773143229145687168276219961182782695315749838026246517590541039761812876042163861345022132627277566124411336107751955577495086563606737866506231856406991228018757417854946612532759976979605977605907564891066610158384172028188

2의 제곱근의 첫 번째 백만 자리

530432119044657752554277543798726054881736198267581686283295260789
9322266836028385135122810593185910286415081570563197173151831362 50
243590414632122392176633982689368253150530059891547029095371932662
073411234947433678846902013904978428521634144292145895582878476693
946464267812219049785636355263368278051860098699248937786002398769
169807656621943898544370805946433362333810587458162354756001365924
352426571430834655457680023708146757325254702550747637471635067851
599173693793251032682760628645914618204721486370370771926926823623
334720379245964691810526139153086280291440965482563873092730426544
662929045896063751918711469345361973324789572707031530930901921199
199993615765003503984054067425387927527922724733566770607837911384
488936261367657060263600315132952095395202854897384486256134924414
708607086602676349978793420875836121947116994223848482595914304528
107062601508969135303017720062717054402090669514915274597719705947
695474095210287872557856880022193717743558110793930883384558648277
291008629554566141306721230848740227121058686323388237413884428938
155444647105755651468435702946635062893873569868688376480326519528
414653517395302736120137420300986739838514321900436028982698293529
399414129230580384565022707216815161941011449826301364900877048398
488386090653368599054583895203185648041493272142390865164999431659
207965953569430723112911629286797517156688905439322035691293324570
208067194440497304943981408227829602799424541083166675921424835182
723817205041039274288801556223380796147512433514731021284545944899
444996000752437519570116683417447490795882099517836768023236517674
972301487457742725994760962198432714835298611190272873584905217975
908374197486026706053746231530039375212367867752848692195857137554
269684827836317861109933680143915905974842858054516130230143979057
016108898627779610750673332676048654929251399781390535882276893732
204941483940135560356560442140176120605131806891989962606184831853
401836237821726637580455247196266174925422852804571442048578342113
228008528704205488992341278554812367615377071042544698685219911228
354266349997127483660762462418207364666171283947484732804744304033
441072004287271275670279567582429262719454580530026664899650795697
781786219421720052371653694677041951119127046248360511302890464377
511486948878496151188414719100012558838366606772084112351535588112
677895715585904125762616010675131535802124273318710006358249545040
995794072547989003168265123731190556682915194305370848930786919742
829049038603723116099283424317122250994547150192866648787107951995
180054633883844315481724635480244518030845273431000621371034625733
060012349737443558180965678464641533905146569193245623531405779193
698988423647183525375805257713311200797104068315492665402026046806
818391437827214769063242469517128636738443139833371176159418699934
662623453734523567940124168092291163609563721674528391709909146648
507392051516056047378710615470216996074656930979442612146925615934
256494019122989514732544715181263258368897282262833295240359700727
863364604594707124174729468775705958157349962848099567839255474240
448991887071069675242507745201229360810574142653234724064162141033
353340551104521261750359028403745459186450472762434207177092979354
010214096464502836834180407586081001407216192477179809859681115404
464437285689592868319777977869346415984697451339177415379048778808
300220583350467465553230285873258351570859964906867287596729503872
547570879169554736691708701241333922148466851743706661548819529332
272737436041082542596603039869326542235052369108595126300831846755
503459758395505840356701558879777364438048182138707003440236180412
002114837279422740787378933162708101362649828962927256244580539713
414221451109999544582142923783881026483948233951418767468967831862
868178827255582573193951815531695164501494357263106045694929670986

252043393852078220762219100344692696633425908530581604497802577632
544893708006267787317954852985668394869467335696300140293131419025
780775816945815272529343422590519791831662164448751781696775276770
913043157342564054922938187395110844166830924911159785773327363884
141850737936300263921806800194982396664712313171902523703199058771
977410007132407519204181221413242532729491860004200841548511547411
573059872196212988541663720877522483769485974767293301868390522500
148690382610848248198167593107772702648826209072384775290587650403
266727584825218516231074544988758827465678094971230876614426414824
157903570393312256518933356281836185405746706380618398489466284245
736564564213907216305295529359284877555242754559513382771500178401
655305485442285011988365575680159346450558994424849627412711869883
158047691814156796185321657169645222594594712469319957116419861884
797789121142681164383772384836318673186075647785369993038705466322
969807567584682123028077261006969174078202479498821095473343011265
454421701958523758807853480037372471187611100087719035538815731922
513338424947745031188119474559536533660920641929344003507856422343
292324929727084724823557671740589500126876360081245211244875643428
094659313361856432414855780791931151265097295891605299303077105635
245451483457209224551984890588904219806543973353757599824858037546
392736537641967480626968382712920014349566748522472414548636036211
584723231736998061719936421136314580711988396812957056115881246205
885796650562215074820897477641770837870529242028802900440024806868
125422075790594243470464489575440238736936047401308603607599174387
615635296776058018334930879646627071160805073761071800221552519199
379620070916138322728017731332019005978048207960758032499462238538
580357347801871380284039812004681237079092457272857654510489717031
023705486787933643781578074007677474215280311849815576981656151626
115720204540264412993161170773312538461289367637918385370500942063
060910325402584768222036768249279473400061775129526307265637853097
368642000776666588993284566122465073002209562877272622278080395483
403810962805764928974651843631949840261299761890046781909273709647
827872435775220668465400024683307460878358765589053056942574990989
039220463004714572059053712091314275886537693148040000871791384569
099362998784788542177815407350517062532050951447822066725260862041
079962227034808180138006610071922681402919768354884243991628098036
185977193588922654858728163276905428617466323081362877649900737759
932441752147677604693696223321517592645055645256384054670040452158
007545437968103843558514794309229635219785228329574545727156479318
504188960701280594922959218359493707458039032141043660163765095548
944541902633911960741100669497780246954093656281275384963236010625
846536670507651770296951303968587023679128754135880644026342382356
806076407451761190883337120914157628056522379012735641935345652676
296244026602282454261960342283524002050329505319085320149680451356
433410343132922358969728310873956943813180943166691339052648914833
287988276285256304512063761490004521864271711150897628275286714663
611738982858742531721659624764332384003490049629878948700105188449
411866043973910749375734952893477073963866593325543858999353799414
384066242210226832851166251136834473289661321052675089379483446349
303527853213012782115268594298437565174510930399249586646094238684
700215355018037800018701111315193787540109149588908076473345500264
098056832143811600751461827884490468124814689309743000010901984320
866630922513811211159948127963678390812224378191018777994034076527
406038234150532717416278674888085754101214286674663103610880018188
435401823686532216877504119780765258115384173656218356750130344565
959365909746900776563095156366283486399797549375638405296723283563
403031591654958861122299599968682701428407239146230016173544083143

643804589220554110179535135588527134798493787613379107565599541452
891777015758134875768018624292222977666211542249711334173960319676
390935051232094761664275347438833388869997991646383675032418632486
284187846996096380827512996338173937422095347586163221630520270351
703749029856852559581419295499517655258212347310819766330134175081
512367752315160732088182956407263476450588757613618936187012890402
679226470494967872374025813008347639756446326335496752857495370151
271006944644206246175364428949860492052182321338432627533519882949
208649070960592165457376909595138937899766262877086832350596409805
018856981997405660054415321384073497815408094354075968156133896432
084041531510243243247650635582409785346811510563238980401380381484
973528744429069393443733818010901017885920564069076972639093391116
136846666993180683823467403892236722925516602446859746076358290372
852949715836906372909503368595118238724038656680384409859135999658
830062279975291368494561705199329159949232434041372725380763684029
518736981797353665709599422047510596440759070780020393623247182380
413779928373967358809638954739384712895062304484473247044382339025
131491385944752127927146106722526835555209310140982503241041356811
888934417063480181887903852437284345041399526750839074929315594899
279974020601668610106057383620343696139923705020591369122478814482
197004556462960618015295726774665402522403215201062680592469294184
146516926942970316447489225533568194701055860753950312574877927182
201980680506551347189262650998704038723936152628091171501639839183
820803710766444723112559429793084157485754971284956770768913053139
151928316074937226046483741211241052740458076907749903216761531996
566097430089028478792209894555140349566776329368418912928228889379
139256579030617042195174642667176286007376548254894908236704904178
982794694813371005437573522926259395680953716797717773842816611959
931987815037440223252940166513596488398918771266667644592828072477
419805118340357726301941505622270926688815100874081021630455111936
897033987589916343676655245969002296639061823459922443716156818871
678501955219269047700888762881701243590723842188590943230252400872
836341134600247463505407631743028561032883144639525995577714162497
515992886034410104753346774530437278688576119622685894813897884351
225166906761879132344620772426389891117519357553675508977173608077
985499293374857587940796948901185382605111362359173403913986090018
722454028726512923507251346336039947797211253440796964196584329248
583896153707862544624052734183729616587128099621567514167788885218
201782685794750886056191761433450530724222579442150440118993803282
176942753515500503593840261927124840735344805764151349209066433260
871886931878391137249135429063143277314147565234427698926410729192
964778315226765309633771907887021210173628892801332066553846887522
709821416994745346783973061884338063688567887509348371281299459471
416740210647944623047509596911213284185737450768802174200091903786
114928999321369828255050439412523429387891529294488067290453371558
685893911940586799267968019751929463531321204605827301365246354919
747717843125514719561089448171687369595009755149090580423770550765
831660455263178819159288580151410990335159992764926020916753796585
654071721490272772072079533046409492679296980145647407586168417518
270355419152328590131991897564442720919580664737853965474943503366
098455694220541232209149476985226606686931349412846052436006261919
200954559599299203576635844725208888438770109848509614553662505648
222331082774877124964592394034410384880456557209153720836923704220
390308166921534433655552965914773759520794595970591492130243833379
570937471630364094522401198254550375439726080376366587365259895269
116799601027835888111571584115744794740352868900094824133918451378
059992251898473594116542190094366985029180072615270895483247691079

054750239576659419788818441052018288716411670528264469474464709886
880658944170090145701739592379888063120134295083414410967004600697
066301139883806544103595903638542889053395979476135555393092353500
102274640257399654926031871210054395169315102736251469580843669483
749113385315323780426247949617769295622506132578266616587528170615
484688178446049185158500223578507688444677874014750442262575101736
486183263373253354192130963105322132562419461409302789335825311735
548312186188185808274496642586804545788804160409610003849873310755
633890347244188014704960144521546446352768745300463429370465787461
230411428584139315470696445598862702341355336961468894130579524344
828578813842913133400444388269456277457204464892750371889600250214
810243226623247446675922220957579680398758330118809412348594105539
793115016614982410947734045594477362140729819067342271221329828201
893551814807116129360475393545191644885191976819894324688266584699
908103487433057154252114898292494064135204869933170852436546029080
065024215298598119251209628332680767252801429242638106620922006716
242390535394287757500791358700376806504069329046236701998064642381
662780745584542797281363649612815600633612819117180777498572128490
965404563806025279792900141167180888216727623269573144529953790935
999635720195691053823183323228796036615493435619556357778872038051
407147028627486665772728496380606820908743374755778931220716618329
099796807740695830545505816946391053802547129809501916405917729214
706120537973758318816904034573730892287048764298832763431061565604
142353102111260771779308733171317133834055399077148746039878634100
181548943060212764145175368556781241048762789184459864887507256919
070705612618906511541537434331704771073512089749664585871232326061
227767648801741904170532621901129299413424068594779706484545123043
270036204444603070019114504154208127286585326598625965834129193187
433746814254099198919080093257152259502569757636258378542068760787
533642389024535242231478116950307422996882662361894379754634314869
404737054660220523658535224334918934149537318546177563908506301498
059307441312721443060968681215491679993360209112463420681604642356
345266992247106943380713975107656704229609060830002146456760756695
447822337420301223136385365488118968676221196569610683809556811074
161682888729148970892917272020316644752981556491650993296424759355
530943427234735255674233588854104081625618083858967592481296758178
858037431437644805102257548414551956003095448415378317598122227808
362610038296219136687469906013559109879017893945095070800847019710
300949634856731261765379906963665342384783947510060919802366224025
837916677336598186209690123704855441788330817432241527096185839732
054877747141962021020919122003541939937558489657965967774879666498
337384464462884923220915966252081771094551855784919342249039112644
016254035341529185960627844258497990753765035114366230126874503874
841819808002173511521273105542548954456430535217441264760373988143
239223799552080372563153827895767560326953415371316228684223119907
173662715925216680950257599135536804114031436374928570500016182589
807056873639480322361404604011480623406226830964085064565184947862
087308537993315082686383455929918002956502600712905221346145142591
683238499736379295324166767263660845139329127005281346342654445920
288246142762177537542296561177677435268363377927727053086688871203
544787678456074403451818739133581638413567183639815500757116010247
023062209136180213041332617816241751224462126905137587603315297832
296688192798031720614092427303623900983851487008360779814038114398
492015100688229636700554973943285334706986769952794008280800408871
510193767467730882920960774142894924319076599523269541480873863532
377880542082237256367753706673147303496863970704898031245446088106
656204930116583699242859143171957326639117940460873354170410387477

676568434175416519619874924892507420893760141194424029639425417630
165604729567661334499190693680733551658503150396913387483435296368
054125218883032166460594553739445123752178397465350332767285694918
193988259952860975698800611916256873292306230585674189853838045570
809358377914628586246872311025994015876757690831677174283925303011
600838846048071478361609641715594546399221829104927969229251112793
795664013381991163506963539326360985956462057610408705683800302694
519711248638111853378910981402240524583922160456345211221741701040
567973307539584647058474754960443223342630066921057776700574771792
447903388417399895395625218314754341828854229277388521031765033181
685116423984842459090668564084864712227534729176002772087091119916
253536523207304127403457281143076790748835435004321724871067033312
039256058908763836947478428601451134482256881522505295704764411457
698138038591192713356349551780841473632107768061567567942798763715
596403483762844405325104334623725798115249057855454554452128459612
304154962148839747200361422992055663045249896473658280189451430478
607908479278319769496910731263109830485633506795521367459452740637
830001391251206426019247343307523851977600345083075542671038439897
795080702918698409431888452283895341047458008310255934322333268376
672915092233641315967653120611587458495988481505442424328431684072
867512430343206581773398533408669746044667571456675222004330063396
653272711639216282843359363915970535605351461391484568462400484626
935209063545366851485497344595022174912956216820534347169458903066
650112239953739250769149599980731164875683223107356012908889074480
041139114929364660679542826773578999601714474747822597197369102206
176629747963359413820508653835366913170891009758629322982345585218
809771609131415612283794230140742857517219609708392468807241064334
663820378880194299968923340577439945587187721671949412173978424845
551124239495108231334190095498097494411685446927126810464367629794
951628949214864249196131714911299164723580230000506478446110811914
449115812299764633424470996174148529445175829914157131372881744978
663466979834683063377226946211202454420349057367761082493287387912
706838889328012987679170081110139014998227244754594248142195036453
017784199339710292780971003172800480512407455154973275048680372399
013584337669127305599571328206218815992141130876955806638951579665
775394244413241315371071369661381734700574482745460028185122194881
094099093203083696286639456596762750124811505090895014507857953164
711383535236783150519442462603033024233866607777623963532367792520
543071072814179089963458476941987851049288285046330076222359001391
963015771950482636735933640454911225862198229883550564611200430090
520331006969844471423510531407150427637329991583440686986367533351
079658921179232619884213541214952878833669486524486147483513338067
666140739939721171174258077014776173413160355802526005061346050994
514494808115176759222658322435066901650708586969301664407829476134
100953558555025559733951011097129829414168133162909129971663939786
770253895589191479403266826999918493493521145641673825912822446260
474686998341002689357087169821589951314472624674435142671224348360
464877244577905302925494885818976837409053632700690035935815381883
280740828133022036509060649110278848197191631340902967476872679485
708198499821462735902524243518033251794029613213416361860160670646
726579833801692963268988520060136260127308122721574835345068943834
941229354390242537575276935242785398862908394926459788524969063109
016368095320411338520466963037354159339352275611976274730671323084
914276213000530951923128841489554106806167406487993116288197243407
996737600938360319809562292751233734195300422716752657485424748294
603373865038667525655809964547552269265897588852563853292193801975
692542773496925611476888086411726702213493152855142211570520058969

666638052038104514692230017952607407386746595628401458292793638099
004324083574265721606100589276934909467829254643104382358817121534
163957942829172179362408197768819899019978733140361218579680658635
836814653558955738187837879210025324208016567419832526439504211082
153922017378503914351674199577152156214636359058908552855660974755
528542340303264688623171663272306314113253065883613291776807543214
046263688827594471614338928326902599705018230149037097799114932182
970034345553862403942080577861275758494151568256422080453230079309
019116615354347822117943690448501258884620286980896814654617349737
831554789210426289448390506854412032720652374931405325170693575800
090799417928559317281056994376439412694664934570902480722236062517
133594884428904861879125690145136706459235092312563008362115495698
642742822983298049518500422796155220772188169501772040152352682132
562384768196467946508310757531703922608556146933191076828363656585
285066867708773314799646708576262754660296271676307593189843573386
709657017379322828234819216178187700704734967289663187703448331207
245745902134879582560494827184614765808417211499946854803681654737
055739119000597890021034377469279468790761859868970990466907028633
273646321478565924562227186274617896242617308191565710953780887906
210137634562553455427872498576451110514792642181602336671418980139
700712972986873282822161863841631129139087937144100443787731724496
829823520214297586440824917781147307608372773515153045369225956908
916303290224998830272931041640064920140282253288875902793130857765
623765546576499418464267103698691707059191385989330859375437465778
744024340421767226124563578400296687454724507237893772604841729537
531149249611862975908219854645299621591789872203301708655899813711
247509633047309722806506025812936326292023721769898118542181621497
036652310506492195857613634072272973464467527473852366778039742256
265274288738163396279152344489475007103570432305508633073870559504
709704223112376212193195753906049935667463010742768459394995465955
497215492094314313600228526551330882682568446783672070869302727333
326543140936959799774757251648656093889015974966204772135307231257
763956628276229011536678104435642683552059590327320411019415910623
132249801210751416193214421041685387209163497848175621786177622288
901058671479941060157763509364845410154720035611054230018763937194
623790529515391264554194110993008012824631428083660358654985943824
157412766150195565964774712311455219886781344842443640738545283514
096471263474269603706175610653882758679386358840853677488804217287
683154379103824027241641035107695806918605490613362946687412931799
165577747756648524173614696709956897316255513150715263773191317175
169894978324016868714883136697811581823263858229726978780242878221
212956988162336800338798433521833226807674871764314087513247462340
523498791848476682682956164389287940389677064787672835881096606481
625315824243859159435782345293357976186094427931333034229636773288
211480125160663243622928929655705241457292581907333551590230871119
570269023870195544559723394365812869031143294581250142518845693967
768351495544304760263639819242301130991366073869109948189167016589
185352246101655243991230341546915096506133375745364431987592073348
238390436181452300041628562401789896618729932433592378912792566089
494158767347055514907207076116717309650735136469265388838630199300
305411301542202978734832296837173622891653295318271799773418424230
735005604987063161378837005471741263579607944053017421388274666841
182223432316941260940148952498752673948639048907642127211697117220
013760135904558191751687797176186602934972507103882743611570141066
445781051001350673506912848171032491332955147210296826657293583776
007765852714067357182341860915761909790748526270619609743278397440
621952813718689011786708690157900155050619223605714457397060418587

4399631882257735458709134627972756076891285674861037059098061132187
76045048742172796985312160568894934224324078228305238271344062958З
691719766971842758051972187195775893490824630361762171012285871913
616378478571967611839247982544888914466805290578520986447819893689
2907873248050171439760654883350688911619480972955239596084126262285
6034274377580105813234572464882966085721659274156356281496410080049
542568175679647680105488894332678010486404657242916975240245985799
4323102027694198619454567050814044861591244610954953398503618189222
6747004472411992228086641553833899651784039232791963803293409065200
0641474047665091771159099070808820410434613483661887430912351487899
5600380959418679196731669321912104783420894731843488571328563614400
8034403738673747949939076522596300233780725620108167284377409474822
0443016372213195392808907236543066640092827698510338321679833094044
0609957523059904947123193987195990516312657257226178964656747704255
3871325106435309745832309708410733118981201447646457791423573248877
6431971125827102979875263342843355795356992256505794909230866937700
0279066636452203731451574965614816261858852856681064020472014243322
2221389808233524340002625721810492374034293352085408853318145418022
8777812546300193655794914844279995302944114717516708188644421670700
2339168878342802189667328821651580306511598816915613709131804501244
8126183339805745102028357925553635460118811575415954711492287084733
3588506894270851782401173859755863039336633293014366889974210231733
4579665851571155959196953387040752079737333062880852684312491743177
2793036169831960497609056301778595973198417714763217593149254047133
9818123440834186906073310730687022813300545166813707999087989089633
1954620234399318724799564371232576741891663164152030527819406957400
4808943774720854519969574625353508824045618525595710802174359712677
0506940254642115327391404348174935823444602884919035297170343618622
7149658223377178104219893533510636631651174450165638165192404961566
2515079086112358169929161323949347190593173477704013684662805098066
8337537018772151705178891035482213674474450714798543258926539717911
5418220067465152085396986985573578849793779704460076586525511696344
2451570428293455201469995564861889644031352409588159147472030021411
3846836441966207681772331031791788705288459819325187110599135035255
3017984877228557932864874751011939540515033761527901049108075980422
2869140039331902826334954729532342060192780949379984756527098415911
0738523388418078142377053699013487160743211314885094546739362748799
7656294224381737690756304188919928601138564573088018861331632924099
7497100070846351948207918454076634335102757004011619401162271610399
0657266740567225600955942894373186473824705013043165666613045146466
0593711233555171795797372241171206870206353521915202652784902740755
1102626534304331575443688107061283781284473250105215351801077244522
7745838573078364822401880032261620323290720832980976938366868580000
6997351874739720295919466902345064367557810238499296972745534141833
0609344989931215777224190602680062357067426924977222612074378905844
7611106025766615874558687562258255003573408992374904208809926818266
2714850464031029904386704976130477828131729837543475846856228551533
1689577746946387006403775492624370371012909543270543316033372828977
8225547544444422700755977937437129782536556359922897695815966168055
7019631466828041969376265749532036758395016725071557075650006269077
0761679042296560595271036056674191203935848115427988879406552755899
5874455272409249812677472747145230893884341800738900872433775964700
0981936495522545073441552275209843293401914171541498330928881006366
9427454728128078922940248672333610136975637284081992266376185468222
3651936176349764784513747375661696762885578917066708225117101094322
3288219401635175287938873634954626113660562653921987701504418064666
4471678417048410301250057784409400629877144811218753423255881987577

786521289254703753355233263969256048851581997712443529685525012576
800575465133654716053029919282591302156103090050599448735907857303
834955713509306631531805179311589618677625470877547115908813730363
455720618577151241051502735643895563727276609900121463749378365699
843697242034171875418009866482131836129686725167614962966645646693
487785492367759862720157628416922510624565533943749174131185809226
857138155821658944500202706375824312115684562967095555271529098565
312333672562403364419796450637365225208236427084845028223074740849
930753762921871360833515951939202191861926711937013581252124848227
919522161514397190873705058300125943547914250503856428918542436153
167130534758489799395103466871387622623623725385486775569001746754
378279466297393867738749456400431962065816959970832070776650321208
556353741575758825583129297837718215123197859910442086339629273076
460885939930328734306610307789892345345331962972446873155028587475
401077041195516103170875711629214466355725497380129923886377056894
155761254670978243799133333779648737360121612139029415076294419703
112200041440896563608531661556852295230732916130184152208112712112
277341449799704226751145566895102808128005826349973418894179723636
605439077775016479075495142801258176469623641170336098655604759612
479255386249957142822929556796927462608847324610363220750236694712
555665528693719752296941077821627762145719854675287819145192030811
645429188368927388726190237757955877284911783550641817754135053059
979169097939697924565400879108145513984583967661455772456893955531
507394666965350265099668502714430512629310979980795203532996430024
446342802402747368430767969533194918042344568101563119928948343984
604686898727422421778149493886050147548843799709397349818529135253
383014531518287960864599523269882833471002364018382917252783412737
386406662458021487277564289722995440605975135770019869916284725549
700160711820245789679681585646573142622248775436694765194636938365
065667893430623923266682751112757724303349413356513691991055592413
782144756881857817800771865487801842221493223906182413560177994219
991753876511615785766151551010278024628057413162337266428126139001
562126626192230037121523337940766072818119973978412487807862804729
841729096179119504900545274788428914746834379395374097800723955055
142923905245349491369602203139175310921173983849274733436320309509
118225555615991469287611246630476563364050521360428470145364228385
272067558789690790405386115281275577337547198322032330989761192764
007598728046318221149873142920081367034910867265693969157425343450
702135790000700316968863680273005957635752391601149550021178710425
871971288092223059057434578858610124824766473038585611103177984514
356594162396825066122207347044336596905714951639392907241889045971
565043405114808248102157054372514336420482230446175082136556694682
188453972730626390361218318903627539765601369139700528415697348549
190350234904516025853643793854788176396559179638034862289387135330
961550874185741074610968818066675350705601826447151897479846866039
110027626803807308177854783850966362450472713878970254053642999642
113142336198321997954091365760003933750798615180001756435804783290
332834718435612667087109548663630432258663437934547800517800117561
660144921765280840101014403697754597224437682789442925492081679677
646471972172575451477970752118630984245100878601326514316489877999
478549438735532543790247867280258483615104026944424551563236011393
684224625098515320994764704485605126259939137091897058523862356375
626928552310818963268806752894936685997931846041342376844403369018
492274688560839119561696958764012904305116281278217052069724527795
495040957616193335988598572277102102887149373490806249597738391376
663392283301840678753791620210126471117740309770879302221089468839
372954818939098544377085014183581829918083057745150647762604505419

947747821584642813183499717921583192055911284140486161452693659558
618554648444935646889077814781699581230112189652593516831331121423
404536463882113503288969875248405716044910770867778021781826131363
833993901635774567565133298029547982761119864321163587440140654629
935618407100215775681642995714064012959069017684333276430632320852
170853557358865692968778875896454821738843355409031662060513044349
393757112279655275485741207647986150240765714658198443662191183825
626485205643365746901350425809857667781240520192901147130997104921
953114837508744572154365338405792774262919320458013137172020407124
486631899947213896233765458998373627615873578158536033142270844597
928050424006934598430426300836629685326178640457218731924466996386
964545866800081345073365948030124232623121337863751620431111341162
382111197830695519589140271878765926496016168578884762220747615320
771939529602251402062408217328433783935142338380176783942522834838
854342092240771056109589184573768385285756152667323588859209474749
364317856507055312986679911931759986589920928919217816175752021136
527861147678257518398029214082039000127607289768586008117523198022
115351229408765742977463686709303015333540425058764197105086863265
258023334362330493915512016776713266592748880724796461895063457142
675690031076577924037401837936507841351136255895490812622944168872
866145839837620864080410509153653122798204347981903510116881290149
529812782934061335597207838718328340881960159299992991210960330733
737121690246416364463048748819684645647570946416896884608714095991
195199732549657264064838439225722584125119187699396229314532016410
950889638520649157993114854022805815502411792615598873255848785131
726051443024257260694758824364812595955915404653023629840789963538
077076509485585161353541467925701057499631399869123719789042654791
562426140100079948238324894177827722718827406528362913920182332815
788581450335185223185388744215088886691012048158437054049204691110
274001702784087027064857998449781587597693058054394587478054483192
442019774444921017008841840242936113195373326188852341424174062136
823571803739881551856959424973627344128087459224574876824184392228
166692275415948550080494513822687267903628502416560659828051077414
606405000548487848781941824232148466781223116905632302817222628575
759463075935324772659420605429605239886928573747893079168988370078
664467390505766538053297099778731169137201900276592261885341674869
152033639485876467762884926940994952887159087806278069878029061394
337476000483614534960328241898902820945207165247786009249485871108
860657830349068236115183174587028662047035907000718182229896176161
045205521220830504294828027866455473330414182949181796474078722274
094471286559091077023579387041934396571176398188959594479219629247
384023841717040156006995703565457504501329338678787135164303162436
440197892815031937480121719223282798949026044352122021013187614667
368047033326296619586154492763352487257968430144013662228087242188
799103656309680288669555722665160482596191386140743410541767950570
470955315652767404783244592151413586819744173561159834583208408434
490775081425580385576115299201479982310609480654957839810779106996
852653439537079819131132382693111178709750863180461747154466623534
975956123440380686301079886276738138291077733592398478105480930369
833513466660110731383250528976686877459209358381764716564126415177
273196529891221736995697056210322450385837543452771878315467650550
446857749319556472403741180602851923562047109258093647076638455028
328067550330204586249567759404414265253694149499720828999945842683
770717912151931196093401242290164858819749634741190477400888535112
417091575925912271912200023595038605090423432461050946225933727262
134139384367536469275995954105298400010884132644471747645201232827
362175898921411939999469484413695143696197638427332562852325292195

```
36673210347188973299845388011947388133655725242975193442870072001 4
48859671295536804127482305934611899717880691738544671457700115369 6
12316180595097817834153399001398481455354099377404992426995196861 8
32699269946325537155869228761860506060507061840734000563675275334 8
86036742023475156373689703886743108209866994049690502669479231473 6
40787115858105506038462515563235263240282545564834599331855876612 2
97669814567419544510690686641152836191637491422962584567402516782
93324445713935543848362952000221622973728472380783953125476953296 9
78412246764766897750503778707954585099465734766105959282648479162 1
27265147333714974786068724874656468457996516823818047486208639399 7
02114384003624031276953150134532531865744081940728136254525735688 7
72260231760244420545378366504721735640057712508300954139490386351 5
74956433805173257869964789327299719496026264503359887841770357330 3
00023432065491650366083213819335288780140443318771461129612999495 9
74389473956353448951049478489768312961734496506259684060892493476
47708994207282027014614871969807413291500568197160097872130332309 3
64491117781934744090215271944017370233250077397024706959185138767 6
51447545375907964678933016875972148919030441622365457819719488 22
15265407483841217854917951524294882784020121077081655850191398287 2
52765675980698945155002422931749032065026270218368116580448447645 0
89731741413671459208326173540401236700828514142473989285506753833 4
31077530665526316843790419944247417809302602100031732945394085126 2
79088763229433193800342265764644841021896467735570178137036061937 5
48335258599049883870330384196376795448483679140018038163747284816 8
00767664754940394972396865390224794024215404538900270276169672888 7
12427857947952384037517773146608337339463023876729355175445149772 1
24385592746637673694393964857066192980637995671074401258502696563
04589307878805324388666730381407549734117196560422202879633779182 1
02288053209673681509751899520891106599866988852635308376193021574 6
89011537668608996794704094180626565013528687408159938861203220301
11594061182446399300482656094561170359107762796253304173748127879 0
51808361854605298555869292320009007305425858386832568575339513259 1
07804924211768041524831351887471604766588669691643081048193966139 3
36023890619475975599497748510875866796154075857278141937216203111 8
87249106055864046160999817711720672881994807515769271628929643007 8
62934601446714418560008931480844500959672310385304161504986804480 6
16583979716886941739364678410767440448687796901200703210042827374 4
74796211835326232432047358078880632728231585497047082724971877214 7
45215504008594260404510912088373432529152926532479596042573138563 5
88683228070140030264080612880060008898641916339059982448682187190 9
64939848992338301494710175080049692688882437917867061575934464942 6
16472571866238287613990869687156073082856521280595718479879560183 1
19773830270559923178823440384514602354072263007045787248526984908 9
41526094759583033775223934767875274104420437065612609371413726549 8
80470673824939312379118652595124683582804477350994580729223931130 9
72793987392361812631943096481898536859944820011153261842229066274 7
26540591773625705433761085381247442200491249632733186958760096568 9
31154532359221388876828824545806516753584472701959281934805506372 9
55231339033113407673474234153903577957829074523891094012992679871 7
98411698623419548183057020626582248467852422524369020135797576596 6
23705195199831059811253330441943701707008540951779720710031903210254
53984009957070942503495151074685668259804881471790131954319329439 97
61098025368238696911921186015299676513178634812953731989724093306 7
56560955924741143521960670690556920536104484244769384241107340114 2
78316700302003015720229251048693235061688787988969301675060274646 0
04080375056756535803338066107458990020233373740299070189902028605 7
```

2의 제곱근의 첫 번째 백만 자리

6375123264721864241253740243491089281496609816780885356525393785 00
5476196782551345193024293793365811910188694636384944501229439635 93
8439837088121756365299676177607543192595497571819635243307304775 45
3352849617479851545256806080597616522326735164531925032618563761 79
5543193166051366716905602713798305486873783861495823064740570790 00
5509561409414884664689251675490208805662484850454827892437607106 96
1006817803370171853377940545696772608247704608133093527481037012 70
2947732748927496762216326718588477236807441662012664791739697716 69
4377985970068268736453861700449023575928637530357017954037549167 31
6496013325868687445756703189657567581284781627318184495620274275 34
7114936454257332768143243893948470417012161474391643429570351745 50
0649233927318975318544221641712996942522802329300444258957770672 29
9794382824230156527589990508890127097249172579517960343002790875 95
3693637494231578813909924321045963365728618941003976895396250457 93
0972176480083918064334168423455959606360514076408954620455389401 45
3282022784315860485565234921811498187553842459272813096805735290 74
4342386422067369905249986915463269359258921088697643636653953043 31
6936964017728699374713199142194666990188196697929507352626178660 98
0578845864764830822714119822044574875520082959672083953696519347 30
4814528654449410282033536558242069220791146521265123795673253044 06
4423795433482177259640104504055215295905237111283974618034888490 33
9032619622956340584321726625909187243804374555393727954201181616 42
9640699123613891146705084004596976964037411496707338013580469408 53
6577792630930879792136465498503838683784114541584376991061278147 56
4029201158469530681398698453228961016879326347833887688969395352 65
7942739877954747078273545120948702106158575735116023680012803437 05
5725562562813631901217968122292926911891802114172092775299692656 04
1008233119344721976661184137369952078245959116906899019307709206 99
4881440343614050745829682812587527827263994551386413629208087168 81
3070686333833085454786960558360343274047129941708286451790425644 33
5094484764574311231704817803645207702408774733749263104317507860 13
3169367130127357010859769247216665734301044433905797742656920558 47
8040981810840773333614002051633398112431958481781986133952380397 49
9327698359022196970465993036455110969823613684571496814093071526 31
8493782599811671946077491715933317369551869104016238127447878144 46
7909959845099010539732203301223543974528528064080670988838684083 51
7181849021119789759483672509684293928004764945465379469759838591 11
3982339012219386689149201081535776552249856570309405851939568199 71
7169135357984084426708654075069898883384816655954897669250067147 58
5440335396184516443574874081153258806923240947155544422310337951 13
7695670462327939225000770602511958001942988644211642162032931407 70
5293954539250691810147502526231287593839906983594569908481673840 93
9550592494060584844701837224673206591092909453663940741410533430 40
5145027504994626443299516275319397492772369918571802432507992440 45
5553369782334135443264134256020635343001038998160429029217553205 43
2250465002919434168614049887858668811920703952895319344333487176 82
4170099896285935254240241070118462176594175226813683081883176520 04
8738575802966101797108954912757094704648975912963900725466718834 21
4760513016782640340914712012560259883751324333584413169717176741 56
2985947845807788511446425505916027270056819211136626966281255355 83
4033168785554690277465857335908166154219525136617431200632937942 06
0130654301758259823946895649464811654505539062446272540652547947 95
2021970141878004291135785004149969035350462881418030551447044991 75
0315019566005881121278333449674732012444803234480241539376810967 44
8245824131204859079268141459740666734468503061027747831604165568 76
2278524687505888251713618525648472242796042859547021047381329885 79
6453540535760369731588936841916536903202305736836086700426790936 24

237967845317563212051492251376478156174169456104165412438375948739
909315927447598323505973749567681311054718472793541665153955794820
362896787734857976297545025441801559358908543898442226030486401243
180396383788852767733701920629028454515970255812025043610060011125
319444268790167726373227858416007199339131855994090743107954185932
621994638931760012279905378934192650360136816054685643295503601957
337999016863389975288937272342157545015704697697202051521352937362
952429688827481412520481166507085136929208037956325142566908780256
343234295874334038821361674967864041557674944676026052820412892879
628482857587523410718055935703665304323491312090795941063570084350
342194226276494783656407869698085545420817401207858828848210566140
217302735522770668885007810411215480461614178499741653525049361357
947766227847159861247647600472289601309415099091662467221849188974
344671215974372233254992960497707263021391730654417298027959803490
840839686891586176939958580347407098605528534254037507350962928456
037058606868404951942318169717076155671045845172413619222026430537
540284431191938280483365319214933209220725472825065804042521016967
359626504966510734195867456887967174884182139326171165793629313370
387756521589087924527623587342024254231401524493346031622783082427
011737851453990421333347225086770167243572991226528039387257124032
309222295379682964642162127852153796011366273030940788449589057703
566527792938063646821361177692949519022001346739198097790273003482
861198134845463779127723892866141978520302716583638921538903853664
948761237706457032302558028619295867235032826276888977261012657477
494944808265711747239747566280525518589825672298259283222313873588
459157106065856948550588358744321690464548886033413348131066118488
250000701606405133755231889537465046094799207300082263935640931044
279574906637801196453960794266006269733429252461764386004407217669
508649692683910010884208965210974673506346859622655832839125235456
452729877662007622203714877325370704001555288259701022752801596943
408996250679537235477539996959101123697585691772029656736106129758
080507738874803378381619044645006748305613803852782136034745596011
810127885279555848742099570997532337998426996954892090174196616941
824986930484000101744767276546513339657430642198365336599628086516
296860350015897647564510877620726829637388670207028515396419092401
614282365516240296506535725876651924647115358108712955393398540699
410330023306345798553106552368966113255923134596483291185676723039
876588976877497018479899760512188132346326165330263812386365977796
740332181966505409612370632937163937970982730985807102325720127774
663500897599751048806023835276507737923092944178053333227277965774
311985840122566824188021920896283199639300360384111467133696976928
839344849126026434890656562258660577543050872909959142113234247415
745217210997264898073688901701324718883512120882963963706121477926
612300550517102984556687929863820630160989731040063376708390805125
450369014938043791082485082815944360135847458409296255871518412176
344101973200445537191292154888271603033171007058880968600777417400
455334480007907611334720819692352736407132385274587098196726475975
122369254394424775988902920962240003689592834273016808294810822831
019859702823763908002086912033595889718026402084719243016935473303
654146189624003170811373922308560167350562629241464628933862050330
552200979538959383536318097955997708688363570126870314531980181206
254516410065118121690833521506794941645173040395957204680026729505
890255151418654661138406568213727380092844267258927761475821432159
083838108325688200027771555348943747671302251419506010389213896395
669029313148892399142685841599917428266827305403977451428318952646
229366714484495738640291467612297750018104617279590650657565133276
381016619047817586644566576952148650187685610264254197311264100545

3293006839767470731333635918442913142298941080344353606564566358 29
4048504873317098232401727114474897277035956819063202911821042326 16
5059556578213332354665448288435906176660579058861424881334635776 50
5904146689288577644032917704246171539194379785625158079514847796 69
4748214023307467846413978466283542503862354863099264348041029444 56
7352969876046090638178096530698269038673444088353801671993936892 07
7940468575183815123654472868401670402707588454737256195324341344 85
2609903557102065058679085191379715862144953984984023500411236353 68
0783813027506918154617357382476247576083210096236368558697629778 70
0953455658713973986324463091329420427369624253502348789753435519 32
8147856583612648324980921965225169482266598311159835022916913191 68
5007672722037136422740796179978810371204828596003143326843141684 46
9612583652137034996170294706733835294921938432556320778596501459 32
1759304992315735811171620299018101116080291259736532699748993581 17
8909264539376951069608356369646669086321332613694188029544427259 57
0367584278033496344015741367670648152091474233781810133042094774 79
6030312819142454924889317060734351233415754158239918619150094876 81
2706936640769325684870352565896261948492715566716890393657982260 17
0006518618441565938121779857173558044091560759868291572597522272 05
3934409821018177891228430685922829490695896533697966369335096750 93
5664168100530102180589918442830845441775161474680414289615445439 52
3290901058000930943652599108011971400235183945133961213496413819 46
8889800197612007144232849745519159713521367172590797431007992567 77
8626931058277050079273280572191302642586276254382264472563983175 79
6721606087377227070002113836344704268362757808649138359144027514 80
4345928981220345479733853017451803647294834841808934089097544923 06
2241839621256870781528488715595199294916557704282521929636283500 56
2332956753409843377598204305517274714394656336167875274074287627 50
4317454544570204024012529761644366497718933118235744385865831153 14
8995058080295020676443535944851168127914081399665787322988493182 13
9992382890184533729456524103484414345564078271314625594759480248 49
3583979242423416481817016210856295108568608628544882980646611834 19
3658864576321099041687120290693249666348204159916898664379808484 40
0314134232217218165884726013243567125585245105816930728465691773 14
2913053124771894403969498963699744778976486092330722664517045625 37
1818612730358405954516366489561043733007377127227920015656799537 80
3124720597429713141298125941677030852718100574543041239558754640 65
9603269119460979515134488280808473137345444511229873930906588532 04
4589614893290579304521581752239908895287938775531881069965879932 04
3397053489989869820876737494326583649972154485526774996576967793 53
2827469565131577354206650829818068858193511512723382709369159630 92
6262198460681179899510377722653834018907111119888673763980544691 46
7492418530193786289127643581995472340524531221150155871420114113 74
9721719260596332754772191184368559339953219936921220682190527168 22
0951321941045539210059067431485714231445963031717100059242640048 20
0753982866897541177347310859313933150183799849226415854695146669 41
5370054335937964611436820553121266511627276921023873086368726205 55
0567292941753137120347796255678450490209402576756305842971246799 94
3044623059101739941920495019434265782013858540638883195784341636 91
8812224338923835114374328834628835959074605770937816266119973425 38
5155169768459850284603559248477839181798691290254464169906854289 88
3693196118206443350573687070242811070216681726093205224353302670 75
3305692033321446517706388872539737350027158323290205436417615578 79
0858061118085839758480348581087965949020284403326988507888504106 04
6722309171254776339771368572306124349389856991502567226050841297 23
6999700483925060656204091896952637869678798039201415048287379058 87
6256578055000524290627346396237562305467911862000163560419899497 95

6262430927209123299235754665357769893817030791702532415098915658750
0272382249408621560007695606110697411268949685547104256516734171860
0595238442317248773770846238777219355127920059889236997228415004820
6104324807747865599206997539757463650379444969836317508737545051320
4726448748275362306060796615228674697259356751538157514952256575990
4213538783307152133883812878385960373729952001091605335838752764490
7476198635816212531228150181290598395301482452541455745452621273810
8857332313392846397935640814202697292349012839202580905149126183900
9067506188453197533702064061229430444427580506477915974933657340150
3392639762767396333624833229357444011880831116944148793169006977480
8853935373119717330895839664455152303482450812428416279314945432230
2058931917886830586995950312203555214561446118844216924570515483200
9391612612199982750525033051713666089422962932556199458794439031890
7663094484551657534562561057959219575553599984412242328843143977250
5559589075525842268145194486945122853586639349646490981969865208720
1134450091482814575588969036632680491316675661118532103201778056640
3420253234631147694278791231386635417387358695733618678606453048270
5794051814778720733980792620300872687015111853615188168418795676731
6174341165061888152624745762334738306523446007337262281716288921850
3899512837042310997268324824046897607126107729276738667485360521210
0835442644240834674890726121983208131366251285792093793494479842140
5529809923102009456786285159433526413736429886205184199044485242210
4306547560418929083688281759775337108794523791704896873899637547930
0105858351721624112267767128161847447975446757824263256620885099390
7467006731076414668035938809978296861139821433754520542243944555150
2245524110567428850699388449116180513413380829894631195694471159190
1789778684086958853613361465272068433467128015954324840059567464310
6021332618049022546576027528512588847320213286122465807284837099110
8177198117734030314264853565700758587719192824024330180244489425780
4827799446959295597221246860677731041188849203345938704231535180230
3122289858358255700942183281115589824012099271116982843987069449180
6075852532682272024464928896027290691817243468326399823713580426210
2460864610597183339900487004750418704965110204935355114692070232820
0485890422268996329515587867337167445672507594538552336889139645830
9881143569650792751072572818297642587857494666118795789747773346330
5938851878355343315795342629547986724358087817013695430411996215980
5303921882563768746332996737178849532406289469138896654004863122100
3814123660078667045282945615307397123840905847630129373126442596730
7451684545232820087731908616066162711043757003637536732873874570400
8637117902815999998734460444002096374929803079521334396510925922850
9753787538041990901269225083749125520786126288299644937751486613080
7880304945593671218119520279145982374429902140669676787582617848570
1163705258764110179601900694234641052336006717256153989870650677780
7546967150366013341871869750086743567771420588422870728904770135870
7513445537269747102568935937738871242435412468286561822015895005730
6314874708459461459186151620377292877504435242048054491230106682980
0469261300948122957667519727736061909026177966586990069097664213890
8757624388014291394847634479680888156013466821247743405414877825630
0926484735038005759232331400448742948707199797051932422556560455110
0918234549357000770355653184597844681479651382181153077263054887520
8850842519973083805499312622728773567734156283998814698112125939460
2594667985690495514133950634842921140820295885516672168210805642980
2453242077806998565288311132833131054230475978269120112138511206720
5008727890533472041916428468239490569260613372535105901909711685370
0117423495562118271127425557000227021133751568494873868540476160410
1382706297854801526911163481686852825623146909822636593841346334440
2454441717049755976078397733888525524571612170078079563106667376300

585344071914419759822295902836867509851881258337629363683665510998
461565760457789663513733822674582296800171795937627401806167784902
286116017064064847070438886436602221558180176298784121234539270109
320057755406705175741482554687565138497808846429901514413955136600
628113485654254210687663936392587950136235304439716895383783140839
391077509927909304861533640183984476834640253857687815201939752103
253627594811855788996527273436745764555848458477735005842599763092
547561143209824753436091481611774006059223825527519256633348828676
747120784622837671010162369029436466046792250758536810600328446711
188370760014005975849373630863654333741977367755246992586530502773
502666067141915566668646878865798222090189527883331670124261697490
943007737299523804441494949090278353108664448923772137490068192050
314176278658721555948364983867336045039915322558971903192823945475
847971318704837628351041325911059427275780767619084740061138803007
285160895891924096067791122362306539620512979347521229589961764351
693534945300471531848636684132438940095253986326520044771178924283
201037798653472199045728454158518159840872861693013221494059219286
879970979419002137531003258316664068467022616028659003864356255053
547960719371366172732287964570140250993050279146425178616834860501
298537048289185601677357776054977918586432126576532854221674586247
820858029502512745489887621701578417986064809125258689880024112785
222192162068347169316756264167414289405287129458084848157356489635
507657892427024622932995829882391184588896203324279269477664825498
204052593775196216529901268728734439090539366787590081114846472765
877896976100319210269910132162062301012710045371083150638065635340
568681262174115849339398477967994948521874968227422723906588455097
783877554699570618012485665729931806079393161804359009347873336456
282811286843127064221111488812324277047497437527979413888105075124
775700543972794338828801303865815140172361378687501563559353615878
104933384615806387257121693321983303131412733546547559823902593587
877522905026873077701209078485266594613816513423351252932681789229
723762157033945074217211595658737759824570525977916214918557876911
508147327312575422747161655592484184842005625540213971992969941053
902136481835014852913121891424936718303772420865713793625397625519
597636158798322844373997357370356219297593867608375288539267280921
863971750963604378110390771663138879953291831958949385922443203860
685237945672032888003768669511893357847151657089703741030945086774
971234935183476741378130121760427899365338536330371747799023255937
310374797457884886705351914855496977403274368623829530490199277539
629589093182023949405653634887637203041965443859987526787138414954
684265289471620317083400036608826324009168944655531719537876534741
119669664145039337663273022670497547035100982409230193423882938232
147972297058261305081557518190626385067224341422002236244316687167
144039503432143823883557088057336724805709564329970545677799327598
711558653323288921565324814720261799370076976486359291853435002067
636323139456947225139330769377498300753416939815966644620500913645
446488833444141314552021266080747179803414725149231989737306203672
375417022536593464041888046209337465581894287471076107615179014654
270581140373763583598308878773919638189029751464541547507518095416
232143083811067263490569633598104404585108904360087526958418208072
592527621453444569729259187580226030849945118767846551358390813469
785827939550861364203028683618534357428971306494816456517216609361
660827809028761383265584227133303099910750459526790038051658825192
945961749929757064993025502122226550389388666936111027054329119601
081699282383329051233594538756062341259761631719241646217107796923
478304191894587056232420546617002154080579868302319460379844552246
917524750145021126829317244453165402226261775921542670332909403493

148966654007655730238445952940851114827279003853411956057854877165
354975387731149283095530706324970232586873207074139142949914726976
109660468788723341432309957169100477941192005743877857653029103793
689140307619712004478181786973492407879103723224392454928811078543
975498371864102365049117614464077374892303450348837494023509384012
173014909671418997856055063700329516054601472207383944013497232842
950684192960911396491806168737927113664481040610405257586205327060
036283922881916674708525626673039493848468767015715461156482490717
013890041494193962556246462227078200734043324672236046243714461142
356716689910569421707637189094292922456021875528657514688363583494
305503287634446254482099543250400988046025068669700332694633145583
171527961976246208001895426334430564414481721536790138970516434914
431287337628196396949016893462816990167358629371844462871864444801
699854670980385420478216385743947548191023469484254860166330198087
118368729800561059245542072886772323957316861085916483932358548407
615833949210922370242209630511302368743532847642153127218710813030
665385474424511302057281812397607654219548837224165106784670512829
447287500338037067982915293373958284880238788249306754639273720996
578011194574919458952068732234652449879917973192366052633276456286
453991286097920296146906279602583066802496315703824003929991103013
510620070289227683167238680144167141831320918630718166845362795085
240149343602155340445944265896704648868928622294577432714505480588
457283111394268092530801058452759639910355727390964428392869963855
879450627209202566135916987108392839080523486939292282994029709677
483847591101613412920657066601971529821090011247223910593065846220
888149704775321413124375059070994158311933311488449259036698763968
383954306900316139574134564273113928406980734999841782873685550085
645104275588430911486477777812954186477139332959577065984829045952
284387251043960330603029602325923025086282857327800038269846181052
930107467354117408142105897332198808699106661388725052310210346916
321950507024036878482549405294160978965392437866213867374882384561
422627213144635561205703665806515405901640080526268931684168593759
616140782112028922657160008809764265096227310886484356188161895857
684492746667766330455640943232341149337675498562237283475249285210
149588154434591495176730214842495387174381845900798564599968122468
839668259995058693633867005719566979199644091098932924558853238401
014987528993029089655811615333631749071670874317500776218214285669
859298286729938260715713221302303139343518168342349825196315234693
398860490189905687610636274315129009437987678887763662313396511111
283074354447118981436044592782669213820877967122544113185764922771
315841409406619911163556483467410191530645371608572275660923081302
055830489187128110473891267106543160219527500516557140323932589135
206415275411356171073060985553921331785384767727496244936707655750
133576329719344918342528714658072757771118420584749302827694605919
603066319791033931255662717949236115702003604658471082597240864139
798937378721261392473728527863678298906919790872263276463896826110
524478312962338137276137380194776891643111097101623483722459492546
552411065184008646414652322467936257381807801436491053882101118129
356704183199360712062768163442581576077393896003866979218827359632
036300741908728774164905652879511206425995928801915064324365030609
242444851923878819203469821596262857413509936020389287402126816050
761512986249075663281746356538274932731870312868017769391387254113
387624659550014381450170998932671488962205692380238556657324807108
864802749098987135521145473436564744524080651454795588216783331642
208934082550715993213000244634442817477858930427383500555314205237
593879256551591015659704346050785961779897469440087411377217936933
992421526648879603160317966626506206142638185691394039606064388375

935858378463990441062704209733701602731308449382771102530744974243
452381626587997919332477971361468255345095121891581935089936535864
865157379885616365304201400871315376311759818785842494677100137846
607706151279701090048172636646024123239042650278833906579008049863
477266407405067247547573344368117096051815389910907262337088547565
354893812835431464156212438324395941339186775437445354268995609915
418939065874871334520440107206269319781879322293198089075019008013
815769819166508641104389385255484700672151581525092231928543671062
640730495505824326271256703634364762106669935854616067417372529671
275660797509529615926096120354970769357084816301215035832988013792
224455776597734421742697621885420209265661782766529872428262916534
934378544272322475531311966239439724391957484654404608698820473054
867274019570385267689352748142002115676830238550999426678590782385
606010491526874137525778293785031424510534511431032374560145056059
086797228200648222403981440260476164691363400441805373308919517231
509982810369515597926732505529462119278728183910936203809933999283
857980309888346558800156727116410917154610430758134772510668038058
934798964182026627218885295272881736879948536581397633344537431277
774357829553517547822562312639990869205929775270376103945382624858
333023293065917836116119024875524186335328454045130848968387693636
827389672560221196408321221693801474898703597371652888587086495348
748766880006809609874782238544009509883409161540636762250494156126
329519263134573203663622717828917597040030424418772834965416287159
372132631975620808318647207226521754947436756635803894716635981326
906931646801836233003484094210158268295153001966407338849213705893
859609200842389996924917669201150067918046533762559389178422015659
755312368527871271070962821136560367634648332331128413724245316100
181824544158850024390673112370786899675212970675041162786200416865
311322548588398440967654056300915033722755379566574974163794734922
486144211356137261620405459650594808449381284113204848633711192201
324064783708139261194594869273106468379217729576075311289150238706
591658277045634035628787325571215939879725009603645512870234793741
645714504698048089991734577889599026771746706321184944036870684107
564734453015108067508419942032239103756751209588737435923721913108
839791570550994360314281715562897171420014423351400761441651875811
121951057769749660332928207121257415649531570867089698105436525844
918647327304122603186693473481407128343277073204639505031038441250
130676583505943728936447590117715518706036550342721661448638756629
511546235401878714626634189846375820626477491175621127356844678074
424043275567119168273446469411404778258055138031130536065567527554
103333041962127110621035417589220644787939252221159714574974915567
414089741732988899058336436805825620316272148526835067188378604000
863892589033850283743078871371081664191050940051524132071826988755
924805495135101967896696463397256047512935080213935397920129771889
473544291189041480086363440225096369442363934896189800464089835766
212291548935877092733510851138612661429992464243590597893144210322
098288569705833635601234099214534795783230133759681041465266015210
093927435593227952442553013703620415610042419598608406139270335410
735434006252045633299892805430614838823536534252358071003893231605
854691630761985109515287052387531861268385072392998741553809306851
534551552533284184966102761914675040714631351705305288035419425560
303067011913004471358675464496475415497508503815544384030856160117
081505346878218400480551805444179808696573397351735646390878976087
299733868703870385069176289928961332415738546163320553537003503052
899958618151442677115164286428357869657428895568599889992883611411
929421000790621865240492339437145108376424233854265824400866981470
086570759997412336403870346002237757482120509305874636318768011968

144314663880616024056632473777168572740211560895636420841168522765
674964292893977414662394104754511467555736790695411864644115114949
025888914750145249954729418383940109618809637159569650704554780224
014378686636939548110121442467493620785935691997710075325239021402
663221366377517772617172568214133836899846027950384239563984348431
109223848746741356389009972324997968078363652965442721364058282946
918187063308329281662632216019235403217627253506032940597704393617
742542690045382334436298972505667736513346008337071149974094079613
541963068818390670916760034097941624949803118708218586401443752663
808453178309511804328729468381882554208375454770168299455298243415
031427128586402927945841782582203160882958025363372386923569989472
675781207466294130465544026115987505645866914010183205266254946208
836286946514703878374197051951547125339451025034241314463031428262
941350053469608147097715390093570731591291626153877912639061169689
542581722796592299896766763688213577202873456201910996509903446644
925661788661368542829353394547736717371698953124196639226668363226
490423070579161215363474835676531612521164201095143707330520742593
996022025067676218897268895383049089638398106243214119257581660823
172555957207878496937505360452338798489113004693412285896535817462
433856862952999260259195004861004834957506523543305161519907328141
072464458372617812478675798778172194318631564793028721981651825359
493114454382883773600636449400987513542161843878596687480547170246
937122320365555634956670660570469697908146493943488902944725223328
275937526756816988835367125924611981005059503089253010711412663511
581601008152544845279227582714417820005900070728921663420746939972
765684933591491176082584138788540214124263905594442631332252838209
385520250330204467781500586286976852338399552796544823790414209557
630452177690632964170059792606934950800980422944490177054155555028
950080005113498937937028554125836442797306669129447837212667369652
353414207415673580888986512657739050101445243805549870948581445299
253988185297483166424330913536302804451211361180987168443149654766
681709386009018635864558890618814573660419543577275712739703110378
243253249503745589686030354690598045800905248052194751520652219263
580967819876566528951863094400132088571842769425153092667310354294
661072422642012417328124982734024471508893831097993799104191823362
760421232957120966489800441958144366626135667883844511635641210502
634991212373097510465036719484795801815756801864569611752860748748
706853045846984366064462651375659406794170630353795190395608929318
799334451539792106751859809749567339332814242220908104274547711587
760765878308609022029819679367422139756235343935480852579199846024
451450210139506819100753691818502346618664411019730441241908581028
592706457100876253638318638827314817878485046137842627353996844733
104327977555077361011654858961873856771819073134993538629615963029
905531295446134362263921716597956177390604440787507813754945211973
208478302763224798595456590555972379298056798288462477745031982125
326002723762738858202259871195150473447408908100214612208681652785
325032109973907089144542968791040634789063732355993282192137909935
716303107425377644524774881006706458813312053552738805715080858039
614691685116704240955588373493909588361182387348111589413513835293
078054067216557532640036939135084286736053291648090977893707678999
131288823496433142785435811801958492828753772545043183137753941016
461798268382531938115361916613172792805181395072679726871242890187
225076988464052596199163059247473463578164462584460739916830221792
926319031452664823790440943089391638579328364082214116261871962923
954843267499322484787543274961903554684886695745587239227025492415
603145538523835263508087523897301290709651288195785945165578160533
372782250384075401639348629865270314015907385889723535117042853138

424078503497352314654863100678526005215952814535083409330083904132
756577588672134490636402881732120192091357497333251704692219415001
144713269063552369796506095619514156658921390896624970432352828991
298050245126550646762131164362638879059706099788704131651884837060
488873005074786018889786672309118839311397065833302349621339728204
962186886162200940297090167685838620504649347813452249484783613055
140754395306043324658841839488556171861541893350376978471481878707
861852009396048662631159963019876765459325782053565286401082972451
369529098410908715489096308511017985549881918300839464500105304448
525482104109706908319100125811964904931430657358074492298979006460
713249997840973064838157604587257067354293213405977888986237058552
172372052056143500473157313501598234350726893415340602708378476532
675793464801910488308685467770611171458649509076620849504701685425
522710889373356784730209798472986028550216365546289580385076683886
766770022293816221494634697935735488963342068079540103477113287395
702090657532461445512500710373049125346262226777757242596072807298
481380996573893077709645518059552440606976380707282773800739929665
723916997901790484538398772684135340772759911540102065939534115201
429207990657805550524391062456472669508160166940521470513528271635
119446311241414226604370034965059326393604089572386378302467738004
113798401473263610012634311263901409243754773178135531349962015973
068489437745662697805643005025511842706828816995640996773071371794
076298295654410357615196833086585390871098908572158514893979334011
393716377392947876781367077659768715495470475543397450844593525770
360187091449084343002556657590746227491817861484622443653505112916
087818738017266940366518391277161614277856012970306041944802636057
144062848820903049100874609890764550275173388819318879857480311682
930965594050197791408366431363839136360657430412976718754288687736
370018617848937995736892537595010323245546710330777418617765122150
757854850156006004604038088217679161339588881534853905368358356573
390241123654233976580885456737483050504020425584747888979290739954
188267225664515599934978992800888484958149401181152115527508941684
054976831715849911517342609772250120153393846598719058258228680581
337546183045434405978344515414835468122506451978577597618036886858
913232088331224798880732602522465987976871020397812344751824793667
684366929965814654090887823084106118409288968160071712549517908365
048854719991879976444479088555317371564463965633215036771533530063
880269511300620641248805912355313294397187124976789814680123049044
248294824536796577443839202390756453322067763543853879465711591288
967022701643680709817241698280145657072147598669858065170022191594
666549407141017339115490121352471352786312388148766142720132064222
524548421187180105785237504792361380061458729999350993143642905906
165159387048755156102905017525790236236480539154631958686723847892
037566923129155651355379091575744539779840678827873704504373117828
571058708693260059714821857029844574434463623395618523427676912525
342920269065497877383322871342775826987537430368613247671333377253
498843062125308614887453701587917321644809103887259668227305918358
451756614873025344364318290838208660163042706369280711195499400761
984041535415932932349526793760399350014811985997776804603514098812
881682743211203127555326359119596819317604370002233957772278227896
767767542937471756655703237166465325218413676353978637981152544169
193604166664217440141349349640942839724862617069048210774657463946
808337682164782055589093550852946100291851793044907705587256255377
572120524897879291479336006146936784623649990755512473514853196373
285871566229159881873314976325785177210948254087129953767935276586
937432121237834116756743306492303680458717490378909996726513749270
382954481530318183224241723089144736716902447169911245337722323139

0721226846962343899613542568462372702051691504155236503949540139 07
0679196294024187034305484220489360393887701401336664820293581003 90
2076131179762631998694075966280985179981923571681729727958172971 58
4165194808477975542334618812337538254765197938659676560469448068 83
5867509275617655240973271443355776899978990945475120729586246378 37
1808736602065613994493389368017736227725372746427391512131987410 58
9681487528774226140833676530174604073226518377660042609033365971 67
6933602922020997701976817564801379653795218307356287379169115387 39
6154863258571271817509516336487103991327042741654705351548584965 45
9444435286801256652174952697969138994545310374330792467514298044 56
6297050497881530751641474639821174057799629955145530874147995518 17
1866747643092007954795853272636590218712994086792997624654570868 42
3473300153262495302547647369074565097612103227183516760398710201 89
7827736791872411592539270191289508243483511487229077611798226743 34
3576697940736060382891246942313048359927651266304216545352176332 12
7866323325971205838366627546783876592140669969380815199095671813 14
5926230812216400398532988154658272075631186130167863018733685479 39
0772588565368433198565280618771656406408460056268194377375899595 96
1988069792882244457107797537205123513996701034145426655717142639 79
0427467499775035171884902842000847336895604479149875903019794254 22
6599624219445017982906650072997366987955870213620208256798950294 87
0920632420126721173191214479949265005695575985546097239901804363 27
5443242190255872452673653414722019854289754295454651592088626026 99
2714022968047712268448228609893391420797042355114650295604164917 40
3488057914421027307843486010126857033488727387049697887242824715 11
5881386185942519668645021536353148789088102010236700604128972559 99
7469308259248387038064141637716166773093657702048731952554762825 37
537605410382103036799618590529537082179071010419851110571682302 4
2180385399371483109459596671797901197869665542642281944569245890 04
5690222333489270968488703276700077176107052455037109601530065460 29
8490510070103110348107991858636725843214018082274806838508413104 20
5479837746138796836579347360830986329144547511177025173800915626 61
5988382456648730723951056117559905916171776163457985736230346152 59
7963518434759429346760528701699140452743292643758404168464671907 92
0003118495478629224012573750850904447643004495325286210731036039 59
1737450542409800452787755580818608277980385873818007253155720758 64
3989512574295417462502697814949963632961012951456585594217095306 98
2297251890048316948436358256723157448295400084701958244916381745 67
7287832173494462975756610628104032349019445804366301636854566402 39
8539588021357519993209567319875085876908416007240474237618011583 28
2052650462381639011329720703771768189676527724648919676674612092 53
9036805203406910423530239355970242860572250468175225285458771899 34
1480889611373864090588711236077940453192423594102809875999184062 36
0694661516688367804658822274918419315801491903181916988028884873 48
0304406230896532954760585083215080012403532920004935164461824565 89
7541322243255673218026405614361854176180839629514421717883772067 95
6041181594208033251794369822511008514902095971570615106262301329 71
9670289050862501262923472252326951792863479279694941341000084233 64
6953496924871266415719243746095428047526267343658918170770291721 45
7137688125541033173514829468819890079187022657360187073846816491 43
6999871069846001916890965937202418850479724357283763891387527531 36
0029824589318588876925612198825167294027141662741101090570516704 04
4024080714064988288298569591973461043773310114476914752629106988 53
8251370385357809746539047790672550164678033601816793298874314716 30
9864805794783625496578337641768867908798352746023356762500181786 56
2940317670366273730230923726501503186926410769746885868437414069 26
2171643466255329161462955332591820091868779652613725643563306569 30

328000571565435358092330765657957720130631938875793257086924428051
465871768974300069205330722032513886201409797823700948963305597855
858784931142383138600390173786175522090623568100329374408534126400
387815396520551675568639044844723503541766917548061538046414744450
765548385189949264172483381716509416349088134945512114655369978995
145141230301364830886559843341576778303064076509992913759659377328
528489009510586178016536326383603460339580911178329293138602013565
601390250579862845514783907063407148491454161331524588764228310105
560062277714107826625389670360564548197317753107336837589035160500
915367236132513812801871611930792012258359764383730370592117054257
953423358198015318515126042948982620100785924031693828033960472680
258501293249560560424638640064333216748278397221360514840268680599
942827359841128760884110893507804050858006132343738800839809840590
054293030177183800775190281710525966503917790960190831974926023203
560291684927003465470315057004893775563711126409434156167157552241
495001627356967672537219929973631027739754928302666627426325254605
840336874603732532129366191747964004550638388639389829482369837875
092453397782431787519711798474319363681641430147270513140586205721
334944250485365282608644461644228438502985573643191206335654939356
052822275137658330074985953051872917953824709460422985071101416790
178555587764898382610804393073106004521591657873080959078276329880
560642292321202320778555615310504502707317760244831385493404743797
039904264721942450818106955864865739276241786138634024011060413520
264026627271350221161248387585409524008720142144620039293705834361
975764810192677363400221543166008141606116064099527089622921828859
309917875609031710835574973518173088363151729187373866980620905470
242896355892334545925711836955134396033536134644860351964938902552
793968536505340279812868030449962932546547117543058761079699954723
436116134935412340889294578340568585665972536731765572564976948571
330541422737975829848787053362431013263958798600086555691014600563
436978189159237904845041722722113861768272082601631493451053178962
300343085629979735752012942291203911357465973939370818627845483270
398494871095098736074492163796542706001436129890641716005788577607
330423076749635496485992931396971351284839382339109491675881276093
185034367300198112590697964874909012505497469768284720005538373482
414119319461440356240037409110070218002622089546554654127451270670
621697141587281108668922831797403566989246104048763262006219067713
336275204016367709738445715348304958919165088092755901140171005185
752481214835047670850201129205646241095097012456761601738432857332
720827731881723062474533683868936157383397529685780250250333171972
377739917403998578259835211795439130027404096670910532842650713398
052303400141034168316987686385495547039513393789654391538500250365
670100306722181126171157156524319661792492860657487862287697247742
007791288364989670949830388641728130423589811192782824748257469110
176326301171135288128010383143248028134936845239867413310477957423
683550887554957527348852696513576158314937567100700349013527760495
664579014166453199595749744699043359879719969505320655350259547251
195257244808040092477603296691757064631634475308646854748017404591
023985301455443577912973596109039397094497978038706329531898986642
473592236687891437455595946949680692811872994691277843237049337729
827197726017131970953633151726590403971328789040565119640618022914
271362204420070535396972871873840306546897497712935662389826638627
800826819004714124220031541582501701989079904303902918499277677402
311493835159961323599158960288975270303945815485546860589257166877
843655997730206854273338362517957364354887107643308668497616433935
958320183542453608084820857329181910563641117454638794945188349430
823162847739785652073689693343250502504369009098518528887492798729

472822410156953038796402166840957154133265393613784513955273529420
702030870054599227457545236788736869465308907649642839040576580952
293277066203525203321875827019372023291463211043956361634509569025
576556816053566235164378089306963732877853810232848646268466872663
256981983602455347463453973034838177027751740231464855906871363626
663477927559314759004478848620525299264285995872410864703926593870
167402930720752236247630137172477982013455146181595780891789012727
001891663730951184273061527446699426579188888910048207624325510448
131471615534251248894711714146042749912836511577492200770794725986
098649618591134332963175539433511093045128950757363062664246214278
087916901666723479767881056032558860010360230668658841369302266973
994304914560421746854517128429419049835865498248815492892302135513
293251567306991003125846376701238444995187755989942189280844517007
821503734702413704101909018500720820582272623998721238074101973880
239393205854196157438639548864764804664068368216621629550906246729
927754986847925514492845070621652298071180613730683578355244215158
704226012897954915522313551283114526669227357345680748526938868300
727960914320200661411390423938652493703631611122162012927657841053
773124170697441625667038944756172823629567284314477315294336670042
787790177694273831111055900679808321071609189941988850708211620278
852381370134306585094427192751855373256728119190147762363835935582
817811773041664180545304563097845136336138091634703879096755541301
073708098665019736648403052508169431912843956462437153928852666965
934993598341808997484084637774249351131282116157423068531785489493
607056281934694375954996717298258501610015024676578412642212682217
658109101129003956282556114331899516450270248330700747553654072247
602624990236105045323309714671132815979963943347185279912159480515
906073044606236374634188967670329214956153440578256662816028005644
923227622338673112775727098708365441661018481422933532988826492111
649091008743694921683602082034669625292658620591848141252715838918
693039129081270240872915926628039756356334399454314219461623542738
131287526814095614872224550458935817508911406285606102817357811107
439867231122332105994120119721236180675912354679401140026354569843
481267098280260432627593664621233132362108938871247808114613074828
381816583444719047220533122464448637432189896213644148703137443511
202510404442174578407407509281152308743238466562847887667417614595
971252975297151814451322497526738471337253596115516352313862031971
590017228429250069329123052315873290295184553726154798914016999584
676698510909400813266910612508193558097366628199654193584465774076
889163096882304996791530800535342427729281401576187467757182319073
659093587436895644484615176244700466869612359223621114738492436649
713583349472057884273861654627852054769551662598241910661104413503
879822793805573735903301590819929297939948013333587477675592267662
597393221138211519965835177471444457261687315890325250870687321937
336775096122737572868054927973397290545545645436089950911173138558
705917551422948852285105001083734608565790029548118662961829997876
067297908752009459370548949359906569759535231618991122931174581660
344711105537997531595907177223728983534140421459789165569631123815
470116701172230674820579061378091908916399420996824900675609649803
572007589835261776009107167637097191388912818357972124874354205685
169235565886245951047824661072835461854056340735525188315758635762
151648873932239030655171426138997179683242928858270700952690547330
614737849111650248513094545091260330530549739644349170480990616788
446256767862007730077123260967538290593047293608966125133534456361
327907603159765861590101588440546086259330647952646337791879422529
002171845655502488072168429354673749029287220190690865545039609552
925976379534378894424994204806013393924287140347282014898387621020

8830106549918026481709848453797859052528686114316016252575345843653
3382749242051943921022906230046073658654974629223770070047450599482
4666267522190729707432875859846990709281746679934468652305386429921
3971370808392743767312183083182945123864191947505726340073506389246
9182711840584776390345505087969998833300440987918607218465357801468
2856084196281354233489114374739694363534785642369172629789954212701
5533263284325723687501872945754964382026442431741152678939600707684
8388601546355279893667582152343945023868109317982749075824869622360
6117671118908718043420582928955064927759289820285525402688188785922
1317712611896411587621638828459090138931830948640878661930817086796
6760211575690064200651397502604646116302603605974333875754933295380
8223886183182468742654563055376015258463544421723037825491058534672
7113647790579726890372240332102583807591912279524380409336507259787
7593090926338595008321182333415073444095853656184391234223032060489
8687760077111217146029396636883939671915386594731545287268963341648
5563694281163811533484722831324344813139299434551519301558983595705
5585929000746679942636116792144915459521961737201295830225133417017
1951388708499010207603969241179493394755469467117645291421402556429
7037644043472599286597366626173462786540014938603923479327728817711
3728517027414891921705077971065654302954736853151878335749534928042
3880578899354027744908847869712419138483130690573335950857181854096
0951306232357198265848748831796885635945258539045393883134433390294
6146826987360918034386975281657157343121270703328979102068414347064
0257935011198243040907296186077415870796486167070584835028488167475
3873599568268565335647313573522294854346387296997985989891775909214
9932996926279857125220186093172430346006147611882151071454251847365
0894279034137423927898874475285520315850231897848079146430232807764
0417736253936737111961595382027059631440114478760201273848485020768
3442771410433362219945962625616410790660115159931866817691837192988
7916207648005862142895427224208018825936726145413404530935572267842
5711367719434831032421280160926518216688831052693941842923659023810
7933968663925968184677838187428006181551188275820630027240883446535
4248609466816152093013081564287074344916807501080080990248660378418
3169687589604044612227317821328979825427220273711353527767676105439
8717135793659150217437353989023827850923853901210077110971738382659
7233632330728886404183175276642610829497099276144377388765109505342
6070990311307074284452793998191426762444396658798056130474278781320
3745903538033823515965481278357825917285601432354713591077761820681
8790552794502499331738649477429387357791395501356758159581613346858
2385123076141332744956688466633826961728904406371675715332688531163
4709304302336321378872310800694558453452697225551377394326460503521
3531677701309191680502394414918743604219677208101568191592158883270
7566917281573254500390993914971242603398871202112956235185890010943
4465073068677569114113517624136826156982119556810822225992186505173
2948026365330247148093175584238050177801641997607273461461909898500
0891902631717428714519927816978645285109886078755146714188045630667
8758539361400281559779627486705762352063106765276784720394692101309
1281839671054364496445256440547307639476175553098586748905301608487
2744630146856837187895086612880499444963065340488944779695612673052
4483414556624735979739657020120326604032930421463142708615363208528
2499520314729675652361380959360205483955027586999062785423591534987
5252319225117169344965510883613741974074041674634960953179885800724
6350902204660760787668130513696472407274108738748196422477581930774
0140727003383821110248650781342596617044707254086945384169946229715
4560484448680910954954247314322874848127269373679112486408942201371
0015105439304826048675764974583829582455476714186077974659662195515
6249953532893

9111994066297978107141660491316932302317871350501758804519337573 89
5636661323599386540335632513183523325928500148626797004472894554 41
8220918197501261409602407261652800972037395638040984264462545862 86
0499955219755705030862181063860186403905311582495332587037591072 18
6235859947555890670879220046911777885422670531484004433147775875 15
0199123934825145320923033482899199988345943776205756520809364773 62
2767697043988546371409490012012458599107070264307062406012874558 88
8880533615858843299712328141999512525013882994581496159862096706 44
0683217054822665774989550079431884850492238299552849738959990061 02
5864415001500376190676475627203709205930721485289261812968204016 46
2083979009304028739427240512807647261378296522235571004456970223 56
1069830289021899168808537521414146834701069420292837065652389479 87
0432383852080388119892264304208175010460964756730952609149361483 00
4449741417170943567845087316832871833266949452987436807544218240 97
9470534047824938981733474248966577702498877058321475653958132521 17
3382435525362348154752570172477289142627933389726452933434537401 61
2372518616752091715620495849619462311310315666521960552914782054 42
6863774854840855216641789699655746142742072088593432017049838267 29
5031698850568656044652102770693877167341129901760810835084370775 11
8133869404623613903102247094358498936642053865124034564656908557 84
1424644281104593315394105687973527204060327206172252075036286465 51
2943715522763237974404118171855497696770529222206013607594290642 33
0414035876239658126970493727442375286128256747098671730255569814 27
2902148689008752898337083191361092119177072556894250455719781092 58
5352808580124611354558968434802186610130009014689755785696583836 03
6450650291828025822511350054843910944318557574728218813128163355 46
8955686328012579208234906928758421036385901817167737610283209156 52
6167582120017424226539919381008691624214676338154580527560900257 71
8344646522469894450826621813773550248919876205707015928769960299 81
2947154147762015161475159092208768904233707914876235101480973008 97
5171035534875386224239262133662034018689476861235472440117030031 89
3631684316400281886414895991879295453581669378268369350031802354 57
1643675894518090626456513484174838203106805545830608671228082398 80
8128108348053523900772925156091382805012439745165866516547041727 11
1196431256413311316711393049098300749565198045524016966693003374 20
4110335796805438537617153490529051680590686948370701314814217846 63
4812644125101279863731047100172158880666374274848840840812263118 02
9658101930003075351143610870865507287492080274430349878007272517 36
2925905503626811846709764300003364636942438601407022944923408225 29
7511991839235450796387904862104823960167354531787110604060630499 14
7424555297351420641866560262489455401529366979697723532409795497 24
4757657098855881791848858553873733181064703539477012658801349797 00
5486178897238724019331538225696365363786520262113888973845427397 85
2948361016889281098307644641256414735865613256948505379637978701 00
6937906186696552220875210494275546613534831238174431435889566622 90
1554176693273350882876653208339034363919276451727541107719650131 56
7037216848961701113515722071666610343458336585475979958564474488 58
0516449105369622566670578634015646031034350682879906007693372357 05
6226457494266330946359857485000442510487802164891089455030007933 93
6720176135560291532997895911783620461812007086883158653500465273 79
9853943410488987602289705156310917316189182014436341745279829807 23
1737593927513006465735738920903988419368089075346049018975887780 17
7942342849143569793939318841622637076308889513009347272947880104 75
5937666417705040474625254426233296689571548208693578333396036705 29
0592920852104915004843551449668081019265548387406200091460780139 01
1717187872675730283835341186457164599669297347944422498622374864 44
4178059129298515782012375036904781668243727709696371377619086994 86

1183498626507513877432645560411672575790881335383620912238352944677
7008821216928264574922643244007046691352205613022710846669614979777
4576116644155544349024364897762273821239417097164977820787904840366
2544545370410628322273169659546780325550038742737318123204070757488
1830365615508049788972663347679812582903569509755115759723954482199
0335723003979922274314128598099840771969382913610915745924352149288
7966093768643404597875782076022560344909186023689880147186453167066
7055002064106628450235284537259151239611719236943036887867930948233
9079985037695195202519927743998309172341784274929378777548704503666
2072581739255540445661494055234418024177812710770747786845128273555
1485835407921198032913704482038624198238758852965177846519006439911
3076833951917185582506673542168049043557865070163951671900926165144
2465991582451528128400358201128987770160011764016694785286320756500
8871639967271885204012242547218847283969664640972321710676187601266
4181994572228815243583291948248031868869985133021663414529227651722
3091588892064486502427056918008088549413949465355168409665874862644
4647627522037510817390649305343596430512868819016849614906383428500
8612629430163766290786336726447703021720769246829767958185969722722
2660468569638104520985436099550407957593747909500622772906782056388
7179132594522001224616256316344574613488311311587307401805343874455
7964086641007100658238767475019790164933127352790338168234071868477
8723497072873882483966899860778187236320548294072104260970370727300
4095071565826913724617311123287730851754260494993215110991571529499
8898696654324456537879514941350863819909653411238638987938272175133
7918401176543965601124271327306174769047770423405544096381857598255
3444024607246251205669993073841598523801163169331159074250156396577
5988942043985778839049737916885671412838010123244458402326415414755
0710124930077264370554705437651844244425022596779999768549982872344
4764634376672921884244785255072685847300614235789059579653979457811
5687860616972183333645732545551379890158902563658320758048692580677
3572016991927191643199409118426643673049573912346998752156210652977
7150030399729326256422176004621510809557819992724137060306040383399
4092573023089166037987313806867580951191805064849162770490540506977
3903748035145877377006788749736309235009170269779162300195374159299
7564128053597419816840715699962602287894662875040865826886232821522
1507262158508662960652838638661733707048697059050094449458867326399
5697012915120391738721577475623868192252808227762868481773621806755
4316808570508490509393893874901498697998586469186828807296079400900
9994772237388560455012772678899406338724450046508703958028240541322
1591513176304326525360378362788086775579334999213685527302874066022
4022536003311110239298849022145456915509533050377398980639703177566
7503750557763521863660069025143389817284622021089036907396366902455
8727175579021615166749545514795017823939553881891804302677593705622
1972238910943063056102174537510146920644948953144841979889428286955
1624134270670154377292246056501086506957155031888607213774271840400
1219770060357610152497031847062493706886460166953555915984018377000
8180561014752343039096237421876690381094620457446198955123326020311
2878114906438691250166478712184171860417104374208153257306621680300
7742735209544882269128736081174559286962540699023428282182725059399
5202533286861145669170454684329244665577430529345209792486810142411
4975899660249588057368696921867766007785184602172461266785370960933
6263733651185869854390174177193280059961759156736366726748114090800
0980703474709238272071597529284189556545352508125231296733255748955
0057538855124780075693536437757035571048482769301587449220389469466
8197342419500500830568925363528982454676147095134860994743540092122
7412011999706600910849973383929312471311472993835295474964498122311
4481290485429793646051673362121817908982235707895914952677143271888

921398052354989921940897380765537815906608012971503717354038888857
184696462703881413039786000010039310838649034582535324733100678899
014273977292204976489072165071978169742943970127674205169528462796
564724653315421012967821273205548040004228525175629544038669833688
552137556417752442861592552070802426312588509210390546677034080009
623299685263133747178542286048838841859525655169809177534796388933
117090795225497900103137547686882191706960416015815218085390106704
823225795698127844447842674973313934621051789876976287025334706478
712933888460930518376582710892265312473308608535378855805787351781
766970727095536587897736295975692820445254338861821372330136306801
174603555888336565585065887040595620283539046579066606566721306208
488919071080488809048369341671301168128782677437311176519886057267
739562570803090545607511976266834669158720029711902802088673295043
868986933396781626091574554767195562073712132423097182443490723600
244548583223028635895098966040858251948223833774227475636156332320
344730861298872239193492106870626566194817567434586522857172333588
249398050079903625784068070271923131877624474359813679462374967972
443055833210204420333640392909486200854240012942334722279882592574
079906614840216092793808294170600670681103422499690335427263217523
410004227434818310668495020588527779397418424868271918469095416860
622696650743985015854854699649610586313066951093461541272500773878
882571646651240997362833949657874381662399726641737919671778106194
447113054663816575337298358283817368752774938528165719345295288596
472041668200366679108547711595567320229313370125791426143746219968
963889838641117662188875475697398440662676122660044260319855854410
914009802592585903383601355010492501207073649093274441450616762720
865628235961637733941099387221131115759670399661130590656941764374
135716572527363223110660433462887224854532442573818244544005967546
290906411609239085979829911834677592585505391058401687094028584878
138817615599900247852207732339781958037537813677105538986220790754
668542351639616721845548945473079537544069839874009834314204394992
709429249927560423284707905549213218874646256787807015914181755686
194659020580246934553411240320605675429917014313727400728304305878
018317723543079113669411266883267771782428021973929123473840086001
485605856436107558438843499707982651165267489988211027970785738465
812690922308475552461371343024650903881823005296769636134533274552
201858633509872127265883595787581254042101236549359731511074022113
036440770728889185893829542935897503918635115378153102297056990859
199522220087187065557797682729294527133629379148310933302834872965
788595038950110478304519597957577382393436958724743357320404497625
567417769750507694787916664366280202290911848490207478566288032867
555130995885189272298811174882382848178202590451528084055150496246
517380124249482470457285694943049215267986089890698048116578473968
654499410912566999448685295252981485121451494023355811305690563332
052355205963278462624762021264323998106056409714363952715894673129
632726812707043857166149848221268375071109360839748397551817567592
129596582845734701143536112022987242353524782948657586860031921375
247021222779332033566971180774078294841458528229946683163560922882
478699049935255617778482161472320546339204056500006993299888638354
937303026256652248397339924692286413269415971989885375370726966513
095289401739896902550403523001745611147076653001669696874120402969
046135314190602692607269746396298721301077419341769928325036470760
185893617660006793213869159186368884178610491113607120060903228563
237633702367831828321925742041946481527439055399334751100921050367
621545906143188271357086557079717301724596183830929007191382999059
461368054298572390228244510639239969244339523133326706484797544207
764193725557995677519110552571410396731928782740562582981884985107

213093441278552491781431993329597138643171214730216900361673276912
656035863882284366828791477426747893963833721233643877478284881862
538536237081752900320708622344391214918621011681071488822488273946
492483885752895187655363816610947688655529717962007975115038195065
471411871174753516724648003244020476555619456241785885922420319806
011945711865180366507165039449059234799759227389271437422600121337
739326804361297959667349405853137240387343896702232187862059857409
419731909054296375036984754974463934669538883094368692603304837758
550705160702449250735475148117117921211310266566391155507890793934
014245938604687643028234352469092256510732663809565796045219558644
445037185217339388195817201868146580174300521649237241077578877374
772458700992055360635200493253969090143354458581604961850166292839
345964793034834991526730922312770507644428089809606200401017335938
249027880769832901342355154534422006200591617782230712653531314974
198536071450714871777560084380404740997400976688961802903965683848
880895208663117496376222684361419548420840031764657119999254229181
239905084105245483765970325194161374269318845621820757807354971865
002776125443930665245222570815315053239040037944918366634699496628
801195119031092850282326599618003624583301942307649009600060452507
443058199868944536129056554854011756066301934984720407954895014512
091650441310594787472385449094226085874374499693554647606132970035
494930030006336980143060104979893499078952788185826715984807579505
612867543027679692770732779587204678455852348264022798325329642643
866207887155081147408141757874189336763518762236192240204582254133
244098141442384560765270080245062981039087109465244549468041922729
691721947169029851201960694238991434831198682987989275793146618177
806615813962005118867796736993826261371544639038352377109285552529
871300021912699633815109505427266919968186007916517857054117068487
916708535337331380454872380725005050693312742202394681131053447844
274444375015580051285281596148260455078383719802761785030923062108
537041548375358265173546591175496366225958969078489826262037407349
977257133192309673159380857425959953780992414115203249279305269670
370086733477824539301440844815986941383745397170519914949702557966
970846172266517050911494302018165341604241684299970483032089366212
136396379709470551496804950936575320472960746068515545399746701588
377711541435008757809888875038499481572131899854698800023879266745
765865443080449752730034669648295261974944095042195080219267585054
157487887222873835562578349287022314295093237448530509054235650657
921380998724517755389287893413737506428005163654597648447929323370
484371962578533502810234349290472878582810162095162873982002720118
449811180045124448271793877342001082629588279585046981323491480908
361307176066199433451820566470947560160278646308423988482619418493
736342700174831874408224577940643672632797268833895520693808380009
982504390259790248888098183137319550350541149389044314812788127001
348806994739590300952291409988026613089217180990859344669951490941
594208150697073625928963270954062811901175393947697449985476398987
550054629753704320804785087309734446572388680148108035968512283160
842244674226494434167195835944522974641516099516996268188058295924
574999364820556137264591800358533274959371918757895117434471727903
206417020713949494029308174984069248827126511314532885316460153561
184966264212649801881518995501898861641633098595856304573796202680
918400697601726141760698960366872383607693494250438279745778495884
914972375416123568086978787897809840196264073776691849427669421344
370977584174772740096975465937809500379800053186791024976770973017
390531995886671949029359000541013243398315004566766905880760425513
068611754941443679590909721241063392454359537875891716264706498827
652812065556662309557566225473798400553710450399207366842500403647

4270240180368839064187646858428619097621128482916533506611761607882
1602819482023371986690733781916873175814166023024007492924309569753
4955744385219238746561325360081202776755878023869382367844119485394
4416747838809333288863666320206227147136308714439669877333609619193
3361846370377828624918694487882361999812358375883394954181515976474
4655142559989418283022679429702935106532448258855101434231738661455
6857179101909269367042249618541612290647773254036623671231260015806
9405281936687185954707267063889499383630282915166715941540343583817
9528070894748097619744440464220679314481106447163178488967782747048
6628830851323821315846589173839125252134509097532392425231824359549
5445619061198173593403769195185613498454654823410622801166029338701
5924647817514336238076047712517288520369583910645881757084281163201
0679519939323378549604370430406728536054056771357071964180043283162
8316383009466828876039948377759652718150289494752546170938263815393
1307096467183441953625446337897822998666656528338124272704230967293
0319235256580987332775830718129427875168339088670572455147995263244
0419530120488436471490860700967563132110498883224205320332638081444
8361372091818855441987207420288507830180643021284317364087189088766
9901754576125482851442565995748466833957154824520295520452825530744
8688306583100755579521031820916366427179725056876116686032701490333
5704032734504581494095209982055316105072892614285361314242310314244
6363767161719556421833703456591522175745408083127781595647081774377
7822924746203590084740073944026369615781923642400140263681159941488
5346657433261976536269975898805108081048575624975927199390000009966
1632646666838481493209376667839800610207473554174596946451141502677
9672131476135092877885801937724624464682159975265836519482829852300
3664931405893415251524012917086524188371684260521484369942611804955
8303031858724728545331989207212855947475622175391595845271806678366
2686280512681758821723256389651969468729523436826926855594192121477
3405830650799119423104497661305698528971381910777145708153393818333
7155375452992952791761112627519314501340842548518903141421192226588
1380492934176742127470192012822459546951560882250363492344832062066
9476358908492491259544919092198984132924396049381838859724766289988
6972091583691348406213322107269469664179868551385196986522090566100
5760602146185113236849778623153637954024426052656372405087692415922
8433605128045763571301466246551394605485790047892018725623704244155
6238421404309812770884953070691133144672219354216107440016614355344
8971679386940354648996362093556479886106190783768422521458236126677
2886808349948692105895371432203348079917653443818925725290591483244
2412486674070218417130070509884622605824368023689331626327880417466
9622598539465269379908410195187823114023010463205497725745406653844
9923114888887134367952316325789348332780350972522547033187808036277
5727020037741324542443582986901714764214792809103410556496199256444
5147876093747171353260512966258977026828393487696814901644751777222
2397149189510982903079328431087759640973547018924123905392269157522
6519989886191067899558889577112074565114204855717542840451083821877
3820456890558343501109271679834792162628863810545729094119375522755
5199290027345784546797020061601134296376666300542445163175087081000
0515364429612178782159264463330889486918677376045409703342833566233
4403907867901411707736726865673499589546405236966194495971026686100
2719252779121205295179594662385005219409482109231023915233612496544
7107932657730374812271860835008312331723368107791302273961833492166
7002942993473359943610711575379985847416587005285991294381301169322
7432891302603004170292676258860500653535753153187307593018283393955
7043677222075574615474562849288945140393796544632582558062725417833
1805270600088551563828395469240072130997238575838269353388019553633
6132047619698693251284295752411463196615582536907095449059203746533

770974589953079508600695544438921585991293645284650445514569102522
647777210176602400435485326611487645789339971563983960469643324901
870929375059462847401491761052052503923732522470990050650931725452
730524750526096851985253485581706948045633582245566183156424833732
913099239064610541690442645240972554536226685468330431279675055582
233110066908070379729482004756484047081936341689904569838704712941
032782266844631938944239326634419264462754175083825972650171812275
277911558116877225564835113590323769925848613853501583275417555150
873922836796948987151575881939223647218161431266457382710119228826
05577326032309825607894208813898291991152929037555569625991483334
516419524740757656789215139490598879609724229646922567968091657518
579374192551627112551198342990530629649417386255300220517321464565
188574932522942753216566558351618564049023282004555594135528909418
078559995555054990501266901121006376011248174583140978496681703606
041601496595447123073747468966947241396965052165862104988336828655
507813531551427778528796298274826979085645318330350425603177939722
079829736185209217842576219776792754919621107665533362710491065562
333930050101266236064086789407453741042799643162779419696140605372
078814795554799628029961549878226410661425324988284056318559967147
977453438075285334457925563652941264361234417200808655065711193364
968260084889524778468159770516427149356820335917928317716274807815
440154471992050204082987660242111582258095190501315343060101105365
509871575089531395354072725859167400667153339708308695555260213475
454909362263320745682613631450819415854273212949700674461636112970
976199601189219894094919647086541969224399749735954530619427913108
601429236903833480013799120514968068595282612546939388734364909293
047906246864998988493323503766723156005488940661236388908798891824
556253141892882330528425991872537282567637078603201569586093771736
369297635595212593814435311916092824182929041620117810398613608520
361316947657867599785928940426535050730607788445493689766839107198
206731176117063787485125211021501283733233543624370648744563326870
140729421412614157858381965551412994065092167014462801234332872584
095975423697196895295411218756653220425874852609276183499256523678
129502030467026990401891229972380646204423844800622913146423845148
960487282318045977418570058024178129492730324195249497404934156472
921834352848819672750811257678211973727605508444163693066720713225
322832939034866061222663900504560226668975661204561623396654722575
361625120067136583019777178344616730057404569665760591065710011416
473599323125793431091810123727995705943776159670989927685236536993
748165066442771751639159793366606733712626908118421693738206965086
933268567278367422377736381997997198578346419412651742119122166807
094141328451052283380540670898696278267940317872319008190509832567
070850850228121641355573897628408074405836892092611837502034836245
732778071659777817946163599471823403366493103179242461025404104498
066844959628375430763956943587460986385745695158537656574417862924
869533041661821749953596336670364159521613054299211994803165803345
233211598605666273557587861977141211361728149799961195385920622982
519726904609829963950718740157855751932607923348939164387044887445
174584261054658645100543068708741727032083891365852042328075371396
616412809442837041081272455439310796322520451554024107074270603294
709427393217234317948315190703586443190996209550863909841272646602
386712246718013467297159550018451457403207176733576166904104372338
794550943820776780816313104910800252177457824652170744652787910829
073390023953634071880147122052214021539910163122468998508619561004
862149317372169724539535218437453636881449794358137650622410815240
331585471385436580057212534789599241798496703729212532889231110280
180698268795596666193291061687613476012735710696141836251349147677

2864112185859982763908016317795283809545587829491713068189428048l2
1622836910514556919627018366592350533516483307694755542077529150 40
9405190181035540191839178547813399790765698267611809420529364728 85
3714230435426496946828152928778239740631688212237323744568623151 39
8372583970689910936449988950374421668157449006566798089240525590 42
1706641935048816409596391628243168321436293614401089755855067691 90
4977026814968846369662836100299442637293757667957457287491391917 60
3147753217991110209376451019667941478693903830533989934932993391 66
4772590544173549043402872902989856101035947620348894598486817775 27
9745376761775739959655575307040492731673999678223259487874059429 66
9701814243003512541829021652127363210930823375064631626414923823 59
5455292065492774318872262491763738171334465184798088801515135548 63
3879143408620024253323592296896221237090088402610478255570589529 96
6101856028960633973289754720627437700132220797858821312600468867 64
5190073959373243314611377608574663891058377414738292260693411364 47
3443818014671080889255488742353442381448313743601248544016766884 62
1350526234765977665364690515679005115589257997632981115376287507 19
5884317938258173166921329843468872381579771241224505487909139547 44
9757281319471996537574727900424540311494660658017917689981142224 15
7233493323425225449144990337889840035378645344035468834488701709 17
9675190878066865656127703350754693255487739771782574987448152648 93
3300370309195490773379470251261916810538807456674678786128953492 06
8239904061221050925739381718440531615138398514137364038852808640 89
7509972555645653025364592826031248120268642549893193323045885293 18
8244858323439217007914797944908683859630751194477385606104015452 43
4366529960923664146046098275503075606371459115789251978626502859 73
9637236976329279913414971543547280289663777574648579564142706718 32
3934743284939194455249840529134697320553286614101083856366818254 73
5654463805742638551177262022623198214541563836516999406232004115 83
1743549208446095861554294717966158703406780715747398144178688523 56
1172253937476289392566269541532815266938674970317625157351116709 16
6054490731505423659796963723533859198417724007176593889415905126 02
2119557237348275540370158755337029227667485430491731121687674216 29
5387314828119329341036213997914193491696626712896650254023849516 51
0747201108039879798356315427365689432090869616915922085918541887 43
8734535219770064421677183490207074355899796488879710881529204458 77
0167924502103955916254223749002273377345402616929457615409985647 48
6090962790397865945877984874033577711002432301800598688066362736 07
0095660289159497530761097530365793633609839750890859513601156517 37
1310883063152093249069573527609470451357017011918924788882522812 65
2512649407264268109487626250804558246204741136262984374480745936 13
7886662184231723389731576491296235226328036498518808553286225734 15
1762135003757391584837486864158824405061562353307504470286006689 07
4375305737618642452167403009899608866035364891460932646189873111 26
6413966216836916488490935627175640273129072007706408700530974163 79
8281313106366511219024399911030088878270485483569423163174979072 67
4484949538582624173907717508695169762555838570518788001282864019 25
1588367022075810627771266049611797895276703259769970786428542079 78
8604232171387019842796648135064284835541030938760732070490815443 09
0742030121271590781333586640649439379493924437297708454928359705 53
5265406677085849323390705257245644907217484694427290042623438418 86
3346554983647670232383107294625625326515838774192520437234716103 27
9442144924304069082614819401145746521984035738697125400871634734 11
6458760772663464425312570154990383873157734291514453066167664928 47
4381950512194894888359544999816503666146509566939638328632834500 99
5164192802421464235570114008286897082439994764773535589894670918 59
3901815425688801356484197686184471931496425271003593076189260670 13

1041009780780963125446954956399752638999430505554075958878885946 83
1149394247403976745877056489412258558779849996048903032611720894 92
7983754059347413170386316671950983957244768920602820372863959421 01
3093696510557591526586873527488390618749593242374492626093780926 08
3109935999770434945950307973604425994222423277773049209818449200 54
5897836097581721604284925605666446173643082497583402956710814992 30
9620540075933798904722130803893928112732735466476141662335389137 80
8278668771960684647578488401622992150851636963940333557824281608 98
9531303442377747348711731634303911959770758122944800696425160029 91
9444365620770040792664657034817651562669216344991929163474235896 84
0842644806257287307200895596810192472280867687589481347456885927 02
0784590501716305293058728925909213784888447877987885892794729535 42
1793412030717989806486372549218153478860976993518089867785531080 91
7429201300910225072246147533661765808746819916168425851290963509 64
6084976089536754871010431829776992502431519429691257360914521341 33
0670749896293829658377977408480315734823152128537224019858573672 68
4745688207891382586132086028897419773393175226557295506034690720 54
6055956046244060661906225585256743927390967443175281033383956182 47
9783958323386223016676855135110482677685037056119532466688121621 90
4422766521603155047640455053452040741751357926249634203544896326 38
7875531661721664353699085922503130582482173077303866064746870015 91
0887074511766130474004315114390077867811939939240579709160127342 87
8146785864085071837075241936454744080624753128820549519583203395 09
1470619240924946977107163008534028369059175693701237962568944088 26
9756639525277771092482831965443397032018036945265410445175606575 76
4027226124710007458212486446273454778944080403613328250370357292 98
0033425185161409181374834743638314897434064670264001882582540826 74
9537589840470528822034499320891429556166893585563430244208590586 22
4602113047965225793164405414710744209766281654836125745420156262 22
9956168738187020870174254498991730275076076561220930373970748289 84
4587203444264420135117992720818805357024745585319141537462474990 50
0031060171033368907331019970564619750521748854795762069862087206 12
7010078378706576374824756291337773642585001359466717868980825439 53
9902564639637635134120065631409410237193140715445044575665252138 61
9348056687055589851487547868891191443613808752793435458917871388 49
3968005010359873591873707253162549045172113177099526603630744070 47
1465322055515276912558017232098299125645422608817953401873950940 45
5463292849216637057946153320286230170706963260301943478405564878 78
3958745500550862407044886741620670250209186137619977728894106219 22
6158928008867293875114114907228280401178881903245922826122718507 85
4105807484727441267981177730328819369408890670881671505683174756 96
7893688731536303873322818930336224792926842291463077857909510438 64
3185611725112536968429711153882348451192170335188070346624849208 07
3983633414921030978311415843471308812599520164529991171064180563 81
6167113184732898711533870574420225546995505939857352512041762629 46
3351519688065371271843620716465646990625301784288540415886043042 76
7129898259981232119266390246016504902433894005797066822755735542 72
0047950621394445165944320443902422872289351081977689068351165899 21
2488370337874411335252932542686041602918562765504409269598113500 18
9606119620863770849234421977820536520808230584823514310199796859 81
8615375010280997092786494338337462171570267095173303738295139957 87
1159192552162437759683869523143599102933236699823738449066531612 36
7049012426436630979843012183956168862878062941018341175108595681 76
0758998466561086175120105460187926181540205695980042415594681354 11
6272633877216124325353288420002079985269561604503343599254645172 42
7516952996226365258603196424848175493188606877637606863902456897 64
5887031974811322993388979264821457773419639209363134451405284469 06

214122913558397514574004199992935149757830482922745362272006022057
871574453067700208885327596667914598160202282511564660360570087192
748289147593685501815575119004874843146176231898242455566029741239
055598103268203348692782209969701743045637369514647294994708560384
017916677975698260761230999791813953682842582226923074004068299272
129087763386122461908254903172883869030973607552560991478393285806
783580174932529488155954211167021668500998738687072708020315142396
770120056057146712085361797974687395457357788202645227932318826921
707201220248686029192267385042862454793379846398653877618763275393
362602122865288133588743980349974525217956792038772189689371710475
389118059194940746683503542006462308523975831629015580190865910420
028233040586040287444948482995571032329393219307147293724589666834
357999861257419741990314420832090605223875654862159289718265964941
128556699372160094945239349438967334087252077346205005725334728110
458787761805863706935718165891234836462975999810053436337310673593
024673903722787909789331695205458894546489381845386622715491547249
232065469991825396871411021410771134095823094046452162526052219639
922247950245983986683261977582966323139202414071187529638949585708
635284038990025284499285613884524375854567657317911874704193333823
909437600645450481127702514254903452141372669834488277499460901045
261698627963446438653814045422948054960832546435561837707032693637
536489703402041524440945710358880365246887545362347958558199670865
671354373182419300321410850461551760226141967948170892160333901162
100114661908828458235385656464872133926833651305281084863495691771
808119489008349946079330394415632575408915809234195779578355743500
347687589438707335629461355846346153677669639623512110583160714842
434405914120167155830593280700274102006176287213174175837974181654
680321778462030079221169009603451139799550544448892244298817839892
980754942915256501812386005940943120006907153046421806875422365106
401879879927311390793694416280982530474957292088590755525868457725
404772104141722452987512528491731138700517015249989176649726525353
361809623788799511879160774872012515751954759509696184113795830300
856373869364481128927499841243635038505944578004579945326279216877
374683010531319885374388395974802375599038597495494227753449528161
787683415449170094726069272194862906091315928670939467228737383354
050421426406881753363015501641691641062442904909320659090856696063
731066656275022470278732634216783580786257203314787288125635147790
984509919191690454444496028113562281361061920662235035607155270025
865186425652367594872143022036859135582062995219296072282512238190
082974809493244361191455451386149618842858749069701862451165088526
387991110271306243903531149774956957400164789060791340995446013337
586595189797303321671620241222297414444090948590025000948774775894
653620519037212647004166258356057218892718703145759919839697234607
677893540020681271824654448793765402902159648358353462048165535852
358403125987425330248743411901123763693169121637040612839172070987
753879472158909340143523176924837466518949722211363271197900082666
149787110563142251829378248216576829836176283943615250441047948817
204198151771479542234616443621086398628597670463277033180658908461
813887688936862894202698438989539066608760884183620316155392883868
427496872563656031337064408117108692891913569961023929613577063224
344702957418163476678442205086309522426151878042192073409049654026
199159503993929981948748572446597884755963255027034455776537515048
031422742169870564684485096233508900099230920166943241812334610721
635824815462588516776253933368652639649552936674927173134898860053
726047020861128398849016507844661027000202792761029491752827702999
939847316709902760569679040082217198958285575392569691109887664897
457107122476740568400902966020865812561278922676633084106578433096

810559700941721231800548706039368793936507367502660949817816985860
836665028082161560420050386979515195571273379491052634155471955464
085551170979585370314516814652781859773775552655726260570150482502
169805779856206073629697931328722640770188909280047617532312437443
403897291520237626197272995513633379225574023868142733810737978565
476004079687251178200870381594920540254889276040814662748785848609
762492632941982808919417031881536149156527075109164329155842197206
702596478884638872285539384875664254579343032858494645613633070163
173639034300467908640541079524423611526078357368701894884866961242
652515938065123121404403490537795179480102470630244436128459221366
501337531436611607474946412067947932009769928191322572472685982688
475865591153553804288956560876866329306411499691313825187546066494
132657536810851761793332676394402135677252255047826647388666809040
915661663203275857509374859768171738203258571452026994173082058345
748139663332208786791687951105093733268772675782305941681861305320
577476250511802087871684192170714862587071987548851868704507137095
239296386801785186729021707870379672150212851472453207884870357737
146618629936646407947346742498096712751711024335353657226104643631
733895178989388485314046485781303700469921470440011339758853279271
796522213024810311836542072530963395979258879794368773677616043389
417218504571713883992098347109928976546877583489783540995819301898
787456233321540068662116215276193892694894421622179251505368645419
898062675791772588957001355907083154174956972919641891387283117409
169588915041007081297677045058715395970215683588485594803258356113
717453099019209964728673859049939083496099407559488346680865643471
974926188139009738847125220541200552534642107280617025650363277070
073487263103630739650037559302604227359705639867681779660280933449
720361819396796497113068874651776818828033026112930222578539011976
359887452796954128684448046381160766800543580237886135522791951647
946029251531961275473031176636857193895675472325563964002187027465
853260009275974335177413996894510738965056517269243884131950191281
533953730259143131819646317659618225809561803637852707686371499915
220156016533208974439536397872509982846164425518689107673542019212
561988551627154996765544868256841268287765572681670626222895188851
103456198675883185534140084429449347113932843015199294995246823529
774616982539524280867737647045506171397835317374350418684036009737
557513567608949767018177925351305560686990584633164914675927244559
447291762783273595312986739114263634276888237492647266359990721986
964300818793021829984836208631728321600940800247729611959188491961
078440723129473547536441445170592106092526417940164647177204587458
737433612199012745614396085215461465440735891221345544260010361521
957264160295284381444283991086675653993206204012145341369513993718
838539562038547492453928534934609645166190069906310311769096761502
050401011476562203960005427180403931486186908547239694447871543138
770598329314194410596991787888437896009091539923472763672477076686
096659861912896465691342748155530911766948484318560198376315207090
121495832019807326750043626454085241369129545739404471678540809285
561302456641200461429026117508139679108783947664054270898136960318
014047631062632387578713764932419040228511191303750257654361046453
601458363130735767580852152336303565307051811932314376127490290993
239526724892336957015911157762298606122399085969753584856664506855
233767596735679146479160383404294838600822338853829578406772046688
270915648393222140086953445672147386771197868821722352502314823877
014520318045380086668413613573669015620889150694584674449752421186
854036457970870702649468086936900822659422450728564559436620874244
203428592325602082591535471253852285973206407454477712384930385248
989382562042264376354995841980847855388416643615171332098129257804

883140578101217409497449578163615226772215510131952096986746045836
859251543033613069476427494628640929431550955210744757227054057217
548957043431329046751158182928388878930093754765216369900123963473
862593986019540389078453894036300956443233192307356777204186506364
092793993300274214833453724285597383776383128947706327272896023340
545146430613766882211945676110008517036750674891945422676882214593
461150817120673729278384250982729801581797314204164769852495367199
214995155529794745165399988843822203893914069649615829591828866974
039308164830364653464910572416284560652107626944695342001343743063
652811537901131345508476219111419474112274045667138895106987583543
130956516393669745109846506171555568427805647007281747436135341268
021279436830685109309799295588500621420243227121790410833941415544
669066776295262498492950691922290574547817454632140757209870809471
229114949377076100849922835542850719832945090127428209286344262333
468965030878702143487309210001771856491147310740519435367469297157
303313750029525876679599834048568012053165889437159046214107210179
767814234487120049484789202904803416892613006532741793407540303048
609294809344989922348407294745659314261495891618102513634364935320
990484199140186499302985119699173266704445151973748855689152366981
644214718882465973411136062270479011618359596119082693413504649923
573305157362187016353058311582654874959582161961505900024005260855
513989350911142895846722251860989748408484485354465517940501755746
588514566606393775583441102658042460059062981785830222530761854061
824174035147020648975246915979478202164843105286121748501507386476
274658513972420772870390403431014007874105368961675421137132448385
466092836191855857666995460001017661747414172732250244836530696862
629726467489673885284803597957151121837006476672783279872205027925
802642684326693787362892651775663277621665034021836381700911317518
703255106404929602183527357927298470763505296402991497232274853951
262487134590879733736858323813225332567427423454977735533875079378
226977665195828289300613390250934132975140588293522660909842944393
705099086588857172406743360962110284912671280153289872414072149497
895880243761107952607200633290875312243068668157722167520480239336
897731830064281203214978471831043719601070786239570727733577773371
092334339361018150098318854061112901737735996905516945733574055039
419421467066596794807383149785772977118219165538987413667496287222
815532164871502354265043425933813605130656870981999104706638785252
401565847373750796136673052954354503593328213698160931378401316116
719925261469025305847806112260697316893716334976095667239022376222
010985270037277975714235865701000810275939587042664878788156979835
890064586249715012521655723622491643460883359147430271640142354587
218403458651109079681824315335158365676752155701158658413600158471
064031437212262170613168733659003378703005626245876476538554759754
209236189630826295123183106479957759663116824246047307025743345754
480649004469363506260718042370398875087645521891322356560363176789
839769609267927969422718762199012776484332931421283387345368898977
129883856274612293780076053600121837674145196884139981297628712900
742783424894197409226880693299409277141919647724638799118353141911
932299661259594807015149976978894998010819580639387278356468989252
059088536824264100032710140899210063994405568756532816001157531352
825966789229695578027355990665624198702580594961332882779250388169
056274408994602316456858039747696056884665695011672744942253403543
179744124711606810148528788785109848774548303522637342732079636021
220089959479629347104699481402084212549849053200501189079257229331
999716632135205859273856246073397153075007114601655592605129672252
391411268409518823438788125544895917209071669670184913815661996407
763687292757262153019947696057573767066207238588712870584924664848

242505409226442734243807287922548922536257183342878008834482696697
097285840193529587236465090531350623934831160585303184301818091468
900126808224333663302733944680537824646836110753792936275477679068
549759160894663419677345159041424780594694065506524719268392204344
675357735817658846351923217436124603242432742288574991848029630866
875945767928857209355458181640506208612237158297460052341207497853
902635369813990891620219827703117677999672744738992356434552729233
676892248332694899650571615908798694584505831728044382996730158911
980578869506662704352300821224075589327799041663398782670091080129
524284590129325441764120465171844611528620661837319398108853188492
364008429564081406524364762052068711610005391256527557835377144669
772753592336162439726529333519322532641308161797570215586254278886
330298240106483440809740327309503450718563936429663858636510607072
446596993229461487164695344524404452988997286553098620116453389968
379627801698867555057429260575613739053985353245785359098553852593
277593606005455428327736753893489084913231902780647964375179526186
509542607816264248964402882832982666153639701790378714487870124181
897381503656335210822210351682431552835884119830195248698972258842
667007991885579345054539877851097936097071506838347321826842805353
693097518288884464296345771880808168738136577980418353223094031348
597076272721306153305350111296163580811264326959355835097400470680
987410840834942263333453555172727727918624509189691776774287674474l
488538692106419806790213858645585209907296808147364092844764127253
738996467052774406670537291296003984512625608160374176659623721486
731421183545237728753274697300622095378621557908346554034268493960
785556529313605887720008140136910285321125919031885628495946394849
986832564029199268591038747025072090070897796303977273827000542411
006292965160561020159702377826959262191676487010113432943487843851
480884288115593217198333101065335120000534818631716626256380574050
105772238331720165969596915370741660649880192589796715370873018000
900513889508429637004270775665999561758632337879766652006281340660
572305426531607016713800617498344212381673732141972806938718900192
618955201092467338506146151240941910093289041106094160073390131607
977037627550558341911570253389883170397269994199505509635147815968
480526028893569202196495992151292708992036577395851929498113994888
960213791942453965995761044629745264063774698221742030799302223419
931869715854112325556447312870844029549186746818306928502904452155
019605640002634158214345326065453014694378660808468298995187307960
141615789924404225417872531621451764621622521314266658278029546870
637751302238001946271980746888885885494921477450423603860706756074
544935129484912459894271166353042917390263989516318666637223775412
012889319103025358438618626408370345980121156632520931213943044452
707117131901424332348805201266041843288986445677506769713694709494
335717705446927728514789035897518626604701033293260929185465279017
368178883181913537675756462678519538772740508521864480724003526648
905557352139691642149135369562253638929326731617972536616877056553
227404086238488288043800711715845624559232275453743835765312931223
485671812987004871215591773006150156400495404237516975320430853572
844027027839960063562414125218661105481482283154805797062799807605
081622329663862802456977475868800969421644599653783414190406332560
478932254671165875479928442580730316476493620390858765365349793029
398496905455199574306360102289098129980273424906806901779005941496
692833298671324097636276046205597062279789347048124166728315689562
988392416859618695538766749727275987039989747589517980935759716084
115342737850267667609798267156690540692146409197228459569090836725
669992675017629783125865935286350183907917442008681431293524249549
102530040442435460250764568322066143339867286354779978409898860298

97851155048316622657176418778509685696916723949366157498418690157 1
24555411409389777894464952822368173924075016681824261318327349124 1
24327818258110448319879328216421521361387091583383162422176160956 4
40696858409292390340366304470967293015586758324648282210577242216 3
85350225451216634935034385786225029500101727872768489399007943291 8
31764302067565405897081682960396946258765780218997438023664049555 7
33984591933461189571361653123618653530034072898700963913081183800 8
25599980404834491032131886201190888096530163167275584514579627931 9
87165925552275359077408867158249791105226957628337077870164049178 3
59354550973962163922617685271793256916363201483517150908652598983 3
60754492311083496459508724468745112821164214422027185297672620310 7
81830000072925056443737155118448496854114485530246425579121842192 5
28382639073253872033589572822659549542650105637360818952193059096 2
08954797466018919128746648897761869971218410793603731108584788565 3
20527111790938443922520497288664268519467452973782516376620917448 0
26113947851417290028297037135540359594898365253767548455516558939 6
01791173565830604764760536331454662315623466163050862683181619245 2
19671113138980012440893721498471496779550760659737652667754027780 0
59915655475462786530131769916759778194302914816706028549991416301 0
42923884363704912748879399518013358036196051059252220312181764560 39
07067481880113023732673221701330454324607219439711287898483763016 8
00312866076775034746425725148717795857376062724888129128818064462 5
31028147267272012101725857433233172890107255585816995127861874321 1
67971936899972724183909906635386409742400042382132026107451099668 4
42988128525896535536218571302785235114637343100012059315047755784 3
63091582596574345116994898586083178815301099015262781980263917312 4
48192655560661011958526349445278826750721710330855382354585563478 0
88302372309695094359421934964859514092286717855349448843943152603 3
75628003182196285605452466874544613039020463594415406917168204701 4
16739571662426726620589328282219138939133098906074095637300316550 2
09235536314609035723935977507015231565501675407300814530185198538 8
25239513604822193856399932607646523959262194360370142467406000187 9
47697153436810379372948080055252107985188915541693315683205789131 7
46926996086187678787402369700172462068729403251451274964031665553 2
44473277281809723741263441774203038862919243996314912164946589506 4
86548677462820431975379031364519888208712848337166270340464005534 3
52616135079466663836622524143916780615094573834103553000088054305 0
11917567327830200113841310713104083742876354999458386948744529481 0
75134419802159937828769780067716314209970458544468639545810855570 2
80002041537478765917264494199887304281681643329416840516703509354 9
99733844313409436562745738575424105057197481774880796771416884316 0
29999851560810682819516461062266060813892915479186149837037625218 2
54709462458100928864067425075848142047878513065596461010439727846 3
13998546825978266986736583751360556755245523774252396970501968579 4
61719791928955114932222848113329745152133426879838416649097214289 0
82584547886590322445177671822344336510479700582188836986018910751 7
33939133475778564553778562106407732562548896885407263950222510040 1
93024591880622313055384589544792340129731707850648400125140500113 5
35462705809936879732315365297197520518362705220641006917696464791 1
12632927279186480699292456282152754990635813582929846894225726788 1
10456753123845359218745189871185126689025321554795829613924529512 9
59408875690325733264896009277039578644715541381198997700530221753 7
81267062352179002408085075007908738151714460981526354281321828340 9
72636235618263864729145924588085902345080148591215090706002733692 3
38596908868919947554193218327475001867756082555079087923621055220 4
40936777114378517822751221240000917252322218596499580045961119023 5
24901421499164256671774957287264205693158899012637808039638569705 0

771329139203412620272814585376668640930514537495886269105656416230
176873020067726947673689101899810325782519865912374518621985849515
310429798626743658110374157510630434902370417708595714755706900431
449676162577136785547663015533943713254133236249896963885922564017
381594520091656020244524216644645953552946581011718689771895302183
763798813049512691370407791369116538713469925500413764486572142927
757478618023007681907236352098180301365826109259042267011382959277
148404158071275501460164324682530918504358417541888768380777279114
779272446560668070502374757734838040433823934647246754960394225292
904030894287986342835278934854464428237264463349333884041090197651
090304042709474389405157392242114669990611865968148238501230789847
440408400130437571865853215339143333522717193748202402692394018106
219413718277459318359730756832998457867437049803061711405234179614
899816067920548197845420489493346064407518124078049703797893470788
105790260162864561419306883396047738524165845486304818054899758280
870942938554718228883687963059484800013910528370675780807153946634
761336867560217984811305297123363110534096348501293676930707434288
484681893225546520170204251865795856785417431962215301639987045850
695732657869917372631216968781688349866787992424935055528900625422
473172958903997336426963722125581917602495776217043835146382052186
592935462560570701079944470911720265801777486751556659204489063721
963699870384395517504081380221133220168617318706969191401827049043
480845894767708917550555367905615570744211629307587960490915128118
553963338304689299552310706602575619008552688172499684026175424165
853234412416153837638439477275039044611821562439853440631124904248
713573874667660456827833003498467883946400254757307556254165570202
087383439459770052788454519282099379308214694991119170437314958143
783704740857878352979149959652961329114646595684733729298759087817
612003954241264118368269815345154006391054515124047936525867587835
691585869383387839633265792494451936760060359037996534385775926377
256062175915818465229453356512162266339495796147401936877361438812
561561036777039710480282673038910756968652633386651818318493638583
565211147387833770749576375767466502313257030006603535809187750278
682932097844529018832000777917882840297305208279219273372068780583
470481076365118002027106067485855439836892909804969006114600699760
899986598059473369897360269943513632339094627826696428469230956563
232746501297506729522958741477022372006360591489639654925523934859
624920948655177332242097739261690333522516339557405776183633463640
491001352322809654662285370678249176454794180646357639006269187033
372232723574184176087781736996681006815050958258782305945868131372
854570205137365545493090275284793370626508415707360087955570530181
949928502822045549108367004780139495046242179771824846604421975937
302972368591879397321085676576401021401679523932781572944082690782
096934059384586699422317465897860977263454148508768791307499877939
833869027417304664030524524665283202477640598424966622042354779418
166437753703512864491492581848329897877720348489617005731582971049
497336609311246371490982608935872934184153242433727698310797796145
981813280388869174639435485643212251173090233147351859097196373111
735361161170286370994225545308535901285233648977924131573251569688
726043411930180283139672596383200801989656237857611882418416676769
588787627290331708669874191654207519209661529248851196848108741523
014945039809422210926081240088558636204874097999121503295184837255
756586587327614014818364658944536013195126860764562183014941316324
351436895247487554615190284630614080093160331573809045193810263794
040476770662065161190588699383786067710447929145722743681566733573
519109949485671542355103535704350612302685267721602358576583371568
834261844713466152814311117091667017157296231388941814482475752109

6030796106447603417522536083096466503144986089502183327117273322284
0754238800891583184833606783472232566587741633470298350317474768000
4735093192820269182686223336157341121560631608598384038313976835333
8944639146755742704293329257762683420512328757521908203466866647188
3240965395276142082825695176614748406287579342077681970518597817055
3382691721356455311630562205674389277462111635738906292974687538577
0233034395397057772072139859552975519660286329896909002524080502244
7096760786726537661527369859826062702397003500684340664004437769900
0451195047846445227107104022326054523829559667683904192471938125122
8887448957718371422098966785108755555166907544663850187640464555733
9385270573800319104025963123138544744173288857728360608576987772788
7755243310312766324440423356859483642143071806162674671189432582433
5906450526246263221727249806484706780616369014208923397278986535311
6045795852431040208599315239676780573958079372994044929970067743977
8523233500455890205906628919668285867562799263620889774226980662711
6994236590015925252144491434369553129323498401228258600472378712611
1564927997558433565013208317601439825235160427519749672916963622422
5673578494195460430008685828013324633421375326168047492604791764111
3544918875027542445592013102874027762185948933036544418024158490422
2587015184711498445234615844614128067976560049284352447023668143555
8537723588464021317668475958836662984297905949439423744059292615677
8048492654231974695786565845743068892272043429078648840796138277300
7263390594628562986054623322045338446175064928920479168840040111011
8423434868088422356591178438549108023877694729170273542191569426699
8563254653736371530396434611877498157557391767849676264348694040499
6304617031412441040220240037028892307057228977506462775217463847599
0959285625221300657604072467676869962990777184334686319459276230644
5230965955872385569188875940952820138316929789723526256621022603211
1753643309102918959660959837428876323358735072890465394705973320800
8813856204329993092676708246179454318609014514914079840733067473822
4973503175263956044266017867824858088483446542985630723944956287411
9572498536650774149991594245791551439236256038360900886107473021633
5533487610697201254582381890404647722139986139393734481607713989977
6863808511177614555824668035387584006468904410760852585707900581422
1832514386663268815882994605932271428346446773008278980385136424422
8281254847314255686497416154692310230570747570191464608201858469300
4644199897213455644401380756206949177072501472984336849215029812355
9253768613345326724179735453980336483440699498367792675721566735333
6650918048165498077499075280872902118769409805035667528457907625588
2223050047705240799217303460860740935333887720796569215615351762011
0683272800052607398589916403758255217102527342418718600211567010666
6473858216634472317319379564518567789856706607497209738882354672422
7871737107809165066097091840406481274860374296805116236494732317766
9475701087261820492784717866338407888982832854186200484618984966999
8013397841637621187477718147913974876679750091540701448832094487222
1908661203516980200379683386200022336714342044837067298359300387988
9555999881241001034926268542731811422190616134290982449820595445488
5614784485432580784717334920401854420368874454959225588620196908255
5504874320503247491937687450417244361411162798800397896115081557477
3992101876441761953272324347925708107648028299054087381294477309144
0125504364021351709963181062059001842898924621350056868526025324755
9520104694228770078039960996805641017786921740630380135077058048899
3744101712205173820998675827310564392974536762645104745654625109700
8842870239660751779909797526205113445300402972054928229633982879099
5349027526428662066553249633678405152535209155014264367624927464844
2554096791461962858261954308594573909452825929040362127808712723422
4447277130254551998870370815819480783367007680624590220683818219300

373534331070193379556406791179636344053285099328689346778180353626
999658105933444873533061832471949733558834386212165395217591965422
803825276049265700269200005287793118282753272223835096591377627391
949024105423093119876047173576900936379889299492228315574462299857
693419728628279334260127128588505295683237827483521052911193858639
121375287200905813899408939054248856202800678697916311995509899270
439702052461773486725842963593751401087202604367460401915412341601
401329207997023470406325880343147411861865680449090163115256854002
205997889144918746381015193534099600494282968522997403333801433294
283700306537187990668406089051068462972369252968106367914154834392
430872149341771029402273353603783813974732774293399224244789650804
958134365727277150755944107932055986291197114464739471811628886910
185548453626495007134441773736828364642560149650614019924077509262
310022336699854698205417021521601192169159198032241209657253874933
900945351603257556610609582469106305438924233616958139025723891957
778056441673081855006138008242734969182041013977132502274612301608
738328735376372902078646932312522480043301115225364483005433384541
188125264623990014178261339328141818348035594441508749930113897342
103876696086341360668758775414790543577738146785298293709491224332
532234397746027144257667575009698942619339959617757722445205559497
640371786866848989019121615667418643923437127970389603215742404610
669614502991993312607300335609688158526659829729084933994994382870
774414830000911904143103589424710119452431148988018462015933802980
910872131808235369143147440905312201148143298580916887236427530553
191695382695684705164636052245680233182626991156258289614085465595
634059369579066449938334073065777870826450193265435158885247477655
728355711143675289665035576576793120017534530838749686585912862253
532671284035818734212714185281387118400211781359672138843279808428
771351734950158258340014836795974319066049371780040709440046362691
157731731708864657022976116520261551919268908916717745425214606158
958618340247034636652433047486107481746916782283006652586700776703
455946602822778406289971241347904677959576222740328547328766975229
541138781885573485559882398166146679604795362413310312299785024305
802226192661962002063615935461235599519681496012760493087496650935
554285358361253025476436235741748441110638064503120100018947200557
138739745742374273667647748630339062884611696858213789482573974481
484975934478559561270327352624266595652434204076877558149000751225
712353159832749900351223303510989333614410736716919184017505810496
702713697597566632112141971983810563245462744602956926348314347045
256238859221126228558514173542177574610196355882912436528743082292
629136763837713344674192794844284428655726650064201019169288081094
828472530420784544404816802096787533401026874650366675832489064427
153697652384238780818375492746274223580236075427196879970909669050
440082893201340324338516081844707653620566424169535414128419966063
521570777796649568947737702081821985711876936117757667108698213149
353978244977850599264342613299874119954943696822561497455730053830
632929572944198881191777361951216050715779398571661174432198804871
696020924571140699106441566007241921148146369113096416948482844935
424162402332146918663276148037848546930281456988648856823880375523
822882779006285223066646904964003723157955050936876017028122677392
319955421832129930326294519553223693596996467926763214831482040310
210919921587080719235549825456119106963564608413123151115958198656
487210582728767771811527492926804605228069995273347689705820926589
729234500371737084349732147292841018919752472122017236204725316869
794255525924842921110222033067201186725993631955182844574488363012
612455604123891497630694407373885180196459935677057923887314413016
679210525734197513352181479567322031709133558187375639630972602608

959033439253216178809545887572525411050765201191589397575419941724
330649474127999646727165500039615743045503846747813702066346441798
7369500283147129821011537322098409339816041526328926946377713770 76
627889199846628634017239260886966471964882503991050266960532118415
290895014761731911740655960481518304885686981310452201092881852614
088918854238409593978951471105661555294514292199231381450865352307
147555787069916100261923994487249448029777376820908778144271177412
074966011923722399093383136198583154122217847926855673604995103395
890968987845715004852021644551117639293243070987913679124042792556
393431298649877943588740741265427213000273872982766305287930260423
879848691893609064843002317119669581333987730539378828779940500627
757143742246484585796036476867878733405238053098268643626654794507
559027525657851061792386544419354742125826286802883552824587172579
610649838177276162186019137407406553095412824955249470605917241409
619565763741554795587137560223063355149490946654121605612712517730
526579651116243501893551328143261552013483200582211341281311505550
483474554942444458426701362160028413942926141499435256277887551393
321814584645404039055272847700440043501976061691028889714060247007
636125633396834850831746495806837311456371596452244129619191538321
154503089842051303660838777208752150421560397486672323077919898875
159060424233249816580432944745364557992338832733156374067940518764
682106260341508313379518201769561278799418519294664753423652652156
548151069362221332813120802468126058876269836023666156798285980858
838085514794065963300845510815807684982036767734741706166338773148
314709046212994224012968816145470177227820020411768347789106328381
906061233225266513559580378355715038708358911962612600907819638699
314847483131996898523125739127337704172073141110301052781683998235
019833859991548097216236735822848488923140180894692219046010468727
059135642071588575329090675654798634354659241179257283002569645336
652468754562542491206760308992777274607489196844304786572332190854
987212285381697472182250206205912803431009323326257761074741406490
200033956068928058400225906486143606016193905362086574325304871568
337603408290115450348410686347557760407664178204135434388847571669
486259829656264564696917389669465434038167826456587040702567814734
333587560457577971311094481527106814171657687330019257801991709718
466859567348212668860979796352219056380974995258971382268848791033
877304199882065971096889275230387625898439887721665651198544396340
386032152651104298963335570202293972492975073498551626922762026105
043004135988463487851031175637657519162050962463226178880051502557
822536505080003956464122175712846166156391876681953738214573704447
771838611743241117591347372639541505250492890771263354153043501490
813668360365717221163446563180684604804195575920368349501285623402
874643938843395526076336305458751196974264744935937682532785903081
460135977010765962566399188336161845867754690895437605514246005811
445953325500641075312067356580049729732578243037884478133154083125
671663762129952155045230445743843929759266511706686042657735357875
153048747401683642758512757244525600953141792071142819685740682247
393205348917058584659837872620688298016238403324864459858052138191
886477589154336255668289513214680582585444390469964777472265636059 8
784317271216699501297846622749860338493783223091226214562533498936
540917763144864447854679273298394373342112273232097831642674226560
762312484425143190562752834053565549977224606073165918278466986788
151400309266815740956008743780092186659326627348081370835360899378
128221397112117053615686186591826393915762081499938642143824302765
416251698416515637816421115938428697733312260866090579014771924663
300555318670040026798067959323566580283092883446275425585551697871
887876490308658420235161932947651656035639301400204859281841688779

780185923376379958246873879613415144866346387883131043212242689537
198480198805923842946863826317623550499804567986430797296445121935
286614559833611344679387207498145789199012440260974609041560528073
621849828374105583644675076117237868593229988923068486527805327616
400881251624584888068344449171312851620043549255066708077084044886
645440074363838802402414844734825953838585902259082475163855357044
778252713970032400227389232288426256133994435525441026205229467127
153845888528161033597368340583061648919599022070952588676837929176
106155126630727980760673773763091526947363525050799710872849322633
953182300687134661437637358772107641492320281794803799242621343379
482033431911463884861498191660121303026633719119668146168710962704
925833710472637742739099873560815987942482024463212155375079927124
553594131582386822045413673450478614617385412197715930852397576644
449592472817908991675319400562267211577326743668699772293524808629
189332149199533006911584586622859745056329955600867635331382528854
185790513173145847727969091796466840374008997114933175942316239545
747544543487747511573559655017848623098521956328825159322630298415
291256502285240079293646380198253885974668534079354963905276721089
602407226902165986957701097077531452104710940664188755288569762172
944161585890367176649250679336740399512841724072006864140236647987
681125241175177028408593470301717067343810185185547219617153752137
418335111126344430887895898445474063778318358635224515362340143471
449079373302195187363997346040268169758508907231191745040432785868
719752588094537592731012884934285959645687208640187207284577438390
763901238867232187190758409524846291787624684708108681676168478084
188413286583906700000004329454952406117387935551145911457413708850
935271654923117068947909038536468460329495617535377232329378597966
591321702595008320275372732495883939974711953618621483672831622663
588712929761702284375623738150756206419931776567350594148890635640
874281815141873585469252239570037613654287553962822582996375939904
616967243898989408380724789786218700154973483097079629459189179260
805712822868902844569687013114165989138863127781593774723518682963
091058806010955290175556680675722549683497208959068954889965445681
491749325030614049507826187895539126356248586513351570989994457868
360427490195968801588385686134826543679503363252466464210958921519
626337820445804346475884502023416843911787171167793717767924047951
261029418224640862182946838784425809707476019662778765172541794510
907327749386348944372897109791139438113068118811735565904438165897
915270070080548714591376789416415469030432774050584541584217494429
340755333748110148727033126027163691902091417434114618458454200153
034875114566494317007632292809840645240666736266740797393331009289
896134504104630681370119617337659933735042698229681019852007019254
010492617960687384089472765390395679435353906509308703797335239558
739394787456656825585339014312057772739962568235688754816930753001
675331750107451670601682507558006462544029424961821208913135458097
369829435994383378274851643722220677181358392527851939272532838203
475766937071698580837406388750680785912338933506522592743863023564
450461828195298103104163547140052256266401058666382770473738054445
350928866481488822065966118390956573563252360365961803338988743455
153355748314675023469834220084131552120549495090918997365598355724
665153453996101044673867519871545256187517670888769752205282785272
125282060448546017122203725303644256814165664528092880055014376360
583107259964944140041968197311980878205323418212600020811321079206
804249996494275748166776252779259167391368097803739516663223286830
130190482666988009289862218775998757315965584161326487054034063551
897616168294742217035546322445192894786153122870681286301783422201
103451984501057864683248766088612969088297275218606718275763751132

932778657558648125940930872016004295472576208339838714628081477248
189402820552196065966514264787409536889916142560160646899990612992
215098553615765563535499376043153502857139976425347237632475771081
843013848872374031299707330498536430014072530977958107681987022293
878367145900925004968575455871090030161816478635517669763596305904
011236943321366610753726391158009018454887672888457125925109982661
103922078338275626936405860721771447534893416126284850997759082991
163935576373973765852914076461618421840996421226937943095776718961
162873282349982385225600507840209390062886971978220441691341907002
832678408290316405492255217704361494867334336172680904208602714138
489383821050488094600746603947365764560137746087900094401851222014
167515965762541595340098851811603334521922719882926058652038114649
215156720995497574657412184087226598290470981699769477046299060444
985059773743915379591172761787928258102751284708735792014653006403
998165314319391637815277208052937056104195040831563840441690982549
801169088693326739897357894664018186841569156982357563297682448222
401128792188424461857669915529464056629016690499755566941439352988
434425678542641651807658876787841127705446577002680652940846093246
418630808709119287726526314102184979683935939270588947728950992067
663622109790566298004914336283463940051569429057347712518015721155
820999691017707171923036011007043311588783883236629696654022264840
485477648283457567066890557190505051105218541543515469388393558197
737813891396811326137272434600593163145889031125429362290561559279
250174761961991019516778981690020792376225321008855847706871838501
276932772952804016585339723808971049745947381093404109119755813596
158155938968801980539937546346187277623121217923318769253807834302
983689638845898720049845908103324474786886338195053687727241926753
486838355943410854980054390336355685820638496426423465355060666815
731577170564728694352469779193180560544945707412091194967819566961
901723659458384647299401905601338791868367274449343425974312619778
047844159932175657848101107314350110578576083158285597068678523584
170501278307022282038045929208176649610664092749972988980526811118
391647886075598782342630520961510441320815075214240432450910967165
042124017110410625332621574492436133309235343158461698302458685749
860645243047337373151451836574934000607282641761656170583238497764
328652137029328735486249047720426920900414851478952205685628541128
590653373453469629638573396832328114441078496048198925550072133875
923680518868937526304891017986776363736891494769885842638756824112
776167987296526124264133885863924090284031728824496655022800162806
961287973754602491331216130681412703629449466684817775945662784049
819241359497309677514864486430892988720592364760463287458534882322
545867030494809787920232416573790119133641491107295498809053908396
302148301180237004742420920777008267185479760247522907545993257147
919511374924890091687684446200286999152392713417117055769687891561
782367956831021581964620217060526806284124709017696922242925060323
987321868397079371515046941603436673186344220750700256632057891475
568874755506471399800981139261314848373326458515230229842346444800
882973494215199445057253649665656310648246363116755307511897450201
413014321986183953224033495923969974764227550354851301994236117657
651587269976895782157905919022048349187765244083306349266436849441
229135123370126800299427994924158198854459872081715021925057275453
637483966859868973857571246556932990519250543008290693910041421988
650860339813230064596621813773076080882930242814716546785669902950
498843393881700458294020938683907753691574637744665299901040175526
716729777435811317634642655437300463814890756336104809214688843063
736751715890526297357477156095962726230215858555711737464232098875
253268603066118054794209091412136001419562237883723852853372872382

972863488207678121884460163860534327570128267154138339805376207368
039527170012437539655311557020162766969778168031964172156205221036
294629222128301610470109740744705766291014268713515508496715003222
094381109889611018490785275267739201063605907223788016686867416742
585209526204037719047354128986753795221665894381547838187387486082
013790472713714997198893922248235464819309953545151255389034845994
570933509846277002061218087901747444163067588391340038598741265963
874837286270125277211191440373012685659852571701959467226047154042
731086738050679363379825662084333142894277583069256251376006214247
468165814483471051054650387189623887138524198700646338066310754789
403131642406415480453540992452396135262224796898826363817577149709 8
159319582507861035392106027775230521651067733984327531426645067401
048428267523433731495458009451525603298395629302254765233678082735
923290746184184347689103016134483334290175522624306351131969879205
084912697194727101824336442858787553529328426972982528248435948278
782183350605217795138560210804895840208012882953878379794205782240
084968562204851923721711754355361702513262435492722236295273580070
977292829947516658868924835799900405989458461278467568960959951557
090593111613785416019125155211005100527497713004787929201826037703
345793812516437548282372572073278295702104205741098367510922088792
743974801752188098840840925625324583432597386890875984211300089945
571858659872439399101250870516146734244487370607973834349484905168
380684060948071838306764449887601608859329131744048562001644552010
735532135704743305668668610294653297874361677647050188409474234148
276129512519742082498136631844413699644642310826179297998539899803
796066752198088011262677173926816444659936587791326610467118231559 9
977066885832935173540350371888525005894772863865357297949038055292
468112895685456575645972578974981946146990323669483573921958157003
074074634414172537592368753624956027440727966979928771979056836806
567575800251744645250899348532274467203630882154451784535958804186
665518640683052618702108751121812619136168336846624509864501367906
427706084227412724740368090914323500535305900384569644154743958816
789568269944518242080657304350122307995462351115892331466593876381
746591543714021067886373441050389565579804077089240867158031464114
943939437623537259993149415225079921730391232967886763418127110664
103313030796647830084208585063777476392156847246697969426481628860
878748008689613775969900754628118129577358030370624261307811923644
837997395470336228493556734478222739658444552113782752045137331783
285064219963367564717924651166131143573751249499769325215048323344
045223784981868634208718438720251400074111415718563973511447344588 0
398169968902345778991917490420832437760367356497386118406297863196
463025571847048076351844452370408089793661520014229794249825693024
049602272034015149268019708962994843578435612480184296214076190669
288264558412371014111131297927147218627673354278675877365414234391
340903853549416903703376579266601581116054751232768748621735110542
638966501384547233109710764464196595134724568959028105494278517059
590872122794972533279552453802146221398253295900327023130990024956
872901011062056829175414806738128466254712819544151110807691164588
781270498721432952166962118341313964582410857305819211212747544805
991860409819857550597862263700997495588476632568180223897898165934
385941785354489394269489476672314224992076343636565207256928365969
222436697421420958235538747604724915389947673686190096091202709337
536220039069929693103477112979396976489631718391532374435265215107
263244143792982145842878396709303285201882289327130673461189504428
540477018727813777078484863449672829823358070482408531422866612055
947751606243795044628670702970405535383912873321647855878474639256
473598022882823974649395950331837683392751176738580376773206165263

413563236799521583254046582298027058561227358491596435760050610521
600316345514105468794537147432734226571839918992769530890655617066
587936818566891211573331023120530819071546564847538938688857321524
853524669721022831623678920562143298182328387902750939084395316028
091171825357745384851241663769865846747487951405628007746831168997
967662397974702147894428139832023120113138952630952724396197672191
556641628777850543779825910070413520742994798194196041327082246594
211994727994050247512065238422998892781022715914854837569244042325
944668094935020502163673751205046373600821224998714720544824291226
939103013791673314956176449623284982899337413787176590742314052174
832901146043528651687669790103146978073849605272936918589322840748
675008554264508203662981442131839542180212076038583210000953417184
237052902202692703410654384892775275332579632425738246407532542841
528174803873345947319749016962201876895421500154027220602910204107
253270902619757656704584975011721480412519616407601867447793493704
546073225859089096041672412704171658087305877230179409992764393962
911626485949134768591630674368809901519453885273491484510674668993
386639978878351844493769868522785151729698344071138553266161451091
433346114535039180806923466624496914709696919530795316219884442480
784864058911479715245689161353457782757581602058382748491165323281
948354453474164031568449713652627836353807673776288508700458737891
194810402546635953839960433342579913237841321194215923764790729827
072535594881288270652357140477093047023246336115426757566003468832
187555430066867084412960050560442710326109588094507798357131487619
015080661905204536141672087418300464877109756240885367181651105240
436530333241334882464923846857033381744863327155661718944866483620
788709112023000467562162188907574302099521923801197829056987221322
463653088737751573399956660317687279848319662657376895230385324119
736070706521532483714729926443955992416130913725500899610383841689
048290479412631053879044143318885600767005282881238378128712229161
671752122005207035255110613425335489003168118292708286845864029211
862311798919708510125376652326858152269019281333206138739026298882
245875576623896158514288333087821759873037251025385123996851100843
653171826184137236322996909672704296835311027943238518699281400760
138234059431906157536315461255949014064353638215088679276596904332
792557720478647214942057306323084278055331197407691419535237122419
983069564562577219589708238351457940153638355487242272249180418095
570574408535570321778460395118801548165923358842696780726908716692
333879330414689888740739159426492649191039267780567328580307225539
489862856231478825338300920371257415928771392551735647133204503384
078890336536756118462081549230550205351442024254773847502230601402
244113780502443097389596733389693237730486743205665480336862103596
605503185411265287876914225622145127347497830034363227347949376360
281327973342173623305623330457390300549067727897176303893715322525
075325142331592551220761841595924569676481437373882236268449975004
710162758246454551098788751149513618573696167149690750473483702410
138925931505502067111283137279772548405466270208261808773520141128
354155245861172634531891690036646310194880773586830464776227639868
509388120460342500686840467168871778602558044055319793343037858216
286912081753268621409484702214660322996358166385208628165545645102
210422955203313249961122057302085752999004757399022470859293231830
094364573574703973200230625091357234770032356085209953421922279300
086884953062677432046703632315648379658084676980261014799047444134
166446283817495513788964634980336690697030910911846972972422278957
915236151274345309525523394715058033614242434832341816687367845116
292547632157304573382091658088710776726896882611390754505399455683
785188308869987442440987003289859284911534970877530604911331499782

603701722928648231877338308895790150298517195709635741003490524692
873174575843581367924760188264823827254082701540535894137472446602
331673416110917433378557666128022849465399430482049866609342646982
946769399079104038358167434690824764145510903070254241307262477668
437645115600688976903083267294901878829655882769805210088655425976
124400519059751449561286450785187612394025808736298229248935698519
804371001423515642306163002062527369620353183397762095754657263619
253343878638363167494062334932370967734212345933714657233513008014
083824795195761156301491933233195591888305291526224955919460827280
403275906144421715945292624626081919986903528856607451157495048427
562628606808172656941914098546946323581844306454991163937668842444
271392158352305973958525820971248160882171799851941759124940042364
789956151430305515582767486088789569307191534134890178811554624198
119742623958406581986006636257273068643092755197244562921941538531
311538348672617927357988695587983576263560430569775956094331220056
794400147047548034222501875705911168594375571108684804779552845544
250334662570388403894027755975919150223542801684540133410802959428
102916112161468997223161912288795222162159053788456606480134975713
950821497738054686830844094504384560680074614830962662351672963690
595241802674279911887215409303168887906206771247858987296316187919
629018056047575073717532797588052198875484196732597942451201905270
662870479490067969530088823441823766051096774830338054847211248619
778580123496494944437967387450147776946011765152666600955185146807
727726885974748923000943275293371935966316214468609153162868944231
368527044571316598038130926339752908878546732387691452736223608116
249364646935192793832353883937796826357412852956658228647451162224
754727118007819724056826162794119905266769274070579656215764155642
811360710454033024621728443473117445600889962314507667341883955457
093967221952834366493058330492921503066109298355333876646427291264
584281752768896259550620254204857523962627003932183499576842611491
197777514207678894142983100640011838255139109366693776775871352703
972320175142155302812561285704137152363961687583147128578707017167
335675597956570821044493301491149532343224353992675116437916497845
186686310300636014001685724953216647501741097447818368275459029957
137108386033900391172890100185316839043286584836833880656791995794
585425262349940891885783942721710708333995032880038636858757615370
036263803402974530935670974243112389709367502759588577417403903581
535724387061406851805718010980813152725063352026267948968693830227
360917348711416822194254326349957566853799963987156086621855132374
690956135128632534594066790328595896416532231542448403506905710288
350305297249364133355219517929100715666033821703938487074244305516
921873482171320654968673420316011426324972802979335653032643558238
476079234853767103340721454866591612010309793002278271554668865929
202952065977335229636339452485972445038740951602858543243965256444
610009632820457430265066079403920339688253988307745239296559995609
408822437044673734782908175552175822298366909531478479972485486131
607140048857566982852099867471364990905043437646212311077419227186
639916151536182870285038663408498647695221547679954821158132528646
377327825527872815677877936264773669451270285789618429171832914083
346938222057704613324123480722688895055971061984098456124940462373
447948547411356177782419304015724628386236174384960107078178089093
632534450658460385683744364184828221452276905818694447723028977707
312462854730542924132616256457199235807925111969150295132171340344
547548407067144196311060284267556641500461788405694181145770321667
406647139437050123837005545973804030898578063048272753024955474479
653626908865535177636301065242695708469743140891529358129641015448
737186035661955206519320789978599183323267156173000120156211375828

325027066871444187713710607740342977026859063889168920207691592900
528536334805249228409835362263133417254392594312021345759485497560
618285044399500565016095975134770758713854475429893935750581805050
286892425533709118055700562227736304793089629161053399212609542681
217449081968572024942547985089041041303641152429474920574465029020
449684270585592489374645334565909785234224423182126323411950921373
746651942929419631223160265254644474182956201892966880738006930869
482518414203050143414112920722489818295476229759682663248045627177
971891184763565237762263820036022881502608870251340317839739872485
317959319854566732256566897727833994852374500378637344288068490983
039802098757581286296368591265494226233320327140435535799329145992
975552620096443979509818286087477783490511341371712986858625678687
094648905313545052641339127717798189927319874697858047310872568757
300777775089558477360731213350220605148464006157020135476951272188
793259408315284359994865796178514794181592226485453009425878371929
767686745910079650473847692524061121829837479533289111366479926341
411408738468384169545811190041311660598965113951878441950772021679
405154729374931333683648091588481657159276512235986854487656797976
167837945873951572999025627683590022525372485622736433411728896630
598687917904310011504695856064354303399599691731589180939993861849
798608575118838931833782130713005588036151633259593306841151954211
926737311148423067391721043696293754924427572466227193000433399225
581309183083127692917900426565198818514179648288974459335853167528
762724329687943491596093329507886912934485286734135672174002853198
604155609017889087421177888097382379186756953928807137456382596940
674268573141545302416823525906011725540908677554479927815597556534
384865881169771642584781610448318684476957021174158128536036653434
549998202176254920122407301479898872165446540839683086918935342706
854647077627915157302938466746291149397889288459658555446674578011
430999730889128086924703078299038050986889994571758504449123036450
724192558363480359147776191140621953047208135845143183636244562974
126389098924189970534169914979437377668562775345769066631072121442
646815349751889219949519685619260245744256737791807088661522449386
136782502001654481452975152367757652252631888481990797923548629565
308091694299468432927109110844568134456106725498611285072240848593
060725918041469095515821513068912000756212895376983230306070645735
273008293953291122228944456715289010840403377818793857538329438097
243876297635712732125950557515719401509753773752744064005323685974
792751799426192999179473444362384925019211458168149929686167921532
451613522560379698541789434802274562218193207081294563145029622296
632241281020497054346348860603044162401739741657556486849649054983
080018016633804951009398403738913803032442983792685600537248147122
055330518857908783900727553121584433490470733680829438156451166875
325724169467734973618642129894004474650532893336519312410109124226
107237007785482449192454949943869973024559886358190316985355662902
519605930555734002197218707085065117742717233917584753277757094950
839333593552731964983991450219071829488185091771398671816074186187
817116523944460309731819942990521065119679023986303628732256013932
689702416645147265946830699147035348431344917134982850914079114883
245460571405757212400336224322651003009179203955724576902336116156
602995206506514149086984656064214402611958838283639073169206109056
909834961369185666023808033284718103702124440153389388572077529411
365655402081023924301824979208121832908986502041672542520955855322
835668458958043544269487582499524377970439430559940679411053595052
197851977060131324094855153688081230171804105388233951964683232111
120578057713291965385847420548929598511339696442705783939195894320
551658148279329302721862278917692618731607489315536730205753738514

665962960359174655191269892398169129568534243387105937098676130938
555066207474693175866554796470695335729794799167760379664349327037
862881136755393897255025103682047969094817164947298665795057963459
583646096047099199442818045847359527900834021322105656587995266232
203587749159039140813917818934848177494589301382484051122591025012
056569145771245761157944992944014386125458569047234360103894077784
380019187873174576541957135679572948090113915823955521667154702521
992256656111409174231506113678557954309663528777810249480798171643
537408197384039522026457082796124466831461142241707776645990114338
662716000072316776019133013294077279997802500020634108631365176305
505584324155012594575436037841715369664458275616276644968051424502
460055192006861408121257298460465053126619474868276310475878483428
655457516714747125993580202887356651264909384393485326331069472732
182847361993211737244434801245771357726746201293590862084335864882
741570448962727516132197552320408099356468781759102031220299420244
775364442950438015036516217881198984634262561413064571440070050241
258332808456897636295567209554646101882083252727097776183163139827
927624910181990546868328559576720308046356322841713545197943161206
384998405975836367245905496213263395106541329862314237386607058493
062963827756042052002397863095210709392675117101765982226025516043
565798652196358175518382186824186000919902841346059888491238138952
123198295082762253112412119604032653019792473078258039803140681143
864195234441712656467056483260642249740203432733442951524020998531
414074639518199937386035101255120459422906695045628370307476147631
128095812326138954212229347615880640112562119341657186223516372938
104852390812135883309043722535557181745383564646448062599653132050
900060294603665043486493699234493641091639841065080416148443891430
318155997394141619715102274060871730872204609647120643343147173862
814011368702010323417171921434748299780876036081933437248062489130
987452134223760946447152290225962155916369794715012965146264590310
914086561154336758502211246849743878469277397644031734933835502116
058740751259727212919247039343620926306000840575655308569000247263
193435105786075132233520576337060461446984925569430914914498130796
515797239820590844450579204947011680747464616975956386308166953669
838468298106923208257454883743239207101867206122338152806116612064
288419967288632442859887976342121968328527435202484038368983681596
580185129671608127591651527374824130733941114300795570457266832548
285289286628514189002655017853578972002742392239255593711947719113
576020931719632998442027242230615710835593197112690420593390970584
479720522760016722143878307016913983398331287560329478796934705997
719247551595861510289146344437885307677461746800988112259077544645
566087366707056295564010410011613926366369930088779704729504773130
373593018949327372960900689013555166980372628737208022717830068451
800976360625081059159064198000114284655236437389660541861953411195
857146775035224528182957428237236730644589778804635868950481775936
374541435451939399921868164658768574416202633744980092249013557773
260191135770086259916911855116294516710625920982412982358865939068
317690443286152647809990894053992592456299228818927368050762403791
201467770704616883369034594843307528050833857504860837621078176798
860764080513685114006876187148955283889507556562149199885192801586
375570954634055882300445565048957797738119975617599767502063275742
520484537483807188610791701069422021827740155900438614226729979859
388412154589285628751848256714502810062879512283064593931508085317
399992575641141850767454347020808408869214562058266737504950271304
152278974981204186340583338680240633349398820896647808255878987465
746517993355341430586008544927578852260948337565863562359526562497
939724511133727509208916840182488270192113266830394931229143413161

6388803051992055714885079345780452654202001845365306595995538031 24
8456246006559263579659260892361171470663129842074017708084938461 15
7024656690601818602632362796165699487603519368288776106122399547 88
5327323486730884781062237317389735506862783071453766853352247928 53
4635558360480765505092093999410998196225401970224523473143482009 64
6986373074426328419225719277682328344980741958841539828421249053 66
6746526688353149997345231299475828412700805359649184652223241218 49
7880771255632922708505922550982249878011084710990199327132302258 01
3140753376013728890678242094211756100778010035492471418078734354 83
7332835790933009899439522524894860613422026526780629853980899718 47
3930284953676497167657241682177888905106857715926658386766632419 19
5546076815297407362037096345979868978534311259849648752044957587 04
0106871825123991316301514061733624566327203899773940706041938254 45
0917083123574125443268221471975350517217213983564284740103540366 19
8011170483960147876872719392629965632845127427912266960618039045 89
2773782209529736197667320024447776753513454054437118826672896096 69
8348697611945731977957952869855360034592912568121957142302578592 58
0425526907023673568775514886516539135924595860291153732192184111 63
2125056243060149876511178126088014744673499237182440559860570740 40
4511201909780434376631494333648944848835998803124127060538611519 25
4198406477335247375658728098874343336535662872300369179539457316 44
7278732982909310897824467651749905971264114485151839367692473209 85
5900082717942514698559452025465970282096520133283046514081714639 06
0107897681665711509929670433646654827645653270093532924003816333 84
7213928947931876556545324636354862063510383470686195316309864835 06
5496781308127984091982071525932950487560795978133941952220297886 88
4939041813727854095077277268648313251640311829006119933127504417 50
2459431750816926596650723994424522063174445255440021361797923373 99
5739178923632773787828514491222400061042129312539647507447835475 38
0931516606487005466575728685485490474548626970314590821419556277 52
5937224257519113728141202197400444056583220224478966026655163922 55
0169114062047528421785182083062338389872726806838405868344957023 02
7879203741930171645710381091244979519163422581479402653153774781 00
1692172192771461450224463265430330064907454122403581830851834851 44
0535140351939710790679822464935640913025446986283955333242275948 20
9843094186470882956700692140178060262907381130440315627058123463 16
9010109221342486294949304024358972806565660535631312376851134214 38
4341513890883149191522727524803327578580237487834098209031986989 51
0363909747241804423533958089753130703020102432720451029528063266 18
3771798019915941779252799294131916839563668872938825423754268798 69
9940887633982786640553586609298463131228032901997282042629515749 81
6291213149015176593269685099344986114648349226949347654892158711 06
1268312190931240115984162543314628046781658068099869208195051598 02
1098982528227041739125693209314082735565564358734126803495697700 70
2305161872011498761613432728087882214909738115757674619567564637 82
0550050234304403339941396351304160166678494462053740077405418480 97
7666221697913910445038378686482994203372593766743832564369145063 35
6999074942547546496162404999976405331241216520288030792452155086 87
3070345286768505638880214385950620885345644800388545519292556874 09
3495293662083197375796754564056185311596244039930367859528539362 59
6466694982913052217067904872393858558602864404264693781922916641 41
4127243643110234964150100323912051081579776152364776577346891986 54
3137670929517812718610102268277125342448748336644257741206043266 19
1774697913308865811226500767705842280824112480502987419860574735 71
9591631503339983902058330630628749068879335068768792800980811552 87
9543812071685435899060710402467594301268173364762407609626548479 55
1797512070932237996714473890388682849707485536892061083828562650 66

745422553002528911261369607771140629854160243157238157271647775597
200438741847953462719086352643790116388768808512285341514112546302
345171157577956863364385195133215620669324846544291416256629114066
002892300517394635385646427643400706629339876650187254363235773665
568258136455684929237399126547884570998620973568870549679485917537
086837944385954447443944161689684157568781522739396598666055825295
896912884366453646033042452394225436991630883004414483649407787638
680064184044224535733401114469520823777521593286439841425112222024
562960364070496734791549725125494205249007431133957336227961236928
086384085304612596565339908785586799783759639539532058629921837746
459559026762253778726229144617760203585688648415019975922225452421
398173402840678211796896211020344743708275791906348375005135799132
680538174831391266233737509208648806299213188325393956459935567526
670322406958565168150117584717567501087107228627153602301969559981
877667576933932181141062097958336262714422335337854538894474808201
141251722054786956176201936826797761215575951673570313483365981481
947780585930318621777805442882640608284600900433758210041876953810
085509671444888955589401218054331046930034785856781206645222845475
504244613125261579556955756734296443744545093689517386710854166250
403187963786128404150712029561862091405101624216800903951591610109
599177237741591722967264629547400376222458993468841189155189843200
966258928516171619984133170468964394345022126503074133651030409447
190241865698258590315156338633170993683759592138723713201894656315
471224028221900331127895056475982822081462142715150867750122561332
963523764000067162476711302163443942032051565327346022693904198423
306394286002637997292169438332627436602900275150890837424455701840
673859254869774517718387847222412606699476356257062599492514812175
730140519058592218381110408362596415280785009890429542280676790296
530780798954065889305808392045624413024638903467849657177838436370
249059364732459885166919803804533806259831554452718809220133177606
302420859165885910539571118582482520443339109150701514450559178163
565816119708795101872718562437906098358169977209867612600753342963
614773579298894790725412579158082356994539209246860417573774347206
325525697471974751472552438664397969108062376939953364990580931572
692058244619319573983154828082022140313843748557810006697776143200
955044042297204642533875120875836155637716437578016587867503766862
171997277782509654797442731091236378219600820733362057803897287876
299080933013066579494460878476665556020494676856493018247738524196
318004325281467011973402657562255296602507316010859013787624298509
024983526493974533115204922040484496936681700391817370818699278067
320210467522958322799709229130783014659225165547600328625512191692
143158388195583645240862605105776407084747194177718187097378429714
715763418938254487516957471257358225531250861181906077227294327900
640685540959802672428956258321418502088788637885494128289102083275
339048446351737333246536920848238234977686085180219089549336300110
382575983651183088018787170513493642485414113946917750720232722694
700359163756376787343222910601423245899769574110272082501355467067
881871448681095038664849237811338114160977442528646132540782080364
649533883419626604208451773870226879910449959089758250625224543443
919539677703243468432464337732781369945985069198298545040328511255
862299726889184199797830729965077699793827452890389579656496282302
527321561316324095752130560607986678492191457474745542549420545728
198593068371750123380477889368303102829984667930648804962967105485
473827024897495421129656136755352200141448128571963128452955533694
948332129753682973523332280150017685530004394647720363706278485621
541920529883022494096715781674754430590711131058866271807892545605
241577881688848877187452714722322258021748563152920445443109297262

6955493405615043365506420979935727047726984820296600034933077172937
1732653177779492277915301495251290013785383875441033272428817343376
4130030935936848990249056071038999686830496554369363614668437767111
1363495541209649713256128652152075984465126779817568821297057753887
4512422635770771045530285210322441398095543546706218217793145267332
0875232060548198066255523135351007669964908588025579183338895134744
0709694158530072502675140574506771235779681844609879175269454637133
1520834524716501354315933430194931335209105130942146847014611315577
4022902509277403763664841685257140951102795850267468206790380739111
2674430141398111509627054859654125110815085526788409465059473579911
1434962297088318705291275250190486252702443527658684649907745831116
6097923331079940464313440598338990400028303421981044957808286642033
1137809222660479261940443554869497535343727497415335821545012638055
2934678178840278869368209529017586498698728938902210103788055152544
3574410085854442933169598743873490899686423883587872244967054980111
1721235491041522090718055314449764904679568009773670657882581980266
4252239560836866155988082374009957667686788842122064070592971601144
7266826281892952861970564818833989585342230219951279023766792526444
0663959165485070700647558004909140823551644393573082106349125164488
9779725431973311017781018248317821167749277410742274309686776454566
0664819356294759326356297390433314681927031876550074391829903226833
3240523902861895330702879266947518675515693705253293820978001226266
7637603311966282474762173533456620090003995333522528158163797287011
2242090397273392106141573266440949180731774642665347803794714392100
2563555842371579078722874896655956854738394223226607749433145584000
5911857564207035494412139093024267004734579500174651542457180446800
4859380465694346690968965999066749251613031575961756795780997934888
2803438683752679397350955817285580749363775663011465015954692112277
2436639615496441968241394576045956575669215415820024241628597228011
8272781260710473850792698700739677033769854741379545924565485799955
5317509543585957724512915131866272845657553918354429940399784913055
2935136940989632182297907741739956421233797192326475236792491349722
5845837402486687778023105822859073623924621460425244471622904734777
4004735696047914651146233593055037500415468346616051182910139454600
8503359294380285054797033421844928178178598516332483807697191040455
6621209980231957307156560323588181511879533594610388067237512101633
0937454975236383439480564807472852667379698641818393929182135842799
3597110359220434926610527963206263970528201070553622288856157887844
3399123696888159364437829645228716456476767107235053225208313211444
4186764898615271327181441473251885471835300294454169050976185258600
8698760635931100137861160063300997892763542621607448088282127126133
7977155309699015315921866794102983931710896973722834024341628240011
0854567982454131995101374730278316576133600960944042040141476355933
3707716217297648576773021129291494910078743154706772135661825937211
5229983627955767793563199133662685946080945209157436976185890287655
8964092693186314310020485058378966804791221889480483039765246006477
9743733996706129388785431982593885535093279794452979629060327578266
7575782164562765989954872424453732052345337882017919189440502692122
0129557162433575693840844658014242449606919053864743515718796598611
4492041893919515117912619091080559810614835559935286690095286194588
8558647002654880854774762984796160202061841493412306336474041106655
7901785716782153926199452905276410683068596269347592605253427179311
7072126919194674831165731971567070249253754338960228541782028204177
0090735316476652634748268514416869145484739153213369028357954561288
7468629318610279072987575732529907054527814518974558607570859600566
7210146941128646611767309014222424227722794705832176665806201080844
6168027528705438927212545002142460655471144064124121246540744637722

680264588558963571408611265657219437752064013851731015841255427645
324366284776114927415765633602816456700282300492681248477500391161
834998671208639796898607627310725971850404242860529330261105303313
760071472323570534946757885983654314960777163731091460970920149066
572929091498322325081326947100938362742120226539895535144448360226
162854736477243818248102763028448213924556182712573256499849023194
788463971001486783559402415220313533428653153481423764813886869247
206194757377320615578516509610243526618447369799940440682356433010
113700692316170309362997931560533361927011076123698498064544109433
575273225015171484823557810800868482073754010994528600560799541431
860828214876884359410801428130685676465949671699525851213708657044
318350787747284450784354269992721357393978310303943324827312738893
091378029359457303947003340774642643374437784026912969384501573900
137653596154741978925982658759827926233842636177622103925990092985
553595066296971790382124486176234471479176105688520262117601050600
088381463173130875958195412990930052421474705629045886711324434699
236817187598098029382888956618063396463897916965382794406427521650
885242044177043762686660629330320461353870304380120358153881347378
733497748222216787906025186072592567073348421772133092432587604155
709687773275841895463769012963134332284473826375062298098404249600
157087001392406657221192603610003342518135165622508752092778995254
520210342064942697994483180199745250271455701000423357510895630892
428966754668977003011583255476623280962855298155173627856555285137
821374933249600043490452002484096398719951644353048555889216065572
032959979402647579471528196315469982609767150975852463073883009255
919065990618493963967121474279309787043087053484328992088184090986
363980775161187725145833026864113931868983607554237805954811106944
626559845340400573814505355662946923363663843426449065714467177158
615662709651034261886415283730219455589662029391738620156626817979
809420102916396278759658933102628792385550583875813669301969487534
747150104215707790880668792174897592922122438267623002406556514737
179308916292689831734149287305245877415772155273598052682307009965
921444250050147016094024056874389303658321794261048528907170188079
987713607805158010040405017752286721350466257264225639731340562195
182677081753311653659945691761461505682996659877541573656271200344
529331324671625666553259025325098063551265205980547619697759898171
802171106455401392949968153118907585036170827261410798393561582994
690645377660826856542154827427821184902212706062920413634097169912
562029637472624055937194514619721773275691689823356653721383619250
841507136522341889102369838702088117783834904793025628545558598951
247322338852579141581585176186778315906114112215928780510077125062
906425257746654525374178041125969982956518666182069166511667448054
236549929289766055408299153191636753744884791663425723308897605994
032644115184850224356981264976428935752322688446625446253419672802
702743777637243271977539900465467928760857711808013970307407271190
418993654172986618035807074150879272428624219159842677289093298993
792201385824460802138858918468711914236380211429036202394780103644
148019963119736987832713915919931774419870381721401679155221589181
623215154280678586955706517488473651675556759135965418254405480731
851324317211776922896875465413503543267573352558113061015291913827
118601513085223719002884141649145306731392959238090967064520232356
066793587604011675755062657024889116967375831762720179004604002676
766927496278621108998902463580203760714919435576636536822709946028
154126262879328529800288559749721794999346452971230881052580397660
471322470096447193654906843987350485087816301674168962669160726477
011672776551560400668347741381607878180123892126725194523637245378
083184688314338480308251671981406189680890524833205666874619014832

683677588187642278052456856579825134981895692345973403594569401132
271506381342976941040570729902623822971901278968452055858071579447
810590716939476396264189644359263506729821528791549112750476989551
878625808016396035739787347033718355535548818150332587009552289138
886387508994821107298691295023441319225784610547355358370151425405
237384778635290332416834781961787595917999446009873498441954951158
799930579878992903421577952896516260631742498725530958479132293262
504664081334848891179035032424483945467160491698446320463883822743
275380426923034651540705216879811119427581308554330082587684711634
809137564866412504872280721898537008630499312876689656682265412880
531388800434477408246784768102107267062839933250155044626686071734
008421166702046201529154254278411310691744575169512390098578235282
274420754499292819650004767892010781533101041834094440966632980717
740110857974649098995481315159606403480076055066420984937708465051
694088393412891983399885651999118005614729314266293063843863158893
862591858848287384971208691414261061143664179854823380323562875484
799946191347001989893405913891838493692447230234210046047376702332
952959359446530787206037165444238556509190590945095017451531292942
242149934796440032560191688143058947407526565053128469871744703334
757811783396928108350588539701951172308336620344907642257491172661
128529478933141844415554985700290931459975911187296313182247970335
266682887824680904168288213369038916899632210467438729539740195313
578071689878112695575558657587617169205868390457677602930131102446
022259372033564304629223590449458859046499582673604667133500661543
934669764348126666709351210911608333793933726799160318534800563199
298023527418703212225305158573303396278164155888388894940077054278
363529287047932933246477106445403736823559095913641872208579260840
797309553704461075676881640873789492880533877763661736602133549316
169092570617682630757128200108271532845593567781694955315775642386
521345637026956855822045326332889120440962728593476081780979666298
420883646929153989017034083554488470793592920127474314705416997057
172941287998748276240678067986053868029198671660581472242218383436
005139281646183163777074002859128366761136387288876668624510219596
398052949907526465383587004104155700553249172606066981838690609151
717688332025209367219649323031369090306135294572865839736803315698
725277875823977229701167027697798588324676848337304710308117839597
932042860871679305456470857044761882703297122614019264048613646095
430746814788366994977374152586060341346856086426836451894548806585
099541195454614193842715203157921617371415216283586705338884137039
063287846683679989733658076598059373623241066723488845984722111991
595002836170240450133587282708620331029467243772135100726030300793
931172448545088685826104819377899219937892037960792456877929314766
905590858178973274259265121561072615470988929983177479801465034439
187906812494962739681873531116657313732068220464047678707894840494
454489956484665160976060454735447005221682392004828431199239062654
860265044867152208276908294858949379157598937906854918798722873848
094801168303824328316268337650470011156743560423905239609337159594
607337407887090978619105863099970988625801211322685292755042921321
880861192952747633680665847779147545640478873215588800396666447800
324461521211794672545547634217045598643376565672916520322698526049
950690939458080643194724660999528147323605930923850550283193696807
928936590957935862756437701115841017926097773266192868105915725949
584136310628033076002696605710802014023326971631523605710143212706
591626002970851461577403173460938642486128413201574909559965411073
998413444734565069778589972475668508043400760143891592571837675018
584028752532395280732155815151881280907948271403883302497843698432
273263218522947502267693453402530666295664681539985113208060778593

855737400465264979685992835953476727781086346716178147367750448711
409727453145381962211887563762238999744153319398172565390490699807
241497993320035717290507989440763376561157806282220043949378359269
155754502692513213219429769044763601543343215098291913139143560159
925202000904313455645385366753018384561104590315774374795080753760
985519144340296914398147041751626973458084430027021669514456182970
111951318772082779432152048976137088478159525735204093965537683548
217429764571602591315513692669753367919747535771349770579240162241
994654185126371882351560583031471407641572701697274834010778398807
981810621249808603592464355868737162124351184525213924903782151102
863719473143340897521673854241960490946550437949283676460430447327
490906722846485880162913769711065527149160324061368409579680825716
719647309125880569870247245584879843399173378060311277685122263153
792522609622522056154326406444007865834953248491213943632525222745
165446040487191652377606800957311104825056289217535315391817351002
059641956742990348075618490234853141177979534123211237631988310250
516386314162286314744108930552547423721286845090689804705730879406
577564796534989346581167159518431286218184666816859930746386125799
818884030437489327243233628656981337819308822087746105448831206632
620190975816388169712782831826548442156817272244099004633207236090
588216381754886487720401653871245470740445265058552680022444843439
489721982943784438815625864616959484688497318108036585641174378085
118399949409064860957000738370555188930877036945506236506379037499
631824986373836689667941475778951038326471590885599646737834669803
527826867290195732706744548118535902390818000048294283568359341698
737033193733453711521561248327399465139680700004783900751062889993
566018270113985161596982528964655406475089969898480252875023018309
488665555600951498852027873305677874774322890782283437883857506908
005583599970123434085849381596915152608489508108999525188710667724
173169234449562380287600015051842911251092889741652319622142030592
696660982031805715009598539926140745758765621746521574111868844794
830963959229185629326765392501456061629878166326214106597404348409
744600756375251797650477483309184845905493205358281061140336751750
627080600521851659744508218660594276425435320785994882285536617210
059459805162635504511537781109921238375651345924721966850476941024
367672119380809453652455597628140121311837984709286136401312040516
384366096481940207549515494073072854729229387737894306768530564821
168712504428930124967466862161705343876990323486808868940792279219
742668791406951602782617223599731438821484901408071585794191391969
735729007904055454428498299013629703100501701862013507829441431399
160311928383706900065483409901459483738278176218203392334584767138
165440169530640339746016794493795072436219410405790880366029590530
495297744333750193912971339412337932785503255634850420444666268415
083566522451632809156180681310074669040720583172360476060228187288
522413913127250488909920880840605921148175731192861175207346380973
376739181536118126210614534370812604290424732841237584600761060447
394924978801789887947371276773186651161262325102830554003590611126
322196458053003448544088153067154660590816660767077261507873576340
559599385684884318207586414627586888301553365176043769624468716018
783109389717925559908077435545230248197133424368559911056887946949
239732398167994836118920355091043125960356036469469932561222612082
637422910545276834606686365193237605888270987265164494550728371067
621336166772140417942611395220379652417162473120593225991950113911
535845518877175719382694300701509480143303103664261928135603290121
465821962171272264366174293994893678094806922221819713655472101366
334424295133797071037941063342103271463169484284088692455955324758
113375160939375156088396917584527303259494589656469494880216947178

1510137167820234224732811446770226543893699667369808328538326232 27
7332554159563664214706279631067842512795628191909855301206115871 13
4326457668152382457806564050350088803659987369674067801854433264 26
2161628202503087732648309313341301906652316692528319654934303276 61
8065140040454888102429286093893221746713872701964586559019417539 91
6211649469658187653663303160391894750644033438298416622030488403 17
3773940522572029383892735654334686316251630077249413201298348539 91
7664605760566827904496535463152366147304193005998620175234308058 59
6444310148429762681284428946092160470629469266595465971978032950 97
7054569632524081171672506271603084173987893163727031838332732039 58
6478130404882580199656991073852047016260815330570503794737289411 88
4286037512573516722154247445273076587782487381495329578958630168 46
3926499480299318093015086474390395977386941018071165142467865663 92
1330319848601434970244838778589293770275704785719241089075318852 46
0514248481739529569398299022123571608463553808563775735825472083 79
0064404376599518251479222620817710207632306582692708687437136181 89
6347596182352272594593025455905750555848767529604225404472383797 97
9530294761049629406648996327582316122289402030463682266493210056 33
2210863588798764720038720100742249352349414100358562026174513491 85
4276579449067498655070996699244331606296104618865911684039891403 20
8961274139616013706783352171422559869359210570055671816246217571 61
7159865439274196826358661298442889153040639268466446092841342698 28
3685222429859413165668162432723940129007956740181201245187143500 01
7928407111818341257550998240401400914232789179595393353736659627 57
7841122111642546087950839004336239896131821350543493855735018557 94
3156299755953496347895282596162615395889949070033008440120815453 95
8168850075422683756730780000131861135719147231463900848453297088 52
1458505707318239312055733005891298397662389704755904321205926313 34
8949851034621341203357511467354817058502803109664202525087129076 55
9247504999532266201066299161449783962791288494717509948931541921 16
8150947719187411276478206731029484222128621376493873658744025968 74
3700700807732083685839296172084777580937697180514268304091578710 09
5262040835799076369120322338225589475232993051000072558105488110 84
6386689621982372127505525907864530526188487677756685290296473325 87
2370206517961114374003862493302514602806782816732758723250180862 31
7697221963965155100541770284305207107542446332045597839571583359 95
7764622074849151091664900884507846206769984855237628801786583982 62
9859671047396763333540055877604662938228314794086401636132395832 56
9348567085734532163173740825553554206441206250854097586964786568 52
2341245651521084218032485831579268499766429870985570776906134155 03
9398683647267780594765859768393295232718273157241354736786052733 64
3309636869939141493213711786871183992366947645364575589654567511 76
4652258787348166042518921277107054647025784237539066559097658617 18
6708493356460362644921945779005763619544959293177919117212377042 28
9526565271441828780519621755079843780352303921365692366093388337 97
1003969743249547652588383592270939471319631731918941021172996734 90
6292149684265035519728533607255202865632100495892441002334535971 74
4216813200724620627429288986218078698997368360630081751372602134 18
0309874079642970097709883178612900988484264487547015339174883381 56
9972086754846655674974025805916099319120298285237998065396588038 96
2915313148862244582602945597454862507761570086591872525010786479 39
9487779374072928292251830810870994539280427307559455477936410021 67
5997839904034129746258972293629549699997444358497640795307196033 02
2401436277446450851065551099998752112166653902280032891113541127 94
7152213708280504605671670198245214513252280739253225377212401583 53
2929863096706873410684905314997639200478150866833848878740905787 09
4116545936014128738556136098429799506227287135732489060510642890 44

5730027509894418698341219671298780798226535317914240572899850771771
1582455902659718489057234776824568824726475562071756214960768553611
6478098946055560105175154663226020505770970019246004254662044356677
8651457084110259337408733632193185627781355682670847504195013860988
6276810720277666713254220429062039355920471407535734071133087362466
1768107242793442731447869883074808825909918141794493610757601308744
7803819290475696872126507406363592685566986818180308626701031764822
8783013229246327273145175804957570500678628948146230065411216816444
6432521922019807541835256781159434675721987796982695295826377253866
0982742623501559407174776814139544989756371280890436076465644996333
1382930649430535062383958630344291080366237790362566892485335827833
4207033050215359346918967518181501503371826125774564418229530230288
8502405063929382842189503295304218577942103021687533566371367730300
8606241912454739900796843309463270449203164874628413148719884922377
2519183403227948547691965517221487708178205184962853688156910743133
6664088723870388852026716731476920137098007854292302802694771607933
2856251437509865800210307820845436286735527276973827609713038094011
7037104098643683615783508046106832009612342028498054941066808398866
2707905886393973726345478796809220796195464841166606015234527494388
1339925453600003948758571861813408686279529558929112463783309848411
7253875250471713466054044602651877452309904714383654986191418557577
8643334620111598737570172845782938980748420463394062741243948570300
0919564323142407915262591440575327627125816783377533482901138932644
9986675440723470200744113653485702013401668887518549646052347166499
1904262913426939471059437006208452314294958473813945058301075414822
6072117190359934184284557319843894546269912579485510701463271245944
6841918039181033077692046527058804311591826443776784582504831382300
8885109525415350707453486888245287946960040940580763626203428691999
9344414844706000123694967829038225804416503670885877243788937139677
8959815319691768825957080970616016624671237297796005482929878084699
6086823553325778662995848175167837054591142672787286539083533098355
2926737478256763681304737431255555432040529443484817520633273684611
8418236217055225366650770553819616228689172468223594943235305168844
8979796543522813812838251301278408762774943687157106252430942052566
9812519812395306143444003452673899547331550845065571539794938737822
5769317609605803664015796403567950383957674085825984650552933990344
2543565733156772763019079207355350720023083993029573389494181513355
5156570209246512962336042208384554940378582540215372998640360708511
9562126290471023531326059397210944351395665044410856479667343751399
1865814466648595660642002223045005375497495824886848693788922305133
5023493876887752533274817577916692422611381684735895690895132168100
7702806520331372839396887826007335853145977304434513897970444024877
6622771664641263163649450384404614655757262445888491413648104873333
3724438321709342224837494141056209512387900415286070340833424722588
8203730685426180567790881362406401862107608331806378612504404881066
8201782741589226608518098170313590248083677258011796589931079557355
9292767234424353786687286363997130599776626630381475016091341448077
0950076027364222630522826350837490867920702661906163337033314666088
6274277147361796288076089125485850502861304569097927183646183563422
1376947868818387417083307300034321300560691213976928245597034553199
4226319214593965394134703513700995243456512850830768292062893342566
3975659537467963281986553796705583986296607349108812860720936284311
9225122097033816529195357300969295372860370327991870670696690437788
5828615011869148976206360910297750738150342767021954722873486580499
9630600236467935850958863107574155299368987880986445162088057363000
6662884075404007488171462067019921888316431036836739249995352052022
8142143092249885317780903695725571469099523827988609336314504577922

404552540136682040006695849893446219426260115494489324283165153418
485479462190650976672016424095542407010489602267532861395413261524
864414090557468435266745599887817899076602267743621702059645913244
980183436318259171263658644717385791999155144697145076392660303545
114901788438308178699509451718202883404756609735749387077897308463
812732681939748822144167996761996938740760249028639787943162990546
136267421269520605512026880927250375531804566730083671016378610608
639175291121261339609323465566102328113632444359035568440689055279
908814148246788844947022870543239341494118007830668014853657380311
310860131036197715740339587814707602895775920301082566005463312401
253101371778969707657600215304176313916963719566407225015253395763
045738114082398750730810606379439824331369081891398643122517351697
746441553505842244741507045331744873255072070436766484800266474875
553267254896885917618722435578318178828298578792890049658012205616
639321388029890149269273188008750734168595013131596635166647717579
273169849658325936060714676898091692808043857139840870622331743861
957193628000109967838155922060500432792825455948428085628234311585
452288034530832281799700491208471772957918808287708804436690000717
284249683093284853804161177453665635672972718129949555600716472729
503958285485223408776826749019852123565694962536146800949184952438
669434249917239265983153302964126825734170821449830971452883754603
467024794891257086715220439877537051995877212653108371327598522494
770512457872655250390311660394741312794913893817139133858375461118
718461282426510156593944076989316629018741095248579726860938459568
095358113917074793861010511221326417277315650981203191881751335175
975919296253908229053708897739868592487182252769875143141404614055
880615404792759249107989216541542914040602677907553038400785610340
983522658512838200247059396370405637560114289405753938864982022351
312853589587412472489136312815081577665076523264287115139479734543
141535151827784795806237065693532614461633560690210844000562573487
701617564862318156585078324018052167869410976976355337812666130571
731743277800099859285443437770206961803295746722038955889582084836
280073783354918024897478561715226059262396667005171455460164018461
736903128658610854065993553411642187488043406985023574327083487942
375569062871425734860058266887961598277404687330419492871963140534
222345792120464397497414311549818321839300564489598247440144067474
477152115682569578546810272736538819621906816045800293161448982099
069880541363677440892544577403894699646304365335053381625237522159
603972232782744480788121085737893344077901738538442167111281255460
677934193454358864589983688451404899069850086785080717968288943872
467900709546408741699063573810090274081342604316764077607586381746
448263278554975784232806245419965150936356148114073769623026528529
430717670430253902395247956665734505488988221405424140961977171784
099225849778377275016612267138427073857033870075408650746461534189
365184705585550152318754157494856120493798583434378459553655496294
567588900796928062129027699078155699252565663939543360622670385472
237198007182063154023574919078203249540785780862614799582732139473
771584330757591900819052198192963929523195103782118225842102580817
818492925818862861153092464795954329661112218666565914213138695791
713639104184417252456722800490768951776932231920950566383522603991
574612315423714379699511508966466511627115721594935490543048164558
073121933141240333883170550069192910164248453310423752353137076142
129340885560146730320108483477183039799862672765296082026727229547
459781648228000293415823568016793090290728863162425751418797898245
590023082782353044398073984241091357797753576202640488191153892965
667153596686611932498380518023913755520219093978285727595351176839
397689521071816603230854215746307575741804611198213308347961523527

267241233572017816785592745464025117557473537649502938000323045455
791815527535419478763544196356950879662593721712748278550202340560
337043960855500345852266366253662618609506184982476251991331329772
534240116338506616440223097527795713061510079415665905146193075581
926190021781504727702039049776211434625043783403694322620087497382
155726871005719433213139576292221447781044112129367880734683585164
783857429296792000215242942972601814780484380719640477496609906450
781422536184597466310196727362088186973414384327990670599680574496
231963000325531249050404199435696323722454285918755346884390810797
948666236112001975898165677780674123303128306775508918548950767582
580112989797906321705603755899795330800969682184640547217010300007
732461791783125839048101764408743570791664345256983309984998386466
676127393466834442006547672525394669334983111678097394975729682087
465947896779634382108713516018393395451067845956513188200669533207
910277126443743350324037815761258514784654864843835048817952435502
509675372471978292024750903869791502743934743835656634449081720528
457353940636428490432008445370216763889144393171227844919645555801
890604876708832721616476494605242911180761745275231285841861521357
263161776965669233086978637979985464131700396105045850452688976063
193979501529241512056201651947937688365961114210857142015283698391
636694535903614673116616853059755457453849126011357086455533408297
850688220415175774955918899944396049593876168588742256052678136865
440051951973379144391309561057128405357624617833475178709402537198
071171912233209466223301262853316220543596148582319912343115594568
030891761387943553175496614239376669920959382514933546847476597490
594240921868564403009116602112437736698330120676110698260908937620
989957941998017990682665583432475701791411891214259398011596177694
485696452218321258066991487248999336518873467390447271475170123678
274051999731562434554584763284902241316944960638912465802432282405
289676916418316475943672708270443319071939742812465558529936008798
174395277137851493998963404625719356070189951440113586747334256118
224975031677903749980156921428084467522520100511325824086451424204
998432791608149497647802464084728012389535514608763529522877938572
890857856985347294811030985165020537099493209080674043820599802027
038455047175106913653834854200107993767960645367394810980538772075
721228682583184388742623293598007971053295185514536884351990489672
081955209948785487255910360285364308946102027009511507192537188328
064200011957546502432849858640793235462955080980281059720243608038
334441025250824053734750857925488257828130719723099164119826869338
473146687339028608637052754404176168119787458473226735478573019494
104788484386269304039773202150807000430460316774685718546768797026
773827893333638727718751741174362913625820416134115936281337865226
155386282806038222322440998237464385988328330364690930448809211606
880181569072230021764846357876783193492974347752876567923556840443
700818692843661647327870168498654888327085924377642559587141485768
479430386555923406880657236922356042369663821299617039919194833491
798900441348331324331939323674197717186505219617516901214701572663
171259608228911178569871554627146311770677386462250989506460953056
889130488030384683197884094513375630973332393591115520854710173692
516339074767149014177846377918413747449798211203234026043802081949
693211377729124931820728068223263530901418509738280022483408516461
298452981397689688165001745890210353185844071098767238752840075785
715419554453955204805409427071702212783770000304755747014989518962
649568438412356391116750330509300321539362893553029628140000487130
375900252226054548876977151563212418794810584382741980004368571679
7904488157840822171208029351587828498555486720695303148539135590760
678869828323025976491933692832597849038324158772153378304814141851

598480940144807213351015547465606380879525895087118562464994688253
100588943389629815808701009264980710654775639973185554595047090510
163682977344436600109260370148790117772793270959106274408460479508
630612341361000455907882854261633817505948669180774790586834965595
474865898841782119540317335414166790579895494937719901615800151662
585501389150178218904275209287100056754786442316286693003466297035
917251889504108499073530776272425065731745147616402470454826549633
455122502335201426257785901426637197365898693106174413859074484947
453376511916516124299459485780533132818015521100069669378954875168
856649060053790568299921746752763217752970406501478975980651432691
325214069444373100732551862319019182333317958590772749249916648882
722658856226942290231006332383940437895912125053924966220699023749
502471821220802810476388720162295539578894670948989196233363746654
018894802791541664329829009188011449334373034987613591851956503649
851597698223720224945437803387984129963831541440105495237742875063
832065157641860321053743881394237277001932968433981123476350145596
922292617511468015023884731643383864316730730711205490978367123953
294457337986072801812909076419973718301975520145761947341871789747
033557454010510291802799932764564574277759843361538895294991870414
237814768852083146276879500386703980640535300193679919813660188628
963921590418560203133154757510384091882949982912249361246364968228
784399350722818005459274218285384851701550141981353259011850653886
447754945854237565154955136304417158794653219086863573186028213573
498090066483816390697329008155232314182664935438395769040091160530
973580796633014019887025507805379403410782332241326514023040917174
633247203277243134699066643412546196210153467853501321046908053754
740766572089305525390480576450176834245082433464246953385033343522
449217243982859659117517445614227514401185153969672951276870308813
362384262776658895702245008553017589937996200267624702310458244203
666126393773456442181467642997514302622571582719032596261715813016
533470013395444479730070176355159512246296001733471366477972808588
506894974001674689344935550839719072448422476014623273575351022278
493865227207251222353714653965572004724865435276789108452937585308
200837441534296653908434086492076345650817690527800722283425730554
633794073604961502027668993523541382171598650013054483769049962934
440500888502258034164448894867250079060294474467690229417036177223
994809766721477877235433178173360428224391629389741431524746537786
957605716437781374414659121389578977949089820940621485865135894118
519560491398218610167819976575028706349956127506595627908622148395
216115483811686453595352228637462987058030848220518507123516446136
061626832599845706348778077110611956871523223619585798074542705355
414130843911683978835262638173306959364044000121574467078063348434
428026682433568992895944276769461702385016867564957518839844376799
696140028320016552651454801951058306451941904286775783183838857839
697935870754891623726815960139990648652051220980298099521980838425
755988887952622682417264668090234680934109355677167177297277938599
536991693346252436232353985450485225815651837134992901483126461674
173577969658426766663241469809938190593167684173002134690570601416
366343576995320213157821163515666119929045791932581183688730945418
569971087702339828983038992484534125431294254817371541578979522361
263390085380111109927128621798060459873984521111719053466423437621
822040648336883534462923460252851906909425525854890992513727533985
398878449743710874740439534186306880688245762391820080495238903310
251330563930471120466503741385479355567231288366729667992294961184
751620505513776495053017484122512322244024906102724973567761689916
208876728714100534491477098341537281461845364526143408711838427146
706846996112760115016339207093936188765230955268585990737858525364

9133849097994363002274481609627944802785314602438905934861033100031
6077765533312021413692456962276552223627648110075461114892099523 21
3977133678768243107413188104031757198701388099296639387286604925 22
7708305634424665595192369649035173838550012677733575139948092226 61
0836237170510265686876712988698950225254472883272809782448835873 68
4247917500779759704249312759228515781371055479793866689752407313 27
6401075473192725890363716097973319786219416944124206383302793725 73
5667176327722547055824808181153009561179863304300461781707317473 88
3886899303106965650466528276396493041616020041405122930226354360 24
5513660533573807623457639036318780256002845269500890302955212798 06
5749593284527762057342147562968247909858152818573854236165145122 85
5707104467331454613197372107140846694600394953548369325797546510 86
0931513118385726579303235129966064430057158057408689445288558167 95
3335305387021908823387586556659030137115381161561576610811823632 79
2428386606892353884885249215775066270553180073658365098218007680 23
6461588186855499785530604861250445857025339670328717180882433403 44
0857556081468129786147009749292377879562191202023409074429791399 91
1279475130920940440010195560660846546259799958407756509886083862 03
6095076621008294441508265048624731657825232907768766811031200436 09
2186667331447064025444019226263125308286562303966088326067964754 45
3373867342220742324165664247728998397584366615667037440126757285 17
0414869831592711329769060614801421428704027951046395949457466715 42
5814912750910460488597255206553068192202260546277486306265659785 35
1387639069836209325935963428616065507893668188364487998452505581 67
5251085923352282172366526782664274200314032286537685673499741986 67
0402720848224978140632936624150465305106500654541386890089842458 83
6508058767077439574968259287920323634055062548837365587911632812 36
5069996083689594709523468854738503579498580271758799226666663582 61
9175371431299727413625551884676065266935772646061515378527413515 82
9513166962125646576138366860222729145283900852947513783807229406 69
6338927470845020518702027681063165000054932962678442881668771639 12
9253683268854786585531468448469419951905052985371961417847810035 01
8019134857111277341117298544275032683313023344037533395099238740 86
2477232913073930729158730543736238698583252248013823658846791443 94
4951467590743150209003785198367666424188770753581738763469298345 99
8795380798854062561910610685229048152820575761034147616571817515 34
1889266880900593358115513044454484764451376027524027823409145689 45
4509188040627968303772795998122671504023731992367567845072939119 76
5753144539068597477352042770618195927116484608926957036154260050 23
6367531283230019091187621299885717939364673409928254807484064199 74
4110881848137598176046983699457461301267036759490965695220023615 19
4127042578893074396991383336609255050918629620513200785277908823 69
5819847685866726688385672658431678505337094076274730467753056544 29
9089679509192329901872273428397964485353410219183183941010320757 94
1878273013501346219959190063481437991220970332249447718568246147 54
3872621642791816584869995664382433771060546443189964156783763310 47
7459526074926641326313082576248610133364335923166825758572779526 45
7044197202323849377932215386947139242541176722124415793863107305 61
0648008757802090233674817840504359106558974895987359178131372067 54
0286099804582980270003977695343763153408936154786098550475693796 64
8453151772816608812156702127203461926328378264477103327558057386 98
6073143973176047589832909647316513342863356322827635434178453886 52
7381850180856953711298808517199162604738160401001793787349418358 38
0549650519414623844241562587244232664568349923205088214508852199 63
7720471355732386339962334574008229079367190174899145746699087686 88
1237298127176710790980153417127268143456826666880363974926473447 81
7873269919203681565213595984347230499450534527551404922522067746 79

0284697037771913010736590387428605484853105370712209921303111096662807213993193263132314518095696170062935330528648805063347096576868872182588959991037089536588904444602500626832569136037160415557039337111513585948366311865031913660924957447368926094658965466502066743719818817638057788312025742667105960403686519493609685168187681967306095202083755083733386994786095786445639931118705945967786422342356117174894629712746905292585318686837763065017647031845278556432444261184223638142895482147367274360243214653487208870458603137543608319210312841057951719059206139355204399558574820103471449304432663151653366368265158561195755966647432615219558879719623126002946053566177360900889407844696218866540115433791610638450411590545901222103065679593949970575537513214698695775697795130265489988309411217901399478903195248751029960046555155760508292403975199536612156037062081803643321249485987803928965074143135164425898026726476482663259339781312529953013243635637578658030615663761062529209329344446019332303640876899377645846377322358018408684358282908845679127375921528386103861841782364277390474101679067106925022953082160140122630898685035968624958424453518709111958448816735110918344967742519121588949672934817682627070185635882475326735113748693301422610418558520029214112072332342303196973674326790103854157141453341903313425506500151951430504955262667034842974420383298731739594780543875325839481180953506926699905637228970757697609141768047774228148066931225802363535833074048658350848000098478395112818606336838434580141389706878477592484247464200922494548034236476751324250123180219775545346762289443536120057151525535516698029318991263141605557710273284621744768929287289767843268073084712449493225529104718252980901737837394503152823281223778653312344046909653468647149056754852934607134498874322209672139481191329023366222039913556203620954485153164024611368376043262649378971035195331734825433474222374184651851757123919792340230875236654857788220556396868618606180882101160733488095953354819435941902244490783186299499211556036987128348779787393905921318615922461311433529132485333239506587857197314298437330730208537296965288724074703334099247476636014534030772259359240531902934584609272590979868514070461630361576616332260431178633182164706499781942714382646165330136825714193744426247066124588190053682209777777663603974393909721763933019692150577943002073572271043287172264975256741888554320432596036957987136875676258723644310660730398103351024157881242610317094595688295583520977125547237800548506021559529910962852775714962473940011021900057606189575690820351116127507916590069124633526229331329020030646499529615735493290243724021395785585502001809908760641390971234290962952055555116821787387394627999872021010881332332742478834543514937250794483595610975944643821534961458406537048705339024239119118393473136076821495107922910664462853348546372901325907909719571101328447266700623144109534562880914968125452154777798807646355043277650859937646365839595086899158799369258291573616202708149067575760880254436355057577797613867407904637624871525692719255600898253412895425956208194280213924649265979767647243367474887015356456120735851963473153541666883312189815330290316679345845382379207360613849368846343406225719563706153741530796342951518513666883264113035770643290066400889017364280860232837044172040881990359787066431716080666597566535863317780713645375488402725832460230045428374837047176204324699215014834708700095510302984304237725984388980260598438055769737763286586731996819088746776428413211799979183474077812480204844468193504770965373083184702056621297035005764245507532884230264213899643504133588592861663103582800519339383723986552580272385974815544109303463473655023723119089789534537661794914567985518949127224433425030727

0273785092907055084437433197963733331865401557632592061814859203 09
0738266545905536657445500182843637384149851306897024092204572120 46
9801787673754915346376518302866148038421524326506859405659892880 65
2767075814737127706436511488679178001227432149897377232766937466 12
8102284006099527907615529749693025931457431102934673212960054373 69
3848653688424350020656080648963385850900702153664391058947214909 86
5540827207553463023057740213445196666781588283454347512417305292 26
7563634030710438015322080876647069359402984509613616317780583859 49
2297939333273846586896174733802926345994723917177913866654127535 31
8265703210508070671165314312710892279195076340291146018003729633 85
8303971714880099487518269917492529204927208487133917207094002035 16
6631048402098927995815942264660581100839239183849623137798634166 15
3100225219974653990789385448452680535421477887352037103809059490 32
6166703872626743120779873689523632093989011495230410664645454861 19
5295797893498369282117690652202137668710920319683262864512575318 40
8972855185246791873185661940947281742263840018346097656067119172 20
4192438276316292215890107538601016661945941252098190812632681680 33
3478780258528884831533005075576275445743318410569328661145416241 55
5163413432637128429541103822573810164276161676168149555686429303 05
2225469666912927204522926220867989277924749226694936583815154885 88
0108167036912749186441452428622867595235037210228677302951585773 22
0735237442626222912879582945779963461111984877489795095726474985 41
2917765126012113724255489572576582749366358387075691665618027672 77
1181404848277547953817469750851298315814744939019065059967217563 96
9641884003343398758916889650803959990960506176695738123097774448 83
8482206195584386010592673698303871693453994143219444358293258166 48
0145958945541046746420974436929746119145557457039250896525020638 60
0639332609605022719174809367757835960784892339193221121184331605 63
7156788570662284435750558098882695820460630963369445785789189521 11
0626075100225967096776693175331809230701117986387334547548453425 68
0199476290106253061900697981427527287629282259440315125114157198 93
7515302330391695552013377680420315359624443423737609560924668351 00
9029639361432987675565012080910702137406112946152152082826935395 07
3437460968875955898827253926500956844917958403978829807705539426 40
9465521625583068160762711364877519549982112723580714411126225478 46
6114032841920224040802656106101251236441006335956386331097870543 13
0547470697414162567880795294042657977161735291710285762053679604 74
4749383813241278687685712686807453043205107039416261278352126618 80
7515897883155696993792944736090166879321034108587424891340074143 53
3043422655770769915075261547470929754028902200203866978770063094 78
5382202821936121285117196923293573467101136104220057681074500329 58
9353928218627677134500767701644074637883723398837408069550605015 49
7545122109013861656116934350395700029308487845905725617612702441 43
6517752228456943709775955842335324232964605661164567387441306338 63
7733574004727995177603059943584361652007737593534045747689075429 07
0786877638633063780719956875333518682582580411940282820314744611 22
8214364044531466470273643370341274066803567907539614519258621769 93
7044904950612615334279081158082028653037561411154096438116623071 24
0305641379986183721570683132215334063349754693590638791875561175 38
3713985958603239772219687812432358864859770837175221414946166985 74
3779505138007424649392488815825139897831678081924265883444424863 59
3159798889542778078764999925697931602700677372398498125423161495 89
4469711743057519389077902287347460472828835557551053790713088141 06
6970651877268725361426610506166126193053323827968146208440620579 37
1635219381681915053547750098293231348068623285907040009605551036 72
9591276566703575872375682893896071632275122396423131115934356246 83
0326469348821104432823987384322721553450804688943466221622702024 08

958784537699766882845602701553078611248894927100612402875032974371
160391380395495661803575380433966389451286981272152234520473901039
998767414134424624915312518710097722679967657873528858268412306300
845789531036409356918968770105873120221412943447251024852819442680
540654528750102881442898738238045406579064874726670608150140803024
447451514046930707746246268333960709952662383552559762969010802986
503345907126027681198534926848219165285035658561601481763505003280
695040269951892614842279627186446825207654249637272985781241823901
135667814027952286936795248076610620344502921239216343182303500813
703383581015132462303685592178735105100922037155712246675178938965
480906058751733398855988710932260282525355731030689452072825419945
438250180050564692294575423055256999870928753901023048823017054393
609393049983462625036544997133370940781337228154743837801085414786
163181560374846888505175481360437740917665999047980601308743801028
778068238645140302013002756335975321898071991944540115708150746082
720012073902569174038710715190526772593247247590727258288764442775
242618401014933832844813036926578536865885703957480794470139706211
589894091101273638764949573496125178436694808400274105744921999843
306580944618910066847744447961648245447813284745844192838210277000
042592517961019755639473822731700370828665685717749010783001652082
699025785434642733476090618237182727995270572593467255222855870871
976734170085923532147119772988924994618570102812325437196194142949
198878714423026409897809136784336363838927030104122417413920656011
656855883178797057204836649869779021430580671302287302403210851660
579972124507086504215489623490762730706553767402559595510022215791
878132481051405274532477320945400021011987421242919289659195693331
288621507571913113871418044457410711894832617483747769212642818024
570967723671490961281535348636726515130080969451626071510391273300
262055721700968354768368633591892378605828854839145689717490689675
133927447793652564009950067412010837715542931334401469048624346655
678309741104188425545976292776246492447499830726999392627966971160
216637020611988738367590412353349066195221720221224354599557438222
372483160983953225860806216333902373681158958047753943963416951712
046429082540691652063965016269743986715400955385678061661709692805
547793683287852043897319319924129038965975828315046590090812356095
742302827334495569814444244449386293572717761747090248389858480350
500364622067864528237413270480827272736888611786039327852082767935
256177638031619309385152935009853127380949680789937528685680794302
673615857597263887296688620677951742464815059492174609373868456867
001226071070667457824133681169234718844231196871764885620485000572
848817503010919811955033291339620211190963789479731557029482878087
063970773532401199771658546696433150458937215569431027086087844694
800250876312113943263380718273500185270622943465952085898656511717
034217839156985408629219689094869743539950327113100970967440708460
293949487096293274482005688178602782288576141228719168915065848702
798832144589426344252221901405421160763793512817060839774819094593
609084590140599713768214986472067772775582951792624963327373540260
314012467706184191811639080090911517683348296794657875383475387113
871580665376853507305203251966431706885214228849805668215792798298
949879669825760803682116595609466781380036402225101941319653146261
753866536466483836460487622682347205427335418565025999136912005923
754266096115127303841734011895159960003480588359341940758359539515
993691274984411653205630691042712278892510025952796224829024129567
588596328288638879309650981218860540720712558525609029726312159247
955359290229875960129867466855775404432211299535146499480203646361
104737614465655961496166891101111170918824693624618395539423292672
828206777480484387896944299587715101955871842806325769977641614594

345738981519350442765626143298242336593118212647931256409550934997
660138843709318701667609158865888518954942327310660624459521833120
877048694899555277191928726816791677171593279970274033998150652255
156568215157743867829554354163710061571541846408729688265793992950
482334947735010788036021800135597464937859222268944214787650708162
290451288057934485599648532944793444073883726553372219434250766649
724842270289716058152630507746158362630484076361675449301180665477
510653931923610024378330339474431431905477186849978941776692845087
185188641054944035212835760651193843493166390927520437593578116909
829257324231335854581717678184705162949344812506605547296068519448
095518782595201652534895635622878925438477666406350918196613579312
367286161340414457660994013174413681388381703214191831770586246508
981325745635741156244405381352844570260131021650218429769322405854
104589120993849580600275398059948569871279696495171270642686741974
045521620436784238095996630720469104855364814046162982606130266318
413341973497686521475247967575752378198325020504927621445188030596
718780063006399362618428939188725003477355501485691141067868432153
022345129433320617272652633098167238529817565216517664466881995169
186240309765412640931500627120652765201555629804337351534568599155
128097381596484182703797573058610499372258425209342316593756495789
956309576269430538982262637700156158214065326754940003180131798173
437418678475981855336436499577748086844836340378660495686512311576
744269764317790022168115422638218240579093458519114487652931393405
342335775332507439783957979802066993692146893687574808638417900068
318073351948114288456008987830283629938999457738610046820191413205
878248450602410060194288510124618988895728037623864859697014140640
602875058660753434319531179031026305682007081488749156576168507578
743453403443461876003176040951124075893295761158812832739191426644
379729990044630605773376371812318923828801160309009805445063111307
481749886415434845689101881958169016781630751044744766608832790235
342731815077925911559496649285095012157804937705611654575849668561
815490827495910737268898329208400628080953553984647567791581802270
292585087891250408874272048249286815328685536159304207397732215289
519886181835005425816000229690285114662266604853827757808527693557
002631008101822563609538835953850411766822871707761061066629830281
227733239829135073933549409385487179144816729083003498138735230718
157818227960493707056061704154073189513174435137712953241892944718
403801845300206907501588384372781264768796632011006594806022332069
751396474279537987583197687271337828537514283055225311455566153085
075440038323751108414421704790235219390203043991697293751428524084
226764330383565110495254382106944410093494380189038160839633620830
159829908908073778470749086916013285939369195187088732839380975368
710991896575096155584072230386519684057026077082518184262787613577
932115099508120315941251205265340640516457322185472860569453808728
642027934164172941567317053391789024469644128367356988373087646076
879567002354091579752296958558507673418152397772740100105753704253
193647947641466580164737625300825794167290550819631840651068853154
928782521872724485944707144628628519816728603957071686941756756438
685240627600942373480185070440304383344447576097569720188015628724
185543971085801202074372603445423476208953436593905834169553855691
220953709059012086750345509462137004116690621378643946304221938373
735355819365517630840424851939046432297565256717317764741761967186
977239277489364083897935044453355869480497388323791231124970500663
751582283708098379531568617790110396680440241080290274724556020911
604473065817986539221828274690774432060805558887848985428401870979
681851071508460051569819393984557452822543659125306709685848267108
032259742547680235513001203856833975865324746657060600419129569070

954976131018524068992788157867094418302626703100208406551392353019
451041503365097157936630303210113113376782842776313549185460876849
622910716962380986944599178274050654321449235578884802481779433256
905639695764854308518561452045896438646053963193551939184017523213
455502722477482403016679756840049224734549951105035176628371116181
695954554062388944610650549136329570764975533616196678013357628692
817627443953660285562158230153112099643905655386030812597902858846
286465950425973432147791281866683133690870110245900748147366054046
547710081618112969501411038347014746777833408383080193814942399482
822558848960508285511895309558404918877769255712745734838752096594
860038701491387254599053712154502834191539683645162555943536805837
472292618542687591863292079782242726425000632913888358990191709969
846407253456568545810764689107815291167793885081137855696657743660
106181607692447026588091511752197920028114744865093965142040888685
945478138214177085942421655396591988170408152511138106446512623566
285427707526387834240403433448222521461704631693498421263623194345
032311993261732311195672465249414197988008189092470030008917546473
292532982932194831112751637423418840925693173154715854379879003423
114397453374926755609590311145793638838288460303300716450143195928
222612218089180782562529041066103735230418999955618832098953825428
851312698935716803592199133892800772369988857895354402785793523422
614143517155473838375785483961836212788167473935250797126136355516
877378031685172090974565169313386449639703936607798396451116297763
078741115905629264789787331960416484367172805047275640399756210131
244170767618917028164698200434946451207789802080428508479869172339
141453491985042796646003475454775250628346157391228512619671307100
769452232545044947955334550537938772595379939934953871342603846351
164384834625984982603529179660866760869258464821052883384906978429
720126834334691949177206384631487675982681873622898076171214088806
868904690604988090132408283957981780013073986993513454887742617162
525269786043219160403146468810831282252675210253160075967248913074
060975280993444537560519651272310275671020061667363915337443686195
226821065608817849821379222060377981606850433370030303649707664607
266293011894007651486666016397368029437706423683145528616120033238
143552773028505188616232242889828707543050057091247317413278732010
112754441840688472235053796881290398757666069575539140088171683888
616352325754066461422640978412463796645581554822358040372434458506
721184863834473086706140454934177609983499668776938613790427780452
105234197329978758201100505766589675052819932646835309584324171992
612259560560343083321000048376761149732215370777143966158812504108
275875704597246615081353499258797404471381165332140458217368234675
501110109244238335934555872377074860466306528902407178631925440065
808042453929471822771883524970117533318555960126725404684526187026
981129738726725829016799646408963908306212613443997783702838563421
813865057035034044555419507166404061876067209073998371020561386339
496593698729756026978145295590428753030366136800743605013546629747
310807319049374607912499689999411548089935692711010277437426004025
413349531903597007535697753688173039321877405137616279346633198600
432130795437523622157858568167962622140828481833404825623045467540
746072964085684747269880982148492127525162810088532467026706984018
196837780898437361914811964386401015886829355822623806864931493601
324067389477105382104290600543143996402709996532725896589553007384
479689538920777814847166495638715930383781225439117726806314270498
617422390557078211252221526555998226214821826241572400257933604712
023725763875988032748200534266711165150370565245630720957052817934
362076923890084309588875620351970901350116228760188566867758347220
753438807986802970644543953960104655229537710065338099542062805891

719119526868441354422627339491859199450934766337960036547780056527
576726436703809853194355013531792514153207382273413840766169814011
628732096829454248730834883426694461333750600577508467581804386504
699081614810566256257288577493073745873129934109688832820097274390
590146919700228582357363964843053817629169291954174348772812670734
809704958248102789303722208860389306414221037149139374006044261379
937670221137464603243646094203855391219460428464549311067986930062
485868671034190731450059706348065967374029869736085376709472632623
156560098528201136962549092860058135708238716939149223490019050958
517161625673010585424724046237130874268011980594350546883513615450
395477718112560388074910929659599196738793616169394783647925269308
028482079243785745473194369056744145140054017513418942111802327606
073831200088821429745908274533661824907932632226045418903246980894
095763862447936349826087846026371329194716635341078099151597866128
585930743181439044775012687793368504706464686225695663912516380580
083530198667545249215545131209609243930197083481668625274870377424
977014203435858507420893728847060082974489411964542762056436266242
983295393361085010764743962439910623479091102526495505258166649483
057161893221131826217766038491925348309803860179256313609239879292
240928760724659028428715388559631561977257880747152475579424907766
998189142764634554283732060960644019059720952292140581233149340575
105870366789478312150836440502187286638278692813107599981319697721
078481070100952795215188586434776454422669928403528327150986629574
846369730599956822863440495064353223575804611459876812235521605380
130349894894843984754980133673086808558070859063762979361539734521
425184322210510632965816025908452220865501043064712815086808316137
948239500325161011652750504533301318954923478401637363978571842681
735838288184784694823405926850314983080195045027806485541543699398
172283663405312842064559854236416337195275502216758454652842071436
506249678381807732802697392259607536754488199108357725666329334019
303551187725326199389357440176505439862926980957487591014754925262
845211468446373387348364121755914836914967266122362036905279404891
907105911679757416183157848647453345800037599162504186665577416293
865067760643899746236612165330638785252413576152671006971392224358
923804589610628988061403096838763862774609962370883522794115115086
256244284023947385626185858561878047690620118207712852776392743571
729266569136340858294064889807441414857110514768969584311334295890
081269940830257318528692049959882331603009458644081825253929898618
871473520687330745078796891276049303878530109877217604144162905419
168828508541407318115989722686719318833523913459673023331860825126
163001300270671363062720187136267560551089547309355571956665658747
697493827228679538510281214413419932862822952555883096088076411751
984783430875706010834199682559503833524628857683335214797812555473
181668670744678242980805112210472778208116356490062202675451965155
634689189596207833385240678433837789126136241784367684217140035445
827042254650628904833822321480097756866427870335818693073066998001
038726539116361678338569612876836113622650003521557431006924833647
973108682220641990695811773026565882665186587083645302479592137642
939296861216026171600973539450259536739385888048255708773833333344
155558946268526316597621981237049396669362423704635246426590077082
299795259612077589827584559015371385217962227921339645430041821777
332106736835207891389220699002274990343184321036175184889602157711
644877222830175382512110571113463813137746149250919957319982891414
428906921960309407133978286752723965398349290070034338423801949455
857090978109464933823380965823420056000354228093017844044839887064
769894689837693480823609778495446416811274495287513178297930201368
035647574255805317351647670172891526432638753834398896248464212617

266929739880745522817894675931741798173993448704351872515528932071
623822375178564104490232850102554163192562588972119286816890209349
190913690059400419210194598092019583813352247906851428211904825132
169456207081494891903651936916620222030644622040298073019888307500
093780743595809458189832624696789159690515885460437712974371982459
283038035396696941721609907012003406017414000424400715217294642316
796353787897536218518107477280014182550442700850069558333097502909
610900594336181133765338966052333717983298437815618367290078252510
509996810465598501527792937387852715820298839882303960144097417421
247671365058347787343948963364050770981195958362531209501966515049
920282412763847344991474072020178313238611301040067528706028501323
426475039516879077667601926524453987151817473862936480571586958225
354518912333276433535893565376418513437487659633239637227784556348
801260898087167082966262331577976279898835498226934639488399725753
074986240379769689597750789729963157850377363905476587976657087951
625556056698033970595044419470528060956839838391450780826785540194
868738780158225430291760755973322396902300138816270968501514885930
166547385106611634591759621459195252245537263136878313814617132424
537049902078364664184880241523794936450055741785335383122386456474
553168462588961469004095829533176888323628211944602544453486346191
962040410848147588360341919147377514295227102456531610102901757237
089289294090194811070754056417986020722820893038189878392550000769
849233823700446705138287445154668614328516377861872072120289628522
487502998413519195621203155600705406148230127334180683234989150273
439845730148365222604228256860714851516680742137662674277431964146
848157250365604171914226604164811384678959808541251429993074206208
901087684488495445529927983654838580551149514546844982650169015367
796933245730098634178789440082746500505587335079354508051019536724
619546393618925157229957836518963163110048074822189313285996193969
716975531247755201343040297831049646479205774988603342287010268838
890597659584122809698889075230174013907853236574801408783640144579
788852895332924809268630798583298659747947693021362092067705495388
176410603238864783209270631553750434034546739176006636558089636133
475691529236838820052450091010025645383149972487710444480592150703
198491921665039122784971271624887140727537213676381205579099167143
831396870341569065714766613865087667688989637024404700151549555001
383983911746003560040954834693066024932450129094294913551412858038
382903092427149171199636436780112266345428482846144505717070805731
981450410020194489559421198842161567541649392309125827383198521874
595404063834060756500346739852129739122522255113300930596174736326
175972880708623966269921398365797457303779029307639335372481853690
727106012120033851190955241945383033446914882966138106627692026559
160515042235816414045373562911039783624112950290650818233961046271
549809539979288663817463140156834149244076965569051907302242886084
945187132527536273193280201757919527871435072395590258944687910862
654643899261283508702089522647269673393830122987992964335680540192
519234866605579778480934967465607414242195132085224596758430864774
360130618507695797996393251645425065513842872336442616229194947972
908070070234029458390398059358452586996572100843397432291075562861
364280488432297939471782403643466692630235658160421260292323500941
018392210804109882155091198806771687010169368544960201869165110655
234993622008882221897569191964092408901689530677800277205611438629
718845870277918639779038419152191121520178405912152636197320851821
102319855327659093330894877527283591885299053299795893914388363283
373286929171873656476007224021442781118887741424041504680813200860
807452625653022991764049036172071578185970050253754243228106193944
910437260582466425554801364903068068453282063846520525149830571468

092600469506643018730184020175299959482453712450438719624557484277
136808207315397858387740374375989017774415052508553800731486295927
872664383822755302125068371375986007490479753092273651103892157420
109243392760332042592871942624956792651248988100962790412554306461
077389745723648556276869797956788216666534132099715497940088990216
928794349610661632535447227274840795123657447228813252622293215986
301509931022268523882747136181152125942570636686651799219050167415
232328115047806254217948027368319073860052940783081069343833736933
170903899790350107149295422633867746558294168421734101000869115756
597966310920215467507171864568410152206341943391809834914894381408
679808600939528894811058396652246794511441346471256131816471118830
453623403865213970832465028766471842452380226795343518600532111761
081800436002776559073310944286838045300254726949343607046390316633
676869320568365807853355901587021706127152074619984245720089630842
962745791075752505375344086868205300950277621914826387188426414115
481153046367271444714843852536766169074517533782053313798515263528
524342814737005125522582291928578062051128895355011431491181991364
915830125035833507671706813375913719635655265436257557880718731726
664539630536306075674971768424021312201625996296601404089006069292
257640507449291716661403817773815104115719517238318451260786986257
106642696714781849620566484037741536460745570057819409761652602179
995888630758083690557831375763180786116443206099427411729846336709
461509299231074328247127842992318210689966449190201456339969029685
823029166323787932769007152416522545722906388786633580218882729250
524869653473800017783712727301338656688020428446356405057298917201
286017949548271823209815224403647495615149271055904689701772516636
021166278546631717279664089447010682906348376375250608819619419784
400582261255762176289270255666768909515583514173341130440445442947
701746650167750631277882178962522387696847119140318153377546423357
315108035665291524325226734189117284376056435983518008859647853182
927737693523636339135977872885781547500897818004970295134515196162
071672981763384164764218791884836022402292540394387671200086253340
953559106355081658199985287993082953825468024148566475992494097403
663364661212657639792132554391795452146709985740531122351138519482
889399294516494935647628383652945654746672339795514279146117785860
736002423372828925419204068249689956996272541141153594588522474390
359436886759948748901041044036328022722811675210205275654774570671
427782638796692433810384160718958498630078753107949048863665572443
823644671770699991751528309215631707053988968853509028490416941221
339572078147532585978615682928372752658980027130899453350212386661
097492308526729022244003916011424047404606249658777552554580616419
268745441992592874302125853464598710518137462676469381648815755588
991775679854623693197386704995839202180959568750057801796530453167
534327278785313922320158239424845187261472867065585209919014832582
136057160174504901423210197696313600002744890116606328595539998289
257284185515710679199394527129570003803063095128975253191082536256
955180915181977704788147641822234633228121202754290077307278745570
602125735837367484393083962411303455656214590077178490296933649697
723249452917415372272887271646458468659372640833544149809741632661
723401421459028093304279604555476118588862510894411580307906390731 9
753851596305389995869418071202106835013305676247554250213788919319
247140274665090609915337327333875972735227520294950513046440462166
397560878761068219612629237129656932186896246311211552031477120299
605067112678170156780407342919545679157747917472674374722177837104
897278600757603854831615553654334149996702954742841866607795279577
083601215825893141897868286579188274034521199129834413644937520696
134237952471823786712180176461335697453597250365888750756028581703

2191960934215597459674085055730587072954692643425194529736697415930051107148687861194078901927993977608396823821072770231683043813596123865880738954904764864494000522546744574575451441728074579112811880475558240863431453716058629585968728872081085126220581912422671260802742643555436580989009975976022490905332210662893494789258921286939667634370482705127436065051109232885466930969401397819772971872303493641413910682346165722918390921134390594611222545259330055396518697510716535708533746861880452473431663940245141506723425442477262506809679866340978303390304234642092348249223450303059430208467610451063635205977202565408746881663966819800062512752874721687935919333159279695241982561739870095775096081596920626954410527227151969932220814157737615507474064519063798314856611464089230901993979171748097121745347096540563560433126333910893809627984197342861697429218784562724497520459774415923370291545345767680433147185170302226925633579954616873829989643076816342259591327597241493241852482856355952303178216837742559794604257539224122915129045155462806427625780700656628463905940019916034522535925284211944683327687078210771146678462561918524905195597439895025588530861229777123310491626244342988987049272338267385949133822144159340723157757012109312994946613455367293656657359516632685032608091542330585452660911259918350503797834412544365824252513116389905933601579082852683144941722201897000061097237351451503545381174611777466812784085146874384505884817283497964021549398006768042513250646806416511092012230684433323406374577483733669318161534317475165791125547501625423465995047506789824018362037076611055546178573809800222999577164345697678465148071492116608377444447967738462945077029835876249278752785145828215823465825087725065987700996085841209223302659402319262470781945052424114973992052596063457200377269646046441813257357320194806391477743951842585148178667016386524583311215378948519778327330904034919576159485348123777664785570453596207180654885515794090604762976831735364310955462531435992349513055238503814737697343935956989664304702025616134454046035148672829075941127594904854888115799493479486257388587174754496724010999027193541821670763346225936087361766611001906479457397947331554010320290753402211384115184253799022602304416439857297025637864825474221947365760564778755372015525705159197207593261655669962251886552435786816278437679948753377224230068779766325305239163820187999065798303258733992913994376989607238349540504779494657773792522794959050589991601361974330799087935648261547458918833759098769521078201976507517187343816957168406135421193468163787026257264458381184855874882417019769569098269300374045157623089219504259157511594491411036174959906923319960015623806589874142058717221660204899259015242919797115027879003330687601029448924148231491571849683989135882727229929084951697097438857651556857512321438473813597584745770091438133693058075774295340429221757519683523298030926777369020516319797252348090354318688366433898505368066171266902102257623513847255443977151873726425212909994909330372160561419900653739000137497165387474976484849995637706865209707190852562017389649477520699330211727120139261959276612230414228772994922483680690780023182597667338509112570128450451745496217363887013289456342712696581520463213147311910179135689581055994583855280854509804836637192813810481908215789171751611971600419985300337593543613622534069589725325180545750805059574159586748372439971998968422336614882758541418273557524430910886547791070492406553278089058768936949926333761690670393297029531691406813089793447314203632881894332007115740815275348210499132695399975455951939891036671534057494809749023499891556815718676478665605253106991473430188354691377074872577797293625911218901396645105027025516301417029380353602735333

498360602512854283969753785522482632611466995254296937099514808696
373414360920147279066338661938852276077810472439328121756212790772
536297786750507823533011951547981831127152621707182507285400452542
091108704571899253343887744326672766948384917911102532196637736503
614390307241776195559728156091978302228069630126972917147208195762
971600157607626805222765693873794789818500247056104089154964743064
463179291384189427498488121191235867192540641958335545340637155148
873456902035738744869571693470189636304694003695032793070548657942
118832084708863374715650669064543833587403362125858012371735070389
336642287000769008277558701359226738276059959785557515245016544911
194136329464408531089061802689598984142638425756825010715296473648
288792613651493949616643536377481774322051881418977724359767185736
937871899702138198388631244263533685127570698711647026544283374897
367752025886322145930636402538434806268189008969049347256537805072
511896592654528221226869645903021315238237296717518237444915794243
781999407451630762671736337394111360655639657452982177904549511164
895291800438859252851395903825690251206445307165008172652709204726
177275766506943007238961358236135066098813075035235472461037000225
047282359245657171798986737249898778767725248250130654535434785709
592987538303967763102969846506790461351002049548660086232100461589
795224607224401566160273882633445414889469699578720510526743479323
278193510648565220246611584806631661201133699385458778365605920812
586566430576418406466427959499545777414922502283846466289967107271
030814808251937618008881975889696384449132705863643483129243652802
947491057407912322244463045646970584043842814802733429724316909633
144128775390936380829648660187482861034504003305477205792708373729
005939875453576040513177566682688473957310078507334123262528468151
300009175315012983163401265779803762070345030460892055837426178926
358837988824196140899674128791240324888371054599148691601771282127
980105053368370132640327523290047587401197417521119645956610654147
502437433807424265858723409870918158605116415293232689277803535502
470817812204616724670146043795241595647394180150296331348815684881
957908055112080526165743733038052895312715941466945542420876075955
360455958606166216230221020100483554358189686750330843327755853326
324032594259094855067362085681011331089455939134124048701825069182
128735305287216281836687723376564217739660875996201159611164724460
145129948853025772486198831787606029660941950896003568301139150284
369476007624218563853895666325643335185848566800297586570029997553
081086346957659261615843022495171427192079021183123025549248530802
150707514262303047229930503388069046222067387634469367314949115290
037815164790225955007161565033381234059261201746992490311201337726
317957302364874002056692213912879141814492962009327713737401194859
293295595577035406327067105671055388437767773319354223512210446588
530379795749513606515516914292333810764363990820937127981593350169
334371223100179667125831822722213266405283266191858994939053307557
051814524049078513685914436892839112822269243569796940604171415458
515999605949366556364966000810521037397596882328433583958606949222
915692284870208915424478105425811949279959254436975785548233047190
362419515355393825048928877223889443594605619943079723140763465876
259844638228786945998065348316156199044466680803246491996441694408
819260208994376544980958693589438888061759306636731691245550832688
930426719918825436308974033603552688701296974925461143871570086965
217490006516077946047553434883793641419756886529259323136300374200
530570135706740806577129158398438181553749812209913516884925463303
005805036352962874014917326075620569078384291051212201519299025268
624488411522019566364224128414969866589082429254269481542717526873
268296559827578455519178308167673138901631164299393178336656116477

7728745803865176378442875225279743982831821315622050973656945775533
1204371009037125414663819886104667226649568058249542175190944430133
5838812450238619276282302648085718150011063577522740779625334199577
3050426434921015162513493471938853580660103207580781271395163820244
2007136053639870134975835053458309406220643780323504447358133131477
7995354744721344722819656932811221049541192867693574113396316736599
5373844476664127107186983436787994448084210747040698788393663252911
9664592000051436683464961994907966716450232966658249100101168797700
7523359589545983624847407702908720891069146956440011092312742861111
8191487209259284688767087160580722266916323945901787216946085232066
8325025866519989578542558150567888362404719905488144676226927677344
8087709577455539862207812852680326440628610802806058467662150350000
1556911043327056543004961532649084075176182799495133899987249108233
3815823059025371453427563242085945833466959958555915845136912035144
6057020195957426150531066087680453116756288584655458261639587138033
2882441025610490776251805408857006260877058893860303353210584646322
1560847727015225123905594913824424401150338130811276623422898095944
8507874816536262537510421643321357016684648944656206640397715465266
3135714431701189882662960838761814894979650169243484917094263313344
7562700980208599629101102797487153325424152170838678534113125811600
0007101842576634070892024723505308946565500625070703967234928037855
1165400472572551148382106823228789855748591937637680637366763233911
4370986925552582615693677367422132675291950447458700891290160100922
2007879986466756796187562242419930505364026654627512984902871995311
3484672725992523040471643707722029440222248588221251655681293742055
6249541049917707942631593820905140434186539761321745740654686622111
9973501877299234708796570247421086669720505226002530501942825465233
0402170281787684385323617853195065009222124197153489864957198623544
7724318190906279995190482893433931000490523350515582970580152895100
4199064015713282429354792029989690802585085261506126109314253308911
4830454757238118884315001949844162928968621394501436034364985261744
7143291199825508913803025605140377354607763056629689615998504494855
6925083123163213421200664740286314721756411205476459527606114462377
3011877681075747747567508175843905596036562389480180721867130977666
6615310778847022191899719363542653966397405978268341760994606681699
1475617743400145337156297828648277970954439929699063635152528796344
0653156799838513473001784585729011684077339036727483513196283875000
3962736835586075443833384288228810893405434136020582264729045011311
6410634352524608205339359661958053092890654066181606367946280187988
8869083630313938962238936740549567260310076358818378618363010859311
1869080795694768101499486724422352937955923432860887123155480223788
5633006998182188586305767991382697906640953067904900919080960193888
3579287004968247560298911514910975007752007264851120910402607580688
3934410129872674897794483696126048546270922448818973400988872611044
6756785594813704707216532295085708470525136660333275336104349031133
4550269577653808986654794713368313201105808242161397831113426247922
6088644390535242373393255956915866623766967098254669623395080812766
1451138515089302446311322509475222359927873441645264112740269741733
4078600832935053584358313744082486467114338817606606816481097697788
4545012329485197926282103131010550253325522958196878243592541266199
9820951681174386290179442946511016555991285062468639812216203565499
9919755892894312626512184041627848023081825198613779307223293982811
3103401339471246134757116435736739983777443618421828927564708366266
4935029530640117308083950617222844727793104512894402170911724370299
7231951187859917803467636629858538543450640625213264621318328349199
4998649807264323784615626629935537371745104568323711751578561182122
4192363463998893300952104389917252586874985970054592878236504285877

2203575543908786658309860136610543257844521032919820252694839199658
8449504537392035918115773205084124265490145589858465840431381963318
7258833789402050219193807904263442754294400743899552421711290507377
1878462088622976132980122958589938290374996320393871549239406770200
1096048081929368184845308552504281369596836189674321862788602378988
7331050921367305754504323969001073957415431268691194598973222419777
3549013175424367570922789257503896627354315307215570801716682088188
3232177527150505532416779025997101297914284734949597042235446364088
3673760319251541462536158790579012071756862969301925028543047586977
6650034470096714407084676429921683135262983854698028474683940194933
7127674061993943920152639106202604313245615355282041512249951179233
0184089994236359148339405247920525912436218035850780221645432202211
9288402452208501356932393602049847773190304546031299369436032323711
5707371228555767891265656470324659187599292652908563890968326143711
6267799021337903176771342278115226018093187325444131189560386326388
1244781893221079703978082251771140124316506156975431191940386576955
7637673161707615142181103079241631602818180124155723269958976413066
6447454969842867767624996288848988994585423071219426454576787245166
8684136241367790073180125966644142346124875444557836410656661516144
2566132184133782544289187868206982153687858232361743929332812895933
9585847740391384872183944334335158341171168342491918075962633086544
3446903620477397286903438054858496408159470399806194745691117486188
4476009115573733711194752779039323000724839310376365104026975506999
3534920313360866933822034191164946679766980261931461125643220566833
0166626029926087223240594783640079707611324454674101760781990793288
2551327830638080059040286427235276257760046393274235618111350941755
0894139938325981126947677567543583289806835979656539034628304616788
0885075499521217276295169817723342273644222390926775324007831632144
9051560781191764239815985639055969710426210202220348784779970564686
7913844204195923915013570609190041199328685468164945213753576298577
0017007410836449803362947465248819016514796131720529111649710629511
9010884625152605564288934187430225252486719374414830807286416322866
5495415346269807939688487720110699596740500349982718336369632697699
5092763962270674926669217799968055812540075842941252058133655771377
1758114072115821814879991958051991173528404711369217859527033056400
7611167743407794398204077280335672883431297657754923952125676883433
2405309585358361863905378236650104337031921739840221747312637833577
5464356957310640951472967984487920167747040726811467483511513922555
1748912115703647180192471937694193966565764435907595556481512156799
0567658249179926782535852247447788644063008296791478865654709231144
6875576887925556010607007883473395234329030331766628421613148615911
4682779503704817158596555704657407387386312641812853877030502378955
2860884755419231599085263001309531916553402905929887346476928394900
6764076597259083305241369665495620743092266895263172308180635664833
1994539704634059641689974479515728766758866297353850853612309677411
6397318750522292437721460953230204703020957785300621052184174061355
7615566814143018996504852337442642258905847695326685421843654781266
2045920194237701662783675718773763378131296197440764070358409041877
0390110892050210490784641825466300318854052047537945536035936400300
8200887227036537077085273934027602593851195312658849307340629609055
3943145566166517686793038483229392873273016910824566034629209634166
2810016398859864499966547327552987698092166576163890700968782683066
2474639514957445817718617904103194311566443004744536399079266976966
9170887354445660751091336571206496059913950301729219826983671044777
5627456996253871918377127968295654398668973719240215416667249942577
8360378354163089356882137201327284060752672117051213401375346741988
2244438667589796912284663196933294060923570240338312472906441205333

071219956410308554698290074653259903930978193412637880394961756231
664251999821884141207833761649425644459297039642321026340610693413
301711865811904559534652936139851553982302030826622895917807683453
234633195843990549249752505979666512685783447891031971185927646539
593727592933276582442573110281115168141179995494384455506398877662
444576127829627943376585936050362149872029573452820288490825788500
756183225864630818843591171472649812718037313913858972298540484001
808504649690893972145088219341452980167440518762657292904458078248
222722219041952745550254112542188310092898685857146081965279117416
276993380061023696678119932121593767692434237488695909932946958294
835737584771749352957692627931290539904111397678714051690904101444
976183298849362159270611979663469650722059913919338100548188515312
037402984045276633936964117696596189556420179142408140687826331634
746519043530297407421915703909907263053622457425075121784846363182
420728945600995823343440709047534480505928774744713308343297388574
365691948715731637845093972021305792610883406417126400183548099347
834960414259469455484599880076788026603426219906254945175343249619
418758909047637705842685956077983232161372520391300885480926371233
259635238426080062256844781902575027567757933593833924027742116916
685001980301891081185414430718621465530302530874395354598530349008
875353576446577107889373567403330613487754682035260517724849305508
481304389978020398978880332522626959286104576945778130759785915222
259654090218413420425478657480907355060675081890958161096307419362
389537565041789585133011130940743885760889230768132389734449083657
340390725086663908612335401295824274459320839327724834466544378431
410929633707044037893755259667901713669668107687478016546728892416
176197048280123555946188536297944217362440238143298724979488380996
573415026222685704575393761864079355881730418953605627766933941551
198496304824331600638370961579010717232737881176751846742967604690
260183087399984590943990897991506819771082181764482905012342204139
023443229373371569716930693800924144759611699145445183793902093575
224725791968819919903473479392573683217551096646645696142527743465
878085464103156988160339626543918599759131058221880352506890915915
798555339548306784396278857135072692433011331911593080177585009977
637901348754631194849690058999458259221919894493618160300612362919
552693645886903382663739625986732482623527581309467245795126415412
412333224109485209631491860603839354913143564757632340901893196839
427089353742576765205402409121635649144627424899370814921036632612
671055220278153190518120838578869906882868407676489401257918464457
335393942417816671722968123314509317551664070997893966375799162224
207214249604160798561861075546645192032231153174112441462325623048
205681535897413896597321145893400997992530885880960006646234601132
133940160175035982512267163355395923033608342753477231486044442438
576263675150079279550213540230485361368647550005570347499233841181
348175222302683487456072111770358072231509995929764353219569323709
661885842175593692971524628630010754082179814356289296381212314040
925114029980940402323490888855880564652027661459881978597766720690
268372754246299598391235207906845553590650245288496489679466923736
215623744201207894274831439336504915512617695583402317993005097138
414209255603380304526534147588999440762603213038627047720612443619
370777535000448723622343751397980383114151507549772043819552737108
044216678765545502989379840959464544556050978917321156337514714764
746841757639948573325933569601783467151221844480019046767555301279
039238968746424737300691852394143147360282410591109266449610979208
450327278154891164906013133850879613664306837903050955681593774462
162296689227532396333779844893818472628300472314627286511025782264
273782844838976097302514180719588049998035991739380712085611331271

550278558473260184921765260786685092148730642904189004924846021181
587501262449869393785908870029830889961310278167908341016249465705
921517492446726194694760392839047928909251029538311061935428244834
100675625824862851146843118999272381915878069021709654789240182171
504039382553675010424244890068537762906962467570285690579361570521
242533770146437439960599242938994412570196324119720706067572358522
529245988904681355176228361383975251535692452256654222427938203274
376179131549015506447412705344091962400099046834073646056869242740
612435588055201253814881296282056370142993530543726081574628624530
891239325295642963072313859333759556103774854510477647038349206442
125375003890163807672707750925950732728879830720381706143582065158
865531457885365532486508845696617160944113591633589449710048657345
982618108400122210911550277517790987716803999267975760526781096405
175303431378626872683037393006004129497702986201367467772202117432
062368089040212955273107682056986669490000532591808534180937809057
408679075297040784858937168738020559039904437266948407465513277990
993607002272336648823952762574956993379013733260275285775298539883
377462130112566854643836972619469763089870348100211259000564253706
049103533483969736063181859272227608175480152370312117832221949361
931761462752448826138710632928673754687346993297813469399886040485
438872243404170657812141249588244795048383024971760248590491747800
371587613917621179670219572783841842292334545899594387250309344787
576957851919956658483945216629794850864949140465667951180072310380
350014875371155604890875426744329862109219797475717987032187482617
407986452913028957450456687692557691329968857316295951540791316458
477845453548523488630512253400372102142367295133784985086903930875
770202492310358157533569157173565991981246952657736011879064040410
160183908155066268457597263198130969412139350454770177115377086668
195487613199559430096634289645507695441169124574533345763646473046
195654690055997476046306239418126580426810279026409854359176746549
566231024703806506612795529836218137819047800721428636880355322453
427566867003076246326001320881814932479631902196202759529717181516
210146749516116626518267875254622397163987030418685370808346894278
871553394627472265269889727110420561227910792589361050848755842649
550068584149726602535681515900503377024513441602998925360302025070
857167319977848998064659093567037826150903772871827721947705987743
363690383058594498290240367365982345056444318917544786852328031554
409687225838835221861594548376776102759226683804747601937063737158
519247511945118441558390827244426571257300010805628577141456464119
093498524354779736365746496741040795906832889784160814453506619753
768856440740381545993869640105709211053262947386716629306661693275
387712273018755196360852214596070454906146238066785918305177392883
838759436655194835635990606288079111870096893801382302793393841247
652757288565129975851941835544080524877020940851041725699998265759
881218864513610777658519255610110515884452152637152090663359054571
335050765270195801932947457129394495657969892745255133176900306736
899919824797563896841471400017861903490639168347091811252573196013
662586308974548716428722565516168724379892124491917554313145172685
685815099366793687171590489746742162179371385070100039684863497092
261036525785587639293532018670546035850533721423948689127590036583
662234113309595869911594687963500368182519556885278062799589315103
236049820093404102336335938877386723912294854841690715111594928954
193425111938249237541398007886900982943379409965710874601307757917
996477181136567813462457528648544638531775865137550706828261208681
841990855830666003809756049762217677464909690089609078269271819499
369083790254340279186471599013941499641251384097248205657047761921
094828365278009603870246121333069133522734831987983582192886885803

9994379347212020649930922030632495698569204924759062498456032880222
2805852693436214195829264978402705147706842309507414842458205914901
9635223600087449148898877286150373653476434480916117488294295405801
6596817369322716578217861370035233357589916367956906516090482064751
8309250868981573612665800228465851572771247486108049165760083762671
8229365906149089523632496989457998700006933072233961036934840930951
3935801315714874391866507901783698002927395967155081398779480671491
3786372938144987939964494852545652669147658775774595320124650251761
1431577561965713292479763463473104529146061349344302148360961937321
5062803802190817202217060516552987410667658474284107079344593754641
7453245838573327603846637996821865355676956776079786506198516600551
1369592647944062439593002258879207476287832933590738972297194095221
8379688284911564467398967039562882078925820767894544357004158403201
1157894299500260670104273673914992216886959021363620571051855406141
2646143469484898107652154094112654510725328465829699935343588043581
4045448718411085739080740480972084732173647637028304142055081405391
2504567740040904884108754561141236514374242198139334561887085153951
9099514469737316300856872341157022485538612720123436800040690744731
7228819347509638156187357628838783723104239096998550597034351804481
0051337872193582445695192090733060855707906000979169550600434826801
4707660655306773024549453430522841972883771508510000773589213692021
9009077138956373610313113327912545038175106945186877607904993905881
6289126875629504384607173047434815378135710255217605871411899655081
1152573171290916541327268870756366209167437405325667498604369121521
0238202608977760380636033948259873594261716176175795906450224057151
6755084629351646703197052233994914423801554373699638526891587795331
3564526053621125313213831936985607323769812353400044172572096993861
6398140375228427217368261019152759708102143510916214188251660071251
9450558224922785728965239941508784933865819014417763324106344823821
0701632742422947793432366795878784189713293412710778485038192851421
7588189167118520822309144550082436150629213857322360383632162526921
4732570254095586466597422186261612656290792583216077734638250569061
1968583486284030835653059599620037883004967003162800587526934728721
0294014503353181274350254680383095941635709986335919513851645234911
1060951099880890150868537791544709503453752687956175706389123811811
1536964952425642947753379466727049816670284870812030272086476343871
7765274099839382214085787210004521670406815156680165161284692675811
2658182475692950953459362107431666088218660688042159742354979232161
1769496362070169580390073513036257853957415631874928332908721784031
5752898773875911438491474382898056648997461893617726811168392474991
2151564762828076008950347727517504223869802048588470812907412600911
4355552430533207389886459764078224973748134993943224836297867336911
3448978342688349006428692583773546414557186955738130079833646240241
0760273519153868513770280484336699698960287508677611511319341844231
4687665760340121066581613112925145968865280686868432698410210324611
8132496630023815537268390775333530580728760941806778436987261992101
3290757321475574191388717068346116466865418932682800660003432384721
8295263188567587584512654013708946502441571229401342353026714706391
5062424375203952530888419531874941761811206646505785687140295511451
3270425480280927436536470084506343872393362582543891011015459139001
8751886655076931213934880050552967549294101644213315718569418488751
3727423256690896468483726413181168521530461425548674036239917640971
7774567790586719691938088568524106404072520973699642104586921046771
2180150235079107136222141632916960555511661959388684004873510810191
4155579080651246424636523793928940106144624933927145884919850186311
8998807505273766004321340227459893501800963086055312475703644077411
2796703219311054271839447153649738723377962957177293309474508721931

838288921988691987730073693715567983204884615558108869948790020853
818472031198532704180065992820856076621159196853018554270099633503
924863125339716415353097156719373323102926850104532287995535325396
536089846321182030442952237322217874709832793435013119240447624064
455426915054430476307929044201311243875232777462035775455974090457
903928655912686911442640517906550734042364121506797875260333175824
907937277047764433424722252974197583489727467951455716947809850567
640483074886392963258564174358094830480854401513208698292399868612
948495355971831604967637081992841928190206754147068057517241608876
729058245707737846421143307643742297572470996403300314156511019093
302365209788985472543366670264063735738210480847635269988235443330
611985006347039121597508504568115178858505571473981910747504449835
400820796267077168256409525788853129294840309798068678964308133715
538122143584030544007112811514246138029646537550252625343917638022
445819887756398466642540971993286459185449980995834323608333893944
238799600447476938347306194276840372731720712378292969416545531765
063217715384844760726997773124279943515856861108745555947352363104
940384208436436297521003618589408053168430222337342527851369523342
598924517948136360386588861321085748580258555260472235630352223330
786128726153263430472299096127096886739311944188073747065810221642
920000038723341579765407041317497775975661432415587134893703866456
737581449065885360848744352693187592400518112902309079972257470986
059394188064753387379757454356426769286422122271987440442457664989
095037166191322251607976254109136913735983807126947913668942491221
450852478233004718695007146887686375982826457298510395747411309378
476356018668052515122277936609472741654150933970892214676267719236
443642216792233202587580146163268789006311913203126862353600404405
640376636899440233386944199357853438329785980340673726073279607324
450145407073896092504479374883134153026618960882900492054722588555
580832705411149155456027709374385853913215476257318025403619972546
022010708850419753042360813174730278435878475858332204840133991388
969013259299265592183476225626428544328082123855829977653975884691
443051507859106509234399976815429946433963706309651627224646132240
222769025828330186780624606336868398063570454273154551132684023273
360752423553423523744343608527775196978505606358149281387406866706
267396375768126611957066986524270099668084461704140079832557566356
794757653882707275479137257999156117306992075639736627527468692808
394180180472850957985060335692650445201062148383140837671675637346
589769335935176674219010654835981206603285578317983761613423329098
229239747462921975412301438244631434835550739735076333603619310161
074820618611381769343278773412802226410130943015997621985744427508
299421560620655279513264262817356901629496761394684504969346965133
006378189341215303330815521003182028582986633365296404806504241084
494069083738640283868296680872396244309517103936548903688173073128
171562598239554610264733430591105809609531743997236623464156354003
650064547145939948889393034017149658486692934225910521499882360823
100986776275100932853611608226414569339383456283320156354652902909
372659394559076784662433260885098214010334981694863072182988910577
659517188958205816014454543454544275722764563887281472085802270444
143921466565703535176859968469852820690412634876851969289199576010
212130856614820756578166096399699762030808186845854942227363590396
661159137728413422600909411219930388446766481906865254905691840136
523533517211630843542148079499626940576620823719314005976962506914
278999109575366691952888975532703743787964537740554278278572230755
151082084769207696129620856572103286075940042668482985500961841552
348198352159603434931388305665167696221021642038655108740123808698
940653924630240347955800469182258976618919417028534511806158883015

6579708775222034872728326587814651725078872954097712866271895474 35
1238362811035839448717919277508799533998821049131162655474230977 63
4196721029145962349781183476018749920065173680979649743507437395 20
7159238639728455399748933873614384686491005584972898244833079861 91
9443192311041527651417432029677765598730233153259850394152596727 82
6890349767340837156513478831522190915289925452469193245907084067 71
3143699873933901161628033305688386466020742029156271803147569469 85
9368671097518909096304656080945737576749450440852032163330374336 75
1780819085238899480545090608023014153771330441213467883973327361 05
2614538330434470604384383722232311703041148654369763944816052922 35
6123730986303928884455605815707833162476823466253055354460474850 12
9175529461208663589193567104200919639074574427357932462046645922 42
5021014130583965649012480061810258494352695687291574309826397816 73
0341189945858798449314271403133336294396964178104223793715832801 93
7810985031270610283172818350964738060561737233172542293794085319 37
0110961907033852772609422279433231524252502921491525103446190494 50
9320637198364110713519310397122758107356375818839439541132291943 03
9098834060724134269109912897419322065469987548999864212828218013 08
8032902228719297798753756833649232410860526448782068821370414848 24
1008975749305040700743271213257290435845546909604771019311284592 87
0276885822775120976538109891966212937877193824352224299488892666 24
5460365426272453211342384172252419280895774207968672144983183764 45
9733904735373895706484188803533431647440177794155544207550014845 57
9870770123833967077333680877768776485080570940990602448464567848 33
7712063840706060190528215860395733206476323612540281891670094475 27
6444504837613846003947368833356532056187198906060350584578644892 60
3386212507202108328567433342843835001617588010706981234888281602 70
1288925633877737843147203208378401671301112734010940190564496678 45
7906260087170895497818068667969793855559888197506439943547547450 34
4955837969770739458983861000908894203890463593948572919592874512 00
2486508159150611443009746635676770164267958994445256184329719388 57
8319930373533315844462362941139687246519777642384578334532159393 68
3687994224742265333755620414228231988373044364866190142464912358 27
5927759344577112923249800749265904901930032709111602050584343597 20
0505326100705137373039879285824314622427484582798536839815204150 61
9779855276683746256596281906385469725537876742991581333352872456 75
7389301716001249239454487270071048499669092734611371429332998410 05
2457185108856478814940587168167095890822260234393160243882576098 07
3857227829955577466888541499168232481069922670071157376404995115 88
6996160234323833816404178497461598878956529553720902340457489445 37
6315117117654203562858097669138092696285708122722589445569712455 47
2347019264129949884139209374454444579388446120415118628064476951 68 0
7764525670128878214053798216306248944805939330444546886061406993 27
7040395301786477418560877437556416938709186078664598890532880672 13
4076354395503041317714689440987703551413833253127551939854452390 29
4849240175548058650858640657423484123942779462535688917024393764 05
3069891678981539937199039690074551717802604660483746648126880816 66
9442629404404776926510949123253772299876723125150944800154306377 83
3187532403956640150271789439410978439572545069160553155891031229 33
0488973534581597522080228138155156198736653016998151986433362324 19
8828752046530025818028238919480619145232543599157669889495395005 46
9669315867467902104901020027706010498299177992623312891256228870 83
9412605479111894170606923606701161472816970255642250438947786450 90
9077011056310677483390655947100206658149221284141191039265143815 27
0474222740240267644552256922390308238253600797829185286231392668 50
8658901912721077352595576585095378696831132639227013507383625221 04
1874439068148881856277907627619611389632965619558046015191193516 62

053795879030411170969352645855779633371699679234386952672234474383
002850228115062126392627916568409357244483445371020044095021589930
214993364127587251491937799407386714001341492087360485423625756344
526560618974444687223218562184433420682070597668029748218421275409
808128069884169235614988732439935579506124220536137083543270071983
240770396844895924647791008578235825625867975720243611287950614667
378305227208527175210889635956314424474608536330689181465296392419
137935824357498226727583874218278445692980104693956946583854910054
146621815328252254174828775414681473224920743626565916272947957409
490240689196237870161266952537570735899291865427575484203916459509
669684088777454757416631817111481752757533619661522045013343733888
498310949691298883924221353613105336667914865370994780317010563302
892938286737970204572392662764586950046144583076159126333055813099
599336676280784456542123993202846837249444370606967186708023560211
696809766589385531375167285085268032423640525188704217732256212038
381864798041831984347189887627204511137414994839154161411342520728
693431507892352392001252753347552522022177703414118104227972077592
204192835228195131592024371143670185788072005404295897091155564900
682869134514492780063769237424386773813732586148492813976007223365
979037331773366200587050818873262164998740422835029463743898925342
562437078279091074530465917442575313277196313548194975616710670966
742883471068033843267373375977046729846760122798258110676761538930
510031548375035381959159345636790310306089401565178688570108642488
447516362844732523767537623039487865601983334467199674412707548533
993646969421268155739239998318759254458662734248328554773502358553
225671960910406411441430553406664459251747939725314409438432182742
378224517453424424846381765216831772144290029509709972519052388756
212248369980203682053257193107948776871921548398137173362531012824
747371680200852158860485933889748014502013853939806619762972107312
363775733060929707297652623225948635165799350418295787358098596121
470693331627374883792238051733778673209975229516772479924044766913
342197709869158847519512354794085255353161892271112387434194357251
436544636378447684952637642612675671270120247445655993474096335584
245929749909240681691133673759304884985267642950102999727136199520
190386707357294903404746855636222578729492194699492639600138478500
730291213479870511721279838872236057660995798594344885219428016758
570913855371229847337095607826400323989293435957708972890603849673
982387262823649486761708481147730099110563510819848462225123163161
604666796820549170630840617777608717012954489677424625738952069117
940575848612492430403473920992235182338985424196950479634655254376
814510250989088124110735136888629100051728129724541403044907815199
930037436764986656911633350853337573155536950749374480462353228523
387639811344125509682868071562239477762035932762579246903925550590
520576600376934389553024628542906628153313539913114245974576205874
362575647372274189534728556440697958167204790650605766903854620128
339834828578950251596914284886965999160778547319231523585280715542
129913116620618628524336926393954083693036241673576610775338576893
765415787289106429762881023015421194539615890055860074532852015825
570383138390190706007392110900091497678676538952854213005313915948
322752774202122023763785746322304553462828100919289512862720610491
867872771603665475187801764456469336505420615459553001039854289238
226192750231215183369890467451330711547878653266069693185139329609
762787383933692888194262597173509567135132229837902800512364146981
062916517033171038350783351785130962821754376320524260677326170263
060412848344846858178501563728073974099767744884594732220540746626
927211439744215369285476465877073674905705301562721581200055097947
542283094999096844237632221887444575591247486841569691547256779309

767291711394067169225139864877732534282696785691902696069987373270
253426415394933486445637776695461760555859948976608473346109064284
927965844645266300165818304556552562349235038718678212925880655522
992779142080143107874367438612580262380202261796939795666101155656
654353258402219277348964222406773262803420646305016189711098657313
117650294981746379823027511161837608793478454837294982097494556764
530249298519064128473280162657570650008969747107658608217524271505
827635636447615344109917471164246426804897634033724673990458388861
202223455921264418204872462233691452971293267773525231720119748111
900240979868412122864373401569243629307607813772013341381908585446
732304457557299395307020143513409259360300871246644859642488664114
225490433150290262555094714710583393676548749964401012059497076058
712529823966771872913810637870547331811893520139713996730857828576
793430834079459106328925507235892409185157211177464452686350878282
352207470430080819055846551957199398894030259207089803082826204505
431141173275127329754566256955515582957157647293119435291618772897
973853273368946469489880407810960418033435477400518967632297430262
781038482219241165771837496092001924970280696423760313579360494386
497368092401646021110770021311525993403121079855846182649043249748
796329435905170684029698663875122770548303086375315010237871482779
196928605246558873675221513508425685528407492994676644786421122054
211798388515521957259074920133293878254456650574821080722577976194
603016188083255604838189946789262403554997874011604075520806931193
262343242697920546216763003198638862290016117658876643969403504606
386896654921744394392540712427130168601121950953101567161013793816
184934341672530440689725901361973599001501740861281904930124963212
167141900995312306584256116732527490462250682264686913917818281963
865999869783816744856738070914305515313976163701542680376902614917
929541837949484132665057472869247820570341712511120726762829217169
300231829698301393075691037311653035096216922509045061163914987804
807032303150997385496025741128524471732030964222151322315585465241
869369453750581094875930938743990898016565658163393093972745063873
921462883205804133618221352806825571527870724660594854666259845854
292845413968566132365478233916158674876024865913184549396606448411
205311213453792414400085811964722617514100237307382450468324743591
031505894316034222279540477685417405548619544494457895823201451603
096576999488426564378718008594728151522405275421835606336631254390
579493922993760555368607376648245242781335213207352764339469261080
374073427362336314407885390742843143554142457390856619619904900897
937881981042135822749097417002198562104555456539070874422297963576
239020232929334977266496182079373357105882324918157342065673186264
205856524278525845152032746612506847077250718029910690292750233478
770022504087092708272511389359948386461785558444594390895963442158
364834989063090060457736750592164541391999702874825964841126116377
164535669247553695363736626818218648015740745150912717800691534534
842343489915808644706845272711936420942279976302051277704141636281
862268158107369658191209445626957254317623196843795668183065739222
669450720941606555339680053217419862791602349334342313640954691320
393613393895193553375887491529160915869388236136933093313269107174
973049250811082565671731731585039939200074181844160684167409902074
643253350067748795711660142996937758292977596886463497450452884766
490894518186381253213946002001724543868309586049575146734682880437
659412180999411933603134669889258501535826548414355344024378835955
454988471692265807929010450876395634137634678405282361931322871932
679702962607493170449845343320418334938949105015516554798583434145
591791924278101911679629737372186471046517024695061347830794201178
958240402977179627868301253877704964613771812644111093563069432170

1767040839285704457035068761595684561109388882460005431879447623344
9464151283538945856737900909993431949615040207106496769163942891897
0351404565330726663401781024679578503353540655733674525369046574312
9958210520669345706809296982772282579452228475320013585309108142847
7793604780941918029911594585473372988238018891738642271555373376788
1906138461895993941281654793844907298546515217816986247162516317733
3512471051786043797753689573082348561602264474622519878088326485255
2430345117470536460597781359899240036571613394358172243395792612099
8238151203891684391548898075338310070731165561211874974361046352666
4776536791035779423456369963989770030305225455957217801710098500355
2912564867794001695692238384755691075967408631899666117640495078244
4965534932279758244511169707003341069829277791968962630055726926622
8266338453896082497009597781125945170317874081544678197422479368999
6856023501204911721226611903687979778333790070137347746239370640100
5275248069009399337198498626056076368781644719498725619057236776677
6368655890530832262229298856022733853268741119640148903303471630861
9231301789435459665402536797881252745475137848266337034033942273955
9125921772530966297781980349411826943241489582570429028116346136644
7211471056216247616873657573418335367851645154847048232475986790899
6968286676472344280655007998201950802265044900851010850469444234977
3473170223016970345268960616204123394123778154936541970972754553111
7565447624876841725400051197069122200851772194562119891619121439777
1275581561831747741421446184898895382443907911538911370283769276133
5385484164448576822912658919906919715650141350858048981801262670466
2249110270911718253800641264533949281130487228259753881004280393866
1800794390605194037776846667361161105226465928923657147658090608666
2532207421588948683291348380860380699080503379262059389894050474300
8224713324027557471040263598050255815093569009968161738221011131944
9845316868624262600230877264260689237771519456243216591280492866622
3773097815198649816965620318774977639724014590442600173205581909722
2175406110670496214754528956206285362993966924437831491727307684155
9427869682519331587807233330846513351750965657880138993445895478488
7775917182141707218476763531793773422265476039286565469436702047955
2467329176912195723398897476511518389453266706405168753895768871099
1893884719640832194109604198024198962964389598476956800866199881355
0878759339947712898707072888056556002958077333344263542390584751466
1772819575384810849068594782372497330707985618455881703847757430177
9320866433847998536997967562340338082024092471599264748840645116466
0461961944931304952750477893113550049792984245548127248683174317855
8383926973988345288113352623089806987095692478399548537964040906099
6894140752224054491921087064763750492530878936518878462258543334733
1032569142720071137303395455735150879946053076942382457703975900111
0736538282542836929407141083703899396102618809394424183872158063166
7550137474129339846705669391221218098556262214465078961123596938511
0958948584336453005216934955944976119726689017208148806396264034755
6295896794783860693270753410185894664072678886755952838411501490244
9031003257826250380480181638552079862850506247473964496088647508355
3123040824451508268273756063354174536368575667292408808902816038400
3943241909851459896592442787942890892893079802522228954115818053233
3579663371579562995270591565819258274224734785072247280862437231122
3222377088358042327997265697618345718475720961136188616430641935499
0082080789540357225978165271036643495424835178221483380401099280700
6857652883378065971421442437811914764538374009166923097915365726022
6052919610981828054144531355528209016814619624890536251173040981244
5210504798272230766482435142762344630567626926156611009588383906700
7194715609704407400886868628395537817529654625290352799458051388300
0281606752805362820363182845239719272244363432882148138649909747744

815651984993340893517030923895353819803001571262268124854475138133
951872482231606530812743302674236287763188018603812319191222849818
523573130769708946922846257295520810477433267575878305088752505570
734618433197018952764793767755217215464448874440307303862458571588
845359711368016251063726858893282790852687070109785515825531864100
397480134817596167607806319485531226049376232014085536851989455227
536778327529975978101772802830372967687932527155807208758325947289
535939167466336300026908236195304264291567644984200764059427047291
192447323727128977960275097378217049574903632365369642001657072245
90115897251187280332153696358666601087818579552498491387337979253
920197378143325487581080985247028623980380792464260724113336467236
158957343810694201463968211897640351832337160142282227975047811048
642840704636334448476842714148748673561921378379029587100878467374
691464130845805595732938731541375057992937324000498239795938143475
486030969839648674214609373456315747022549077612689021851822481142
925644995841543660081434586444916928848345819034035171110004037534
397637621517457835931030802532846181783691894109762374675594643365
032550905062991756613241320781387384205187946107878984156740430737
165641344508039676475985127139938523503635249058025390572743421373
625715283037476193936998175385744384303696019329966634123663291485
592542369028388847429039006167866314610934639559729448720601001974
545130538813566537229818393222863507640766966926285840374649378380
495718705608206996624024394533795119731539300977376214587429408284
533332737981564214675693976723703976315662789400424364716027645802
909048489353293717907334950508106255047780603991438604314828510242
239618219660140126859718566361499928190533123039101099277888679829
252338999270171277671858394477473405782247880622762844771054918666
045173702701312477004084051596924027144678091861316083020068896430
936702842298771378861197277925468805501288676170444759294144575334
215086704317791244468207571657581521890120500435038399581908290900
385749887468831703843501271230433923479663069479063369783131770961
963367862123508858315427118825520938880927808233103386095395796355
490683911753698093456028724733862041661064018228657152806529111995
386109134136526216797992092312050777633991096014683477605539340094
504773110491623231120257268494316621753265488994855962686619233545
3802591086224020612164487002263336881311169702998762733079936724815
700609201460185554759435973347856574396702673716109651793024931200
202477142105109996580960966881636556093098545323163230403473738355
391864054965634313025043403835789988824268508377193407930301741440
731124629055243775243284454032108086252448943818395568062413876078
541524424001577843814355470592460752802293799923413741855185434350
626888382338754065704675397849956431702578832118442601515253744218
074702646834293579454724631289825201372524676353366282009664551874
440650434186303103037806128720065988799978991148261286785955967801
994210989815871840159420781980536513523519556386569703171395832943
588624060462839747788437941470245875315519281623982559976172162346
043652391035726662483089671489303720647593008826147714949516111086
561371305529030061737202892389904334032897813936726157421756215977
705879806570518993164903335978919349052384043658363592166311503240
260381145947251288284751071279663604130351241251840186586396789274
674124394867696402657599772129493306835033160253613405085989465597
331748587275598200583546836690953920417190060065387483512021488672
807668735235693155205052937712570616508012129143804626265147784352
887777974075118847035414558929309431496299102452548038323153668636
331126318042988388481572425438309873031888560158130378923286189377
344342946795957770854336166424143706541190797398942222137998167376
547715233095754251219536883603644192311832547048244836289701037861

370266437138590420099752137072209068404891078636369939871585586845
570589170193784998557202222850502836483771928999471141104219185510
676700744157514564484059704869905398921538218279474935623752543106
630561151486810325708241725022168275215364228827429356110161287687
902326790359190701275660611969404515725834565506867660106176834745
615099856027185657132442156569334526134295681861939542235952840218
319319058206413322669363195710215542620531758756112001628792497230
817956393483137458421906926194963369843756208586325555123968158738
830934490394975199715443661837140798995999620325437257963479455036
322847539240985045748307984647464602475375452212277977730245955238
767525014016117602636344707992299061879813296659000708066206335295
205657446618944620710383836131253485272645123786016214063306126658
119030688862875156311503179447141603627116980293117746224806818346
444882543456668205099775330651008428207230417435191105790140939557
590750279056653619716768576484418412325042111504963817313931990921
475973185563002229606733805828619425025527901660752043750602682889
844427421681923198909864947888195415548590600801751140883687958957
761452008198705663103068287169201744305146594216682429611213719704
386179019226219105806843479203252196003859194413551091619910703598
958648585335054453651824025865704202381212093889178754313700342525
716999031955716873612973605800541175744749525279105145741810095746
904780998738821193632517481522211030053025284863966050045749577669
523042077317895759463551341818367792388493538164279487201861349173
227229996710957884788878581307490458235991994278184047085100827264
637710590326081791082266951829303241312454161786902092200722913726
206288416627427126454396156623532903793196710774172764356054792811
489085169582084382553721983195668833292593516935935200752296120803
079665123250512033045724288071173080936911854294238275625269783458
965974289806865215490548377353113219751540472343087678041251742790
038558764757753259073673983107666007960136956515960048443020669835
492076568830380388568948440313562273608912034890199873511812071214
077868632529958944691335513412987815305425603698374399414740432101
128518411101679957352700086573212978414376694382395960410903156435
504612094808331532522888813107938482210439422022193431529094751148
814110260813043774479959007102333014763577612224010506228264281139
994842191051753473305328433819717255231367836278965215786918708946
170562775035778489251738155960963676949428142872917436481593046466
210118613088466207218176605883809532477726705093998815957171387560
027025653995096050954866877593950888321283388943792865124824281395
643115676203188591743624000496259204174603398185800996779838328333
588889430588723930874946616067961161956457549891972541234176324750
355702036448911599413371403805166587645839834800460393937807833355
846708697598267526054576417463946444505176440083155855374304927587
627469019374913106178521462595623035725324132305510242893440436016
753858816469739710217111853862407651202460103680764095898891535694
422530033534995737600776355923282849038891148750432656353587065016
619591526216061639590105309139936721988696975948781796685141310023
771954511650361026472340456407299326233585158540298398667538051902
251650052518398336430176464469536575128858950409463295745357082070
309976601404105090718192595639776125697777852566903964902900100362
222803664975756763220955430998386280461087068649192028480768356444
355386050378524424716405586487644326817832957852496570333991207217
324442819092299668987692853021175533719552032681451612672776693968
515150210937638957825681474919826770213384739467481575729035920336
723103131821785156706487484479349609661987527651069497639651819412
372692059130379662287920662889124983553781374642262776527283989092
953694770809104020712370312830073672924115339164314237400633698398

111717453438423146922338002052633166795507731559181027237112143873
469345911916863644904294483790225719317523206755174006117411394278
313365246852835226678466374221049465266794065866380108549933184751
127075692280443020199082615985528019310050594513322911806458062876
895649189096100851468600871722361668644174507898367322174940329617
495739694280648610424684256974935367036808078168088115093220388298
758868613998483332557902142846543868221607824009414250304441167833
341541760057591688191667775396683896408302775493650516802419941486
653927507528119097152206409639838564851854441666134336727390150740
574194882643075864937769101199072076701183378714082125647340782611
612372123839093027517671158066134967642899078527110367915000764504
086099766004897077556378588153867917258390784385883986923188863788
250918696106412097133906234177719298111055743370843112128635295541
209272321219187961268189415283326269597094039427715577330025501604
184025952476231542292040397655115032023064858273339425533555835253
859310382670877098128068520901463824298996156515322330830976227942
308776877860371418040701762423342525414247423669062209543413747585
425483566395739907290133932698526768178156509212032144569259934055
048291305272314357515080212673978295876808057884397853775830754350
169363604120163421512082933539940314164638983192992216655345054359
106448483196177780951481596909294297705163082379683427005901548736
441275970455708146690432315621620224218834373167294361981393603750
635930757032906500152376284879379082558533971346919411666724207840
799411327513009803584946554906610942588507525995589613145647668221
009808777064730516992543377717778150968861727321027772426439061567
376530107935562420463134784006092840188452013796691989379181538128
543573049249370638479818846385272474795297195450677611189522383150
716730989823909262882446887119736222736036947984079881961954956617
823990157095362904093940220082326290962495520849334116278405970222
491319926215737025366947777528939781603271904359932237348100880205
792674629943935450965226397178908755737227954471741072073382064051
072655136345780979294119947745222823139810299863039752049626867628
553613755218250268209287957602371210470984121491843548655763182243
275883111782109806647610713220780638404050988189476350070176832760
441165722109457881795287977944294381396187859580240995317056296320
058738209465743005680025261683265844601194299422335675654565709125
249534692764467157150880863531857890463437866885392280489869493713
072641120561036226619148007348794555392314578534198384658319180589
141204699421019723861179927034049084483286789622500602048026808617
692925966576756078095081281433830389998247497874128369483753470950
487363298076734349462018260457537358159561632738493815342136403224
834627253272249333392440026489592313945375381404604665204431719613
268508812496397233681486170231254424870551857147729030328172883242
663807575476183136975642130198361556508897126044683626510232975265
341428117480345399829753917427137291833545275569350411206448837969
609124112332206918268077477811480699494643362444767413568164627294
078053050925637509397777641175552575390381206971602280677111136071
796932906028016962819596008458275832199737631302603402202757652321
837740649061655120929791069362894819109100895588574676706973733489
289125931672620052580026505780988900254195048586050711549471684424
354820377534585305158807630519501067320752730439102184737266518782
075381255453834179332344967978765971638193281141243463877477450190
115462497805790935781425620054894637302634537541823705113279176531
058065083464568019487046970037318644365095623708816647564039983022
344318506685997310843506915891203292740978629674512047716795498857
957296507129737040573166502266728631854476537226903895563954279926
780135110989414046257768453978422859156179090636226306547699218389

9429032323079211924824832238302139145386723008366405552351456307779
9435938164506446880630099348971370561380362230665414321701211328777
8020461197821781357706661624177952064015652847332550852498867824166
6544037708152611526581138923958320654803239095085371779390313106277
1206429172835814917149207698564957017912706903388638788746890123055
6412535333544548452234261228086859252992568304063917710228403380300
9737567723136642146747158474561879187551702476116143004155251817144
8286937979778310164142002496787812418339769171573150779707030383344
2010493261511473892175352408632748051842275063683321563688556568199
9613242459304754204608110709469357682746638439350767704232901211011
8167315313368211461184468226315673840597908492265257010028645496099
3116803597802151484544233303115517433994731941278383442164452466222
6312562251826385964410836497382949954995375855930397334556256321111
7691373985710548967427658519110778674369081835795688945611267361955
6900621557165384068889691918124615443509491450897727529851466275488
3941491771930618061348958812839137763201578576437906779334479074700
0402131384444689294707982672166334255923577828538274957999748187977
1900385027655530041019510609578643078440527395057497597699861692477
2896227404329500868526888866587599130083168062927587118010730827788
2396553089647825554149775303106306721292184488329663434770452367500
0603845549507836861588659168885688400777247382792435760431384641722
9778195679407072700236353510736166469180410694550878472232715121477
5707227901146626053563156114909501709110123370494678763052525202677
9612223139197128313650257003374045469521306238554408254026969379344
4325367641734683930501401290243494997954596362362805346491536892433
2956525378792713690607455601804796901403682731771603967869545316755
7711324850585610982343571003519454559567259979135774438380416325322
2097908768432800756481322121551380158696572973446495382790133353833
3548277790429875765076532626802493349347260456840129482246782027222
3817430894544487353297118065836879361586634071891190356834236416699
1431188193225925052300834401674569298854395518453313000329340134533
5082950670310274557151949049340723275937342961871034452030834736933
8697984231684797386364906025228038096088880960471295942537506371122
4422779490409255349298465521535848632573209904573674109777820249111
7077272524427057456779394727324946826589156671246051703308796326666
7584646176288106512331731711852978689152411300804941291519309613600
2696757172973220961031226445657857686385015126229189870658224294344
6698464291945690957821493585205819903720977319691721498702495615399
7174389758548568845777399789964966008566178001552307455610854105411
7181957335641580873305471165718902008361863473523827073510596187922
7432960921171491287914844600263876385771512422403906695846863594266
2695711644623970322936114756880431339151523768104787051569573440700
9140316186679211882825064477206969415598431987614717745325215753855
0097601571405378484520278233495125237638678109708877627629824143344
4969491851746433623997331585098267444840550319344702936553630042466
1482092831127280160544066443169115574859737134703075358126364509700
9999690838846594221073377031196404291236910507120275776778215426455
1436137871085325600590304559553424187375015178736968874172683493922
1706236672979597527516612096226588059293087957596138590067714712733
0645615269538655891263575691627603686026168267511808118115783163211
8628164863185070745714213640536096219503716581140522085127687105044
3802884473652556920467329222017530437297540533967498858797890045144
3228975583926649731965769277663776481043002658551153330634114472633
8891499127453237657585560228345942211193863046421137252236091119055
8394292920631822445599823003617728488832854560457088988296259344799
7456369155146483031100855157618396324331887316070621108062151477044
5899169975254022884226110765601597204724517471469232115809286058688

408538140629869767299863425221665382476413086051164091220504312101
066380138614215034879955100388458907802686978360575577656304592335
796123174047153321479189930574902104247546798203230123719430664492
208785080415187907898462841618886399307821209519327577784597120442
547360231509687713354352764762666908584822376257788082524979451760
398196043164557553447303829562013753394852962626277461080403815651
717995357830732798619614312928891144032899360794268797120830216428
503360155621350662833814343625642910352065892403927536761665091959
644167768457819272207824147517842781435198002149114689443739433743
194326213836688951851672674371680300747070824892287529498791566219
414936431907385975622765704447533681885408996232883734188708695235
447371572701486702196291041084319812555982376052920592010578284456
203270741592897542197565818555141189793596001583778661311307159998
136007196198560064303947661504710305551747397098618628308246123368
993707201092235016559016338793111791662179715309547589067817005897
660248292587714811615679701594604182112762710814369546354962087487
339930596661697098089727435426832103231554369968498554988856229653
905808048057437473017093007160931760404853433668883931452617359375
771375304069704182413789495101016339368506243853591434312640978106
224872826978058937457759525198609154091685924199118601333070169011
776809475819164083520045529331554105104164249268396808754443203152
926605642748170184081477384617294183843770487004982227872192830648
344379828245960096963376239892252894423985003350892746795698224025
063984236036062554374173732025090003105072262997092940560543642932
028499429698538670553473190603008347955547295263266485961469677863
155503875883782940300528309899609842966462240831949778841922864584
352652199299824118485703870907678891412147718940009618066949242179
065961534402305467602375397664902749390104165497611258208179751097
179750787482039022740707844277783787872259522423287825254481496870
576979194302144744463639380956402007993235223418629406432422443659
167226194788042571951743497917550092814883360111224900504356753075
593263916205086219354591360624956273286339902173488045997232380530
171291604027614222320195662615055816861374877007621777475027585018
129947956462975457833460379257184298256412130593897161215435651346
539985301662387813495075313126213012052341044293609876327229177351
284221163053019578794625767910269020372366957244181543949795205282
220022678752841576635513898908495150834619755593588174485939738410
893556950325364073806134282324431379283902350728712486501609182634
980845846816365007843325899699157827374372371632751207243414425116
907673303272241617653432105999836918263574393617446078828972931711
120127670490996932647020568490466500898660600273531016768270247770
164126115591993077234415726942639423129642327461391532288349425199
447905094332122065651331255492444383477721741342254014774623258522
535781948839398903981863921739605832824296857009579157889673037428
686888392707632729057847517057592486708539666854335779664383159634
300741521827270640714589098268556753460081654571885870949772899544
072952053976540993951054808440936370759552766334050737600741662473
659731435326587680808233354905809139489524255974830864090896898520
302365003701990105969322080099025741769368152126909792272915242534
518017045412253605407229888901589109033907768952783445590172362572
202193043627867201006947997390266505514691936790479595835913014863
425213743913509539479471141691484127328413756387889166889056430345
855496645836850746645640724556535429890419154493466329338175328330
367063592585167202505995321340853379429251981151389114540174898504
222590754014192442535638555092560037356789143066589662761304147766
446283565605863173372497904503880172358695793352404951097027563721
487695005178015101189125856270586047978527428184977418031816532776

2의 제곱근의 첫 번째 백만 자리

222818518122790266629594272831535018970811804857632563033489880648
162864427893222534199698472599033250509694393749715284735935500397
451302458556182537277845998168447405804907621459012089389346976348
061003960735017237323584598663132565861927607164849817531096791067
167263009894183997466911141043418874919610274018876878666786642905
879955065077060270729203016142279613210167081723205657760758564153
809346487494194516673362370962285310231803088982718055385965646857
723709052051975393778494059415608426116606422552105971645633611784
214629347009135482222862845640680357842786550383453940894023902076
460352750027898157686686518330402772968541179175281572530435660456
0160776434036740955673830419650306957003026625552526923829654736017
554460462257733210152140683444243793605381058177549125641777562917
772374126305022780138245648762155268809285697278224847945870006071
781494641272624395582410548209017057706646939940596883437224263450
670404831312251927674343347409076740228010934554786883848494317218
050063032639809501717590860646556044379612610979268716529272472415
196376326705729771007713654611537834258883709699301565991371403386
966681241560606305108710084516502784882727945516389288827419604396
140084847260070766304641200594884089901444287023061776726399081359
526260516943199020519719650522269177869468659222691023262591261553
969781643389448151310315167207610512352328503215908186800408472650
285558099862936767632702100455695689840132430292854596981739151369
550030603570540193946473220531160498377527666020598463757785155846
314926056349343778432358614423827891827195931599224262355372865366
532876134117734811355718629796253074780591388357119407351940420537
748387662048875298466865469030690500041329131326447601951954348277
678246422805479576487110335025983258674120294750763222499344170297
948250151167225981094200601255270303817115328307073797673100599254
054514215210420761394627647093302740977875737676392280809437167325
973998085252835756358624411166796905227937663800059448701577626052
157434516218571721034622989085553905538162124329139853417646686292
641986500126633218445069667169158281267111916132672921211553853776
353601372713963587338347254161485018247526189390456432958132372703
750950178097341799650046062046012023672756875229585484536739441785
141630080949834313951258045323844171255847254104244715183666585796
799864675864849812550595248781549198156302118060604371403617991945
454814182186857323777013262890617636725290324939585717222722996900
650373610987215621918265922436647047377635117398266802198628105088
521748412082297364240247662461652614327478874529492808345545093096
883993198576456366197815555359201927448581083694291971794870774529
846761012034794086334911576889342434723975184650357335848853663911
465583286510382839768272273892776022048808759962695933672264807971
034553733016098398698884144358865758603010854761938117486975518361
049950412288087336040040353509500409145909052021192303540316682757
296014831044644863432040342585052448427028808886223665580416457104
769707291439243386475215023506400622318602838103846482969298761579
442424300100029087808435261586075964881927431219777638537057825778
525781598558187802080600956174547357164959799050802163306381928093
137378222442424347985462344826617950420898194936645482331555173365
342935525936371871188671066661629952454231303107305850796146325847
628721000348467198224056372787545503695676515032814243039936316577
944121132761213501821322271229418809043925788066972937305437004031
568154016801482186828301403805008635974767803958867851123800665385
850086690551244914720335795078974917231821608811593031500535021243
223549504624301770174183598718000134055204564428236235677176726508
784318879339709265639081699038259760511252148966681646349362526894
092955800835635295201131073504032039304589042228742055851494373368

044804822142297008600383674926104865003153682819050585085850386149
573047897412162522226379172174866387706031332566403974828195804938
356298934675019494725758270608492855840001777807698696114670423073
022545111912069288536599878927385205434944412993220128760209694521
053059850718308041342448447378276811327543760478620364673027400447
515961625378024683155065375564891912018398089911499002269380550345
552681871441149518136465549580231815652732268961535960195525516631
472088507767211027653317393874805166440038268409261600774429973012
302920369783006832954113305911492501891604167380974803479382409249
359765638408591693873352298111725985266057516325282955328667957240
115072967248853699906517024025306671986358740773555360320128229275
122109753992023754612459732324852672583771467895711339969466585068
577281835381113229675328542353318650716282077925397165914794583687
543716887450258089503617484830121840758809481474115834043984370225
808249449337987439102215989003752887318340901370844409159627408461
439133405111714417111841660607736502271752724569822325797525489346
767599543804404004506369675442407320820091437664030349113291267368
830378281137836659511611345830382967277106837832639870778430293255
458438361480492566222971320835346149770313256162342380891946880479
263554425889886452898006360567571985818009472856472741482902587295
419330845001148137105762028105245405074848643303982560355008321147
583695121628021567209959722669539704680086174379598323739192072456
475745800299652448543097585748857718809862356669658290930054455246
376405185812550767155376083554121355156283745959014113368447066869
196594087578697848757698297621990244474929941848499656887118737182
737063870288236648289027636156281879851709196436411892005933302900
229284985239635865283815762148171489630529744129653026235327449511
273409475113364328814590086920067393872558570570522960771399635351
239505849432921752354775351907345501148745901866611586064511133938
883941495450503792549036347171013615609463469098515817573155784143
020279812773473063372845507584025168819646949434773277508017333175
084110525664842020366717994352302996605606081819133353526156844431
908445219643910727925950480952773214867559320120384826741336994777
883926950526845036180133846338792302696301595881133405916419948800
454000865696825723775149740989807869222669186723891532587218422760
015297703214754704009077304382085782235892407231416816528339988410
007824532380519137810460918992388758074765527278774670944973318520
718197612515830909221205216623330924779906514965118347339370303881
394648997068215924998021595429445730335092724543175618148069504982
706148548039446638154787293860083237706650860562844114493551475494
058787250432482062665351698563774761004946269183892389356125089367
556283258416919865694288701728782261198926669809759288502435136247
376503449664016294599781878676347618706282533366975953704484076846
202978672774652747079502592942495487680519836775726242509765157298
802122787309828381850963257013966975846960790109056960320231604491
702564390104191483685167361283592913814083621641396533004913795425
040800766309740255456464578200064534716397150351837608763389748389
518900915599463372652102555189879648472062778099284604159931945561
917484548255790123863119308185500308767915977542748273122198402253
315791968052851805796514192633840718776791045320449924848491923925
268550586508554574362073600444554191418878001689067878272565811428
783258498842978781004887966025364002111975344586872935309407162211
071566789928900661197930749603972134431708179105320256348105754517
640476767230265858500351438360775268209816612022410070567317560016
600554255821228034671822061511387842861799426650991722690938440432
071948537549377879171179540539141270207985567784497687211104338817
664888354814726741393816666682971375350159838091886960614749710074

395776200306268061599165342139732932227754094789843588102708756052
337437846177475775043677431179604787593471922692977390806365675456
853263588352383553165275682594087168460480898557529874737989921682
691611765866789348747976872465614587353816032521343674190863536587
386015721698966264810058978845233710616282342369810445283950854694
039193170488708614396863452078313604679984568523821076837861390072
282784270268818443844402944512097243317674667670754832519867373389
686582449500955082974460048557254580198207277613232322881144831812
344282699337666264440669155892571115026810516784480697446513429259
562162448593996318059488253269689939081486389562422118629162404581
264332925529444888578671685414060892304719542363248571769993350968
988217246786257270700584899308346099904802049663711957320304142633
982710686910257665855262823971326881933975995154631888824237413391
535272231422662133239161814297624741931389943115429840126422292269
360528981393261355168653922014450860419793477640236749978315417973
197835295692480298597854986563254806401086849219147347214086667402
462707086930113914043097417530836742622323136635465246517420634859
366705971148981276012726765068630748946699289223322064433795405672
092322035145905076772733604460556301492869854629407263621010454453
851436222796620444082502022663993436189699812952130681910327549066
386847907799484413139234784035319985922152029362242707289959159939
397027529731403198433284004237159305431842861676702347648211938624
260289700634362040011592397846129690670225597072071048246098758509
567774274635957480947604279084771626183374579311270092183185735184
628503120438552122692195193166144723018513865600217782031791278214
578988553009617082461670270262774866058157245666028144119416046601
204728642404211504727145166681175166731765898824292933847225739716
243505289922329739257547470024108483302959242770529476455897469044
935819556806439709572263208381566324509843135026615339607951403570
480304717459399821523493875559483030794960444379368578434349687707
308391896139018597768708975448424372018934491684411120512872499869
909364767644665045386902665488819799675117777717405880346956960001
691586772342161013434990099696427067577492178589254964470616587445
196999657238594698056459335918968279731947755628631590418381290122
521650847669327580544412749814530809248263978285297855200705648496
829965115973571861091293928865004103403972184838914143524196033604
931001507499640034696902555960240570068252936797488779282682507016
563154427978416713977703415976804956306229506606166662998491144411
576738504605273647290962463458024289272849530298710710461825068398
501263598571738892406983791596836327931159759990187088958039765122
906261122134224548890272435814490129875608745516311989585767623434
923810318815320807735909564643955028097420047654106469154929113852
616889730951717757572384683920045760956563590209349695986088366340
277624143836821837594777970822425987300986180541688046461945933111
026201132443812459466149920321690055606953979590283882395418639183
441901624950424670904463698701618537286435887185547782501547119307
840191398499296460450355687876233541937666833809949237864033626200
486904291473144683166932936446336610662876074979105993531241679636
612585471701240758261546056546423463844867344736598922090501735099
700893886346956241925864753508366193195778924688275936566973249685
243669501140062182072300590802028369813644953921111905416295212663
729906770369012925746165346122337935307300334609172752925745032251
443943138141765165616402104245414223514034819264459355796837362449
867885789900599914561876611242310706104172854194568537617583972711
302829701872557828758178521347280893197049955364542107497241815741
338848753294704478109775632150740540881852069292969981482404640190
372842236956877010696042243305786939093549156276351020767488399026

126773759570451744797064662812379831933482378701220660068399849267
573991465237970692855913780519174286360783241047726796961763236011
977101633949476749330654234803552862757002996359277112325959959103
156287032537230648132649576011410227785824507057714982498120833531
120355554285640793349800994371634851563604371705770197058096269887
074455259323352945604960412864111863563553413118849402436802037381
002536865614485897825381735659359009758067996349269357438712252832
906591792338106182538567112276788235131554834273893101607886870001
546993001567898052177068459717049569017577976457833308477747828045
291078202694481910161954427925753605515560005589803854310072371158
703237122700337369061133064975970051876875594864817357172870447540
411512718013222890370200761443258485894604717115618279484922301954
167366460650929627158050808191401791958252733674768036051262864490
064589680660149731573019090888606981119710223219615635268130543142
434369918299704292845916548154435297795852152310963397224850743563
177613806076532338614797264894175618271070820686743243753866891962
170606251673848035466213644172744979862722811219080840756234999867
894991000253107508333309884830742195833136158594965506434448771477
159169684644350804917025998301616673983930493195736674998247831659
924382209668398776682624534332606555052470619954276734317920142043
085791564538420214884185974342832150881601581760488141831911197717
266683947218915982515519489656532479100767966887822366200756668539
133245408807395736009639249354408795403758907416793408988006169831
603324726328218786585487550727027935293034536874041159355064640854
347375390029219847429135565405056224407190798859056522870447015940
103610223896642334143553695078580528055396563581593182729704362132
722465839526377830130998921627268488343042865066204158077275603241
377129150139799628665063170035025063964031167383154123253164874940
939698687474852665005698898208483902062443645341200763947930679928
781680014865600174202299545788882260956496088501617365989066400940
099652858379744182456393075892816458729735592682863697073027697933
875284667224367425949738248082826701258312539916919215122526626009
899654099212771403870416952989260336332434084267908951521970848770
815804244569296376708197250126955756971906809391685839538448057640
845996891652833912862882747149936488380519143173404424296767308181
144203014194157528905525658830559409785944557248371151680795811788
374423367356776590141485200757912409171900708564469596484449168800
433573516621251641162335460046256194768114725616328751129567435679
200279149016524863828596150575677990996601596020154734074853639588
934537291238575018510239848602399163503050468826311417679080697977
237294579823001758899611726202618617231633309842953362953106994752
233643411411469191233488994228275945005434145103587579080530947457
966931914186010730454768757915387123504880976312881893733472938060
793261749505653883822647725905358346153412545220726898323684157744
882166404725831516674853687814268723871511980681225891343921434856
082201752111255575696225232968360946381187007013435637555326661249
627708302266791368481672126408061000345883190456468897560774054800
731728411607444714985004465756734136937411286747409854099106427508
920376003865632501625329377668849158971090296046186603361795017959
809292170457169234605063636872791689093371723308224073640136262956
951945583111580856192347245969641804097947246844795435008161551169
611341591550690442915014037091606976503567906440513143839049528928
2522246850120696222586218113524892689062617641187467307744763360941
280352682996944169246809908849435475369067888683345575463081201974
965467677304350580063333178001553796257772780054213478505242015433
137151361555110412769895007605903425501326894062257449235514303566
379611361615331102974240930952368195329663054058133173421394839281

361143654785366173764334748789008591994600184938766217774307952070
978100699620379139490999724199877542952643108344180319523992808810
993921455120782933849028810514143537295521867031469159881077680709
864863080381465696417652156742067991403377375025752142066429732078
941696541343855660267481142994729217292554756515180272320537112871
497226481400333222157597178165394699221984041747835000053714877645
728638021389651896936773785576328108897737697479409167753858139258
641082515587360379794055576991068721268021911312283555114116509802
461079340388813573897641259613382152761748851508306908701399478458
783717677763352619506676881327927353803722768970898514011065403346
788180733921152892662172747967987523822905329905049267282082560244
760508182215964332016226464044021468755003665985110241869163095981
679610388562171124856211541666103723297209808625117144814226509715
287438796969452458256209742407132342135292698067313486151282503146
751428012923319935549936010978027985356180479453942399221829584116
741128678903803363555795981358018927195590199258775434174653292262
220088428080421793065205736007817666251120871621246261439867676694
132106095727452485127757676908503777681335286497623032390963336026
143451319202537694122826711510946320146036578799427615401902571290
484001251272533845175619104740089275872164982922626034735317451123
314462940539897489926909716952550856443119912952085914494496605235
800599047994989754629409007745232395362860485423947124605148238843
833375419793508905221422643444436585429151210774163562116364208930
938368056199768393849113726233057405840493591925443639059717695705
260090426395167932145864875766015069659163204476905807997869760197
908810610861068013308124564920428654833272945841960274553100694141
985792658101282278065255959393123922023205564570888809518343136873
700698285262991243891536971330705968355679941677365746812274039172
036491699215652084431004389409581177219132083647663251037635599687
918534311831410377902197587791151416757889570960667164337253348927
098907344061828975599516196075219672921049052497703066699806940749
389345688669772750248678841708352262765054591143510120578304492372
083491628921933021147534224660367352426850716661308848530396330115
023586234025917682542861183290516430882068081751893720623160546527
875597683914965684509516421045314471059854656159220765133316630638
012050803917013681268468837768356512078056408761290295917693827158
643631091076670688751630783425553859185306855876394739785713390390
835126699907521686760135136823756997561309273416635713813876419976
259973945987884175453615694166069262263038364810824130721893393873
323012326438241930652691525439277196119362044433961232611443721038
604326842030568647877786583474288581774670104589019694988420964658
355304448779075716065626371372337190706584905502399037184680894234
378812490002112341496956913748309265707535469374788947623380536485
718538639701144439607390459854233298677866229634297462461693847060
115947428607476144809188603428765396099134311046573756336568542619
915621377014832473499995642232953818263849323013831237104996463471
982531696551836948785894294214360206021562490292999490721874423438
599871327166097436675031702886147296349963719532916911000889713533
263754685795688693502253411458210518849771688924485907589575535582
242366824378198420675537343029388270166713667180050892252810275167
027682740841588040260519384294054032351415561957972093158020227938
297042918647213840225876214262546000437300738983396417655322726024
355755065340963202621930626095812310221323006372943513577538994164
078211791421576081017989098574927727541071076222628421976442460655
581943925028246384982555583914345116129544959740569909600002399762
296223100856684232380880117443005509141329736476050572960903938994
7576213489492558160616036193385216055575367523645378522512640632639

546450571116656619589102813667620219996827923272795332560341333800
059746226310934507618917889551162333559244482816829998698254677427
885268958553887296938303307299757034635893501757944838332839647442
166359569581034565934852797230842563617373886760153914987699230516
641495060508522445110629279062712501897742321330118016050342146289
348748054635922392064263556708416511321775700247717454450216677922
854654039292337924215342900339702471041127307656221411207355863993
711638732184820796713094060670758832807703785747113466848396647913
605300591371441694457802064850721829176158672680326642504497603270
566770634479232725469981233823470739865481908242622151765805640871
262941460229441573439562638281147111841030528151397768638309259495
369868387928234149796767959783281757627225692809267627292493825150
525430235656417580242377830184624140373169716007769539177041415726
944245091802702791971325311977095285096442117435621113449218559741
500321733183539364505311682408952555872355677699960066163435367120
443093178899361430322313976319954581899286845188676014502878616404
963989632238559728099920963864361483445496797630000015712190166789
585328731317149198400924192083727951465600012067738510910345927044
196942126806811952713924642888104975418255940212979109375911016923
900698537757777671638638210805879768820801350423974877085430687260
553207417836823666143831530028466291687355033960108231704332603565
601910422645100148385714246420754761346799072002722244701354425718
624944057220391456668041704413073678564340408235443382489085320534
158354957293636488468560741629102910247528112524258859084808924771
742796007884896160383921888744792690619394073125801730817174102420
494563652036681461959516125112278518569457865511747390114058030577
989627821632054951679819687983882499014318861038308919638776549200
026320638321113345961936169979991301244158726971711999608266564325
417930021418139455633934284352232898092961497061174988218582940185
802127769727579860977469851490804292343144606895285947181867179524
646227378003067407929010931923409568196587442257242387518725617283
041830569577600169299634407551603472845700027543236046358662520256
232875442115506369841375985734794296116461076027366381279660688101
546954770493616117480189372585442504683597759119006156454659707598
442085064958861567469302718299108979057734808037144385354043012867
069180065612787398870802855609324327787045269631806307490045395080
624251047475019593746805111136959358104761550476397982618634442833
735582899939921113764659011796953747742732780192552591935349907210
255472529861963176900777960775231069758439926599532685900225753361
148223689859933354371977434305686386649140010704590833334434274059
574449983405521983957135778276332706757246052056631336334466929248
000019336230850320815531849491480334473896354790728349804135514056
466803279607021178580344372885029898448466323304332588955540292000
963158176314580346057222359559871405885097004759397597941034612584
048852547879993914841137968728991591204362771185815256085694043971
011145788493313136234080535376727147305601647455354601670668797799
978099662510343719283863274433363748926776560370202634758321395295
365666285057603456237613236095966594538210823208629266493946266748
607111777678541242246856321710966432025800652710026370855243187134
723259666851482026374136402716858164413326940617221317784054191850
110879527844704286089204038083706186556610588547430559274613038270
294390650371456433297798397826468821213448967798255745974631247046
379667828281400027084538882401062921266069060163731382498916783834
657390244215941101504738872011436232804649095992372157110119200653
647291543668788490173776108115773797979214070933391554051974872092
904338406779693867704936842626963147523868481307020249480534248761
467485875279287464914424684183617204622732012033834353997595943623

547907030242857658560305483010847036891658615571111284744293718959
958876644182018425599625422458461819740785269992795926652989604506
927024261770575324165827737087918370706290597680471064709241130430
277812811549491819140176645855548796758427543069758893599287709702
604283353443252018463890947665291274877159444319942730949873494374
850145357087171243727474955590416899117521391309918673531210873862
517201382049651350511796527960739604183007547236265382874902697962
683417132719046331680836683466646429616778740430984768426561699851
244341044802843543746945573306218795025601656731983710510714676042
269948995401989443333940658488931628313529757885937032984944788516
716291920305474921264365226117615489601786271418144218263593589880
501674538947116832216625332626232806037918480042269406631041692014
597407452378775906058992685800894122313718759699517897546232806222
949962002452137826616808938019108557306014384730803461051147123589
469208953064644688349000762245429399189039422337172448402911240010
287308279693251904811327032204396188816221256771701491656952680557
633883975257551089710005422359181456334305690875650996507429883818
070477537721649535351393419694770420308765795760416010780580751142
453889388183203725094851810111542628545883776352059537786013576732
524495829652190195527331660193644996018068415899826600532391233931
506403014495594638560861861883024564263784342140732260666123958487
573472727238358655911599906539015459932015804587615337388331230331
174834769822876292202157069217153767258529916401868429795977101331
448115725807292776615923743706455225098107308233132604818769051888
381668647420343544741377332950307627839697464442701506107431465258
605465664375603193141530980759656494008957592901023787496747970385
971304617299364709911882337594028327297224547333665192763449521706
305380065935354434414664305270571625580183599139214700328679653064
790892817835646693687268114602619780391496524676323126824044581694
570951028157227077157423817999562005522808853013944564423819559528
586002071900950518519866764161959365051514932828103189025812467053
066783119746398189250102015126488662695728532619359367571810966747
313517158991266012004457928155779392590589948050106901123778633973
918423155298948373148318232096311984944523808189174897689029267685
757698928453326378697861483226433857783158370758326561051498160300
399210359051060521078492263002395063075657866242001227591956688887
048394985903763239603000246417503405861732547886141728067473937800
410097302414525000001488256299273558006847483322327953602489766732
524099388271541467224188102781480208548630579981455266865726091924
536720444712450981195528185009266542837944689365582494076819857992
230482733961420467584660495916852063577042088104608015750788496638
793568830501848216443312730615351825507488860871430004404047142842
249225411080721573957929407143998703956002011725270548134221678113
677303667641418644525690301041720968323818312337296276810048695703
970342598616162026571033778028738361834818066927937780334717519925
142720247947308759594490579745453203253252214991575071199553011188
371525343584806583301483051618256288042800056712238804822028233090
127626500279853167540269025072004787882118172285919974456085946305
954807213745531080523290932139754091349761753002727998896366798057
691989330776557066630976029942401850392561189377814293196964119075
558698091648921755712750004353550695878119726564940225410191863405
851652932659192339812646226258047528486164124221924258498527536250
201864440983991681532325801239027433170004157302834843846489472691
164778093396529963817614896793594731059466935168608430072590148061
776468014212158711599577453549091408934374639492427341238452586169
059243727630765343797017582852338533984276424858622498803997755077
465387523993838688574903189876768352316937493543112940827017016118

664361558920570813126468947903430123315768165120583433721980194222
343068236014735404305913885951812127441784887927290202202832942933
508796196272159940599142698441262653888339565715206351239954588823
845374070270430321773123992726291107070562208930405644388736575809
648665559421659246812662229242810998341245870779924446650112591816
680289960025948063094464880845715290665082139778206152755644521372
438126247579611445720423654076416371760243691697119182922751099049
908363378796274782153898937790571079898325410163262926714431762387
442013603427640593726722810000619425718772806607056549562656583654
402481554252319335359831075925091386646533688304458652944240244181
241461278800958128324385902554322188509669372449102521554438229254
794112108432664424729855037151628029362469946768872154265767623014
915625447181759430280795604048246389611473912440199550281782628852
926534666115670676869994317156438956762152277126250798747416172364
114451658482153940254558203675347347761569445291846971939814978601
304981462300481984184969281363029300389667036245130062245454510090
849447717525974265546800581046440293392876918195905929668268836775
613922536061424073152744201158262561382036883502643110222625652034
193245386450579977314673967242549645753595316201385589414278516118
018500067664923288995388971642283871352531142146883351447940916498
384560830928801390065130321093115082348657675051769173656590118216
901138126425869129308117494302111978232230644581543091515493798241
809292694901225815802671490849967163190350691695785947843362093672
789062484236440503173235294376090510212835896933624091308778992017
078112222893442345048723831493501501452419634515509172352334327944
942568830675105513018164772931663895290317990217648822033129079342
082746151227362719085887761456759815123197615291344367402647867671
606295496822328234634319683270438901018409467013392894199078350542
822143772703553333409247281277167123337944748656906339598045207729
119091035556158024691138084799665731749666205671560485977427423197
149699984506843153872064256587603181169084133817706639475988337829
611859275845260724782102353562354757145246033326061605245138422772
157272776497398395653342374636921236527537308826213777132108174099
840157531453692544638531187926796048847949103511058205783008107500
605454574948054701613244512497165304218041753212122646845356439931
483768238875780938758520326808753213525690289144614698326358534742
860312473614162764389088985940874026779572371288069023553404790316
040847249352311644625720418878652722474748254095302792058087458122
631068778714487586534758543478050822509733509366067407626711137275
821697304755667430252150117136686345446077709647165618893036561139
837040205025121993244967156218763899660577339675321382431318705969
326129507043238547472811900460521943705529459103325321919534198466
424785806926167971271234225621240569016619696299766422423040227186
212046543547976597198136188485275562577337331424343569391503044382
664427974084777020667959896506686382910473100606504798589472662781
033837077493911888740462418343959051672434166891873803183385611096
456754831949119653054760582069520597537377872799695599808113129969
549065704515239906463748490332351313172006686313791825068691071649
130744417746957422325226494978817531934833864141538616859890645581
262511935652457295350667377283646402165452746663944318459742337144
310536832507224850637843782481018646205715763218250621368485322551
665213716821683266021054894550498775888759417225611700174416694084
213912014017625671140599869234069598323361509718275598833878135330
123925785764115895118619412808913923103122143521328944659066844104
166289090881594983482886162614213379247506761179389018867329576496
103014689500945823234932588518533026412820132652106736935963083400
604162887837423100719365651370099284312699860074066865214429629597

6952956244245812053965390764906602508239986249681339890573718757776
5322249206846429122081717384753647053118923483086430676176275058864
8639532539236647900672209151685136606153047152862620024515168666558
6940926288750051232655585487580992884172032265269240896376469536663
5398826033502318737455232455053448129663265000819971751203893810225
9340875123534825113583387638595576233214418218519465540293615365777
3587080649041248183265706876209734185871097189098390325383896441446
1900207990915367944729786806873979909668555811369765271053068527617
8070445338432976029111530253549411065673456579669656634222795811251
6814944991767164168140585998605742961210687150651349295402353341446
9888874585491675182690548811998978010681369048754644561878145111656
5643920961446593009388846045006724269230888476555285628169144935513
3097326356124374103217859721975832377145757732028454380618046555779
7722833345210032117670232292176433659865540358205779729058234245558
1176705168728829524548792364184489528765225128850478087625670458808
0012812440376874016949213358072927394481509799147577195618795892276
2530486163668527913081891064389170287759815653412536702342003694487
6521330272681953566186412152048491010207715752043874784500011522267
7918080646241120345499409979168069875125137107197970693913592698883
3464771520319621169285384426982222939969639077957056441915091064496
4253464800597930928543785986813833562701947667380656616886352256690
3139868377370387646122149829904068389156490793739464756959434688852
7310450529712888187734426171225368187385398983505721231729199022888
9282294130922051072239931284770496044522731801485948049043139932265
3901156778505247447856205646702541706062074010557400395713530762277
8141165422628979352347980113906148542266007295633774950259902432220
5023905943635811417186053882092921961673990618296975219371694176610
9289288039972731466982535525706419998078919408304037347632341904413
6829679367326681218032416802686763737039993992724921414316731508862
0611393906794057158691137083043632782818954900196423779472981883889
5064032958693482265641699717454397204434091630683553697158954490665
0969258500496662788048132707622093249697562226299555684382231358878
0973655925505327411610017525913900213862040819235904533681020091180
6208743047116871593896896462734416085957620106786923215786256547758
0592405723064246134846105666672059183991080166284764660449369256616
3229284259898913206218148978167217429243755876846857297784809009885
8387342654150482361053666264227098649674206958194373748312715887731
4743873002930614530717893249151569331672025651060561486138326158863
2220846313384323781655732135778614964915077265841209081898783534461
5622787891868744857739791485719653471983757659285696162716316325592
8231242137562744461159344902193899916578954954505043163603971124447
8956564720944639564570641643818898225437846673019267359500154406675
3586975635741437385657799133075370797350950150560536376725745401113
3652355103599223478363496804213959464322699264139284247218032211161
7840186707854070675693335567158741802085905598942651602968957735519
1157534530389709651933918800495583209532797785710484584994245497716
3269632131437791316753106404077435435745857870804729211896596063398
4009865335949773456353454316842616922061153154974736100772837872237
6399911821260738910023029484759159504204258788317933645929389284437
5034857814015051180780778427271219388855627372850125450780874767725
1121982022703405547945394935026683247602983586415540752882546367742
4444887906530385276174557838883680606933610639749258875932900372217
5196238367143631541242077201447900609345051547326412431704029441126
3412733541826441428632606393550226755527331554292774630621572564439
8218489862380633284988299485292778941658972402289638335800787604433
8558629437796418615364155683466708554414813755140596800080551944429
1260491951181979565585028796061899904130800241080140942509525500077

7183707849026742805169256190865165704160809631231429688543530200000
220980332078277289038359870292243790763939625409378082409127922446
509105711422243512103957052171406408771145418480347012539359781594
696977296851423250845920608193835868269457141277788560752074218032
451585669721625409625534304791126095423567219742619484743040923435
921120568870463212751133539651681382909308095444247431853441996207
949047414716156957103690698877357466595463323449941767703728198478
275397489800841195575433205543826701427717296225319329059497053547
745196566575964039120871566108517557641230702857966243665889241194
175922724816326482236032808706403235256194552744038828984372767795
730902438417148104677860329638812152734475814995354072815052969907
890262831591866826288156455976605527434519156707536494419499157283
380508747943563612488983807689286463441738029765976547743029961135
627599504152140536909955956867073799473700466359780182039208304261
330179306261730325638668589518074745478005524449900105207146445726
958355639437156874017134403268502479646089011607689937690098779021
279237631188549391011512710992177317910437279347873502097190333814
435062928112000635743096819968618004029168081485487293293508198152
524878659849667860162199604716886432867059256867765362853473498270
944555293388478897858942361441318382837361248726098497460335897480
758870629988228246745807582418715307626836020088683195011060475254
181388967542187006647609652030142214229986600866181045858046319390
533221759539052948191579962623654294199222237191310758684997885617
491800703877455409350908569760681902722351849333848989474327700397
874431903639481267231553190536117428173288596668828691020580189595
511815933077457030362137155160346562565387354566699927971091971132
859655092378478593617654951351244609339659762168337807672061403204
049730346681423340852120447164167039888453536548546763867380177914
838060110467122970700095731374256320586156731100944645382336185622
991874504959790557421290011339080731258938529113207560906042591444
570243226016603313861046027027412750060137624464137882849998588529
328619873708369981394279374517760365622012339937485302158836831218
265436596460037625781304813084797077331092832933427815953385358920
916135390679538120957263634657115414882372971825881788635067127422
525681896182360006557242224441636651354204723185521468281249471073 8
574176737902725136966810225780331006925148102018309355013375303794
884496098942867684732940066172741466838725412873386464393601833932
370175583452190577583697585430155032066547144320237046568025665918
344946738816801419213315213050815290013567373907274893056398889822
098195207677836121868647069789614950202996275555517619939425064266
037375318954862761445829495259065139981915540889846548808135260356
130989040921393176680937038100759348752900635211071768325982077273
354672067535306727707165423541202301876274523946068609289513887817
940696121016555148820322978284154987208366946194379913331516603441
607358945377641694150003816711474924273561577233528569791008472088
539777093702513258379338933239425526261406530897422997008781295715
327715887002168137448837493646349028809118212781194349936975572375
546627445036189167986230675375329891559137441701232614503137582888
081840676078090276855738111384294076774588999328321084598151495072
149085847347010155872838684643208104362736504299831465464593961285
930443740528201085007780827243833627893296184662600353421209225091
503814056943761716310862840814860959726008267695832995659757038301
118508067248998704264932885222349757822176142531801105559246400285
008008314722561191940823397555157203147344493965205757195995621028
535341109347854955385155720167454106442901595527395755807779688508
914747261394324266773913042135457385276276793496144256267447395623
941670386721416114462710048608804413012781119699589541997774825451

4048186988081575402255930441632109326305791378563660491641962182222
193356619042499099880190140265147738328361623555216619389816223359
152983319403312781971173106181228645521693044958159672030617441463
255947555346812011780998705655266607636640577927675428907321597937
445110847142548202803553577553330847722944674408783138222635340308
721858616673937498069107468097110956159063040016954099307900657841
673692991325744650921877851208008098732127731522773794343804702397
740110255298881190032714390107608335145571425505825995441741310012
000466642722363665048834213429036810127266096493663725292019208092
708860431877797799873922078398032075565821687439209522356978963624
025795491869883154432552864381549076262421319701964889092093646377
564086610121302469937959756399943923505142745836438428494030125202
346097431997471834540732307802426203228431397292790017975212743076
391095402321914501557580744772293677488247863792415739611274922245
183187932939997309788277850837142401596043257202668595065491796368
606058879941708066522775020014899532773104414961930880840714498740
210224100493803078899674136175240529369001755446078540158381875559
142190632385263807921854796226518060331577754843461332975803604846
517439488739847675528907354041676104934308863194591993590292373557
143089910445951100192151605946719059201540634742539228900072823171
923870809593838595532082572901150332692063501716544004680433100104
380085910690431937731630540526858992451189498894608259977036536993
746888992992870207235331525599411878953342753106902330731489450683
325152394612774255805124938500755886868662837698548194264947137084
073794100663140388457625794858843539827517575592977073725571100653
416938701302549730030898724278188182705629104857738462010931317149
802677527349423283986987975104204344893975217539385331860551727327
971882567609055051396033755571905413073342497215563927226186569339
117878603934996755448630570523315750207780724815874932755677943176
353019809219986158661707218928879185877145008852606652489303832954
066659210330659004024135791091286478613534902730187189024904822714
311432814632265860523093544198173205262311355321828867242115910764
140461478696723337424880238927295168641061415219699435384563535203
679413984647748301930471467459304695157048634758267897654447062932
974832633043072644839018789474144062710581212804796002604297785025
223746546251444273431568870494732647095466544370267342908661205328
024871389868828087983494391021736990092310244381495874798187685091
011139447941717596014960376784062810158985417650193692781958375043
075964142370228385782449368678664210400781934859127503471935983144
696434801026691874508773760727541563764411933796661638823288278620
417395126773568407690651031037293206261923420935820435010710903021
502596657141649252958907861753517349557836379017253092578627323916
275132673868517947643676541555307877804481581311096791588578008212
086294482732397601033246752058322122805104801768918032739810733718
273459432292848036745600909525954440245032612729191932901387643744
579682254033853398418391978504736844001178698016024880728815779052
782664374242992770777845392422457004499571361762472197075422414722
622990862218063552525577995127296504007209879749967853818587420517
347390971772791199321712967502782169024374955381292224743457585306
502678401492302978488527579705105243932820323527809633448969360569
616975443588376086202033464659405864552996647268957120572217397395
360554061012793632568389523521600180119980505308226563956053759604
357663604113986250383604510346296278416062891946462275535354339388
231978480731635983306319087405301602250532133176722415981130690323
042257547725377114954398071840647267775252245323225934416437980906
622475044357984367642876528330029530189202946971131942832769535641
160553536437050944509808426123390491793992238132429645888816547838

5452850126919747603339482209553118151368012214400252299353664395557
7732331192212338717347243948912980187169756026576152810400381786856
134074557553169170991494187073734054009985000721602781266197945403
350115726167789332147632128904047558285347487279239772339567304113
563578802615085589764160004689723304707323483877938831378578306810
357759131415151965361240242869421536724979611707410442794528672356
773893742613424751867293655481112472502879079517916390898020841465
103900223097463653462871848866929237603803025384302724835531571444
785687786432327410523578579998551152357936880022995313243065517918
746342018211198488551201204503964752503176863064808634972705113604
665517184772697686277210585973902740666732575449982417307862352250
284604257989064338521975875261644157987409010615861069433462768749
175948570703994485479878224847454821298260571815650755137097898560
109831655890317041820836807899117484764624851371357848585325739970
247935322996783994607111462187960327404505520154174264725324510270
717114958199305361106360456246863992132962373789739382699082694761
942373231491742134824308405339169597139049515325047639738364454130
147314927410522690281345196444679624452392941800884514800943163220
184260599293532162023279899967147266205857277553188823940523839221
904791362509027126551807098634477121181491536729422763683517299246
269793508071582489790505577657933078516848276232336377155262438834
361314954960980899948920910111668345570495120415939464063883545143
715527894555951906848677675669770046470074085800658875337602422237
509608495953395820242294171504086592851722899712131970668079619561
378914221964935629556404043931335364854448085293888303998570730541
237720811340878563136251215926693741826633746524262236140190958667
427587207582392132762139033654767029093479958251931165979495720116
971131172469715531320160118954542464312509078749393476541548464980
338132718780724907707476067137693574847429968484392758781595421676
228709036785679121626528003811057496943532715423036863476482566801
240992730568337926221737444499748547346057725264645879780074680158
204800943670094508937657718833626414581326555088539183141740852931
246604039280089063817881179224143305534459422712465725125299825491
436303658602508467218852980693961354458589243516737432684348405296
221857080613849668141912807371568087540031505163104670563847359368
254794397988780009807418957414945697382440895744866021361365977997
980467841043070769539513180182963064129630703594720232742250663648
485813404582696250194314540984078532516193537845235077475548208051
780448133245208550955257150833553306608844107391235113738755224748
686328214401428998232701723922793735400516897021119878192328152679
814676271849697897105402326353039593764947227376785657673527429100
981634672167432421077605029440225837638231507210364323398324364808
480967451672986608859867791704186756121972014481294393354361498884
990263710944114380395704101211246286784751012200967132639790390299
100247159713012658947591476758937751637298079859917007623624851626
000335688713700725606439163924691642285114886879206627208010939565
905979068428167323634028608067933032413858991861692381692278610391
927691039414095804358155943889039607030890700164176054626713391416
850093238029424980484899662967556931252900959590864731473397849376
302175773052170404532987749133235170190517257395696828978133224278
921638056291877276976980751214877581477654912875033499446155745269
039294855085082778759117427333002079220552015628393780402210737859
354907577602881959578253919839038331256446409797485247546287220973
663387871249453322397604213659129953244539834356893665635701913481
364254002296629820346755422891293376311744278951905871081939917946
206061975328533218036635745965588700945697742720928534844399544626
368304029096488767828788249567932566476353595359129983439170018210

9142890283344305735609133089153448837868870934276974935313324899602
2148951473186255510355469945033822679971476276315377950560214311791
3795461038828841128854601594123202699075193633386227383838753073231
2040937517615960089440269028369727892034538339816580577379597115180
8809231522968757521962663980141117669661682621733115709086914218991
1561999678393525623699534815465510542024836830105137618741097342911
1534484606428553015915272224514924942365296361368661004063431670050
8883144947715650369001103099626395380548311533392822698484369057591
2741363891247519916158027878507868837609559163008762298714150851241
2561102460069535226160291004830657034397476261185350732062219311841
9087227793098639330603228239534522205832739891712237866313892460981
0212755462994586174729299736759117542224979727915778172986144893981
7102345819821022963764485225972986004683823638892923504841961301541
1835204360520752571030419120837445913555621430110009087505770477811
9921880117318920420907541069827588728059270030029435151620082295201
7201656054408581206220924585760869834504117023645081526424773118121
7344703419150881486337099587613780988556358558284925139298172766101
9519606860476981594725343007684507799395979526694014007715817799421
8081601372823304088537489880663351819331743464434064996688792603981
9905403031405218568127817124831236703255807715787212637751225515501
4785880815087666826468112272129617001962787688483720443083280341791
9469829565363771538527165538669926949604378861309616102418347985491
7477830639912626381666232535830489655209482446678416587575336444621
2991712268803152962827522788911512268465960513035853075454607086951
0577668046058339596796903078458869560387052846302211950056109171831
9076440327726789694846146173903077527742299681924553954897414714991
5905552151753644690987106226783321674261442717095837865242158552811
0339708868253684441042527207838112704056990673256508359181054819061
6017091949303664445487044593017262220830972460840030365882495582431
0605182018005321237474333548864332163401752356929046440186792707671
1620128023383728877224913514458099813805496072276808653452224907651
8527361263439059831117612485829218771466214971699557949800510011321
7684100327867437903758232736109265113064789113453699253784705670581
0736959524118503435226683283343893650820497215379041795150114447231
4468125682074304366626146504467630821079907916861917474631975470971
6516901226674135804562473445579313997517816003622520916831426065271
3351836892263674536715089570431159973064101776888022046475081953081
8545271884807406626797566647223085907629612508070715526945568123551
9941639147142366736398376674970002964674804347595562885831533103711
8521868195629015716580496231673943658724649204037754521173485372291
6068405738625994043102895837238815385567844499503664483970255273931
3774917177259034769757228642950012837950973992329385429847952986691
6709064029113015563608816696295934083406228592747434044917258940541
9901342685240420963204079667716819887060603637681970637432312307921
0434444868591740431875940346000227180093814022977516627082225874931
9058702679476246793305059232167970110695245562032452154288152891291
9937353839853763469488740149420027354315535278305223345685384587911
2440330229104250375476137478247650741509382777377941366226692301011
6834604753384537579827982323290242371489861262451571064920156743321
9964178615849644034290880428126568858636970420962759738775817381211
2168216673399662551016897608129216787203727698773147991480788905031
7697305715102781255201612561453291622621338020060764771630330284291
8440422267505414705630997859870184476121354645755949156963124035131
4114086628810448565452010851914481956554804002561880707811540401891
7059980203909545076566434043376295255237818540225561173396730053321
8886032776820922633715319230747086822491363986658591481491209608631
7661486925771584509152430618573202351432071687961423159046131786611

8560281720394756718850512189612916934592255590010009684489028845 16
0592470107091774207262861154741467249090478477796808579195901783 99
4896771463224826669437247828166709313966367800282611537841813786 58
1221328553991467370863478001432858856907682633572026269581223831 32
8907931573756044868449988066584899926189326318985031986636685710 52
7085369596579598388377288607363195438430371599479805914928635942 67
0476781113608158491335608138475208697102423757534913490491043638 58
0463560067039582186937352120273210763111703339712978021667195596 33
0821165561372436681395080772107392817175572484444007708899791612 06
0131779564795470711884279430779479867401871061739824769556679192 33
8897936613908455722707088386931307811352405984078021279205272315 92
1785944299000858501336874341557467521204107267658638211314139735 92
0094942666232624674115932190720333006757882489077186603721113094 52
4760245393232687377978635375980545241042087137879600156793992372 17
6973037957987934436143222355196177439498208489661460042198996600 98
2128418496518838626949711835355830396486556517570190564882089491 45
9179256094124175463428561656708417148436831993533728096394528933 86
4179146743479067076638598478128445639940606466510687136864242668 04
8364841470388722111932673917134613743354916920210450403244380908 75
3467833133959356767377982327795532319607570132761030641783369517 92
4997094568633327870154076472833802781791832227040020094470146101 78
4626651677279778775567390315678458983004500026299995030003784437 70
9987994338153544955743914852676804236839788693074931336060730284 13
3674669372899766074863940517774840692206970120057936899790704144 43
8766031148927531193013585941961133410715719869193722034483997393 78
0650281228382424505257872013661912421797950208042503658611727360 37
1953894995456413456445526313058203358397576304643246041525458172 09
4698280235632436401714948621659766495238560651131401809663947912 62
7910176945808303222922354124763406088905918414908421250058046331 86
8578277781885446973621764851053532012786220142366827154888020399 92
4677886477249749797116609741986516861826828333268928706801761795 43
7688859075177394692716797515071377954816990652385529701080390338 47
1795312585181928203921303267814806796498685194557750243923140847 62
7931270574309708349524938842830076571779167942808525717831883152 20
3750742294900846275088898239409798056091275050284399324080936960 43
5278594636557748073788913154638092495776765014273785534417077471 91
5699448994705736229618371618776918396586547629448104839570933429 77
2465963945763916542480767665336674052750676707676598822029981224 80
6960533289872599849346398092793928922278798173033420946889359686 05
2145821629406381887494522891593843429850320046052542472817813726 42
5880448041893773035935508548988139973526024220839981846153967118 36
9807670554705035089883338543213889587536643387830496395991178335 48
5507138275086230936766134754949904661410849603161136839918144518 55
8785720282634645340793425015895123919449645966780510607219441525 27
8531490300756689655513759064046765790596214538628262438493513154 63
7256711748891697462371020404788866583315659670435015724528356024 13
6255233206768900439650758748785783417286864250401095761088334196 26
9845762380513812023708890459564355412103807722190115313751001644 39
0036996789547633521792871191356908889050315984289230803993836592 33
8313334745586470303825081968504267859363751312886323078110099202 06
5911799940184532871852463041787546737229085395459112438219708213 22
9541085924305355932388653606437908402175343206093218385599923792 33
1950725039891449418838936998383458669823667313601805224077288050 39
9547873932183762724104885448518679474777480873699006447828881134 50
1391192130369378043681997684236949572235640200119147992382664197 08
3779527486840322346048134986371366522245397930151277727223459675 46
8988497047259845418293793225413477711934971232860405169391202522 53

128526488795159969849642603615148236106899260619308411027405492925
650249201805828968279590144481920848139949388621567222259694948561
664791331853790981919105806963496420496802349178082174069314271440
611206453391354424362523234265527030619748861651054683268263063155
971233965696048888281346045328698787859539421299446378326801409914
056548763574854741869795981282384690861421456838572308295651286207
138868234255073386468387028755624074629346762147903776926640133346
753617868052292871377068137427765119279147538184137431893632561898
425950168663424901645408235018330599477378413875226355405208853643
585519855349270988666979370891243796941538983928816792684373252601
310921366837568299523505763079375837645417518432097376493447683489
928834438271072222747488202215411029354422792185524604432405347830
329956079948145295711453558725655787312906275597160475849047778742
947862232232492910574622675568754295686560084648207328421249489831
887010190418727652437208864119488519409469288518030184851534687927
529429188190542922085754016195720533289613718728115044101911346409
602033111868187711831953577610797923718771679000876727517123802080
979135704277414973609226831143560576621319571048000756741949695574
394795496953790093999990840434225025140348537578098387427168070654
614945176697470090020098305915465299792065275027919592985747830319
040877254387524923935282808349919308879813420693638998594646526189
567893324181995283370882245590435301154692468701917681378791561268
526948857656469713567315856043870370690443310957786922175507531962
971479794796674724360883070274507365510196309946995135987243588486
763858699749294496659374732550886786625722992535012112960175686906
773238956011506621521168869391488016690437008812832571840723450728
505110930992159732877233841999789412150316807027042751972130612059
666969214207179347711761118120828715821238716794798146086324727794
791998074334226081295863165296324835568105491588679674857318859527
860504427044659389707390968052840298506298308662398014045017833016
587876504152554884923754578203702168627148996488656933224422103440
770122158892478704151366500309638594230528618991811519404943235243
765268152427614154508267463702840221624301212322522382907077848759
660106848866057327298165445747158115858475370251160632139271800818
516170340249555588977499867295504177497241104870859730725527964507
205253331715819411507403109603120536648132310758903566813539071334
055510494126350565127507438759164095367609031191475509536721558549
231143092330693543283090011803633227948025326601680799221141860042
276548509781454293527915134130982535685754247574868766126842459903
988894910736302625680669525277541943820789686305046418477215929093
631275770821233820093357699610540014442157022932283902032454512115
083141909482683788690098571975331065977845571196983854025896409129
758202323809674314065541071779762148206600603723287750923448097104
115030072436037838315756873763358175465349993607586165593468633857
754132221279839768122575562637503108381959939553992848595837358067
224044471635180153824191368264165610011177414554753238437967178325
679163847622964008429889193021627671276169662582605872977338222963
967855583995463911630179325172432684976006355692478576250349432502
882986016078242144938402780575896792830534145813993634117905348937
961784478334670570220681128095620571911508864161672526064635299236
996281114504452105291007441706893930573387498138372706097805588752
465620602170301702331128183291223047474128019665083168421162399620
888599190859419986588252621076034699365272557818916471027444584394
945611596922822769660827157239615990900620660623367728828962451661
544512516297938267981789754424141235382840745094598883282737742334
592924576282896188499864964698454915282555949784271924808429875453
657261432391983451116836306213965725393202022836223898771099721699

712159507412111669578236767662019597749871577824651534104845357293
9420186152182357720676028304095878947580666749509895268768040906444
6147209219651543146251377565493474334154464878755364884779234699399
4437032172195618354484810039515934758459819968126343547482756240055
5378843582086678151551518528709055535019347622927151670325433463333
1534372764650683643940962356028727780047935995981704118715513582200
5683626822435050660392465358445198169585284744140282732340057651933
2921443281366703112718564191232204148780935109983925707631090039511
9010506441778644800101272840017508210314674282459571857623244730888
0603714677444084491690446479576677882779451244293406330914246738622
8996889036184203326589619078265129914987629441496747817918961415400
8022860604304653995213980262560435190928121528526221953559446707722
5029127145091262242225811656270721930431531042142297463953953833255
3988806897893023429783147853708309912304286687532079662790366063100
8048113088580500060374421687029684551491570566411325851632723288677
8650448711262235062924142444359896100687828768475490502162390613911
1016534311392611708902366792999100657988185318232694187034912142577
3019152134721084207945169224616494975961381229071302489391665960188
1943317018334347763518132462782018863765219255263152870099983082622
8818147956598143014211684229992524074255372356155005102519074843199
7534535996577919162435706133028075340050519519629572668987695154188
3379212918056166283370993782557094335312217534646093465534933932900
9944313149516655208604965455048396696657084766820737410978140704644
1121354216022562984775698171882441805702120584099636688865340011588
1330441545765561359147436155933314257544939463414472142911469433999
8561180503191452379615377054951007770122557269165251123345583133977
1266343990434716987944452588228420288490641904408950063020091874766
5262657785035839459875859481449858436892479118913097760651810360399
5025767517721821673636077170616053613463093796052683077101901181000
7090099937839591249498909817732227470542932727717629420598627683711
0911237010713038314414782716805428557685992069746529003238092842477
9892052800412943575519067168135284303740746999432664156207169477000
8469256124482760266773303249678118984648390700326158079837302142844
6117142093495008762308887166831350497809596544627856109067824871100
9035277135030772382486903024407680183650972131304757068996304964844
9048382783843182664189222402831421907167335459638413777695086359133
5552173050700385866630248067338745438413959002755699079210696946977
1465396481632317814769256151511623125477993141668401165230630059611
4227025431908288388902835903692357388254368850391151680965410425855
5487651650553111301060973368535315218019731623497633223368315981066
3974431922856181647872375172579968536068939707223630765020802867199
9317407717366794907591531961542174042346620542687740196239863309122
1278038701005321460795645408803128421440972122529111655684075622077
8267223957109054053345710248973509806078810791856308983291501279199
4068137328744175782426778829584400142664560921540042534827676135522
9673977653019107397128740391755896900800052460338008981996405333722
0005103226230720087892858747687291586102134285590277972022602964188
5072078870883697472857167470334038322105788833455922797202759124744
0529794402895652003333919448727756212033165644798564452485273787844
8909299884031856047913071780148998101617263975132255835421555376899
5401255674207107798972079911702072553981642337176566915902047207511
5136296059198173316347758462546918890702877731740527482432806306022
3792877560785274591690472328011583213150370488063739736213794622633
2267443786409171840139888747778730261022610982492869575378184868602
4096918340610267874623283837234252332119169379085945502139876683333
1842205227922759811290537285766397021868418420787521785934663006011
6117968351974059251226804137904137436348512347676832297275170967033

2의 제곱근의 첫 번째 백만 자리

2580116249413474930998552808755123274511520113031452323595772951855
5963442794885924396755041069316393975365304948500149898740984202900
8687281048712192491620907268440842353435458518179383447566772087120
9339339875697969302744068625030415051943196070532963710350435152580
8154299147507542962218113474839725236415740936277201882392234769630
3812514493990550723764086256090814876213093496841160426100843151840
0815712828265408728200770445580569185530643287867186893892890889260
4323348866719411938418304431493377597457800305623264385802653655100
8295051179968324229449571639455322373723459421087574187258275367160
5754558737904889678829729901401591369353953193970107937511413828620
3701975926081821749286595541080824140982752819203809785436860428380
6879225105735070666879704603761195484657936324995502568767472021080
5564147198366373257311453668486597668116011865633402794803546475390
1707848824818119256873351413710804754644526705771337341471247482600
1901938700583019629345031244058588864417735078999532220453202137870
6799176631433504265986037205049757590212086590830826958790790387720
1273733353530679138309182966293454419755757889351024265538213429020
4960098233817595689795598845803904693228258258411245164026293779290
4287724266645859072129057159068356538131930159433358457071873784240
7313219303708172956412690942498324684649020015920141494509124322620
9289405268923825382082609015250928192837012823346192142531729747680
5089663405677404581908266662550414190110800982076828673534430274510
2179025981489576307657286808351608407135624363308317669890513777900
1959237841476603099844282300901905040992558501163820861643689960720
4891795871337246597229366441177512612790690901723151471770823791780
6339824416270044927820737173464651361206184965572692143740022348010
2171152935847676024135244972749262826187588537734298212350886220940
2282032156996388917510381814829294554804085960347179681660493986530
9863980459331973733244205358155224419375713159574622820508405034070
3775974811616216949069330862982117053261632069226315617899005694110
8324066126855826927937633402116220133700068436927139506296554274590
3893670409562053703085408605019164323908244172315477126203399260970
2436800598159280406490046321491088424300669949109656503208879248010
1530901725935554188336518262144242824009835812783985294308547169290
6321999105244182863706619906955110165011203072877190873894269269150
3283946458187369954423238752741661571728606249787569519500126283680
2766648765092246832121182173536929472636053766626137835673528876970
9748410337710731354704347194648890880833384757798749484643048783840
8303286907918416841924787586417884528133705126782014125749189949110
0356958585048904036995666708148029172995397608172169516886087583290
3682374425135735976560792674578153740701355774651803179515957899150
6172633842755001776894250213506710293790678222080191380585245730680
2207674836966407295744032089727786847495358153365129553820817957570
5640459253143564418484378805652578133539401474378157210906975693020
6679746366130497128843898538681794667454919212933541005923890442630
2022074045933955843134291930902863881870096993179566682907306727960
6968905504690857038400557020111440443678384306179332068142920767240
3361072369014529257783591630301513313452995393559839513597746019390
9431956979106319733829008604224583876967993709940661847967315779430
2598617398321918108511328615816782728256385823723939554317216490250
3757552780771458245045683209806590149208225539528349204556017396130
2624302090147438001179546934463077793298804171923223641447647970580
6059602778620623855695479832126897453578250760057269843989987558080
3030302821782495107896951994521047798553893063854492790500752056580
5400460421893450839308854779499545094870119441450001233989270524130
2313242615981852642454430594508285904768172585002091937543081310880
2542817933229035260573913136018869260531505846494707885033786770020

4786665935458116488780523865951597828444843660232666223235666661428
1020066335156345587678553818039982622483479167245670492713703379 39
5346200206644709635607029262340228079758853125277269152877296521 84
6622094075082233263503570409124887590872157568926491073543438559 24
0737829042381101558662944915353646008347512697297094755084967516 80
7482716998728089959114203976836370462790329636587577483010485403 09
0974332311706810881324922932250684764209236887614164516339522642 79
9250520184634996547363328363802928480601994361280547815876805408 36
5040585729321437128381057206430628242175118045258942089829916009 27
0465039337251220552317938611499509876316465070055398056013375708 13
3098088605977216742743396150549429042113486057336690886514779836 41
0253642969796326234886269439011132101479971827162988234532884820 19
7579023439363491622844404313521344220266368762848606747014661754 88
9322332600870842053044021821971861411194911768538137019208528812 16
3399769044947118001434055604466759012674176028505785507779231958 58
9839557025725113688553618734418861376428156901109429097755106491 89
3298459950225433401953497629495928075849902046410430361804805528 46
5989667258123540979502306902177369119305526695730533045210280575 39
9157125246273454922751098527543608096454426683390947903924651799 09
7258051335289280380191706056004644202934644839637157617959976403 89
9938151506891165676058410210410947221373509236575455640642617532 34
1896847005202701987213645330763387651371434143928185305810786402 43
3070209634115945421556797929652735616433336374897342820451837993 09
5568989076073246213071415575122579120835534429951784657897371983 19
9427057622949578975301614862512133797834280931811201698020661973 16
7982676927675445764357970472962151314940242291804629461065215815 04
5689395955859580520500893242828431547517564727338622533910273632 82
3568092274663904832240237064997082020159960175854331419938345816 78
0737212398821642595928527084135494237279588928947792280878375871 54
1969917514062580315891054432459183988504100118425938963585626673 74
8718564301084215252289961036716616073178058185367425530168853619 21
9385738612998854574724150786131448932578524146196610406362185130 29
4624061767242538509940576134549323190420023436988994074839722711 84
0832056422734413062173973033423359286849398136388968730087581979 63
3876596699223676777025379059169819358446063728131958901816071540 5
2796763711251478982569295144996371501642407702808960248141219247 97
7155245324519657877926633051824580407349345722685649455619128862 51
7180463966464433347914919711441991545005858528677243036309148666 73
7214228467821227306028870428687661402645497646902816170452433819 03
3370464582947221089638305941179308642442872565960973902999443797 66
6090397086103531061194423943633143145184060747063454695272630800 30
0218226888185191902503852095418859785459938056357692139629586629 23
9611834559432455753013802270838748893064224204709252451619226965 95
4125381421191625412207210612730400427441907130792953668195666708 52
7349682018663149018336692051344199648522858397453092334258603924 09
3445533985320085465173631054300060209028702406065499415329451467 52
0467396780192689986923985154643353556188443980258567821368441825 50
5208782939966808647081534989822437028192353815778285559757483407 17
6804170661050421991660599978409477024758857990747302437955814223 72
8376798766387533636181472743347906381163590371153934888511092458 80
3125169532072945082252575019024083719401585739851104690757516727 03
3496211025646638611562937485064404768343826553812609115027549993 74
9980145126612143789152815285449020671124485227723783928796847126 07
6686157260697869378870414354247181740530353521368250856388248476 34
3396837659921413943110093740499300866233598406368446493710465279 73
3369761456447351596031440099434672059237578912534211630072797060 10
6004147776018710201394368376269632387593156065443212744483902463 27

8631372178783747239133637270101333641904312930584004063716780316650
0486038546697648311374160718065901693237896781766223163536880695344
3106707730400606005368984468596528387972969634129608971112623681988
294275597082803823889351077725801673594808002618779225465678206029
968380556901877306242631622403514428555830002451328580400572513459
355509516342088274002292211224372162534543047978887464803966214275
578803567478384318588428026451112476620941735129351288947768587512
994487040907063980722931254391908697250019694268569747707707618779
019651064451578464020362809063253959117222188338843943755323399234
068267433706360656810570886455017633870290535605177098938930129743
997838287679041935941614295980018404081243339224334425948040143101
026326537495410835767507843421726910371932780395805139695559227816
460686236251975059547433755636219658883828920886359642999903724171
414378512941513860847573063015794950782840403494736132679999710192
964421348611981003643071526655898776773375675058772379069264784478
929562966208639657255974922797386320993030065138638079202746809743
620735441642768757110767875956677958182338523901804093803007036229
683402905923118568157109230673497901232154451582835694519080731157
281983803695228909189616896400220442117161873751344535005397978083
085748274802094296446024809698031879824081531406849881576264626102
601276692282107657190202090998446054578219887552977577928054376263
642074582261059687321797000861238618734931158523271737595980367936
441216220852531550958659116221109153869540353638850072159065870048
344338507537564348495137271023132506358851123472587853343750103691
522092619279944301463446455953684089093589427550396984671693572800
076205370327223203761024062889768963876949385645440864585417791022
151116129134462902994295619976745322952064333197249448908348303724
575687074815577856398230269810006932022113592517048101261945906228
121098271352407199385202931370704269075794782592755834779349676242
333109833768334606586094395089104998129400892741681333292827373624
843262537908807276793401969237636611718441633652316436483655205538
053856758043207075342338345927679934196378698686159295779663718105
749895886591268460972655299880287594739264194045638218596824004920
544513916094183383218279900810974741486056688683555535963568596712
785468033945136540002373250529975352920604825635666226649219478584
378667868594773625809320468114029155475738356808646259506953571951
055753743623909834119324340966100425393593511793027247797781041493
228552240369198153672121084717079340515832918745974388443041840041
247478609386889248686589368318465045914469875468792973611528397716
966202785874956344389630309563152038327423682904995705287785949732
442293586671788927250640228134212196369287611016329753285526817332
011398764375080103412993393235357024503746730629384879066555220905
339520901449027869341409022102904652595660747857997750579740275915
354328988785328432287350597431083260323444004668983858228353931999
927400912029214304353216112730945712248506546488841207760569583876
051470160988914125167641882409098371486496908267581366552609275889
761375655305201579098321726712010880759301816500320997737363366386
981705418599125673424159337306958689361517250046149411845047128342
863433482948953900659982491811068895433185916855963107345225858799
083072403376504019808840327525407438050215766827588652226503509016
580683357911972486322425715712323064153834190616890549840850268724
932106784998532422663194071881144258659240272477279746237058238276
432401086066738063548238007034848892393222426969091048104990962197
507231930374537091615071223065441376889923973616514235570315123888
687767500304036856404447692517557722505498709649034290116122691635
620410207709074025150580570585075094018031905929075658258899580247
564186031341819936955267541104224057178533532842900485532525581106

8171310291472821948946415285460130044724331284808216747052698980 51
9003338207691376834811102352033005533491150281368507793070421730 96
4801304296622728650540686553246343695996457057223860136370672689 67
2409740942127157552038880983370056024798648736448750525035733230 04
5069425737046052296765597403140987310278363186203909135168613087 02
3033364521479000079442976755907121065213965425459396408722909348 16
6631373285149474275016949304953164870290446420487890319760141715 13
5255468626467599357576700400554398180511486741929298959977312467 78
6376284340063947630501075383724610406431505287644986616609708627 91
9177170369492307107209551340040668044449230669590805656764534448 73
3664583128834826409835618270104114357800205039506734560494819245 07
2277340778690527997615326041305410359949103926342214219694600324 99
8121983484297113205177456728015143877718493393512351749012298962 38
4107177749000656952103345074441683245178059905957638704908449757 96
9984360277632481262268390926686002633108492236206503470579934293 36
8312385428636335902395129288561663754090803110854683013938661623 78
2992964192935927173015234014429890336668258735117790743816046565 69
8709833695963762971656347855170902934102342905871730920041468185 57
8542271975032401400632870142641068043109343223365231504481206349 53
2863740439177289941853693104272836785705113059417612011932050577 55
3906287861371792940771656690309427636990715504400870750721795881 37
8001140767459118572644379366307315220274160303272751810433407935 53
9878904243936592949404930712290775989290257787938980835703210488 06
5991609346744158444452577623353920879014085548240628465906068361 37
7363270680606591801537740568126155567744063954542611221389011093 64
9900041626742317930206092178107439071097111693457167589185327687 21
5019982096080457278904766391269266611493829855441157824171308597 81
8526799340889906130719637642668811337256605428229819517340833940 08
0398300640888799722395541376906540067631043695072830565837443726 77
4295211578265304128489827898433181888031064135808612284280223744 28
7575497948380216601574824594979683551048150658076504135531585330 20
6972456587680488227495031424844640376893647617638009484497636349 00
5914763478104116444533289745932483570020554633950603765212618739 31
6470526497849716513965009421075623097768599545601627141656246821 40
9396031405742376949744691569055881507197067884901256285791816880 25
8972897999742988331832109703279208061360960523032734843191860091 50
2500326348328674743993326286305842194050796188210669346996650428 05
4085946303544743431221035210585045300422284201777145572437238194 44
3094430236818394675937765432245326672579593643575597605155537458 24
5006802672369134875693390162080365820278157335174321773096338888 89
3229952728847428693341994776082048111720910039592592696827757208 20
7463023457417324182371911159197390310140158431263945186948197680 77
5028378598670155976029944190462937341839716282340180477590517573 70
6545285918581483053270804576887201441239787485369909021829359483 43
7582006226674735231978356641416139232723084955424570640656725441 54
9977884257492112506496157634730488880484363462217174261374676638 04
0872262108172092659076221757857028087783553003925293906537820829 86
3629156285996447876181117988868656861588622340450402314690553366 92
7226356044195433562910573674013123561987330955179175438322041836 91
0396913107866967288076266181131506543199987228613497455656177341 11
0134219146494470005401989548429413208818930131583501373072767048 43
3195967395173949411728355440033051933678339682604699693842156817 58
2604916803523904680422221450642159233579766988241612545733044700 79
0054790534920716758179211938611059925994251246428030160779606722 94
5074824036269327018625624307727708244676476657107144378589401963 86
2881554343715121159620689928809744956090691185693555364406150410 09
9154441150588843034172301110233894096142666201728597824364437328 99

721153052808364981514746288932768752427964971655894072367899592036
362596655457313970778939994777785388532018602939212873804596050323
616958807927427939016160603722419168171748830035039956776721144485
743061730795774748328192086272091910433503179306477310873507413299
206655975527505805776742120464464533562109967310515536366845212433
956153832960767209569161202552181229151677670795364681551993275246
651766759006001077522592890303524842156250768791258186307547368419
198952626227690129616402649857422604990193011655201552220504971155
614019821669517346186690741978202755044340334624478166018995734174
371281098293807478209693705810448462883086665349658335846842866106
531793621967050308613685993332507269856818551366047282642608893025
932216242771998872454803223994072300416409829345833798180211962386
137503588042527953582959156998130039238164325017714114082862125087
364623023939683965946892543307223449372479268910790099671348614758
252432163193403799025670883917143120273260725193333417839622847593
470444209863170446298543835936453207545358583538393438816239179426
277576861082586962055828913919878727462092593103918162396640112367
131402398964534632355889708189324604142670439426281225039620113596
788342277090352438694316412674432467811314571392278941952687382127
745088525382738732639524543501921012417868196591250299759090514053
366117174805052617296172847604325411902788919232974275445070060931
380354388166578842846408431103687214531287600036593791598674962964
826276185593529327881613673120746914995885779133305911545106403874
638840535203639099658028656912899913528626668608440243121897484836
927716327395003005354086258385476189980350451718921938062826820719
576855526567815060272314597804712383186854395751711481541385200527
076496498177057417952202779148202666009172329735744490991128380912
163092157854831820899898721825416614357386081623106062432400228427
255761409592864032250091857523354025209484470868144599615077038259
300993556219910524473368753015062311612560721758420612737320533151
095319964460829770096537324530485112627140325473545298457725952339
582954570019374214167802286357546932610901358436540859938740155655
597628296021908069343361983013667801884071662800432838458433562038
700884755121775921862264509171082954563505733114673029600618571420
965013956330155239045990518143967491295381872752494168161177606770
948640166001566040696855906829258003724079828598343223217144242758
299157991803674457427472947155700918279065009444798765017110165940
272723868007884189148252431324331612695153786435276280689545605629
054105687462378263792489784087740373960465008623838051739987631160
953527798171450174992324413563695131532160019744455813741239705949
079491676380746712752636802460984939034098283895707617114093481462
393261997475879131885397140478840774409707874434373786895044613604
794854628519932430230699051751338913877488135192529695736718327703
104296314792222353404580579588110233563589262921433964184921854006
273746248382340577189769049924088821003688420733770717568287084588
753581573313345220556781981564311318390249014368879365233012267657
615807387689897577387984289955676005103228142057180058511057501560
794418019452111573556623008114176623597120572948671415659103604067
469867408794593749693419946143065674352931858264957761337948217521
608118737633792349918459381357808839365306934420302966315701802346
222901726404678458594337692614619768670225274540397152546873341546
090460569622864979435484915359543050548685069367954799771058978221
047860455769490189931232316177208825124498312649980452367232672525
736304248407867992124943801573371863455077359899000758965689860512
542127966684169173243674279697752598363823302255293110755331734613
227693160981496740844124917634682178610959025326076837698242546703
237183595135749796804266002177656504422100160680606245986795907713

664937447187224269238921239056670398877844100957575913145464076461
170637253829984761510053868214643768424053541038591434735596407718
932425686188207310945216941713737523330579527831687833934771007633
710501310900069248128647840811410130366111533875376705954449563190
962689035709506420294118407617121956038455199168484041506585802692
426216628867434364783362030455257007308097241591429979290715863270
641460737908156637435714038729860444587861990162831909869103107429
066745417766817730039643359693451910305529784741457955978341065551
646316799868408784986413480552713580457235911561796435152758820132
832056567181622225596027275194928733209619806631434203676145581672
084663948544127988867619505014524374233642868953408846691464694011
958708282556534210094178099931017535567035995883964522164957138517
710121628072387931415040181626880132677060686488913889020326183409
472388103701287322715853400948856118709238689169327612674773203973
726203701013288450096565750257159880106849056678153345172704195911
720500400308342943777685728463354262719169650285655468006861006339
254260708517872543178209826701196342205969078065172301551975177709
294772590755015145915793077746614326985151510871599824052665277420
503427875032407827035436939327577929562472434502989563115406459399
427863283307030372375220893936694863916665114515076193454869699737
917608613116549617788075843556053652666350404985085577728804969297
376339713066397879659773368779652190214669193798722877743558672908
815195787587956272466510961820784115043279672960789881491062691288
559960488056462981551582260693779860299775666902579737891978906454
505133884365994720672423495137907513040124509684830902012729180247
809756009708012699102755491597047094035260597820755417691021972236
573350494086160872866023374551796156152556597547240352029337422288
610201748739576568655642230790779753001473317708885415425791807263
475727875564719357213491053286993481564069044012749996412353704054
019325942982259362274242834233605953289876551058789086010266566880
878647205727790115877843760986325358966304580570293925627462808730
264057636977202866233076906522269398247261183992898391923634507340
428323405664850667239826041216361199445545373058164601587044606172
117458095818867994453963504519488099445982546694155841496443694978
178213384029033406255044282922555835815547207890004080198302785793
429488468307154676837938395710633631014064388812942517792235189595
216495145822954378251280319521446997850455346904018431111667210490
396989325545803437266407385993384955987164239972320079876818494905
553064852951674380838106700783325232030453663022236905911567446070
605096647381534524028986170711627146968607848937313454406473470857
432403467976989833741201956463994729247154854146288263490304105045
073447742876815278510101526942715965290023091176681098151511260790
807987747592222035878350897590760134775120741518212917205050664687
556014514361373438702489519990395755997028047108746372560334693564
930963929121070821092396664870317862465563979376475542916746764890
553930221116038602984693345241410062662570480227982440771420409523
331925994360649570282168987822215008745880686780900031304897715449
846181505546131321476771842001457533510215252337002666991336809506
864881470835048462157831539584692092974922398482833111723402239215
653994176112447211220497009559657276525282820473825847256801610719
252225758640551291607129581925794939388824790782490443412878325814
780311984093377964506089984806313898674947989526973502188194198312
577133329104925777569201959623817119132299977418451539794362122113
657345038466448056152836103283616987846719261633681325204759412764
502387384150501476541595157416534669326024677947936605703238587422
999370101374521157724751246120778255266508695501379079368238534726
197800381390024996222178873778562872642965108300568604257655917641
8

711091183254380010103878667504696935709610776124584559557746380137
690825166528409510520910640541795190745272858788886996608893715108
813104365687919210543284327671969884035863253807911193064233683929
193569977267117113573991079020792362742676738520122344870170433939
505455330812260964424349855237189703135857969089585294548969730992
898736455703609460917580265565706185575335481201878461295398227918
993688735224048452690216357290403735615147711611783681210661192005
717123428519565806884630068856141623022278290815840747350798866237
609505337256484395724594286855317981242738561972706344774579091688
649235198559085845113506481175387573849656484436214891452689733371
930626390336514717368943279825609864137172842162675876623165555463
882120967354360922400612898182070798821258850530165045069017949211
433366524134435395004417685024615179539325445221692268521508942484
622298029833053771388322687192485935711866191861642732873434156118
287191723102416450211323214371526185076672239730729981974784051395
244300472912512871454095849462092110199918800800230135726715501250
005869589498017691924652197529778742182779118754053367722808816092
683321330698230980267412339201633001990405312725498944138277301750
711338493997640717822277997989443196500895183067684121454231810716
677156562591357820322008887475799639790271495679386648080857688808
672456242966528969779615652054219766645754587543395325510788245218
362819533665731420158737763451745868871971076006199082561237275492
890488238290058749153387883973688187633204811568874566464707328968
135483031769919532400175821769513812840418308603824078255108239251
760881742568618743947357575633749189621097161729052074195747308217
562400751285934147410247483597617157187744181676146747591202166859
267987908678727655085341471611169748007448610797544149494181003320
819493913702773618298197437139713326485483779973881675772259476532
498448852017691986667148190469989906344478604065400564230792537926
569422448657834769854032418598187721236576040711942844609162086102
807609421384913821511829193207015274972437350218505576598514197798
891447879538091131571342691228253797173205677439939066645088819946
454266334536373026891966291894827866651870141089809750074503084762
931010446257125068285728423536500874141963991653868406296422335686
556693679222134282552447527875608731588970320601463678233842860682
773635487118000376679262252919609891210136722798674922869630619115
284207645793401052532677322030735054909751501417063907829875103673
347147661543156991546878233556596606931001098761468028832333534050
140998087572983583970112797048816384165075467306235315501639255290
357179566853921618750598771715392758710919858145802101638593385227
160051290948119684125337679663427114816166242874070516449829751611
173693220349301368486965695296277597415945954741345251301346462451
956339097789037954672569565954894285432597031508089970478172452189
395022094186808582810857468626777238053460495467321757137324988078
180903071124505126399120731567923026062680921492744984141744145431
961780024697541023379112544071617170980841147017752839294492370284
724562742485916971848640221591583620247178925328332426092974523632
972410124594428791455364525265839777339820597878446793414205854862
212170854439705621454998640144250171728375697803388165163595527505
540384062561306928247772773521715604238277275816436177909372874938
409693266807804700939508165940833018295273349375577344320344065408
538122607508317134673151101913975534525339876123234723294592135298
314327461731927769550437191220452223958967898965863428240230737024
442128209304981579285205396253085325961910036634353241219237278910
024337729709961196296742834095520642727781616039090855971447105219
179266983963716954603262943333818420439470351709569812776589643410
110713457684086219157324655404512397799475813347921023818975204059

0311062291131915082222156680288785878980240228103475861256705167726597686992209842107444974299748255886720535484970863083753255236046706948261829778770798563591816576807668969842912863875931222054238312189459449904901877767878135959329640572918635683870489951979781231057554466086819467952950633749536712729762866529027165505770828727194887757777155125328746731331669252662791536376496454091823175743684481386861417981478085537164290009170093750274028002939426765446773723055352162528144552165143449518913540051302753221464613446333231064223482047899112329995411562236821561710038346981931530619374477994839773617671543565496495460771905395705598503325788094771497281111552248963348110048903558570465280115211967336809727418601617467629236982329573753068432201410884697668412949897753544218385382029462714184465024150937248565201011658004440765407048941321616329879775667926756795449081704656993029362058291771862683149221325909729023127381935973411832739033267848060188090406717145316977452486118210599867662185839967551145470958612212194398670839425388854800730719655991994976579355071136915936090422505492748054406240693542247076135150886812897436761381056624572932059626753139242894363256181037622998588932935107899990005575165931779597122551165274350701871610115517944783010046467888408612195609580802861043654288049967866311276388032715091057438050100002854876990779735095272347207377023779456130654264991477434714955337749053646725415698133000831544251238438421375800434795290037214920741245757758929761303806446271366700153843203866800058353178973712030066636701673715212852017765472461685571420456517519723211783243353409688975903857507928858541591812292562480514569040793340127954160074391837531589389988260212242341583439361771900101478449915383959633679765487584371880745161024725431906266089200057930642252078971023580621946359954640725314915859682148264881922127453438903577502363289563021170794332770689358118972701601656708283658515970390698037694618351784251513418845546185803609510488277070313904954668065866680538258998273823060326104773329492961197759463053973736624010040273497469110742604717187923022345707527920098908448094965814276108050645206705388044483040193982506354342885322877124139850629479858853070380108835429619095479980005102954560418819632633876617740198908067186301379806637392666447751346008997980065591698517057554732630324537847694276974331728940571814144133915830002901279626487520355983778990249569500723746216158138077667265662450104277361940597541591691633929460608931537216297626375086959040162614151579616335418702538851470170831878886019687201657593390493413111056990989271140994661746345863077762815943342042926455847360107295881786419101625452769553913505068335548671454646413424975511249411327495544412524531435627368727868282826669782133773794072882611575530875335412577216966468245532508883455686836324886855399116699207559703678918082685824025046364860532736125868916771361056054736449698812411763414714403165250981932170268359302683607576354055754854776894734330566684730368650987025232533830142830811337199464432459414582002041033647135727782702451562015019452871507794056264861505473119590214966582573484948908490152029143208236535399202469990278185701002223403667136638456835211213345970318859335787804484007541222194200404583945309937392038345784627862740544816664951977111142035350041810205551607012948405908114571344838757096804966866203246459547947173878211440277545174142732345087354546060153605325144614982797900207887394432022889064054386178799841415943028430648141917778630247254041730111061128040139402676123202268289120182394543504120476536842940930236074634377595954306207167785199417272079866850916266937729042383606488236133536298417073183142452667634769165565940576493843877767245912342773 50

6521966509351443884953820409403776963737203655096643161208664065486
6563107743647348855083152967191515887570154903300450353377296030988
1096702088290348633600900649016688902254560112362658012005411787844
2962287003985718669586251299188893298912822261905799945736253970766
4910578359085822946984692353874168237429020614421773922893882383844
4750910393083814264358001206529127122733772797402596792941971478477
0986863881017555046001491094816801047579626888126288303684648869233
2607987731076141865965712624020673369798536497170292984015152092522
6420316539124695424858300047675389525645545811946747824704947118566
9992031348166167462701733306748356502133704317387322979266500019199
2698347273656895975019533001645690557832296648883843254575830229244
9346637181826666781246559514112090595471542961042105914827769494855
4110326788030298249366563459459723104590598962191576369692368832499
2357076170559010147981661662924321296405083291692092476227599810099
3660407086775540647338197286998212686946931858514657355105358144599
9883853795254184194551313296775473857394516024915985627743925674022
2747709239866077317008172392000086395705435954636019993118374280133
5002159153906197084174091077424806375589616668810893183977771094577
7069948857120001455165454199466001267605110036683850459532902242955
4514279238826709725962434722590128816093142754927153935545420931099
1685770092801949888763262868248487923236622875990715276939929336855
3771911677126330907719038023037230776556782302207785653717134308777
9516291204251592892657914624632654009015818186450313277495815898899
6712842564970882435564661182746536847078507080166942248039707259611
9433946906283804511994079500282592908481066990473730768989988918477
1709577441774044411650415697113960816460013808023308996176809810888
3845653755840410126002043280527670624489934626523106860966993076711
9196734924880495376008060660573026480752562380737941829078712316788
3721043743119673488706382503794176712389060600795885911362868988655
9575806242103157718465235356133963002345875484090823926532835903411
1539635236051649875616898206854308955777781910941974985897913141388
6270013276902646940009743463828583401836195308531796707734536816144
0610278436163018841016128933553816957281791697084540703669198861022
2471436033117813022082607385874003587427057190622229285478902228955
9340499210426475197290706972918267128583409984056967394858685915111
2189322711345598842033286080396264187502459398797198884332098874499
3543908826637279291925634337764091215263430580261932898303499979900
2807542529142549486002788210295794805135759164477481144214739799366
5063552370108140341653412617824183038128306046917250143056960444666
8425479104395550078626581532698824530668369125893062407616165669166
2197463505496654206527927986146297734010972884068734339445299460166
8956224086811635341656430810416102527618492293270960903044468576466
4314142201903287284888438920164702016192684709203096576559679608766
5701263613078012105449039907023178397228647271067992944524721262988
6344344878731263152600701213394635143254823604560052162760718849422
2116129638647845259183614719515148115668420736409419410833404482611
5212107368310473170541644629313353637944168400949415039584309992822
2641871430715232178647196542541362703407338989485203300070973457977
7393596242860603684558368907249313678171188847359451414626940819855
4278311666791979290704806176858874921231817566115503580805267057388
5558363541542855838660731960003715918278813081520623890678039069311
9208386777166775436712249731275996534603022569201641184840194098455
7145293479512769327435283134216026646184911045714536922766520906377
9332303132923483329276019460017316971049271270418209447886631271722
6656483558611371705999696195442690388180223674520319693409925524533
3460173155371586033293934509119661370961349523144114618988622308177
5212305973302175164779801436736697799044642912515694660087077591044

5729318571067125409239600776669395224187677992561034412390214589505
5056182830584970207060784201548063732128517327275297248150016621166
837296552388010012457148410716445827998345944100984828415328626727
589433549461500196876115367892762029974081912426776376227628387387
298799299774907451257865261559319634580005411046354850535992505223
142231159860657782881261287098270870186184364993140692313657104034
792287492342410868139607304633340424512944548716526183149971976407
743924221508248874921544281612968330295798910403266953671050063750
476749847106262246527934980950710535685017013024388266553591542362
015824133414350650247549532411438285857297660715088135703973894167
054454535601998966063666319786910058106368525639276421850588199301
314358165250199939326054757205319781555135618734200669485025185194
292358554736747885108211396042601207700697392122258755094976976440
836793020687082025906788052406675671398803382773132522190161620877
507058781037513425288250793094562292807158298971156198266744922375
770680926804957119580293637580253717267079219373451228745830382148
951016202281745024486751885487384199237612739085030674237842826380
815759657891924264098717274045973940926027440447784261539817840530
041468362631601844525604424909238527837846347285546502366639505281
219763255182215184336214247487908312606536255835803225317335955814
222311728322406325693122078648216631641329756327970713760029576218
437378183718341307982953047572632183794691496789228129437687162693
079030598465898945724062228518105869738018247295457109089821871769
750514785467546052594692869761724353043855883190888020077891780606
486355148656482989246712092824962857657515782918942062656557930465
126871750371905767479542415479227976241597980117327709134538211323
392997111653729654316331400901229253547341414725770122315201311707
122504621997745316356788768464659577361680734557772369302145194871
491820337298950975012812295514304713867808573107588757477606540460
497181746441021903419654569912313101214506034689400051526701207390
362376659174624722777444025395530712369630706973005279584000996422
783465267549297379633377230318150277729892538411462527097053961114
784119033993887485375121545168531346616329653082456290845187097409
714728164944714841814464857488053136399932901353355514233603875269
565456457279815097084432655290415262393431309520647085595331288086
137477077175791856838401030473304337189407809082302871464768023705
011830268077403210666601712770753319195365202640302389002630777268
220891196402099101476752144976111029718754020290491744941298591721
479014235277211225465985814600697205437122231168773005687179940830
081585363351860309962800311649864590319394795439823403147339512942
270361857916637874105278068972142775764125264084229245037580632279
190973785221582775080503003679094195681717366839715001842381694916
592547688836877310991425230925439917475481554221832067888907321478
358870791939878308788820558677593246698760602283734344592239306516
005285674278422438865350275495543351534875033996859717751042714148
993154953806162860775855027687329634844915643269852749792044260575
296417516334738440486713858289008900152810635407441901741706541343
570384204362642304289486842993656857665324790854063751738366086844
242826451754837952845154748793750475502526511255415907663562583964
254450417235037532745157650012991813473361202228480172602662506112
753003339319081856087810541768727389281317106611002049260506406729
571644116290546447574888724280538920095285194518709076461710880939
562456225496217346396303823171318045950136471088025283006118832760
913982650912317401523404387997194096117135630149740253617820231875
320094974852670943258934502743423253721844588235781177800764715680
462767348005817690977375366671633928205675654946935082425907566031
501869075602672713665463965475734602822183416378782156932459098778

404150854301844973502259213532609329592652757543233767246625876415
213420932500880326375668260111700987810929961966053109748112105827
997235238486960278114842913321668694476393533058965772336994674324
878202548005179315597900823586039653649281639408651266602924950798
332421217738324594627788393013157865568093488905197706293002229146
281930775749521474678141135558845374315086860947680878104834320345
179863294972605389407005622284929211241294093831013679646235513119
460523210723592895648052413876766937188612335897481649614884875772
245465354400700456955029695054751175769189844516393204348982133221
889955117777580732016664169023701086084799686087586601224795843388
239218070526165535480235826757864969866327007594108845676125478180
171337572894105691685300367828713780861678438910123101743580863546
822295956888488639290348828248186479720816718816370667135084267967
074299056085040289239760677252442323848426382065830435368117928397
735061207971093075041188145752904354219579868819885486126992945412
842302852981967614685160616044283558894343013137617191461573471891
805754212690511015602677202406119579101132797449215938088821322789
064311242106392776673305905547715203079515317966732439192071033096
318099468936119568373326775258605467104636124315528950865404618112
421465120725643415896123485889496984439890410283247945196356803461
459930863207156977310972430227120151536385589184253388470959897718
270845274856668167742369481481372503211994742844222187970514980496
216341264832226717428377255397346763920415334546610930432648982848
098536627701607474776801824449251987038907861529017108698310737482
267660091826952686401716029511511746470119544371520203443681627410
340485186250036651476430281180914778965055745818887352739647028650
993667928638631775811537705039973166523683379205178273638792397743
063208051568871252121592031171716674591037384901859959683252722312
442629720906085097698474903380776843988128831381696828310093218802
057077700339933305807600885317251246596920594740868561822715139194
533522001385046845593878441522235963805543666781139163665825908318
455381629361940563955576947620037594173968216601124776604819020167
858663627229226375209044390269460608083364752569698836922780647259
087871953711047883979745420859642582011289323748129193279696792774
316155504203880209260052753869277584539559538135268202166578890114
248508271382092786721858460009385637248933481283056036489545938616
153372367618263106598624320184406284836440298607355469592429899553
369851389248896960177204953314727555164292464951203571613124058047
813499246594287445601046212794832429949742379794094059382477597438
995176272661845129121058128042840340260279492812011508021919743823
728175153436950763763889664807762891354605370876429719094150254282
706090258729811332378512243006329541870698236209150294027706920739
169454090334826155373156337155232855199877280965119920690592796867
816167629738639126024725244647438720052236596716056885166678625642
015788790068742026756644327513503173044961569743694511883068795992
226597382795957583977197153906219040032711938145268107527528729754
740101832396518451399959842541814719344924290267861626276209791099
370977101814691224810865857187666075034994834964638904039480535372
245294342210673541716899226322856693320178317985853141006115323256
155981500000863131786301768469295376791740199987179866351910945818
913102361931991102694141758487337175011330663346542122342673770493
650816076281002853147482005131790537380006566376922615651531100030
519849547818776366602022057972873945338152707372027732314083221270
278588855480958688900016540068621892214781755113665746784694755323
190580551683533138099759076022410375436347896228177584172732943649
887568156495677644036771355095056308747613520288046177726896605464
072663009855568683335766305281480982035892833700164132557937794580

011948967603467053015594260622626089103388188994423821677348032869
110240258878566552130285760860716480585460304233478685294596939023
340475302043550471725831370701412886200796799066738253130116139413
003320295451905921940254020106565924109072808392699799539263467526
018178669677529478780325955745745446468269376409246227155085888210
378132246086848766347264055401234933322893726523488177698791941327
436159286675200549284311835558252203290992414318834135567460903781
491551306517605142650528990319717150290610503120711619243010278933
895237686139253711541465094306987785302695352832190645653248456278
113883029314010146741906924496110756996311127617536622715475443365
636215551367975990405233846673503028522115735084844722640105125628
467305028374813083221192694228700313723148721850070271166472416117
352088562301640569898849131642661441622536383327061566185118685454
793836838545846306928249963895796269094245712703788387412783998176
369774766174715248808285952530824492069672891098016842492628203776
433674698379212342152220725842755303947933150366216986445554053087
779995013780827011327272058376746230039695529828184563920645401910
038836532857507029708825403972276622084831844508334249878581415106
119006486845910332822238291026402377498472391039746913093937727316
601802795646800756428462093028503923786952914906466040378953274889
069888236403344123620438397922659517382563351588808275175980783142
336614409327975115106001296082848781746942048283422939426112803939
248615559282044704421998846020605557748226729009296537607769534190
962067683647936612432840347677220471955078037408289990795475514116
919320704079582393119708806934952018042755876285799883127284893356
489380473305319457727914400790560140541718856304915360618849460164
541961705309562336750757106923040079237107741110726335316676211425
361873045039604195393138620238137019190762502265345669452215892573
612991322399384820608151862990296559520923348054735330869036728951
264019286313067837414454243096867744510732173169111948074521237618
869983887107807134135733703924657480354463608742223227197919201336
395175302251201514108335872902055916021015175811432990227059395439
635133935813509492865839458758987784306962312685814068610830679536
054808171452149546697461449102744180148269847409747302880273670341
712832753311613411531904962957296479914880522026438218084403278188
722949627002383560694986562208174627048757528875683283345558356904
655947767801773145531363791889722822674859408546972159244596244213
935294411987284846624620420870098658767599651856009277539317154466
008365444754141491708883175041625651248513935344147615022498446773
052592558641395372958518304671352251202698858919690331114958509710
156352615479256579011483274330055067435897081867491302901560948677
239549727310044366501270514395355007125391546813764768779157499068
232686072380246630484114076955990848493574593089690724738725620959
915729561285007773619283634373624061452352114032588515162096563586
885784712316875446664666695954633250804137882343069134697614252759
144113529416523738992974933601720926064426926587285548880548862327
203655281109824005845654202048008533488411600186984252929262957792
200459613735856858181148935802033724474280972884777464150430956871
657943139596240751904133467690816654428041598740346007131200847219
703809401585504509817296508121827576876205942958077197498261446472
786521741325615911922612501532989781207804435759243374818699212049
381852779096694658541776867131140516279084174675556840328480093400
886837561305790769468106445203547318723582090280250889951304499548
120160442564035768904563450005912180087592014775602521521223611540
018396179372721563651973686580946671061361157228584858408133933168
139283709135653613663955606552089395188321280291747719405946941795
320662808350510584908029538231688868761911981902946610982539140304

0708125747318969548560940446833552203565389819389759723702709249221
1425868886512953286422538494445026120429159161763574732094329676633
385476489698770154632248566477117392320638540963846724169845049716
716201414890231336830696420805624421691863824115733243668993617877
667129134921846317486641156360148557686802839242109763875567071650
648504065769413710227668864725493007808563855861830812802444942955
266973749734491265911963780607188695374050623794847393121163357140
462214746157348772424068518127422642418942547867194618931905482416
472136978632202415198057119159773782591454162982320853541352579094
640266362724178942933233503200175739070001048454710379385688134561
624620346987047669336150900112826308000748970787217083211823607143
251852319771965494241941292276584951862678599393146840122556189413
172468361134735295396177437812480687900581524715843961401159018570
244431121858964039343939662083184997114491778735796081157970564645
509177640644362730459212061324086439750670883792136704695560751251
688009296631957969810352936763239529654352294382918180857652118308
698057860870963508601205471178016142267523209585373731011414846626
898614755060337149752261006115862081993130736658373067085868377270
017069876777845811897300683449230641262369730066566623350561466044
254769753581048889642028053488690296080889238850996581196475122224
827359033882551709405144913623817455743944703515563996942479116603
997311904185163533843056535217108408843219160476974649262030135168
970275205167749994428712933595987081190474922742864668748652182123
978580157804763868561335351889117905948410133012474363010086343252
832831058172859020580462937055335809594153360886282653354369383117
571407575983096574393897865432542123040052538717507727153543370780
465964934467388286847593304642082382867571740857578219416944002133
278298406926460384634707168479413966509703071122354467002364887625
095324587565602702691818401563071737859931901652213951037552087294
666546693563363163156663020126896917750849673587662021129664195957
744973780077529027260413438465027053632009259895515166381913359104
182380017585604753341231403589115831953273805126046662159209552322
880366564997942645583542677982189605388707577818587708433695575543
176436374129422827474262546038151725008267793466296123717650658766
933135270396165934791044239779540204064656174241614060235583246255
728811512178821658573437373163992571472349501507175207865670121112
477877405665697550556033937596506579087445543727904434355689444742
717228286863492050047516229266682209753396905219678079040863454461
182486180990725282573618654836050297822222921548457126273571736423
202249472976446227085215452552578849408326614125004589783199952788
905666460595692909719800935303424001694321828097454662244389500725
595163324423565700935601639571302521901084355436276467844321270949
223197651622593700111120814194892401236112228190144455813072158574
057817421497091325662482735401569213716542161381260946505896818508
129625898758074283802352738075250654151246453170127187097421735064
947960227933660523696466051455670880543976806740471337115686470653
750104128665591406709720559971843743696259862761090256545538241396
250071234242113694698634462971050197228360981176390267128929181149
851860203710316316506201738495040555077700304940400247727753184486
515915231518901434172643779701630546833098816920249777571953187972
788541652056839767716641830645305119453528235016819093243474193245
664064580324481694676333048277663930380330295233679884724590660688
248574254887620556383751182843641523186310256782968480111642942443
802944071605340721140762877260890894077339886901289269557434751205
276479691188235688709124083836992143601470556180349943794595363178
358258166249956708245000475139556969862070962763903621647419094503
902111486033853109833277828764207318554566246963564061737524685164

626972521047672874689345755357891032934676179995664124157468678369
949083413313724187359370687880167264571716923684774324182359267633
293925340839934304992634690892421868436146495319926250055169711032
198656434846244562983147384979849665832685293998202705793249405953
374775141033297934044296338696203178992912122819637934045438449803
480787133148304987594398163936978874217942822662013849755790106535
477236459798130391999385146484391872559895051883577751271968679008
818808034969354702426946578109620141272840808441332170787622436033
862712745543013314487099362737455302063366438098007951374172083551
826560602432815794078337018648968015179783719867806132297426653331
782603228529985738036297049248654269251684482340254741217093949938
686335077396086940206029136693926360245805413550326471262353641082
770758723968431041809425244528666227759088309207603290319914872053
950585314315408385032122996526660617035024300835057717585138954341
528565190821644652078375127330834524621614298507753362389648569528
875572282051577045846477875835457950735054282289609475707508566961
469175248513457149791207869077669450514753503056303598247488667408
868198681250666544091483972679393499422305527961731434535731195196
944168908019994245788241125546910384277956163042623827434405081856
044480399024308910973050682063547857614436674151290581621146323590
683960789157239136258890762585004004595201309987413356695835307196
570868108602512878341085700985416400794571140940929211890658590299
408076592997107944823737684171340104260216600106601612704793570517
051800839394158002601039297450066752746346079762517439174307785075
801709053319518095934873596600317968683823001983248466450416365516
946180164327516552482445447445854886758918260011394814705832485814
108093512846513927859319545908857108940103269983889534607068012000
322322352783454180659510427031844034464851542448077052147777019884
203557026643374926256971184228011850521095004859217647962967811790
126015401344991485183112955346249379910362808759172779310892691004
600824478140825971873121161869725453625173068683268689915445202788
152656159179234807924498114746084896297478769250233974869453525194
763462985412909066981061760001845864959642555206387247739046306866
034265012716485197858104226100219542221285965562938299580645760717
061501888119179797139592431799114335935160476795988080728103868348
833026033486782803258925436391932548028003732016904598033722729165
326792092594680773886858410430774494877792987583353921412700158136
961273078972537891285465804569994131901599342607243963002207494820
094809271472596699252587340102759216758383353698482825914437472071
460291193877276161580512633073861347143346212541876376924099839298
408539162475755528471650982327743689480509132603261889177282869955
646178539356090006956301890068623766744309495875103773433290353261
768200330649082709383462493709474619028538292969458149869045076060
372652522846936078318086286970741229738431140470788445647770265422
455020499044434417581191186666168573825406650635562940150805748274
923709092540022193399716553043380062836076467645915728621607467435
635162001307315913886106138660279350512819595990284256753175968021
768086975187551277333782425558721917350380551574849493131825929691
667100638110572178312352870471848194540769313254950924991445864516
358119860243637537360776092688767850730949885924023343036281644126
541654266307339884502582219648870987576927233692968774521888128107
606872214551910241156052469839531524288834583733464676765920086438
037306108665825493388429889043024894223463098665790162943957480540
430932208603020583691757382180065237252010702089695593615915399878
699999724225126396959064045149571430034828931537506887945207514135
085839404607905607324031770704861959058858134346433556214251696161
219290869693300762747256160557799923438893282192941459089629025757

0397416369164904015373597157382585779530471895532658463838490758 15
8232556122748800599455420286188904963858514086109672467080423430 39
0466171930552510062013459708761421447370863890141905852468672442 44
1551549512054863881638769971750940674185807077019501875380076584 56
7587473642070581419972753223857360533124994812380709939325446135 19
6945607259073494496422835504440824900804551821041198802377113154 84
1407815334618336412690867228502099111101807112795781727153129164 16
4282615377716093063313244662670268643076675129319979087700727861 40
3102094883471651593348963870554173740676879109747443732536844934 38
0013569140763268554949157156150977381427728289329922517280570703 80
9583351473167532510952531858403148316507988716052721941744803778 80
7917042939858557863228826473732139434893513554404600586070775261 88
6033131545006837369551203255267685722414582797267147522538702492 82
7307797907013332611667020676002127811159465421390009719844100667 07
6221577877098649476053527203964736624022213086320618971829440956 33
5442056652936864870600569911234975516839090303857034500930338474 57
4815541441387983627626130188689758343382737118841438977291512277 47
6106794721195864427694960555747633413054830654600346756507346429 00
4527478493241736740166075241274490240265625274400247432135408972 56
3570044299279770053913014579681764333920035638312830263806378779 16
1187599394162578878862805133542126749586265358935620959593256513 36
1881069228217317565472407885835514633105410650046066630218108871 18
8453249014424392405265625915030559071463653830111453585355750572 74
2611023922947102596663869032271283713988257812657486263615837542 82
9447712286872011195984161256002837815382441901220520940937595899 05
7420434503380152148132276526054250784909664501058613100690740333 03
9542772630188136748753392786588314226249419854912303615039789639 40
9898781168638730116337246248086752500385854842841389665136015046 17
5730816750319264648789045947736904121618085377638005905459017875 42
5773939256457521115250930736922429534179667735381011406365373381 92
4034534843522142308030516699706286236613437255459088909419726114 20
3772326378508396527731614052927995210133229502752480397178667292 66
1403279521083262318618615345673982398839453406433230893468806737 50
6887102316938625381173406715332184897199429241644748204228929892 41
6544706229317349564830031283518130971833677240577077288481309842 06
9348534171719963673716527002868122008738751906082511697286363929 95
0605258161411542534628616869755600701323615613407107111512608528 40
5122283352929987375176474130432578416791540877029609789091647827 94
9589889627026422842677360671500956483336322805134718808975883322 58
9682369080785910889605272562671735749541246112194571263853207292 81
2403279047611745510722628214160948018607575012498463747660782626 72
1321545977926092852690135656776077258241190242437843327564537510 95
9011409716816237531001526438883256232539045444515552195923459451 140
3274869437716893727187170118787284774917553449637125505670252178 45
7622594121783358873263335009105540999526374344440206888583560143 82
5175328433308678495740921180909060230654128701163186352674066903 19
6165644883614569090588132211741573715491706752010651912873509783 01
8616784948170195175075595901742254717533690604314234151188497371 13
0994439620448970131249413963052372843144951988354773758016875053 34
3595888206682582941201597408387042743299743528918109605958364378 20
4883642085446322649307041812134036729647872138119371340495439884 85
6361096958201844945833593752356109347986601742272225442598493142 24
1263859460630074985059296710884102695206227555579279739665191152 90
4972495403649613540926807849332214926818519958015054459375348120 91
2316769525132495959694072727436009705685197513234325131609592712 71
8573076895856152079903342587606799082468290682313641032574921622 27
3302850970130134924750653555612481616818703556416375135049991064 27

0675946522960587119171459072053223509737993093194458263368890731 19
5401780247833521959238961382174217903373573622426287203340153153 47
7455625851198646941759717418110848200108848626210274150891382573 77
0561894485188205079810976842718512468303141359963897678723579675 38
6021401980606141272205676130042896619659763109784193592179866408 33
1571246801178377337244960772012363018026673144865379429649891590 73
3167107008846672093687060362590037668504778139670390422056470760 42
4570213454366455115498570926244974416804854804184404580094526528 57
5938764868178147949968269910134695966087500952787855698634851065 12
0134201897635791188976988900784297334961759494823552599655230206 53
7358476125698023448009344383094355860669294956790321481102603711 72
5157722417261104632428263883435728000160092027747960798129726468 67
0413629320415876505903952329401283934573914827743386439283001781 02
1845370658767040041223143503784338474569225745439436154989584311 47
2150793288311917175287353461494842516685808302126271370966823024 32
5417594712773653453953688536679125151737896165944021102133838299 07
8454193586133666956729641731924377988671324506343601300742951762 57
2164728964818728370824834221436357799647307808886239827308317562 246
6015625966907800846051865590745562874802873840887721965978583940 93
5501895116360925827788354947897706685594827840678059035176067895 22
6455364170630078349531339743479718312960350837810276194194075712 27
1231165865478760872770678693946611273397157212599569501715217445 73
1261160476354580628175543610503088003188622647630852619408961115 43
7312420162716734916544222316205859959479752848651141162797837794 29
3422203388370257671017373226714747381980587401219914237649806431 68
6593272058155449919623536400056853448616974545284284803786726582 45
0003358194744907006766933398075419740225296768036689926379201428 61
3650596892517954494915408713463748113197763685858783922973573564 47
8783958770911540362653183992892468446754424805595036462331698905 87
2334268369210028255685939200239952445228982401679292120176780508 78
8070028124996910954790835194922438429982698719690296818845244466 51
7212191290714716676193543084701997636932356385024195765957814490 64
5998205799318213368616858568059491576496338605052044521983604450 60
8933173189737772224670818684373054315922671926414665453433988459 54
7852820299248921928384784137396733190150699442473271113324826881 04
1789926904008091421774458440266681161379838742208351789669344513 81
0490131979918244053414572655199381686717410832895397332087306518 98
8369267457237686857937611044739059300069789577503822647027424606 31
3978490557111980908392390366952116362564101153346242001225393016 09
9338992069349239049477397316879620725111417576818258388702960835 62
6786636160024027186804229238395064521822622793597804834976279884 91
2800030985820867984874323533797545580975545015052712318115828407 91
7459739251648610266336358857794962557594151986949955646144142378 00
5222423739833768581047863198400540622503780623163098461178667794 04
2059525307560667531128136777294033965829369604507753761415637950 49
3250196015470228071767007031037503533131478581500963603077013478 85
2787251290459448312734824685942714029303174938200108521714819633 75
1112719741464911105696272873614913246205142492982524951750235968 23
3779715934914912242563490725821251443067157182155962964374621719 97
7125093568274890088929740479628384146876844327769549709046104306 94
9353841893895280053853041793189771774334181899129386554803594047 75
9567302183578365070941847250602402633529604063693827461903176923 26
8075262012762763417411818210666481787108273614973791821593025420 55
2443478495519659426602138727855128805751662415272427163863423676 47
2204283311018051259838496770307924794348026528140038523554380875 05
2255502227177283375878967787900539759991166107991605857481295238 54
5037545808421010609227498998664139701805574179810876718571680820 48

754081271349353113642006501281527975698259447936802032096492259805
214147249849626732952129570324603621182583447125834088575204357242
906018076703479841082479434200624726643686634076325711541586009396
560030220703842067092656802524343777046833490289311196490569672891
785552469746093809936564363238287736970222816387225943870903589168
502353884900168619589830471205576749524748789783404032811060769671
215723981284279859938833304628905203107593227541801524803635159261
512292268477750064357031197158089588342725506682387478907311620830
213736067728494035395682778109057201953952909149530156781169203428
787307240511387080777073007607281494199515842115705497432355826173
904590060031235476344722678208293878949672382732189598577876686315
657140734913584679133308915241276322105830109449142717636522226277
213779502527996747060465789146047206804918359330205999834996693096
821969845847490656633341043149512562459760800377658916537508069334
687611742884646827960548872431063275504354797566456581740641254904
555171799840343268595979836235004980315726592138952998489773250865
936434807370256993939951803888896219655906855662761883561052141784
297264375870037418435819491135484993931201722831728534263093985363
684696181010717095603239027589822850434071258088091459519732862600
553651238205162114785607306122532675104605884930503952409319713662
670330970331026205564073689291189342011645141826348133292487969813
310388174047908802280378945600619441218882681379891476861906602967
979062552836887871910637641204818594628312878213514671839113797057
276992366586571425661507296088895996870172270946632373526456829038
244005695196399030391492556977628246558557050304649717537398002963
696978676871955832772810182026046730310927247840823424243111262533
147887713186767075520332399930854492585093070154158028910364327252
172031163371328107972944231466763266839435322128994299210919369070
926992685143891556724594729676085609371690042868216977060566661095
538995523997849175223916698884238285576944549512113576668579074284
983175023497096670677678124586123061777972634014581026274048295422
897384861339329688119080106661525075203786936014539417772031218165
946258170696257519634072194544639867263710556863483527135697371905
779684389507752429480188317816497833047316017713812240882228984639
947266096966653075692214997372644770529270147223743744863351338994
928367526111859777956314339450761009655371809603257955072272491848
768041681065329774827440174160603629003594376556872810687377444610
094422950833121089826472862641190403983574426886481812663380009175
971227925691695599619542968230100628102523497608766442655474939140
507776092794447919302748674652973989859594299918257432518314044570
387551600597885882909644385234675297495384552513956240146183018111
212823187502678957898549012733553097397071154600644657038144093553
627385445368618652369698702639276459517392904820283747413092219552
807293018524092139398554762634651737607797379024051839893732985482
091897452126037893038487161939671006955595477846791520126689670885
888164957424285750669429007212201065937447961978790046394326131842
462798565837919057886174317949574053288872007750802600370076780831
751921994834225365246642396446312332633201210322184951932361931341
874955252793870954066921723667743568471662400317236573866022576253
312713454199022142457293943395533310145315281562872843423032458605
047564960095005995695627219263059936222870376847626030556562128010
751285008835864671201684305815249324264832767987814893587562635356
377486205399493405272279120129365465900023787384416938155084231939
701877489422075708378935000790005957446930869492081323836199051638
499131217287540754057038743108205576988803640956397280379142215468
712820678496046911831428971146446655555900660649131391658590556697
461733364367939316110630435351694752466322405335373214659001570835

233109026733489154709158468690865781199606605360087836748877247228
873119950789052518378162015950837911076262245111319892099477340902
116930096439376438652079910950722685230623494487440613898052368059
034543564354578183136137376233115025730740454270630450896265316029
219002639411191291548778442535362866026860399848238231676947240267
079519536594513421927032706780587613615475376815667919703323082590
654139512171544388154082708765323591140931275137746383078690823170
710854343186471257338202930691052627029987107524160507149768390020
040432008163045600624239285668379478004033380042857899108152890233
629519407830139627717826606500455255292862190622531004167129918352
359797401011946877595176622507252173911650938062637808191539514264
650931356658462380026028794698905070604032707197905648677646017343
954343333098717940514666366882436614735485462766919179469237566647
040925866565191133276667139649515482714301769101077874149484271597
358163353096594710269455103031593873791950822804101713906290485565
114924609394813532738576359941691787695561604104994668991089520243
067478573479366421131373370699152544901437477126293788012276568561
112701491425115040910800381103520770157071853424724960433112418179
976862462630625365833015231945045884558548911257230831892150169622
446869249884145460702408798920541501491680124084271727255081169452
449120876895309622779554184683634444201817437619493823912662358781
861314147731407684591061384509143493649354641047219164574880993919
264645468354213959119977127806698768053105760469287791246079948351
224023001544129374521910974370246741893583002935497577387027508269
559446611936606783774698146409983663816239991832646970425967964450
687246071351805145427493445791096406285794158135795777436151174597
640879292325861826236867078910839744356881126223161852705768647222
667461845517480634905533689549184790297693657222077813748874957146
133152705601168549639299428825847191429732984298307921813609846775
382642689996329675608681305765181956496690965397741225052476706272
818973005064652321424273657896516495026865834223857779356516906936
054548971990988594310338402150978591637142166756464865601001127895
519395068926533408538571957151462857604182988423435534025503270661
511328866857260328951250134295432054117569528851446179590123883560
305904986842178798308685257067780717426099997389754639534449452463
761205721177238473128000688319825673332502190814942079672480226472
619134199780408051017423350927448457104906700026006758761688981251
183649762823804931847682786459880329458651414442948885069616240291
051577710456971849836954269531055512533840399004920120123573032836
116659116645309146073306505685510623357926563348375000497180574162
148060993804176795527103173921525516463748061008431777231271367331
791229637376670002188235887162755033554731060287893911150680760814
652931367979571619845106183341010182297303903148760264605310430876
337560658665877069074002787433069366621123140420131540675441371562
281899036055550768757604185283271706806620937213508105385389758898
197190176879920705024097140984150247205517137059494376767888008835
348929011528788437425218995409150946500494530623497473723800570481
116856202096277439934695004551060285385857494874769094689336861835
074212384891521677483036973540591076106923951808529287263573840722
118248090777666809680769243006769566790818806264987739161169189977
003207505757488226132127524024946748168795253277560132960456824256
638569877313359313442859172862485292881540372261706185500540921792
124155233792441939337423899155543684475480324377517757497286768652
535905477681219755829701279765779100708243762020705208241771047044
016031107609926838290052777256230380995582227229123565769727924023
670649722990645816038193822236021352889787541845430250046080763278
239722173889342587339610661567753315315556550536090034361880060996

347423218637269099807249409728684741162834293835751366890015603265
732368192491410334894243351742781902176186576921116577970704707405
209061770941832613142810322996423319876004876436569089247787563236
333158242066851799433103561245931218977070115648708469302134655597
450623934438985247614674099630168460326570907806107766959537307458
761401481558446587597696684383022503776694554639384806364213819826
838621186936868097001786527368514783451381733976471835635160723462
110355128508625785907256878698541658781190305106122470044066787481
983856304133488514601540777193386948610491311588604772286835691138
490469758829228852025749201990018469839972263174373036310793319478
297346979250460283610001404911733167045800582440048658019692087998
573181930808795097619823939271387674418668974820630996165704295351
243543222230389264239953524697280972748122682112600055927892655660
666047573823639892553179223192366847788836733970309823344632083394
815151261189572842189231058404066121521096948807710533939428461182
965070201431043729419253995142255465763053815547001051941215561983
401966720133760583826429275247652847706143533231497297276394057027
756828253231726033503701166775772334972962705427491262033600877243
238857072419342972509996211156007603729533547040229812852863418428
247988555351201995907822522647667654802526574942043745259733793841
249405656556508210190164219837378487844715749909476322627416187805
740440079678689060540547505013972374613771376192477641694005746613
592661348020313945918727310993094012458900607264587257622214798403
642197231157347149311573599934661828538077031994411739243825856821
787923211161583926871693029655915238727556523918933063006071424567
550583811780733522126315327887317560956432564970650619152328577689
943807822484438481556076734297963662795523327337310724842133180228
004611827694943058449948843694231174471509500984603918456394447931
058445513201298675607206304255785478145981675252873209404961483613
763644818953743261717829538025808079849788714647710949779797722008
176157538957506888814613038785458550181430251659534934056518145416
500030190775151439758397375701006189906046441734424632905013019345
638914265665387164558154752027504567287424347694802390294900742675
740249449749223795543561615088305311570895053169448365866373484285
420975871644767250355150349284774285415005051797560314167852279968
373494774563422579432055021956452587921874302286770210420782321050
079007069783687424066613347100557317558519014275014255310121733298
418380133684739755848901387202120106835429531522607705574271034591
002265044891190206787768287599888860359417003643561046896283650758
495940719467331045382697832219698648315853673143624468303103294479
343704666894407726260996029673839955695373836263406461742575222577
015230917605860826306294935143804173492942542920646484422473562563
529990020662112067973839661826357824702302967426416472305836457380
095357642972990248026573694444187297370241981803419495429524673640
117947034813509149208428461406232042030531723293868692690226631866
079392147531097879725040411092647935387988450296165452119132851530
868924792904898481518547685761624184494068362443676122378819206678
110361738120627029655192910394870710643216120418334248125597045498
050239688770520084382857704145051148145236045821969439633036020504
550223438710572435888494258805945794953464181493815600344973433293
209736135901053838640257227565299041425687342916602108187541473695
432248362718098727463365966288958604934921544664750843136048510367
961102610082382325668172042655110897149559191868200140630862553549
511395666358972856673508134343862895219010168830827301166888481014
904714584075301003145646509525866878878400409026273684378271248805
710840607466941085840483181169179329391239276397462816664580157974
684631917257794520666220648046258841427736179156809414826057230034

382785459519968872038304070945048347552163980963263868820434908913
445031799220553353296527123852656343102730788162687831849279036469
006131503550420747923635581952372281952834063802082706888817532853
619357102040885988994887052522928403470958956507901936747871279173
137784712946586310635733405695121376540817679546643116068623305728
133677724720479829997190367582489092089944656678063534380226115291
928317960945101950668840732917869017998835622049847270522517281104
924331950320055147722531212897466767487976088130969126705300523676
592895072520615749256950217613817565858622643117740073727821852683
971655090824566523465364922733355544880890180374758248951475087456
555140996088218839401670390462530999724698656462367366125819814710
870278036975810726005375983006133367859676625460046627532311831924
854175944488869856879798308274258976654914204258095869230082126537
104755177764107797933694933651224251007104277039694698974082195149
619561143308175433798434996554335179669566308483755925220713296718
975814964263934808185533421120725514086319929097268903289884186821
837603537293100368458995925233520718904917587369647731224473521172
912126625165309096216622055361085773498075066406478313429237194445
450817580626939868569901724510313388404581660652992319892254169164
305499306150657003822216182954916323359849906997492286089464320719
496210809475794218087876812752666745782406388310546489589721163189
565627349553714344927347619257801820951140973817370806934241601539
265296752174431370287143283063025802226475559324996586590636600280
220786610989441162720027265055736735763751016329139748510940037023
497783360624985836069097996811187188799177786468192178532759040474
228847055230185680525563000174623270616619636172684458763724637164
407041318459988944186765870636962892394641114551540992629111990549
267370694692881259616713917849436471923308504413924820437479800450
106692505278447018496387150835605499973405580434304954822518451462
023951322876951458591203116804381452223359788114636411121908318650
734628365254116729680573590479010975281533297174360124810128245003
760026923513864973985868109967665312440270077982597566383000093739
733570331670872858633111521545481623736984008172683399335184869952
666256171525739529579860169911811767884121196748950091175267338997
575622385770748724785716567236827087476273227894114360786188980413
895057542430740552413940036345374201799503942110683596888574400488
361920039554332380899627382096137351401230994612116380705367441090
420442095891142916195754434153063786309906566472504177313214103290
097971521817117606194907895439489418079867147669454023499871853192
779434925337403781122043783002511506315492496268716930736187628783
838639348021638948252561232947504362965633331619822627003116983652
399465263214810512847103459085339259924373662150802951165991091024
225276976295948165814977633251409874752160358152301494079899598446
933920706903383304049158865757774955694208902617954320490260055862
715801492034284540791024324473442164868539970068580151827973829994
543966758463534681905471371840324741048915805335161650205413653343
057126341766551920590379062712818272770667156522878529870286922037
495495312843265358767731273203921725401333403826109870033693511879
500290543204485735226607624095297116513881558004812605564741245950
649202132334669218420697221773851392484063946478671413399718389277
369677912716578308876302740277349418128206047053973033286287593720
055141048750997778356460631357002360003822675372279481887812876580
440700954242558613564932738995253294801807186257887780799160684179
238426262436721806655558586625215080816509350961884840102738870425
659822971664571350798413188005390378527498663223735868934103130770
724449176365869927009830695731853189365015398106840062658720461784
071068258835174703582997077355722434049561777532733994285647221119

868492155858099858962545325245225245198964892902580508162814714288
769809925113363567937592319336228136109630502465231115845833982740
282965239870205995770758759942002526883589779507442978189091223766
260696282429468494633128663545976028888417672071304500759649254689
716434312227229874096700108377244268112793395932954663705816005694
646487845799236277109595064706215833007327667615503516775065022207
265014583981751101725587005098667011508169513746055515841886861513
078274032211618842806234297627389028255591708466280266517535654509
964295574563448167201807212405683329158344480476018851729864886914
170613422495058586095659094542444105802291890022205119134147460455
831753050933646451146440583816135301216458470080953081972386273019
840942150176966122056783439285147331674153272668685076033561455221
873059179748805140715201040502464516417175269498957288623143614759
355056901231923721968902194713028498861498586152653593394047672351
161323994773871319885910171572700926740806343527002293075707002573
604592001074504662473671235408302571905661533495577653524262301913
209349452563894564495549238696640362517342134140939992142152922055
593723795058328293261545850833736727257740251262501001996926503420
728093005451772983150634908014257505657970127883993328675897860488
561021944742118193166344946065810046920034310977821260342211274289
279134029963523839913949837479987720945274337669138858105427821376
206215649192701336700704525538238565377376330027511189067788984062
224883492727120801582174421135528392381615217335542777805315929931
555045360980358303534507683980937255542202929146244965041460869237
362575196716744402508781600518729706077472908246624970938805606020
850128023845047310149235001431904435020759191706114366376865972992
371025170177284964393554453050060933980975272092394646810678022792
894565100683173422164595194981828154483768791051726473059671940516
032534077880300216709008352443517027433556924376657028907565471369
264981117198031278909098484168728505061841342992074778695527151454
176949185851944549500764408162359814938184238443247149531362966645
690315893506329858158317156890573673800450372360415757487956127862
447585196182614093228462108880762145772793036266792478292620800438
417437395742127717471630889622607389934217532286607256761842947619
701909542462612089210158236014617573225101084063991633543047788205
002425093552768866927020786677299714593971306269621345260783971928
724477943582348665004968709348012414922532326655423866268221227642
912493520001191462311697607825743516345532088322436196313568266689
949486405800646577501969485939705681550010624849377626852097648486
867612203571100489957966896403407639251923283688763400316106256193
370465297973684615527664120701520443435813751036389696212096560660
278511208768407324099221453857788863299700880944827991436518043943
964706805590040841970755779211109295256962590736177589788651815406
844692473350349110858003114840149523814295993631631177026708127566
624175189273044757035019537094044140937450948266913281289655866747
905550111045768111407108766799315307960916199936705125123226022965
898030280779936350193046430846181563068156632436409287316320656186
544595153717933923561741630145085841332216940449082747868006138846
536975072008770863512592986571993457795795327639825211281535153178
979148220931734424394476914404405833116819015016099329906502587819
241698064281463457955258729639277544665940640319233141521860060997
300510475749507184589685194993937189621622813646801915692731255950
671451633074324463395406341412606588416633712109057197093965260754
887679776094448890801053316502623229328458553699222639692849551623
648691111497578971653483122070661666454722656650394103665236097401
725874525751761362500429247477632685809695110384984137760207683682
549892430324451485852104278462153190331938563925716067237176467672

586123337706812529139636128733716843468418936271757884975427142101
436182594602014704228403891879393624624290161141170066243087947674
570838802262502503145389404861992463058375049229240659546101288630
688871883059538234071632839241603620752755736953947753033454001421
080853119337644319014852884770893097504895340564103151863666656116
689677791937991825899894553777072294114992929557790255733552743701
355352046615093198788073582111059073993236028611247680661363395792
401455488503083535456065652224706329165331169322927497859275183633
137694272168038769392886939241371919906459881732494503249025658187
258489910315052928111982072775491770540178522982728688676542940260
501495678428262935669038697972697545648771808091670660671147353770
042778731308958056337542357845834623520081723919355189525760943638
903349970596634915848385632490215636165298498510407624052052703865
708113901828625090440106592432437992286759630258961774912620286547
076160819547659530439988893947379264874289002524101278507069841502
002256029559008864038882623742029027509100807673202671610874213694
039996693996769484373482613888922799417753389060166342029908596684
646428566643237813285657159896212810754716336084537369273176881141
527031888375035789302513402558946472764173278971387492839428899920
869714387517716526802789605610254042730290616484146166397925285968
878993479965571579094773515671039498473808254114107008154004189359
024408319670007112556692617102824782589729787670392168514360816073
750761320700448559489962056656771717452152154203916826508733954131
707795007848568954121208481360641080321219470136523538673911890336
724182123707753789228155168617377181712963358868664886871151121091
591992844471264619638114716029223304107932796230393973761262613880
733784883218093112166251281144585421424157529311117507193185260849
680150517666032242827371868696127908931535465153246052458740453762
585761317859079655513988269204007880353981911483021595643220528525
408885047715065592820941273421906237590514708429781424899448257406
433155749819631583270724974381181457359478042998198286740184346680
261904945163137372856217386780933476306707393757304132961614736558
838913106243889576303094964772322184119063679201644864910917683873
414108777700091751591084263165189558299876220898226750775600143589
641941219880614564906835357721321107742483007677205056171954373783
869236831214778191209184204783505835497183359582807229850294194705
765221506927493556064016856641490364989009498196197570507469276485
990387837638454976282764693086141672083223239725447809492426454901
609501075613953691837849192184243676944610345952601512403984784608
337054536463746564882923071939930713272164532403939918456887011629
124364604969921718983080998629152664812671397119478057207222559473
482736140891692019452950257999341259989810345491730088327958625811
700505632977295329192639552242309825573380380499798606483084415766
692411926954476575252071332666255299488874349711414045051292866604
699961511009132025553683688016222506010503855502598639177070490469
256474498039722047091287382819366876839422664781349828509970765486
076230219034432229584211391014020056017239520941901106045409750534
321434202621831485369763009075093202535913559957209923230464805928
819167602193125371084903107030597283116920089143411665181389191585
771384976443563356350578377913537214333406496022909513995324667787
150303728743811422601673032274305023513544881143481351191988469142
084723347541428678361736457548460606422535013546211599510006613869
703676089600440951449401553611420807197782530114502928448050269912
185961814085614231229963617339111303399404668641431457037767832080
789171168966683849117289393073012854943240145809633924781751154305
874379308740192976068216799714494954426374500187647652530981435106
032550916788591813985500999589492729059259707253708396084654503553

3032795104613398082065922099069217165496826086833950252175662930707
7886745014181738225784646142616108020670429792805869797194369734788
2826432071315338065910748988489889952529771782901993754663223557944
2059330644712014617983147098463998094635518907093670722464261589644
3649501607033044870042632692611873345131274610694326615579120768544
2662925258873328749493407264382570882626693041066409556049017213599
5230596939450976748061261356599666661732780446385043578747878551422
4976855213088912544739092049281033248420262154077001788180790304444
6136987288692429247398707823588465180566430865278211038588344536955
8602988354449417687258666490116096329231660276907188710734449851422
6426082027338293635465852929030299216162544910225246765147252908455
1754021584724938014754921299835298986961475801051105483419910572888
6331395448842275731482107155200005687549079139631676594245542210466
5243439060597746922337971847170553997115181241833634383033607900444
5029192349132224263873718663800767127564778280111326545438004963433
5513298086434743457483163332590961805662363551188113632702238958611
2713197238627025169670029152372092750359382595876168078073800775444
0237001148192997679634015583658177675686016782770611335442200951155
6919324944798292578745847090670948918255184864675824713338492884533
0956791807840397145068260284543690719708126875307449702367554215411
6511363175038678218797251372503676626024294548665799795299965130322
4039522303861874383292229465982078506525083850345275166868066934766
4411590335756089818166818600619455853728523208556785538358447157822
1905892165193051812579106036397542870722524778778912988767133222955
6078404867974059009690314661529313142838332628235816895099357938766
3276889187520762278264119229715602958210286911474861194230723589922
1859429057620574781541328461687402411796797980540514691908744390866
4536825211295040399556419381930125965613078603699940992844729269322
2340118078844957893946738133306258963934055772921628498844376226666
0864935044700615523848857201140909782761402566771481554114444547800
8187470226628322349182349146442216230547005637626690056082550522066
6218127785155638621543268618492560439309770217347460612485195355588
1074442918376826947923861844518690301922172039282885740557783242366
6538193575748657147112611364747428424849838719511558448784442783333
6333000107711879550751993612078149282017871428088959836135123746466
4934020074562397450079794419405270429760767913429814562635015840277
0223813110651776417884216378441335140191505499160612019692664751800
6475723554759968830117254622386766149662048748260592773869790565355
9399705912750369323334204121954625727506061139508093393404760428155
6795263986599361454661669995012322917859870190818974924135018913911
4368459659454160848210123459309086028618931733361083631648587802755
2251728368396440348311859417620606636892368533669540131805845184222
5097463962176583313305347100624398599918179834404750949579341030677
0100528738594843353755664692465181071470782182872544621333781589311
9031428731800230111807758826688360194503113254055284447632104473688
0500684112866763953911704263276765552111801314882511451801065977444
6614857741667503716046107830904834344638366165893467444173973157000
3322924437476898302714277981408150840341696534342813565290605156100
0387247467524197249147288519518761776039906319181549359691425738299
3023805991742601501980460728074258880090578064214706785683657856566
3382397292461420102961461526176145193647550312414097477354292380599
3945381015393990220570508955447700989193267451368683814070858038466
1698277993441723181558020177643598110095562890492277270752651578244
2228354931638619606846435239720067814862888451687802295296764351499
5738292133569873122423302103314197779216290020244180209215625169600
6475049347631131440438569908053505854521405084255763455184727503577
8040594965741250151757145858730454466981193724349461885730284973566

006911782835641731623605076163791721258082496312759538189412034897
575233689748497197636350437620548135430682861191415259461455334525
570157035441735277310737083871112316497852841971475018468109174742
473758788227583387233545270090545227461330710911409615151054200398
718518731847880489126923207619130209809973078715604792225958398667
392062340184779690099386022186465940345377822601440065830490643893
965389712215079446408345218383213779107041014775796634782388744903
793302282823992375452236041880340947595909383710272661372000195110
454109616038270816408444479517122082044121588031831942382957743135
867534651686334730122674390415827816096757655171199165916263759273
367987785924112544601259922486666798121804189127793751363243857991
967757749657809098739748903448698503870821152072944093535461055814
421911472637335210298245402464829202997041096233963265921596553375
924609184005719436798858434670409813860875948603002141611918447853
024220020814115662616033225645371372274427616972053633976238238706
789316789391317333425337814007845796795004107119002580391396821294
845024502016089153442950827265810833625023181398117181302566483503
683526703813715290868565446515227647612539239801622847981028730229
917429632392114035834104917568016831142748103812234226602955434916
247476765977115678686657076425488306499793759579468123814507054959
964893286570014994207341245719371853408617364756667621993990345132
747976409547030740063235301602731902150960353190188523012981552802
175030848172139353077087351218166187396891806244744726040608419957
022232713089912007478836357317216269841017368239715268326289037615
958457306023405848549468261901914344716761828509774439440921409121
819495047098538360677664369891759817970112833851092541921263426137
177798500301150696281357062876395879396564240289061419718685688914
113219445573181807401656398379406159438145243019335211733487906961
635957605328218940800767526724825452117281821365190075143963366939
229422445936953290374858382350639604141593736580514932504553867428
205080287305813872265636578081615795101819345154688210554032563590
1383756665525573656963280836454519734406382880385938036774889070217
404891559632079613896204958471806058870452653783733695016299004410
759614369919066219530612683535480079808893045051707280136028278839
993240132152702177519965826344721498278581118708179340778165530041
261077192516363364757349042841565113930715361768359757936904324950
863919985422590444032600589895268775911044058331652012118723242569
991965958292084900801763209343637445460948985158389401143942012528
918399957580504378509056916276563165853728156621178325389510944729
343852546752660292368951779504524644627877461678848851975645841001
356413207968542162237923653828845775665447716783392393968938014977
362591814546254768895510837923257874360286754369824777421002244047
514905638707707735070623394577867154760356556948042851234711073087
489045140508905373427881128296729938226295111977598389171515566691
675963475302832043474347890799357278875412776304177475284349186950
862261319870314077329119601643715507158027775848318934760190233298
468624098975671023825244645110520194632946940176757237611026835411
827201713721112909598874389350856202327175305267615690337856821967
609188970161629576984270107689449523859761900020852461106605928326
922658772709634487041884234296507171246462069850222474436447591713
659154942539683077234213066956559687732882509763241442792152651494
992658849239427122449719255277067603370642097068813927556166331074
682218463222697712149034469557369195488313207699692733017288256352
563173015447115351956544466353663501839947597002376729789088261735
647838361134476779152633056437848808476274866191496865657474101129
071301068348802024520997913822931215745800762927194602304384009814
283235564123838720289427359741344005504555289129134434968251481754

3673638136132341629379589929361327284156863288551811684133721906444
9944684393051036803079993891575189751257200400930624322252900854599
0038203185679243443180420966221356045113567676002151063057744934100
1042395428140559201985688571178632248466548754495205695490237428766
0608292635109202946679498824977659225937523148712999305496801268711
0372687574174633715298338833496404229525874763279045123919843468566
8121962953005194018083114743631689001486211683338804683589937918677
2669313130237734439713389910318145043368517828010656704709323265944
9733589133491199818627376634783970073341224934770444767765180534777
5390091140077694554870998669416112698945431351739473520535575304700
6189234816302441375823589734651600529193077840702805768782393900833
9344849076137331215062129868471937764189549028035896562575394033233
9494783878947603723528142271502544355888582979484764740618423213311
0284837502203134060908163950950539968351154932433337246180217156599
6750921764498041071175454426770205214430235638905283502713990882511
9005663633336410244364541772045652794056616470372581806725557884066
6968252019919030476285024172135225946072730648495021991837601326066
4290693974528715722339037693727875468406600217233244745649689821122
0907632261993183049170130157755983312230958375309503224518075346333
4721838395709078314020414435087553239689203646224239483430669024388
9283001520335522916152405710534682035036202037996579830605582541833
2224037829870037960385468044579405776427864734030620801281185092655
3200265361061315309489685553823755080434073089187166328334744313566
0602087658345841241537617482000802126777585298263421676399112182122
9027850271227022523803903381795796892394819155637405004464920492899
2367906201300812694323487737253523659608806519295883629109899558466
7244235286250708616848883713184625785774414811840241799153273295177
3796370121455554827783961235214443137940902828351274517844058139099
3550785706658722515427398145181915577855923498352581291161971203499
3738789533915245690879515366952968679709234000092310817377417388522
5519533027507950314030075561414083917204398153580440710403150018700
9820369540582828739871736840994557294932642059607579809415726970288
8254953663296695995254507132487628487813937683862478962400479651200
2004256360778822197404224198392074908706833781138384794735864531211
8962165733287649949291221142953172538780398660126307558582464031577
4125678937055391718461802402948633992301137606486206419271387187311
0438216159653275789028447245614611278802047937156361353195029078300
7458453798953162772176857815822868289851195308957362084750220523633
5482002779121415414960922877194048277910620003773083629910465156033
6989896856149957409462443700760982030389990203100607138453315915233
7435729810514795743917889667378533997725151126533093156870688256766
8641770844345253972167069692864049219049950565340572632347156997411
0849709190493150751339481521948251931782677860734655735841221773322
4949487871879347714034091732874707190382043658737034951010868439533
6792524939718212824730303155885057261506400204733305240380249176333
8642617520246942019826392556880430419922251939181626258049449249933
7529917444905072117976086740088384130599778998952162402880661550111
6388417178012605446887926704842348283006305526041377417195222185900
4382071652021029095399048762134056245417305310197485249716369951744
3247045676044406140020681200412631783868351073742147871085840872199
2215838658808548052469751259518514619802478644935282569862002174955
9345858858326721143866913844874224885388532307375860917812871978055
4295585272936818943877884653951899460484599278687627154315978987599
0612527218198711791987086124462660023439656139115157483500512409988
0353729210897235051171677316535467460013362847844815659797467951455
8871125647775580467693058332777629496573206092689899526356523481788
4189641390166798821996912828761660109684687429242540697789780195200

572081192919591403838426573154399188733156918179704647377641304749
850377515464815184709537390596582623201457548920132870980685186996
068609498693548365096995261771597962091436865324362921257435523475
631872594161096828029131906361598051491504408488759217377779462173
510100595099075466942625615062383242236420310814597732083511639951
973079340708060565869474185693080744886603101674999259023229166827
931095216338324892947060962032222637973965449144570589979569556732
302977871120185196972552961751017563536001532170054547722373017421
078370739545387206885381955509762831511275714313954954314395581916
187079051826161947795078929845104689761961679616231011595824118524
350039795808684971957337547163134294927428050272476857569829524698
712088555354905906697533143979365626133073578423161618396060466753
765055566426293340313057810392315855899019070590524289481754540647
089787986007137192557032697973557165217538185561728659717945483632
628725530301179373140738295026455953357345518886834868422635577288
787804624600034256569994705499695462830327923152852493058107416405
051351273715432011646521199696291066025577616714487402371988134553
915474649525042519871957691035376632033770019528817139941670653484
791213884333724256827599479133414657555241180159587655857076407224
434971649096601577887135944002915803205498844618945770866811659854
856209434643621377500403127451047529209993343874155291332969605207
971809778349443703623541785534480763409349054762873102210348585250
666076973334990944659098511024690344533058768073714876038461476711
260299738018479559080092905076081078704407564522454646550805234201
920445336515647777580750640137108345342403235260469070791674211944
545874962209931434563744782068945346467316663441947187787598556854
181338594176340424162385703689803244239877004234030708043431992119
586337930716137266028082158373192362774711245099888441510736281477
167082289802059583577733838485342658532670761983507327308563446015
254169903013943406685453343068804231630684775961796905600370378311
674775431277006729567968984465325490147561841094119227778077848167
373406638980673859519239230821646658409217967340158488285069443864
722665360910132407929254351209733368980964683287710585965593136870
797774548186947128956208093935789315029810194693015025495493356308
674754942197218861525492050171382816027551388731976637088173804529
671978876095402623295671238481562494345540677470534353950857375091
635482423672089498123789546190338241071286716995908053276774014943
483064883248360314420002859902723575659897998182059935991397162015
281952939937873344568030909300392339571982116805974231476674213676
045028982953346264280375120093489677364865663009862126501926386464
950068272120553051325833301244049136767578583808562465472835954757
771827598808613556830174575331805601730845448041635615196623887314
503672392846901719143445982248627768178467304875568251207772444988
879663862778388886602523282351070250027865787790524499166340941711
286079299351803498125990794644912366317220350242389490245952678320
786890436717686581096073566685859668517602956385155653747235258151
586117418427821815055640917959247980577062029633619247391593759212
518684546053686890922074474337499730740605507004550738804054756231
125018936908072711983598481153358388443725861229451715167690146495
985471082565673415444446559726167825038426773687127950624248320930
522114838876137854124402943240614384376458700900194070664699836825
311780316657678515514687283088369060393558175452487990389982795741
740572721991619043392102502296486737563991396228886596060181639644
539540082440904826263401972609661029618718524682107383113553136389
841212384674876086880836127427731499866038558788397137959961494429
143166886733980309751974490615960307463022463324657602076350514917
465369747708459331187751378578327346241597607174318241594401425667

927065869135102798868685690998002559456318827221898760229247872488
692800114496252725898837196030678350491423786147140074632706032741
219195321804557555511125137720400224699059779251596695147436140976
586705887192077797663468628705496155619979869378062948920612888373
016130160089086699864993294146389428500672513527500472638950789491
521256965994691253030219266927617947859844836326393479131653719516
381719590456967693854670077607866541873428549606565310287645121146
723924512154514010750469485245460967244209844676710686973863328920
869637242512568421444379664735939166344695560012536198040400409605
857352708297534276181880125829022087366215148104003157751843171953
051712599907201498012899117587927305701837978371415912514035779953
984351796390824261299862538048441665527449481009833321489103907209
102534170322983248716281365918367369208774166366810361875368445647
003398232198111118568428260501066659748504522228117931328480540257
677891450161750588180581069488560700564820969037004379354780404804
215393719081284861808075583342298458627387987313269033028151124751
734592864039000952019643978703880389476567801967024579246146017020
039852148111768012014196825865943770198959227066998350627695724681
820966564127130800786698294889784512122348135031358185006535828697
222520221848690913337379069565535427311441308929624143904690145089
295479731284151996620979163566970535019537792382958847881012615468
128251516532907159004164220396597338652201355192769865319282726217
596465269852285953152979965388174839748623898417433664536150391614
288465673929045810147839541421838989108474183026600184589236157852
102627392333582487317347654279106362883037001007411681229461753898
363963160624445287027504226745405460606748347141295585875847310272
347076546740644872785776972512204241412411353718402646318157033674
463335204129871344951412232422205598185405882344423180733462401633
479047834178190347230251707142972012086963935178456533059987634967
878419881763005032285484785683495208967836080933799739434697814496
993432996504785073063984040564060654195540852995217627949886230012
122921542587487174846601059583801521579100917526759704560669917003
488956283302894352386814102643796493631759628569943275013686106720
016579848463801702453479377507523579260166000618088727674351976662
361784094867339242837208709398951105647835317962207700550310398770
332181974091098151544360128101117201200734391242768773573991471301
852760984061746960689714844314579557330036065437633854940792167886
053525951280712545305475541530356292088729596062295497216198389392
743477258590672865608137366309985878696687987265445665056698899281
924288852699066484468834039294451529617923917312556530975614694732
932041957544316231040523608496273429268622992370626063500697772374
564950930179591702689633315236287012141681175091750287778057521569
545442082988137945745416255791615646326761921145457379443408955586
250996719739708195111968011282334176560660564396085672533691505354
324673777309325120286402710513820041587630345803522443400548073580
995065707978331264947944391883368051139021101487973704312534143270
171175624210350164214905192184549927724346396468677333318461719451
601635439061014137332819268873519951103047498663914067469915378401
148630346944122997481578675176795193516547201281276102747517668716
510360524223262404664421518650546508482366127985892445259934250051
120781160722345003666738553509826044017001542632784670191055023984
305089319393968200686964151214676995818920736333757005171591388991
391581909786178478365124495826715265895968475027775768624495630577
738200697468170952332563514921554279330540805320016726722973788365
270135465130870551278602148966264504984354149566274968296548455079
968773013487376776588720009114274437469362883540130660491344062114
962364565453978472108776202919439201250731405801919776763577969797

4378405268485454018811280072692206375040649634085483815203870959270
4266352518408410471303861961701117672536135858064877654316805515690
5447023349700653709078694076382935718826617125194634947499379265850
5524965052173808895956404669173209009048307180219554839853073026920
3037241034863871185916553644671519674632515867363479661627475761280
6368109903662262227981705752545468100814993673535813040830430677920
4427661279809493752246385574142471134148351490266694565625959172580
4545721628873876687422108468950997355269807961374898318768721483340
7299806878553729012175444778082401885961878670837883129531351611670
2386079804708108477703207422729933623729075836391492710191982415350
5769798394944235026992597759386211803472545471163980729904102209650
8887793624240875540045365752262314460622973504600418112541191097240
4288835958377102679429633047330300991334088846280219549374826101440
6819820208682110255644923474986913658982515946913885829083576011640
3734507802866836932664081456059745664644578859270399229748500257900
0512460991451169549410664601489615642370433071113051249036704297980
3393028767820336206679110710987948136336867081466777842571890659120
8423951803060411448834789892724131064788055550661978738184971438880
4912502865017055629390467859030450451351610336835126960406046073640
3176684586383375291449350254682887581451735420632234008432913068980
4975954800205341382006345324947134025310033687726040898760271773370
5718297837026299295500631065589601549508688892906215973321725473160
6861125899762553841012256123847661919133860129871706719638903309380
5984118917298725868187476497185703670172322139698254127915337453880
8599425864920948000484940766869952519828508616944170544406838673170
9871486469150592310635811109529772963709459411000076015850222888790
3326874665090554231644392234547375958951605824999925387776795613900
3003273233192930688370348878687867564055773205919350452132576828500
5839263982266172515795619312954864160357589511505524173564128936580
5067309192635584355915477249944761698514646614755858425197894565190
6286759243146516619090604061248934543904233067815661374986088447380
6795932835219229337282702586838103241501274561867844709948776480780
6916556586605854549966365769596192293377799121976690155838206350000
6373034890533363385178758261326484747269731906240594692788218525960
0101448612888237457833486505762819384806796300552831081166762573590
1613912811344387660541809195187458368388490733477068554410270296750
6959565301130003287923218466513860194105908873592213289731407135770
2568952110218256623537870878718350043540607080026543243282136376840
0527982344371426065280127556453490170164867138245119916219240704070
9177348959415381362930254243183499630715858562378093197432084906500
8733553533093388372228649692957566701903497527364627069413225892500
4635353112899388027345554992733898255610734263295273426477863930270
3617583773568471340334292964547542510314277487152915932680688068730
0884823498686453341856730923979735654548261072293623256605324818330
7955710785284337005146762515904688123864021253321583960529972002910
1228087272262186778390910903397162892199200263192133080338954673920
9610026946168671128933965354310129624492407932750547050621439695270
7479597413535565452282709686155431130281394913165448764158929765160
6834755012053080221883035795670662057438635698324657166431084515760
6099951274880974621593290677206318369591588320273876162810105210540
7771384538746963636896931312366840569473969895884008607178775989970
1998351604777005536852869873227962699537373050396638131033139751750
1170284157990428032899774851251082027809062858761799975426663679570
8839135366557439882675679649131948429726673188052029740263653123460
0339054689136838546176312827533932209420566685876575888635540099240
0772810791587918967281938483878661586723790496295399036617579867120
6703738921944596807149790614754586196341059285222236150506065525970

8957539953295878446012201097248186102724483914743934318355621395 73
3990547135084336657339099059407398480299961855049775355028187938 51
1971157495658756700212757643871408457312321963699979296209358519 20
9531358651063541932008911427936705225561478034655855485939231013 03
5875865027964848508481884297447318300992730426515958868246308620 36
3050737165351293433115134286289837589584925321361973601163543113 50
9999135094751673346135442204368263299452454310323454757685536819 87
4823119533910032893748143978476726263776204393461448750573247615 87
0117577883555384263352767622413116573875902770172410921101430178 45
4354099872746201324276933604474976540597381003644713724537765159 77
3719475451768807157665339649847793672650725284868861391807897490 14
8074217004306454159483672560832879289439081030389563572177941852 49
5716346327636920897982316966555104190085078294566393902426317280 41
2142303544195142078607842712482063375811038050935355850479252499 23
2417015158852364996956727221802367309350183987834245823658538815 44
2599401284027690385322548991192592826672718787231408060506756081 13
2408960152663950807792879342267062472719309437684648407574472116 68
6994209453648187410485056599795987829830774699824714018555718247 05
9148958530048222120895235589145973814964070479939856189528044301 79
2989271815594532585813601146654099663060094535647114794821241613 71
0538024474063173011523656473598140532247158793980959182234042019 21
7395017558791150867841727871908280560760442624831917955229053829 26
1605838031803666950562782533511094014743852724016511512911548623 98
5029270704971982209370577451828081204693494789894573668456064007 87
5258860818608462114134344515438033263112264211702515808208662101 17
6143333713618146450172660697088909900321437531729631770118681823 16
4555944294870393176634793389469516281964588008921057792976526653 21
8798565969573697946752446279010798831664521722407257839424178230 08
8778113113584350212546127679322396102052701743622169915609482210 98
1847147537637735887541704883185706824065159559260434507987912913 06
1862722718703823793121610554996275596473275361170450897484991796 05
0349133253193377811711653097867912451480275898060963813414235851 85
5833544155998936383003963246830537326973868756324061087689562352 06
6893488841553781122412301334768080681627942657038462028959757861 58
2769705205753975670980410923128670094956242379483881176889727052 83
3260052031410701865793766972999155680706611576840846658750355557 29
5240881059166762045463245940837739818913111937389349616452258949 70
3461276057426136007410319945189225480783223260259611940196456977 98
9881358416026399133143851485951065358103379540560893990676035450 67
2859955259782130425067102811169492584422326481035570599333880509 88
5843038324546493822853877185501633830027637971794647296972572915 89
1348860253612037138999177013996502644745354711704646775562048181 15
4426293614245033173527945506215058768559700259333766229006792304 45
2712383074300095332872640718117878129259121144954090163570432630 84
6205215631175717236959963935181136642666301348566122622123067150 71
7600110959778813087054182077927289183511573673759149840786610151 44
3934698852673891014220364769472447073735063489802833177466429469 11
2386173018245755393889976693421633496020160001595232232203180076 04
7331825105800418936319364263741233418315646735387552741857916767 50
1466187631228726232881351867756525138853906018707536470945563840 36
2264231885197896418117131867238456712203565152348812244361593428 74
0304134867735321811819902715044929174874929478999565979053641006 36
1255936387799558834652786022712898629409984747973771810405725532 83
6581006546932720926454705632821154823448194571949274059103657298 95
5274789168307997233246851244982110777822911574489821576314219863 41
1916909225917205524274583930951138397879455096892119149788591483 06
2602592927816240353535287891262743476927085579131469934957728333 69

3282794246019761712442173457041180703606935383311082169365712461939
9012988069516169577373750958075347753649956253168713715988097010111
6908840606241889051251268375144991992235540271548589084929287984100
9019902680724531354118236183284112277646749721578109018233467652222
8530446447830752192532637401788915162782395452387174324534013314355
7984596018306876127611240500058858471902886912243847062249769408855
8908944125621923845559610015637408181599143103138905169066615750466
3875487132713521969428109687094641197709857727460392278718772703077
4005599498995698079155010116003327238942767828012247886204242469066
7297444997688939531719882876634178310197725368059359509027511153133
3070029303775940268440940425278694985780051029458388290972889103222
5828655097877735835528963078061056500324186090193431288734811541855
8150785477547767191373334052546673262082889241224522008182379425700
8473233805427402387267805589497452778417695884171848717728694354566
7496218627402389790527737356825580675199884207810921672437004403044
0211686781293209407493566897056674109543237560127577227632604306344
1477697127204698220993845792820758356270031652071851807098721761799
3828041719094063460382717169627058752088677166063185447995163135877
8922820842929462559696133915980075775230865344306520986474462627733
9440318332191660179666963669793106215622674310772371651238807721711
9045791615251200535621533158886739692271517460275064663324914722755
5692248335026428947278619221549125961757601034943516169147281435833
6658569689241022672244233420349044284072342032381114487780302367088
0031681736759216953926514536204738446498335141189850155944836838677
2912963412657298461535363931912144092092770339678591471254562096288
4329384659713585395385809786837960810524729740762783953533109171555
9869015037801011194947370888999435853549250418108259715114608504100
1680638534235591139571442373100862189429616198855196576630452384600
6250447550748793969444597710188405632614116065335976734111765074588
1056892785933248802057325220744226005968579874299366553402763652777
3016161299872674934143857346336636171297464865479681818374762046844
4162967658306815177476889640798268825715139290617474838225404130011
6967686778045087638922218764919013870349088921117377674975493937666
0285826399772337532726800724803068452327353121859761026192127553200
8916283864371496467604251883980698919899532866445763824290943394688
9457239556327263784464666623212320393024283164847323102855798491377
4335691855811033260238767755429454846918781543101814167047120361811
8263202266139788880601303616653008514610716592412533144477689657600
4423865202528774563757448819905519979974447271329529612419841656699
8929774958909538335639583059560466052696275420988627053958124112899
4729549555305571649325754200857027185742984392635229648657325811466
5596484831934612398897129141440117870119933105324167576388149731433
9697575953953114229646257069235308059294855739709357403398033528588
6612856942130434603283565477702658723038583549395789098172487734844
0466103529449384929183582004459462931784675683649152920843057948522
8030562791257689904735678774210075768460058350537126211575944700744
6080031205967180052161515533661367255777213891479410239109125435499
4829762541244806833187964358112029585573549243153012413992030864811
9162147778442070654601740328304927502424936930176976422178298145177
8111822098828780187763471809830928236518107087924087303569368161522
7181987087225835899442981741902667692773456944133974450364479970466
8617052325193520902430607340859603882658542373683724845288235146822
6301419954938503838088482591867245797940300275619147246999870834800
6062228417553401738927266595264693208526306235191486422328066488000
7676800275611274188967042358881650905670860459761656451665755117055
2545552553064057957998444222116961691046727216014314573389986141955
5356397294905932188448063007465662783411179919182728119951016504688

7886382032914805987215541597398836799409905913228044221814943960 39
1749089505521860580832342993510864811537611377188904218267487737 66
6317520973119074606923133237269693439422224122249849320388512201 03
8288858855259813449703919389075455922353130263455457065637573767 61
2427589727255580740796651617536096470529797336913823558125476496 22
6417716322085599851865280426342843632505731755803494446675175402 54
3041484899823777296327393000109395144069054093445421670350670820 74
4415445804478869833040757528941125755184482948197299864961303868 28
1142592381414244518837682742734996580761374846970970355998606883 74
4326746030694293404676411575155819354444891562288348070012205775 78
4343523863016716645446976834457016479712820777158592551724593393 00
2465286755524251496479135629224149385449069260894738698315222988 99
0444884272244156968822143779013489454404926965519698382503417438 78
2917564796387936683129880901503660153485658255598542975179818456 78
3658977393634018273568359884647571307039087117300532356369385543 13
5715302332295807030136213247587436608411376517175131521081925318 98
1213240288629934555010160886373605051785420091382938013612632734 96
4167007565025728110920966311309761150170649509070795336303181809 43
1815467771207067205440800945572449680211739751689955890456989727 81
6876143433671304720126460573509030905106938498009376398766294023 60
3641032250517278892779360294640706088642568861030175202473866820 61
0401533296102748407949339860586430314236333037125722161767817543 97
0239355899311882848961989366893065309535510474803151665144611347 41
8718198301380749895894489825754962595431694323711592675233307848 51
7882786895825989015928282300068466828037865170128934944112268352 07
1273858695710593210947247525869397332211414355341603823642699069 47
3270837587234635256108421101590649697029449613106168658956742659 23
2763771262833757193658961320883305784247851056176853755685002064 09
7495757477209922495740452307103591666283710382503862253553925605 05
0021326959362579132992474363381715247186172292758592755037792486 48
6120468134459093811186551889902913883372764900681875582985162496 64
1035845690412117833297297294628502383262162838823018693641217390 86
7585543256192451079660284384262618292935444504417612312929010472 15
3078860422533908681134062829623707120459085826546000879935190856 76
6116390336562285369981211817431828101876698685318895957625715364 97
1985556938110988770786047668788741779925554353238423391538682446 81
1633470483365369444130962215615581836395027984542510666500593422 85
1585631828458419392589208980052514102346399634097500185064174011 45
3534027996955864304829120303626912084659754641964921543057553203 35
5328689695355162137324292219702281588940203160126533055506853500 59
1147667405957253720165425326333632170128805443110475032455618003 99
5661232641018630369859457880035413246541698233802206237149826193 19
8725576215236542627484225813064235205215275383618440867038594231 55
4523583044154287867114833872621768334446465591937807638685415386 41
3388371665910285887783510350547672707467946806169771032250932624 39
6247785535777752986668336238227120553663998107591971429935135912 85
3553934724901878297726274330995524298283220638626080171686128412 95
1052747869225709262425429231842774727862264438384668576376431745 23
4437525712845074336756535559087549110101922615532257019085712649 49
0813155998035513435060754586509982313960303198469089128650556731 68
4772150100785189302627592539655756997630197702660821564964775938 76
2973915771075277111702571877334152538907486340071971765275752066 20
9270468660338995873870301961401291363502586578820787128214258868 01
1157424565204025299806143834124121338462796005996155643896138717 10
6718540013415002409908909512408965749769488530228763036539179474 37
4369436026351840466405676578000394651747679034581563208596443060 14
8217570760886019873072944181787167375496307173366206913234174066 72

582479057005444935038915787108913406903217843135026555315418648882
124487302397076677579979778202399995079351222026229430017466031538
965959699987342765205586057814242886228700682792776593706393352131
100388600300158269374818045804993429778223804478625393333205822005
617530753600799179576758884211522994989058336357695348665395391013
563950322996336498094575574472152314295375624322103596999404176715
707760061462720912155444407658940017437054180405375069470921334019
413879368484073553477481718093395255531982290260687052718842440449
756419863763572011663551331387175328472648215130791614409962858445
064297480766731924384578743093519589882331180535167238157736943645
073229024809106961873698190760260300434307856237684079579582612074
385915475644784125863709772165954548421589978672004530334946057986
931220451453140579041736302456517045263435718556752589890010380078
170583595119803401296926639470741340673494583274136889932620117740
911022348975991632798378732390230335130028047996599898827781993O2
025173206832604428234990781202011346227857583983174686175040146320
426392451161563731878899886793739566435690770149352815918664820512
941247379420034833381789614916575801741371255529263720071918339797
189385530894798610508553653572987953244841322280209145552916038082
640975497207511760406721409091553764650882506590880686668891621788
054165542523667578748617366198364190537931605081829427889193498722
028202218572025024650811280446727366402203091572099848622760418170
260480324907020332043511803242095281643860792797467335666701013150
455123630198275190000272965115178146179418214223937258455677643549
606700132673075955775722915821379847171245494216522100217297205476
685929356654959871713193064133495806089916667588739872176286767229
751198580663565904768131924322441275420360140792036576836986901976
250885379951882777851168700752991827949510632352379815291748840460
755970821174394200055646954027057557035572391103651277893570882677
244640063767564723875414113063482461627683232078364036550187468843
270394057337620752967961525669008183298142748373993851284143509284
872835861057963010890566808142688529292709468527892100830957693717
592668978608881129386842310791306035314540359422605203763492984591
628555037555187805102586777744337817108038764819811577992207600158
714829616687580303135801992413413095056389697013328469231814564354
327720107985725256536076519447581298503472858062478519556542939095
645216285480717032019423668658033309886498685923946071502916762961
983971794761860886254024735752831994819518606097465152584908060690
125676082305576847744093539183173636116074252272465721021230872873
216480004978078576939648232169842860404150189971305095232227183153
444189562324825156307428608918214913108514364328489427796192398636
630408146114336128799226905303186666485117940907717483931713682247 1
015911756738468754126713339544564178940695119424728942385703896194
629064179421971600803865977594171100053418954726097863672708403642
614356645531023725520847733828399784182019279208856371491390163171
997734393175320979836837954241931804762242090798064955108340032078
863584886768868413145714821035257260331134994267193084823581179105
120762094861946056769546682927969458432427798872034930589313307569
196566910207236914648253566868131935511409206563226303515957354506
891143391355993972994037584017785091245059722459901730137462628489
689965450532616124006129226547936886832156922146209005902635064446
783730850953341187748687649452144329766613086522828668447273683238
178695478127167304105198848408552785226454583171696678730525973094
494388090713529917716111791067046123639579242531813019300419892119
193670380421054172824514548459530030788217814577243250802902641700
668749546286593275418676247391938979705013965691898455432594677533
016095495772681765763610199488688510870777727463557876983666813992

0891222832294829246489871977229779596717098028869462718261671097O3
6976731281289369577576774431628605973987608744051095558354742750 85
5555725828708324409475774917515102222350902642897233445446269034 56
7939825292777312760655462789460405120534207100348823670270048218 01
6345566177782836434530450255569552021511286655044655277646912792 37
2782130168501183240439900683886527955237945313139207501352588322 92
0216319428352004197489172371181052090313007420820386506093266692 01
8591349332368307828532409038417791785004598029079137494211394064 43
5507660215755673863558132868488640074422285283914222873087634158 60
6386826177373301054105757221904032137590065220845253647950870493 17
5069892443489244261084982517468741859849978884554249154574888366 20
5297158993623530561889888156898191052725839381605425878520067860 10
3727932228672165123551210991806288343744729959567421644606476663 34
8330922526511741946090772082433176812223143355574351013476827873 73
1204780451932793514462870539039152116956660120891811203671237065 24
6863770230601971433881494211272531909204391302936924472018759978 28
1145525628588092327563263926928241013698203279925024946721284124 56
9244629006165929809623352170823762006595294979509614245219230499 24
7459730949174403225832501777299309856459328329932407714856677386 76
0810298174584950892091929015217320423161892173356905416546283823 26
8879505907835412377534430608155118038889951730513490382407966067 43
4066774724656351441185678243017980422118058514519204141995759097 58
0650198548252774665091651386260082133579410460960073596442200228 70
4556760299860441059989996236015234897278993519282747828241589001 26
7527744923832614876283633658749495423930163846446731983957080918 34
9947380604628841290201930165581437031395429548619427372119788637 27
8661181163917596722109300064561088578562031789157554896827516911 88
4606135506225315472528501958163992904600336534308648569604630221 55
8253807983386172770951013879772905650721051581635295509062533781 50
7990039712944873457858424757513611537443098406464098602863086316 69
7970826014244570398106939912548371306268959890014240851897024834 84
4393850108236857977476745421224404887490216296611586165787934761 26
3016983987801899822859778014428223418031964356863645775349037244 26
9442616537539031008734202625879220846960955952864669769890155834 44
9694394440619071017458430774202389530161410687712151109006987937 31
2953125735670802027895320283016633998200175890711299948376435579 70
4177168547020977242939134651244919448962447279003832126900051136 29
2929690193834084986800861096586729996444769608514553831688335929 97
1356994353067043448787220871441611389564385446151865258643358657 96
8285025244697419395969975172688393354728928795315508388304252355 98
8812026373660721565171821577871293914225511062402190536042498565 71
6910731672232087773015385224692297239980747772742043448282507195 43
8847134740505537683848158968455860137163614961570342053809322172 28
1063658894076842829374697745984852267632029197521664998467477467 54
9923117015109159408772683040418649686852153551935633426763809657 06
6757870056068285753341830540056684666845638648915209124822649265 46
5501664269875883621364170855405293154965488956757257368005308861 82
1551060824855977137827840829436228374929357140823857063596545709 64
4450021323367684939622086012530149879717927384698580420551262094 76
2399096219907400742855647504110816770966788047125195770106646051 17
8098142476179292793228513885511499309682907454124582377846526382 97
4946801989397173606244347966738710925049764662797655542779168239 13
4389364324701048466358521584246661982990324864539080671741764825 68
3541273681173701031612483581704029541199943357224401180700915676 72
6307062406810892323224681007035807225491209628793981066788837577 61
1555029576819037015100827518149325030859365912559721395004483280 81
6442609610764313971514501617475326767203138920227709348706313750 58

596709608818489657832911867549491531259394477113544193737487773998
053282341289580883232012401299511357544938368879865162390871573728
288410801247837236313938214889994646324387081384131154104793671743
470856853594520301116777405858831744490077072362022279777863331141
809413684809851985210831531006919152391030520417201731215191712828
624961893655356249535242515384164948480904603986617750371842390575
155941257945110730500603123075863349228266456211816377871709089481
417277740837364727856666871210731179457443528417145689617354927799
782932153758540360368725894108716531552242868875848914580224065120
722134381575531361446657995123890042500146530919802014904156555533
607332252628153984305416687099147218501751417717148434988160817790
143665960687841503996868025715471341284120420208818918029782399889
917820515910765200470163693188462061748851553646973674113495154449
682958262681800559615547729798983998399039560171327921989244308939
970950396699662446245719644907666765096564248288217817687305235196
242436337885513691518794726877399490000370340740078490706911791256
690212319923839180793141267392268327080816007435257164969889471809
430805625200338152005034150734500727434905752674719490978904292452
813497866721743486414205529674116307581427307047552828270587218524
077222719820930315157917505439024172456194171102616642916346784626
658089220183184951066398097800909137269288458086063406438811955997
216008258642333257664658669077386966015618903696067812564457981657
592720751089540157762033438177775464059196422836257657823518420252
810240551435106143891104921360577572580383825408981627859401585405
471306974998264925726364102451414822387589292293748114086917113573
087250028197363569051336471490406693055786952697592485426547421770
590552738773294299974367725348132167106332936980537949861936589571
069728817126332241581921244590368004467293753739485721867165595142
936747986083533607159288284881427075753011248024151913816292110105
678849202167540017243640007881705046747727918909226477478241542295
516236836093329989911253772119818819883383284455863360047498696935
250952400239520295444278401722003609751508832191044715273806100141
480095663268837012955553368675876764136873221822298672575422913122
561826114095403846491360157904389400218208641612536622235876990635
949517792485345644518913160437530673249501261285854448901677713257
746829313594361083768576684627021118124636460427951568425290532283
318328406574458995719522013996359086528851119519959807565743451340
814078944026378648951255407847888640113938689584123128853116831663
456494229654296032876704053795526989094807632341541688004768381065
613797127431628072782361018950655255974169658716400826849155649103
525168134125162459596796735476611944674526373636474494144842154960
920722937696359099650169475102710515117730923017079225400632181461
986791458734400998498372489346539188198732367042792462719268785957
435874734666263312020846872030821051036728314026001116882939080242
741495823019334034935218776372073046222359963784537494497628882355
850374685595594097477714658328350542997199731339675652264290766410
844940864577234519343210492394704316013141746703556858195471776462
856822202218739817081619455920111575856865750921361562171026983197
873007375541048151254680808750995035785630266915601780337946369240
524122116388422078355535636087777460304165331587912217865544327012
318089345362290942217986576268224057549859817727451642718276755554
956983004442337947251480417136958912310092420571300583443578679216
739205807957658015633913308757533460381533930614325391070778420933
550974130274451104819634358178504271463731190203550014083489217926
055978952494005401851927886378235162002240038780862658710732260068
719127150642226400333701937173493799117829290165380791246007229683
397630397599464029859008489785753079280239431092505157057297904448

430166948051526032917861848970329437264630158050398260853134940495
286960822038638345364365340130998592537438443512341580610272426753
974871308841255321749233215501089998809982328851458399637314198917
439016094930432464976707243738260881832140289907042790055682613282
867379684118300123618963221316071422819763613967249707786562357350
459021450250204636192453689117269567764423272840462635850582604777
940192534281242989923448736661180520046757550260942514230760086532
817065620758225542594274413462479453593529812497245316281071735727
652017907686473995199934567505300144996003158151269062442454455216
373972540754505450337852070246223842130220861219362758158491787248
981420021850462839789131039959757601476066389789896145730800743545
199365625983145720807234662741476876547437345115344159046940515507
523720347107727661531914653634731430081640670020188094346268908083
311950226536062553913900795468176866287616904971817653657539687445
013193763740624739990896924937961792319309127139162287430236030402
514069554082770524280272873082815352179520097550015925416575396816
656350293184179214952149727436239571740572432546946333859286191730
548208272620927419502129674324356365945520611572573280384015107264
064505146680558616982569455644495246824484331480653913915261937406
845687648776028407037379201881380101995328164296697852434215396091
625501548319447058450557014069366756017359329344616671366500763920
339696429927828057812697718066093394561896812626967474388399556835
766704566196041330771628480930623880336024291818172098786231864390
648235301245195680092659813714283956011433592274181096473803652504
746920353965207093913807493085845192964618361105108850329761204862
816087155240699146266180794107311046402429625099240549493376483953
029037130492629403717301082294089593827531456871752852545496563114
661321843008148925109603832079502584681277409378183205750655983384
634634585295521513388982801725392894150896233216319019979219368200
169450185843145894438602273115877118311538806388125844166875200374
118569186934821265662113804910345461780763992429068698253526982171
691961489210672052100323326011343765431755947233692734894996164099
345614231551068655815353918761129073069814641341841759355498544255
770887514792584610772260164958828751742640175294460472676433367061
754833043032987141360387383387069613144362896993772408113048463974
617808943591860084625935149471849890829634916336348048498181866006
653181084041317165911898211827713362322917569275990433573536850031
025198673227849750607146486766643038423843355806172867485967257585
606593175387734268280272670469858517412234175210397509952259606469
054117110293958073583841207016472670915634398331820687704406895564
773153254628486379033700463866496239758061977244691933948791546085
360768701401336947544048307618276457464168372099967254010391652289
881217772180887021915611111276672463687362849017957394715213749584
081184834627815776363437953354802338759594712188723684656245390557
827165407009007149174847600603508623540494604847422643043909785731
315698372935735599081153147657710562401647436278268539918472080034
280243568253125622744755198659387595634964884756545877607160650585
187169966459473067073894414961012659183836903979890100015385394742
757898216292861528029392174594239834874732797259086272421572619444
420206344171303748626000299085689153537932840136278538416446281401
656535646815927197853948967170132794709027494926489524714363320839
508825354307030384950082117177430414011563291458323762487008914792
236284169002374308108397875777736946758514771458202045246580403767
532221005846033120578958240797022561964722001357466023105060599017
340537385035368286554360037046670378112790578516478988473410334112
872460490648596746655161228612906421414498862542473027628351657294
639213963219490406885814504457055347206053131004389531844991698828

889013616003871463597393090382448374053143792976996601402800805665
068079265847019300505885728935018412417474294791065011463189789773
330333183415918657879063443727170755202513150074381296886403218932
204739877902846949882744854176358086808354970486968637405737008030
322928517004086984152527872647289791871946683180927913411025814730
439863116791594137284181651232128058466378287376317425227033916072
555030985033941099725695533570568292835395340403320129977293330232
950259508401276588756753482862510148086608894214393499198071640669
194047245413682417233547080744002830162845317256390345936408918983
748647545965577391361120271036389166217730049538527667539356121497
604893243448194289239161327539608291322777245377092607084790878100
189447719161223257884293928375380925179486186581189817163099734098
656142786485274633847841909981282551340405962789642377885919583748
310928598678929715881356706540454613837557876333344044064341549983
774866496205003802979092147436638653263551647369562420827246097544
669417852479602139463097010825516892137936859390448817230687887923
896436653594042394835361481266030474818721693945604343268750001016
223369320109418879890571366004323498698392300213836176801049799267
491557782664789808506280894374658461816030371530810848879885301886
140268311922969565262258151906392911487441008319100384835704471008
493735713200012656979441454416046954207251786972177069029711358871
213198343200589897308909082560430180106675056309022232618365933376
132828191587457234115820068068859752944074546647806600321707830382
850039985120232841673479744786381754501680701973648267227343235989
813197211030429332157447769574270501736041850955946049832229481143
073901120548071900786452132378859251946887076129607201560307481602
316908284462254691730614157646466915743101387753052654593233680502
759392141544496889641711377125494056307816645262102591514400121915
312268685626990357235770225236609018988172242147153024876734430374
856818423433473943948522433145747724231499039817987999977849273061
344976960812245746428106830166307014524479471868205094486966637552
511159430467728840012587033456228454611697479133346863140131935301
521255556952014996341027999182111769901288195713378130551640142305
136192894066176666128434801247112666698338353554725264444282609653
037287762056585012999939422495049723939010811293652752200483635088
500394398433677997074095488819623446529637760440335458460548802186
696612171628377346161981995462681751498678219497077035040528313538
612682425132431844449699757812740977830453216584801978917860114312
147635368739016451949718329612651037252956176749323974507654372047
368324380953457674897811361083634907396386044132780625808725544720
466026517337433794006721661250198197846147320360342360580859202952
625737291013627618208907465195446636800560762300619226365064290487
517376201988737248766056828086852925874835819671642027546552003889
266002328030390725487615587960013833287187017397953222771235656267
208829574381594659610489044053904337861143883100318638714229243978
446831846289936588299718333290229587852633902172720448201112997484
937666900585811548503724681580162022474924179266891042690103824878
661550123959541876761718121082819840773452292599425458611684819635
994156953861278464966310301827777849179685528345471048222402895683
685195411636786688067313652506556176201423848999684624559935665673
979631306762594437885614742903377475167723157583108466073630059740
146864451675198250401651057057372998102675634678596851568003255429
679088788700034593008183311114021199856933198912697874535964858920
349380460386257073999277064439446156884561764819150459969150400406
743666430123298045990203889512794143419148954936431080070218487632
694728997710189426104529716822930325658546968029532846390040832533
676777851787499150113996555886399859620690958324272342468669122627

2422040668900313846741495756282590380677604347124098346606658117222
3854655666528068175633932554499244019509697595179803495526248908355
3007748330133278685126317788472738812852310504245521951300902126900
8334360505783882706186537088253147922203033638440376971961470845055
3296505308168390603123236645701663692245627680589189759712743331722
7032351280026191261176463025688727305915822067391917881309529972311
9383690907054615768822774149739090803132497602002232935277715449399
5796238840294039742664938256368806204264613481643136559774059634233
4586768347922267931510546870560177174492813338465764337830713921977
3206590805535279153665802702894390155219839298483969246291747729055
1223866398563960955021582255080581849131885966833859690299482153188
9918517318907189799498729155005308538611661151957808566690889204133
3927831407888587611178178068738926992968277480022165858380776622111
0585582480320830013122423650847482368615535118244383319507722197288
3925790367138091658971497970915239242899923299066517733779877997233
4626002948612605986283994823143915836524223574280993478246227755977
7808502042963437965843644016280120838505458123040473851021749233055
6444137412229952982334786577626900692952865737766619116401857506544
6302279067159924754947822941933108044689617271042110264555233035422
4687860008442330062756897701608075089781691271966570062436696787244
7166432039174192792578705161145431766630465110244184383685210106111
3272419709013168131357729790400212776157455127199099622470899622777
5199816460669536586840590303251302209795437964416689461540760884166
9601116775547392173379081560892438361994295186195311919698278146888
2470100635024522812212009487091631592513375499596081509083715373899
8848453832465085988370547887212171017464528288694867578685919451144
3766759021534842982687260336656570665229201120676104489843321821544
7057628109285033812216345040223249967219652405319431280167035492355
3572944836013433189803581707370169502664601775521014123605912908444
1512627386375794356917380024630704088752793995004811246209847558177
5567962224158851767554003301783987842845728815023142343808790192211
9421000408272723531293790851769810501676928658452881286036752897333
8930813322614899852743029242454157065959573050412828784945131981544
7438491526080171070357536519987701183663509357468685855955732648644
3973947167835084758998441808792310621302496936681852996153187416466
4348766498754182104185458752393901996699176053787369252893912233522
9139667434706088828668419684517822001085208613800645799106837250266
2632594039758635978010589160987372443028440928102805146886476752299
7473223771077236045132689933562199131951003301817421025305218276833
9701911647827756524917256664761313774030241266286794975715096857111
5744016662010593940991547216047960735724559488407797707391685938000
2500202388433805914860871562054443408565053872448214331334374958777
6580207914097152141307492383255235742551878706659988116029959179322
0315085407929814013586218804652163190382092789582353554593651296100
3893266824989119409651094033995609075286738139112614841767989061822
1990505390215367506437149990483085088212771606830433335837147454777
2777979155679527024644474182032627470192150940536209536696987779766
0014199389567677961915330174446871874824115602805095897510943248399
6475946278264732248884906453765346787507487533044159586615619463111
3380209958056818699286316605534778369319986332203326291765317048288
5162334340504852063378007767066669028135225298482775967432268000622
5670371407816489668758484830584974742743814087368358850331199961444
5259605525830364539924832196239963888228588453513128063735920083899
4028952233858966993066867975594257165713991488816028936041122818666
3419727569317002879775501743355694156770119412644087668126976195133
3504959346232822600695571563420359559885793715625756597916637525344
2829581443792388455683927195110987575904748425980216404437695885022

6049526771635909580232254308624013143367786205235653879521909040176683505748001151823399837010840394123727098265255062465382179449904037476609060257677847546180154621806602265218841342418623272809052140035450194027012408440086778690986586614753162709572711535461057735522462533165863192563874059275301931136063926817170689439710135853863025943656556020340592859284395638776227797660329885794879912380952442548927277871018621183588544059065634220776600406889740331457374103281205869600445049401733404235977957735801883824905900001245872592626080347588631795728104532702861585113996200209890854638283918715271324827753778347313354825287241626273499246883353890552258982555840182487614862991233820063478554110434620156612978471568892009276011397990408385293343839862864581986949433200817725389523877567145606509420275253059078512673433134797902642294523313653336974528692643227207585501273460650157369155454505694502179736228274067742281052952343851007522479039823104368318337141330889564144012378564685348549349506953125661046744187895038184430663784304598962414040536831079553635980276632137849358408200436206815072071373010200087457163005871164319394542195989937257170117792534537968358622806547378410445911246868940722249045688717102490307111364807616828498451830086205486840895441888042130304298177122547210268010159568271696390227399131107047292844569838132680830260110232587186631827749124382259939394150750134427405617924227521177887050082045105171483413129581759598881629060120511609329381303165133840130336471218462030419016559999268585962229133696564270402112748139916096219894470184746975301623794734262506191099376259549274325606174898866736305243152225238672098029899729996668576865735272178577086522708362009373567007732663385077397371211832903029358027941792144014246433125021001265422200780478334524975883111114522249711030498548977735829172589633611067929025668998214588786431285765185068926298654642155007924213483283852952889034287450255798142838485225375424388419339140552184634954477203568684545248277859853389648770983120642588385646615947881939113561307306566410028635254813367847603238170503339460519914635236802947611426820489113371062214112534345168186133073556513062542389209593718022598970241903023934052393428541977070242858471669389251163344086664190747805171741054335475693147710057036856526778137042880748496552499040839433949566533784409129883696261060285546713817289034911808074713033544046943488195938494756779704102182110094859292143178714245614466525475875828476374154547469298259742814606875993969961587582364958189551869983266068970123560989630321447837721189515875420532778570689048855885411760779993078565282778953629709086092179830843399995789832565566556556704588572690729866217775190982884126353241306367182849622281568707557728943637196169855080579124642453374377224570058724260721033275441750795912787332821468094346342770861647219562998967818857718075110636512643304131679782797672204706404516453952766995541036020850515475507944059400958826033742313384938020880106358601145864642711541267186658477570703216480240696807465384353743698134226623573366126635847222916173077835630773757472183895344035087304568038232080569965351436662774970754199013965986513390789815729216251769885080279123944181524459954227657468780937159934364940430084593442269746949090199637344204886522193698651917486912532394312187489612796173321933544027809873147188402145151487160380630368340510836981569912057575796887227282444982673879782276487671034019279513599575484633151511553008099786425532171706272520843347754027707278997224559183979880022946993978975552921260968041233994979749551693412068981841587476056756662205882312391633924780434984504249244308455474556140996637566301815989436318731012382914566682256843791757244608589130182972902

564452237489124900295730133198569682157227329054234450286420648029
059800688453745135351318855766245415200093372500499289243385152026
978228937403626041686088263084037399665322397577581828104040445330
195421939726335573306999488614586980820981477529013868702736171129
780739135687617330387167524263121381103223954306008854076349888690
771937229899172235325990777663205934652213683133045481345551728967
599891977844284100712659356305537881314728460364523632910006062158
627464067554049068398368527605532159551822416156033914049216968198
693993715998138091862466983177427471789722725630981081114393123552
635283662103388267786731149933638451895462596638269958440218626867
501186199078437466939719507494872410482715446691313459445039643431
680164090823527062117925640569670397825100839204119266310715802937
018264420348910301604136241551769274821685483467664087009117485456
757450622888607181286195050062761414974731524778960805213413052777
894467820474591457865622651928774774295681765570790446501177396108
981043158934473591357374782884469587326955943884676016864704189142
426081456001970263937616594798627912534115991625271157931162828608
428410916430050436379538797711047307484268884099349658901097488466
776838906561252548170518240323594277704013245124583665663276421486
106473881006795566093257330572692271387936019774046305822770288803
763739646007470929930404946914955756742639993110119557177801854732
440032524013837702999047389397677393165844182594724523639103967992
569550331001704942652479781619911007355016616169353140531797684227
532851048749917834787215904774221531658411700657645996657358789332
501481797840741888035735881425320962153045047416191064437287843773
142421847074357371200095550869374665523568892138864899749303818346
254234000327204000218483767006698873380959119043733070408728190310
359506427915949227733196472171894463249953797806672427068365413296
598815701873003196978056533166970455913351010213523897913982973621
965736576855598117594877967732979440856333162655945422110211178622
997311408374768225830743790807950710761561510903314350986899929059
093099801540897755446655912919307428367774609701030567516236370977
756118693269036003676748906691597752224393659174526891873628033845
813296895009933243846537619948408371738309401286364793320482902642
257356778867335605931832069459713523165925981162439010051784261077
112339060962545524863141333710365957210020637481910687420492270816
047256551204202585042909783631757045475322480018769887758658296589
282655861589645480543820309844495698792943649580376159957678070518
200216910137465829858119768445966612419166181355449785230698636684
265299690343285169747214152605943552155906562898315318443287641454
269992738499540058289910657747474197344241172635282220037216504639
472395791712505276408553234388118045931283358960352124563354150119
828491902265614818413290430625301566931933194946742763638373560190
633668661626770468755729253453061319927246354929137882688801456343
684392518008662740161074997337479359704003858338518985971432057154
651524107693877798834200900780930233172709150688212018342971073402
096045786522959507270654012503983408940133878102434006946911931397
656442663261898353669188241357969319145127640898047652335118692335
397259396993099257299866838154785136078384417609553200318576884203
591356784098476449526017457925144867312106283388707283295893647241
975107027055784446380668406544544322116834855392134948415456719940
112110680077535115902724127736998752470443415668434543733415167839
467346086520208929535782030719467828226312669630825954096987650973
994001423317178219936144457285466877119855262850794623928658711826
658159706843177033398198287650511086810405178769050775210272755580
672553711325180124500161150038602665576951129215317749754819283013
375012400327610013456462219634664132378790569577962358651680772180

128599912938392471713812118820973461987900131739746431335583122309
555156817944015883104793959232813097460426736058728509125834366524
039691111211873783677652666511555011428808469717438977483198938720
480072904426085411448117419214265859265833884768337104985742862671
775654822409579035194410358211898750728899608193814520472733048902
255404548738801833135083819470966133346078047735822384436380601601
671220535872104759648445170180009220533249408384235346148950281752
808654358872885474161837661230081909327809303436942480218064507587
770284189959620373421343179334330901783607166259917610238065206840
792947676553507268204655048659449808340295466341310325093126128989
956554020994611493969221879913173845299867368243733041623877431022
167688670304405408261322995909103428066307011973798151936090800268
602177625245115164654447167973976151837791336685373174566978217114
659062517235693329488698146839452464091360391410041638497762871613
396995394745051697870004635233482136657247374665091520392671156183
624662240457219412692342703885045274706138157110181523320314696810
203930371677948775018400337880350275593631163540009567097936507847
557447369391267571188579754993118669348802878996406464090318723726
203922334551496476788925528479261777658299585929898266511132374295
938788985907482488655894933669865624011610048401374373226865029594
202276568094617923406465631035809383261243365204351841488980481208
072015732947882015294552598018641109895650376038203654573446828238
571225789224893403872921716696136836700403353585424948516546723741
760533265338994677998865935848731841530451305507975122460617784544
828724711599428122531794199202429146957497749335740334897929564887
142895429984568673829911229739413715013628781845003514766637548505
503753497348674421092838808320577138367026716200749798669543389519
740871442810088842016941493634068203701004936601181318048979245710
239234837029462882721540493905687940260987447391885746982128526667
654496532025326843663382992880755947578680402720822539577251290177
656957840723828462405092426831389796843420152432704771396978712180
438672811643639066536561721704495992006399355724447763502902664522
131923364250818212114618178660640850411732064108108782399058489697
019010152555912554148095942899535812131334339395324341313770516051
034953188531413956393620948838197166705215825964547260296676724927
572108262589322776640067603650959935523150061846386725454879141494
440709622097563431429575690477590066966122338599208573238347632193
308228843362992161536018807131128888169513798454885776408008642501
806184957322465452453741536483302506440450498364041565909345925467
317793254680682223212570616684374237562240273554281236699582294708
891114232076831925575555627275235959395523354733106763277921484206
493634195899811858077509489749178338479262108533529463363226092183
864297168410104468523923534573790219974963873992121221080343129488
456429835460476020289761731807680285408718656707401003662996122759
316276589795005844515655844961779627346225689213379620442229385706
204197538282831844029392997534811648037872688859168037499038447908
378672783895949937734552646444087816483444251929471348669383676806
027248348230590017685907669054838598981975031925284157899840082954
915275731455461258811720764613428280327131985883248413567564617561
338356493425613513454128608397323162778395030412011625530055760757
014554801896845718273810447927826912879532293072310544928077314444
766010555058665976433324704703745118098953549394969445311136525935
077443522162196583187390702021790346442771571878883111558664699252
215367980514749285222571272431631112635401342454478992239610379713
388587299230845213439991778947193714819765129413485638558510093927
322217529044510639295622427342063356913892002147936652686254237678
046459591816558267797569682343088907460353749950477933592021054937

236632162686034461047320693776014810316223074177080590257735750698
409513420495160816680645551880051376660955190403172941191545349557
660830794488114821279419677992291784252253530640323505584759787448
728895990223947284544084272702898605690600579529824936683066837398
585063641099554469414948643504134319309555901980999739340858811534
361980376754826246305056223144279902429418479550279857353604729785
593885237179523570803874489623929443133220046788226432259163130403
095783070527014436529083342940767677212628487306173555638620960647
461325458940486847546193267443807642228641529615043412096250540300
595564721475795421638106662571344651051634513619789072419934204693
648947465333367611820634605441427099563412889260845513159612794964
824572950194074520646936426599505970656041406480248406691278610125
818171706427123227942779982790742740334722485387062514649354164155
680829027971722257486497824912171392985090275354310852785198372280
848908572164689215592489510786792060141438084168241133676331527667
906307556744506264133697803008318655234764618002819142993156352334
585378901214581736469543499806062041583954373886296758067176412059
925332826606260913225727445451397734566388159735326781473041243784
733328794365530482999773414560923897691298167159143852182571173151
003850500689599736228992898103564153690669140487202789008767465389
850070179022482084449191576606165324341455514515906553741118878294
518531575712409757090723388561361446785881587772683084559042410104
536688895177785703886869093432017113645722514101291209637641379081
399648747980716262300513750313628898707005609278465558936110670983
774175636485902089443996323475921170238227878056181373562558935092
397510340475977643713013800654262916810838805260849950863771025427
578784661432873031130302010924151928454448715023062621109569210229
491180101710231561476253096182579449953232643531103832570606214372
632524414479483200582868456130887090282183486032320243552398623759
099816640042829599603227907396098538665159514652404842507523787476
407285567289302194360217692483224264346895549585321237936620671918
911782927747841609666733876031110879913135335985188020187447641676
193453200525032683173119987348232301842573854309794501847574004945
128540232695177070524647177957391095556102536705649299264771116173
684092339552862128456919381163607411528160231294259266122224650320
836459140178612003072038226248472584177345771541855285737807145698
146394266642898653204602574187546011692971812655717227125306808351
179354986036189177469622860062776681493557068009558813552258461648
414808983839804332555859688823336704474922170426606282606633155960
816503829497895230883044906122701681938343404658374893150745750723
586550234665454860608369566344510524130731974737972383121108770332
341347790868312344091039610134809681286711463875293991454001139796
571831370207667195554849528157791806083992245817543758512854802655
841806846575984202314355816752747762806357997236156413349581144079
666321710197187911078574642949297142822614774650069416050892830302
957631272063769528570129675625290152075064123007683771664407920286
754106708451199814008376221661660704504299894696858750814698283732
837239375173315734900345298010050319839262068444973242849337623732
841160139050427480258337744420197008294575418244793432571016771695
853343874633714710120215114113519968079378218336028521212724606224
813319606825455009018459787492812854545580927000860227112209290010
097974002636767322833920875631190003555851382039960687629631349926
397324456273872311124963442747448729486732236300851556208404459725
924188332023696374373236965690643565948498537842670732656936653955
074066059638709424248313520128000190172551422985659066712955132205
273287692595656409390609299072880064485945993915428936375032650171
001262670878705196616911883698902449681209280820119189225633515728

761691727476448221030838454038762815560958082392267003956753528173
380981488087188026754929625584896680085956200422180608755192871515
766004575381584773202228707971225814240389896160246574283751935949
377255791885354768090386923516900743504571681919796572395531813997
168626847940291291465567252079922260220401002179034440075775699193
255253339632287777753171466845270130032326958985535138738333442529
082539347367860450412669215785356848533717468845167329028624696162
337707512736607963508400652643842597903603620257767990370264339422
984065408504987486483393547487787000000546998875934445473455747774
778561262677697759524845133397109672186052403992653733189217420240
075677196613115757325801946604899456955718419284578663577430944621
924314149438583850260401158095179074399863045007412088433967767852
748045685680205740595480406201238104172596058249547843462703739079
503869777281485213011066529063071767716574669566825065287986228741
397058009671564606150338555210582303114187330274412448079305717984
133933887434365837879123816856927890316339298335400844038431048950
540979784070017286999608569433566374242456915341646857062285745508
363865433768508994626498910592859807518175065265363627505033293320
854451060220823098521793688388849584950075982433148937058584373845
228682455307777435423052441937398611215070674587236409583623473291
975320951731947369598548039413115592110080726173449152275620774656
870173372209840162995608937199116231422806123499552475025364788035
544518561352143801588879611248752127261370445815291977755673287668
422643017190085140764096376843909699412983364684492712510853075195
993655548418487437382697821368396158646646481027754845520960397433
711760333328606931328622684333519056043118294494185411559312111708
410347157284607124570706016573386723793192145758311083188987447359
799307320316219592135662790426497581083354850014177843063443055714
385985608731402811854574833050489319697320842537037862089239089894
436934301656075212210981424110263403150364236166958808403720162040
373304878708433479186329430967760026713039934892373226706445668792
340126952876928820063102291656296038768452883392134756698308628235
078722567019612096237496563444766470613281554887172780407587431516
795177117324537751384914925689061202182920231960903057584939878930
359118127613033933032104957748129372747200086232419760305922322167
727833363964260503397982859408640951949752030071331457498005556729
790970156896115635456302606550663665343580922649791502649959212480
621962505770307477548497089754452993094351930367914064175364825670
633416790602041225117328766299970583381062474604895611285424270257
933330628988477218779385445929919922949764461258660311545759977930
193280024243216873022547921909467835940569761940897766035691333262
328347912525258717535047386241203721751498758124745649052389813222
023380467384677909559849843040211605878401861127084471853521407151
278720248392856798882973200115871056448605759412653610236055945438
726904246755285529830987009964268668535851115260752145061176594795
032251253200960973602368909178040174142810272484343441226448303272
776049947453101743146159989062342004213056872101017575510453024326
566011251511270827409658805442106667360069691322399051884037406226
382892737526054805693882093754682035893109838542899959585427167360
381239144529131118922959604971987265219953271170997986671946858935
713748275217034704122922042599732932608759155939469850134136614381
566271704068557445120261619676675697567755607380271375639380033424
488280831471953456901602305142843074489050935843205499098909591523
104776663664827244460255329751300772156107105279867924544202998233
145983118571614641507784712414351543339723065369679384424131624513
079885047916470094556037385725744915198511770495253450078117211673
159416211415112239337197718695534565980123885780516898037345792748

5729236838974622220184713642290099653175852383817105780612233243 96
7176097063806849440971744115046989701153425712145297303989496600 91
5038447785463322914648144686209363124743998438200726871485105257 87
0088626986135856836817706927315479022663214741614455332031532276 30
7148546972345428309306475283959785202059214261137021114162635440 41
0424046868917441691195453545899028171073492232347891859459015966 51
0974713463327591140952330343891855067837349743802434864219460352 64
7871718635706260996907443650058503372898776935295081943017095042 51
5594757990653892266251724811572129286990577247230320911499436860 04
6447153360085200521635186319094540788533285888952608162699110192 23
6747740084907895229431782758733408045054006784486958053896350591 60
3819514773813499294169408100896349223401866005322464994230537569 73
7242655704917766517212534837885527669426327815230545792474661916 62
7070380497272935580605173571087472988844999661092849545192323346 23
1639562421957316157180880980298816718734122777719856245284193582 68
7591661601184822625827723167243442618655644999404536229369635606 70
9903018991270773084500554538904140115757274380663316767837121333 07
8904140884094237984228235717816813514687122775648638168291860471 98
0126889936169539507225954823762752749854003992219877025019403967 56
5405074434239731906718051959901204630734142458565548102873125995 71
3966868178165695089907711416851921204260404032920083356689062404 52
2031954587567208275191852616306296028713301089600222405505975528 92
7500896319745884095531983178875430291032180239538892492750911551 58
2044095999508741115316204949772950188785457657567701195378736437 46
2538971593888160040690387627976108836156811450391680185314603189 19
7634069503004461304622237189087754380018464352273983979483007862 77
4064030813832889896098733961791881685859819175510159348599633549 84
2315158945827364620254312145743962876834218130756936423874199879 09
3910827013960953426124863168813027410413555099300823511240352302 39
2760466783386150574288278577943597784196159294066094204363572659 95
7242058631888758406499385775870763486090125559563734964193982735 15
8141050037533909351277183122384146953769784656248979179271216632 08
0758283674741897573369234818778966672722094340213318977244838886 44
5389321675476178133128557657904314388694266791037092598547008819 91
7906924493652996955447551313154758543247226463873812029923943738 86
0259306642074238650741742280115413945041551387124695088426298011 41
0394113497220718507555835230565167496537830969615352436887220338 01
1722125577260428581016065290095996208537299387903740696179319446 00
6066172310523541158673642440839804714470223331640205155440778203 97
8717055519852816958088790793812226902408439031765834598427886868 96
8884944515058765858524686573058635880140925013435834022985012583 21
2303376699775527573473367448590097084375002604889568086730893561 83
6170305897385253802134010041134194714180988376060527110105651784 97
8910859839650996816437820002502188698319252907634011496229248987 57
6816308213506298306211870231363380667535782899557149354290769947 76
3924975156009602192189577119665406285037883599348261337207790992 09
6542120940756339090320068957707747409458352472439217779463074552 90
8349843636002503299664505929246477955156739180716800150627742447 97
0436475682381687059331417769467430620139759535910800480957662883 73
8321870838002250000408136231811136673817418548813267510126129530 93
2608284008890357650831427635834507733237743797343111701537121003 73
3266732445122199793336088300632781646446757047247175594207373329 21
7118973281953254305401947848704019919875469306191613820033616565 10
9808363614803454788438973016886016199786070096183732636902312921 29
2643288388371327406333177530846086168989240235215835298860651553 13
3093663028484395062917695328446701424158039092496156854600344887 28
8673464527711737378999736085695669555009742930962346404103566688 55

329222833148559352293334113369403937171865708862781703750433999728
014665180333388589984983127259023651533271136952111995842499732788
896500842524549305558854649421676627035812747972997571618874972166
790129666780861377454966133199979333692845343588476618994038600721
813236184527528150256975268579997807992986578211235498185169298319
683071011853126006636830759673338487081491867868940118156125942350
844389678744304143692295145322910441515254991525064278361778139876
604962600908031807304348230880455768603845266691286267085521903672
928937475257742285471143235265214234833016378591643115189933037343
481684082153653126972849089532794167284625813534588808685657995650
392816275279316299285859090909901213101604300069657473633293843578
415371149390175486125865208963645736475802256029620052666793055473
067850541150303842421406399309606883007126246789754264462614919585
987720896401173644836475224128652652219565308402719105021910833988
784623187650700939937726971673046431160036773845696217284777369608
553704362905601414423071547445296053108333740480950705159788788771
126468496947961536987994889816722965857336390820797213011015096988
766879277339434941047159864656618083883980266715929741623033511024
888200513868597485750553974840925441865868560756402584179182516308
948132772012390938307884083709707562142761416566416625601149168359
444049897093676111731896335190303750275247473361112945676646970803
467669829791743077968613541657137108971641688097830189834207404124
681630799966035431356305079904240703010682325482504711776262274952
037348033276312668102598528499667134495108664569408115705650576972
177364694257770799175205779840073567898795033849204649868776632282
930217555904246555661450483155443406554233749558922631548561858560
941877211154154964366217136596348498970616008549575631782904357451
518362829927704874146263310015271662603505756722727544633995157147
115610003276282055377467212851377198081357030798657373497147357653
273407248571664074209420221307914803773608092725354150413380468118
756936499199811941002689412730034309844075068837299799409682309282
861297762507351973945712465928453175882490987071215592250099447943
793627161198731017571817675387666516229855846021269313288504572273
795949817989442325013516449245544684121262604625518249031981067160
859328629156762086572725209446919477064712024078908325975191575967
875186360629271004083615345223032871294985046101545633827105752256
393350309736364954281224608215627413006585694059625451225984564496
877951067520082183682447563127486263104094222590719252493211833105
070136952015140116302494953499269659366034702040568633763377674053
522739493434652662130736137244021750986284676041857569140527377295
908875459831427746016957227471284131591417179015517671916474795965
774680768825848395278810081099155039012881116365202923704380532565
955966842391334858912745886541708713003797573736928013462247086330
946825629765769657690607300757229386697765150820823933796779784180
785374713805450041186874266932224892545405487069969216812372627243
893083612736166472787124441376681828905890521382672563625189124381
524279434751935553187005035901113432218043793940442034758584486604
746523253620424589750536573122475953609668622440612958644842228999
293688439861352107808087679455172498370075157230223119794267475334
415758804853230152803462507071751817540490324731594063778458881396
316441059887069821206008729489152480269678107160497068534135329964
993796866660527624679459945316887987194105647429428587382700112888
416731775223660707128961882585264608764596225629107514348697920507
451839391643924091603253614786351871031901384966258942296629624317
679261239676233722713879174767519022579342893535489619901757819427
817933593161744595360665638332847918392927659955066495641924641441
093907302519384576926654307356251850184875331866110170943318627558

6982354130759977237874514618763798619915239213194693027376457961331
1319025389707900611143267879431184114654331731229413999141714440669
2112557692351553864108607369315997200059332897210896725948709188820
7844989762684900016369975037085951665262647179064358804916319635774
7613967469800846833393518496194229716812568354350963260118487894880
2320324929980907244256512327547751318045377354837471483934678449660
6706639597420505594014051169785051433543512975718645056378506056770
5948282573527032043729211692823936778938800384893111798803612692667
9757943258204370483097834330767245671263948496811983672227502834668
6253091694792560137393558581905011862637938941020858012311507411000
8563819499711132162697006277413164174643265046541119742383839946615
5199785815135091450898904916021881529835329391072476635964888570993
1839951150152464261899852875064220063880289819057237478049250053996
7674794088948552510222039678107105652547197176293799644881929290881
3945278681104465774824355194392707504083870966048133148923315167777
6424239793975257253333819395277170171649364294678205998288595510776
4683066364502673079733009221244722782082896710310334362091704477993
6479068458547960025057894409326480472898875116394977990294217548440
1078805559392070956294433169090005376326638451738659735539086813999
8489990688603400738333268608326367301889724134823065237538461772202
5353774079308010610761105860758441564698924093247330175323418325775
6634998923990525170167671398518768036917919996325611029217193967339
4740497647491949708699896664336121623543566491311588050025836928888
4932780346485652143783412329788541515691244730697541979270801821990
6062246877948964825956846238191776636727043584385143831204755000999
0738498192321045176128161080825346606587072288868630579455463399779
6266126933711056372070478783015323433137216886895853073941318209925
4968574720825263743249514980850426248710112076812592265532298334331
4338704406418599809686168882562846015692196955407037667442408072212
4154491105352336271543210069110751888302060900383018323408761739910
3404655724924506795696772020130152712555154843532031976103471121682
4631341531856571945572596562810959769167816624927602017451730162210
1718990805187909380744866155869768548658726340491763168556468951886
2245247044484524944624425477392543078633062353685541492431770701448
6153027471751219622092337997860208048746964072106591229189099478664
3846595943790400597553138859648572757227205664169384270473354984442
6422262646387823528902013404906297615990225490277781236807718908806
6732840151863591006792511841852415292908627640735706912751975663315
6643052849470176372181145986047163317616840595090225495149398348226
2136323326127701406007469598792938263820629690787080816198649630559
3701458764794593711959555151917159825983722953228733923206659457347
5824682563283812165424161601158293292074761500071353580183377324006
5220772207410140014158536376435281239235322606929941783536168347442
4299455011190043176120629909511526622059111163417002145534105753444
8234910435045788758304735920640088482617915123189702950492667572215
7795153776207479073178713050284167709483437175932506585178385409660
9370429369273190095809291925239727063852207093762838322568315396008
3545045235091178044274893925699640559198906839122940440829793397704
1577438792438102215392339540583550411362176865601288299224357609552
9812122092637298517565708139921220936946906947150523280774592298664
2288028266916637320383930917354602390031760181054967523025888820331
3535145538901637551381616697822505648077006219599428694169527868229
8874787531402121399984738831197863935778745917724868603126716282668
0836000276695524329912284402074463735314633853118096022956431527996
4695939311533104611262529118804884364527166249016929313138436405555
5280552202159386298250676797384467469971604621173017884650369213882
0100724823218523043968864072666243434631755499366807253268764657007

4312960546496574201478885872464234306849180499086878912627432268 30
9834495641930226894641879150828608492985935465320134242791748747 14
9258274784759251839176052615061659766176741020708002221062310735 71
4553065540164456893347643475192817917984706313839149820386854142 04
3657463743859263882791173306390417782189041685572327219536040436 59
5847250344675659380775634961273078051791195319448925976507128794 31
6311941385059929943239178235272587656901074515386241937598423274 81
8219863974315598107660944793943855098571501834275086321598111070 88
8946144810631588219439486221058139749766406334645423878564061388 32
7860462770334526070574259967339212741363648488776186438203956831 67
7247109098115507209884870092804790828862807240145629435713406991 46
7809537984123038953258771447224354824472802121156490226452922692 73
3335055080193645139091235346417682294865812711634148844648713894 04
3838379631155984896408787247929419678960170488282046821676618349 98
2480725938518535627485437100453613753580754759373609844048299825 13
7461498574343204969481539083188652625553013727808553226529682543 30
6103291169157122618809213492987910354512839929731739361687242090 13
7410537944219613792562733725128519880025600656390652668632789404 56
9022836485180615425947249612536895488434695580350377582906839779 22
5346658955052961264027864814426404291414376637711249861338391637 50
3555194796924967641838607628885406042344491779472669851516308534 71
0232888983374460127795782412584491834593928347169265307622825604 89
1699935904426874610143010900260568710375619958091631916687073513 31
2655551709516518099938395244378881797069600830785030680388462621 26
5992578077126077588088003439783461330997259005960318347627815053 39
3335008865242800415285298544430803953337450132071739893495167635 27
6632689512196159730310831957476102749874276257874812488567710957 90
0592750249125921078341287530279005513745247607463393538609590922 24
4331024449820529832353217211837971909166289061093905004026233485 85
6816505273438218546798564259468980299242578914849898031702957320 26
5031428238936771651311428225406800342889510426527237363436327043 97
4713859929557191427410041772166514787864806235786095198757165264 35
0673599768531817026536271897216064812956543255780841609191199586 10
6598379839906828921815633766300414496379518772181497754460656741 51
2259061168841693645807319848617450164353491704003767367703282339 81
7242787641863756003199001521726127959422377791151153872534748019 89
2958076662795090705642519676967452131089086547914473182218421069 45
5481777570442946865351605123203642820288539716842931782850510041 75
9907372745740296984221711084119710170795111922643843072817024975 27
3651155030905669860202871615617910147902158628559745993928794208 17
8934508872981175579247329676942683585199304164996729022318615637 78
8929649449115734862814477723127202692621186149838937817470626354 69
4173222422816015319757146885533485406721211391333621919638585559 44
5669434487492837730460747918788271139283493151635521021154616782 92
9011988481625595829761615193054472850510333374151147662706878119 81
0924586600307766117237265754996908922780108687324358788964095236 66
4475180760795087874878456630271175092829135106672040865553916873 80
6527994779872704403685680310190579525132472810774268278737087538 85
2652742896724891252959605683983088711526501068467551331864007459 15
4855298189914172568472931033297155171244619221937580068291749655 69
4980416611800606616464183021434819849515433410228578600407557372 22
2238268351687241541872612279353391594949844745132531193938886763 83
7299514048230140846017143241234098266699602821942668774602035004 44
0856123473844899148670537831106303374206323753840181604414950668 57
0068602918124555728616694557231042861274115796768553677812820691 89
6725651764175339883558926200047249897831017586848064161068770319 05
3857416689621099578993119813635548462355616448959107906215750655 22

48753200110278605597490416883598082127220994889843787903642123264
00912372213693750132432493974804617571757318556149333696964575145
01041018221146281930432319948779124063524332978388702146975588570
38587553372304357942154147625948156778134289450079569409217527505391
00497919602265149678936535041785816488747663628892316450621579212
44770538774859296836593400152643478845657191993324559344747610766
23801393691187871716970381638032555734548073847310096280476653805766
41962818616469031498958907345168625541207039556507681803380032142
32213096914627713517750206324999327986922859678426298922327312739
92315129744007286908240456583701062955945982745437687283745873262
54960522585453869197047242795525870105666549927616979123038028924
52736343083785533879912282317871914450095373911424489420662465052
46213326402923007729130906133149600196485485852688850409052454582
858966860742077681633954095970906151333518921728303742664261210795
35392084497657075880070000955964349777295834342960399998712660021
40978688962774299341613339760764036280423807407950909113048612831
85802309899401977660325207462932266528544231523100197722265814642
95271211368498610516080496507903198323067900863014064195631943731
68714017032507853278251222984680476805350515330998641446526888046
21007291874674425630405462217987280878798802070524812628707532521
58657133684441738397141690975995029561521127395162140028090516754
35991135406009835656694030607246357374576134868049425375416708106
37601342107586690778255195770118504914900325523866373672820421812
29352579424522593045636706296101588967636955997692351752775407406
92275525689335798999163766006287681324280702001972863163938392443
32176318527470678835307662056060553927218608887926980194155380443
71130329839948009332199919350095397012054003992211780906801516319
38972969302942665110515464718454083576601353232069228947526007579
38714001885801150068713456314067272635818204108662034486505928356
90722157189169681783875350899806818840774541815848328749749452617
42532327265671688022435848866738309000909541417642746174414018815
98332605669228122485360534061213678218950382088334369645668205121
45698217426186910849161114350096594956692502453172870459602279819
65883558577765785086290641087193231516740508848293371575513622993
03394342722254843015604856557913269016068721438154484089772972082
60250262870174727697428368564902870589797296670124027848589867971
66409559035794352621345873184171463855295800426263099146910825344
82060932262151622735645133093730606265917997528142656750416176284
87777106000359860447614824102146700651903709097383892418097894779
46175718801798779028484059543260293019080313297633639455633225855
77035136792343478279926346018226243837010296754891343580936062338
90275511449838947800227010165183332957961091843734524486807631302
18828678884334127107404972651400561785491622457937974183909879110
13012385056648942162928017552779435588780800038660163185209308178
08227407813857211647048213206600692175048924175277632264118483741
41912959791624449863789743989401647073820309548963057670878299080
40124619896239419308025897103678740919573209032999290931423273995
53569748604977914623286857255981070210686958161799239008272615848
84928395736215929733384752601544080037374398876379112066312755260
09218172039789142293787931548916064226722151202911006986208193500
36368633456557601736599725219738489354261513607795970706514904731
98270383869277973435873338043258733862827532250430346684148961844
93212198529495321127412852069095213131808692457057928102730261587
73251519151947173332235073919389450396978665275490585557612926468
99109904984342616454822939806213692578430582571213494698810095674

1124346030589559361562636338719239495603505577593311021157802589881
1054233948104209761736203322153307460489869065690499682639912011222
582419527512826930139512055387016777719827080791185197916197707609
703114942545924758511271024341987507926156400969050821382267456354
989971785342193038446118944406929121494425613793617275975990032600
676914795063425471654159792500736762870796854315265259790347625207
073168634843918593836663606040637241663490554890170418743591571307
184427914253679593195656331372454807172215308405775780446422338287
344842208586263304966647279305733273065924363013158109900042232647
729042237048674390922852921826213632000100184063717479760803609387
198049949150747306862108255562842227778036758190735480274224716924
723592375923146544819585527602375980384666369570929250941793871867
286191114353127649697923373002877570185544188682535850699517644792
776807683681428714172373583022830558557116393991920068864708077184
062678483975885046049219895478016442622654673710993630273145011669
046843793757263898085131003495724944050302455168768584797126682003
810537665528479347783666581357206216433346853797800852904302040576
808988727016807068496860145118610901835855313273010050047682399552
936429749124650294987550593110868145788324134909376809665624527918
269467237278464004372598804121988816235541287990043633095102879634
331407334004753000179701254601483650493008494901200969865165240028
819632296926630584158784085479024428264032337281544885248335283818
743466204081089610341604115401265677552729048583277509799530992879
174990120449267690732709694378652036193733452896920831021696598061
392499563015838939492372724701023034043089877400363483390828284790
160818481379696288247127175166094071649916920880206373833905913548
025528539005356957388598543379747435356287278076085312006658441737
541521686044599886117586432989965034184430301870334938203136191107
893466791446327152738154649707736426281792653268174678306140819431
470398738656598431555876530410721889565429664806683085327935403287
780657764375056472374828496301651859633457313973324239035162619758
179556237486947156334795625940342228337756781257397894335701955353
516514412719356618008778697611776883752571349922591714286585806510
590053832670154712530284054597915097796690398941857432529010869862
669825107051887615026997013411359730637519674585325333164843552568
926501955625879631454890139292498632887047290888182571584825305574
161858235070984409521145667240641148166986651468335205449792177903
276406716728685044542163729176578894602990230713681129075662646521
999092814920799208073123018037074055332323586355027216501965915192
178027297733868162114608467643853557706862055067820067581748214223
248930264205671075574886776207155035022391981069901930543195609986
691010982272336347593629362358408006478081653760219002250273545496
391300697001500237821639060862443497336117104845837293971155415757
708611258782531834257192254000913823602246117468954324260760567528
301577982693529622041918724142504644324165979865876726133344349858
210248508133192996951625299515816548527096428413701289945691444149
620440080166604896405675878990807328001760411492960587181016654104
545249035986388748207405535531646497966307655039226273134567715464
846005265543748330599658980119972336927881919023331298719350238334
571255753125254096026787808518907193268630083327534061136741801995
207009404626588978389350217579202860076336610945542127347806464174
263816816308333443310425147734456225552561446393602004786392720968
655004787850257868984713151164485311059677868694258988746808049424
961736574615595504399449463812764742947916676921754995889229694934
221327873055870909179598820981519144063820379559186086253875772611
017007654239212442831923145710552328869601176314392736999773243862
074206430733275397945451735790301428987555319913502142299198285622

751982850651111612873822186165312252887939522330514880541494564632
221878945439889393903813077000879598257921431080237456460174681157
923587482052347344746861025258522656957256657780622130006021445817
704289917694841843962469671156004762235933947608806329214480355382
287100845333807763241202085227436196571541719352952573571910517740
631820964055791384608688243391114640860779129018379805598486766848
355461333271338635321369647101942374603372998234661897992329434719
314169299434307435592314964541023205758507347688097938428559311384
841974468063284882907597042819630573035759222495127602968783967338
257153232921513749618773864044555081154859575731029010818449099301
832644054964342671234687623007357646662071114901051836452117875394
383098324326769305179760518794367605989301957852424527974527956814
189601198906433217830588350879677232372958920263733197734509417496
872142675234075823863877680294610564716646499151525487666105031123
227509950601572926422941478551368388726151131433440638984622372544
914212404862218360120303461504614615878792083518221174306811017123
332628467771235711258294608738192781645847819414795548101554979852
834274592681000956200212144806439141022904447954780580366456707812
116407969185231945651250982396494276260714812575671812083316160209
901135835207370731352897793418103199536030683926905610220975853859
992525483414949777859271296041104684860150036340641624020634842984
258540802194711321568318389669736986278262180139283764316304819855
134505690960312583373597267111605659357565603168137552035504707303
422520638889996013302955199855948385264662195521866934852765143490
687798230110919340391909137616591449065120916077897576992444491901
189792595824234538356538089854344147093297542430147002391258826497
362659739117123635861688232622565884469970176858470147203478221493
929563244831680444642237218667433966810281485462643319766980391131
0728635423242754868341451508645330767690069130662648553968918425
253193610254335938846786247908667468440084853716109397528037782902
709409776067397812655103903260332241041253686060368644950178273037
783527497319204995991733816446508608048491611143685693021421338027
128265096069931490764106505182863315013554158576871872813116652205
495867162599330743182305200709352203731892897596912032813899700032
753140838302049970079404346174577134102877183086493902567048056609
183301182039585279379828490422067776767653134539071583707352087697
284955776487168394994040431010851788500870340272957018308396853775
051914650333884356607259124010661840359401404608813695234903537774
362917446078774254377002454452663662474586460521521932639847650619
948819269257866850752237267037820921408868401329362894011897090473
173359085839824463349290665516823206847745085122791653011916404126
600902042702503351745796539824994799281975488578920208057182198276
970716844784544403680671294954906109715985855018680832060135111428
644063503018103495665038542806291950124129083446264494050456936516
660955625647759268485737475806060004583547601174164475903988600397
461771614590514092069698890596238437986869489478901054433288592038
261039004895755469406519439106413635422557915617894533706049905433
722474532449348781024377392557504531001760560948489030682617047194
652379940122222508073220913247844152502849880980593720656550409857
317340683013158971806996356035872133943911595606296207304016875051
802825904781612068876466760337382804153294607723464874635122163732
130270989503489990930410051501629658999550047014413632739095726193
974809981426105640132449792693761414886575398937194268162134360997
817429716521648035723304401596066218092645191830723120786494525597
809327789032966503697349874176032645169043711469323144778766626862
764507653586681999025414612033462105457705325525873610717044999424
650844481189709435942872816858183209717062984115401278802978406374

3671713762078738331939954130687023236322196360859157862813666868 58
2967976989313636458631659596833484545666317164298377085115000377 23
8609590323319033956228203319221246745252447109390308073336228314 07
3093603902940799274199316079266390158547202742629950730641663334 11
7512952718895042181144088935467546037212125300288337722982815446 22
8945442810166849599895536252636679173906802736254740965403857656 29
6724738752603833463902167565953550511535872555251451731438053476 97
5025070331128081737632119325474334076036381065206863217481975386 17
1583705854534667856734113514823777677753458769667513289471002917 38
0866072169294685531145827051359838688162644380600181419262635420 47
1903104558938953430701977913013380207429371121155464013046062053 65
8655533182826646578076561722584746195635741765831068625594801286 77
5290182436173971209744450927330923915752077585758163623767147438 08
2137791747466050014700553310287838847593012386340591863760340469 65
6867209701512919026035514856297693378850993408045314332624166203 41
4013820428152794938645075484887646327294128667171717807175243224 85
5628077764318683830596675419179996868079612473587864189860683038 64
1952296314380248900073339704798582062532889281113154902621011771 03
0766042208793487164322810163762940686142770708401236669672270301 20
0442265165842628303833786123581474560686749041945657757220434593 53
4980703165221058415521232077811425478821878184933729394396789647 33
4893378705292369188199880477223442149867426212892590262128094242 67
4704084932479621723999675952311825375465182170059399039694565854 66
3783234479518525649488411976168759887147061488036959418095148129 85
8408255143792526552856284266228737298825856268116393610221772782 30
9294496191054935576245809356136886197636638284930911282945191624 57
0248264516442792185648736001686848379525725682896657133667318550 51
3732908418553667017771523949574240605083837825193664682193110985 52
0263923894735355481048784071767856510629864905218781319385521045 45
9263398631787343026246791607380495105701388783237092633781164309 36
8725714886993606622896170870217910089075094433158909846982263535 58
3482614953277119374514201759525373471222532914991616663313750255 61
8247895311585688552639299604647550504090581574408695919188263160 02
6233203934671997837055906176525992067150711798165431976525476136 14
2353974112972903946791092627881874839024882613657952503348893634 82
4804359541630346892260401400066451223624731005813745168090699780 73
1713002073675923225803189298606134537925890696407975649874874596 86
3468784774334568899602160615840212500644114454288718785269643849 44
1031653457828902343441925863346504782020080745081568451565991522 48
2692900533292923953496734110158429734578064721022192170880852163 80
1855589329810425948761599076268531814223224241976793721259517136 46
1050516449306728705146417591244542908913400133651449368475423167 65
9707447178333865054522545897054335109699775163895999794743176651 43
2708568304191302498695212808539663493189820649790888430492650068 56
4860346959175766088427759679871076571726668797457472136062785081 19
0450641754276783132237143357131340672459995636188462984220564877 34
1462284602521472643335540948728044749719014128648121378370381731 22
4587873095599885548934623230681663692250503312981881892877502000 64
4962540213297455708835421119801865166571013095350107296003060944 38
5988219821250578189703314091081707575413346194572567201345659000 49
4633233510425550867452355894144728550532212547662551608579046708 56
1006656099135283091614234027994069863000017853382840416919318216 44
1720124063527263799030013107846632009951468762482106786639482750 01
8502533977757717135518484739274394136932006389800617354855375283 92
5119663428020615391110611047850089912461355419588821321551647141 19
7911288091767466936391563956642577836005220429840115725168180045 74
9531870320251535713668913299468716898619399879384053600907730983 00

5996642817705758855098579695928575309457450144260481848362742876061230098425165229836968644565425520453557156663739299168424487304100772406394383998131524101619025017703334520861029743340883017727947529812737485624241851439694041939370434956122646678736560809978650367287085407339872420489636671467424180274042250813946757005551443754705732586140736270081341784887956798847061916256345299106399099301967352549850314582781790737902477584579034936425621462955323986217045867586053401356856708424925099456721343890893474338161422368401956302389415092932393981119784797479229334800551007935807637407384064431674564671205721848390691118459393431994334062207340779576923547061798389570630990435417761938595655652294163419610840371532065235902634471936512287915039483128392342767524425381744032160477970114387459763809753640498418678317275734788161132389255772938903891942543974334698534099894408245813623260578534552357517007833828432294294789166904049093022912852548491045182556561712259097095635639780629949418520144746522434181295595359500827692606159129638156254602487346905435987189266417721064407330613056501959627748650771759957272646154812356402917657152003422459607019274420762235160196430953739717984166435845756142801556112704494837349949264826557458603648522245698978932760710458821066668460470617230422234424268397253097798236367161558014977857905845069692077484218936035924634801334824676237491153598681974521486102787652536041121844938203719098599317758804350858767732430728582539453001437209547616826282223029743031236179554639584373404605888260656229786096198695359473482633869577316400021140990321652533756138490979478066856702584241803277547652305151856671962569166679138568921322757012141435995653586212351168023205317426093522280194418408248553987067067405760496691482640248464551309870773217462146007328659983400665816325247673878932400060515066012663320440652211950784147841714305049856970966496409184470948005279137260269233828701198656516847865427700062453136143954414422113983801170597979851901314845437624646811231765273689531620131259920410938521481998814890978995643369947781372601481267795650499933508915978064010191236373344129659753132648828603502585443444474174989499701086552420124155686372268410018852261183695489374576057202935955493841498029168149044978844566500379953672046475046287189384191235597835943670119360524510058143073555659292253545475698098688198824462758527331070043988198755346999097772376053338498944834242368748630937573868508286223036719213046235665477977030531421977942646282564224888727150664385939529924335702069804653958102250668903157414660699143760195033419465731701300708628647287849291492546362490941602172219733051256507655405552532461902132177519261382098031008578432253876307087000542204003583659249922707424858598000794977649782160177496682880189579719217882731864062233979888239201621194017680717650514774782688091282676127419173575198566718589492270123837280650322890487952869019215190726904684186008648206780893026286856803966399021610857151446958746630694538653852668141975215651623121574007124557122497151212784851979907854395977841582506554964942914708945178695354957369638169277298394787184737198986571754085712976701696591775010946759123844315239961410623787564002037112128177368209043601791426966442658524858571646450393930642903156729619578817148263714571645102404330058668558051882099352699389379380307645577729218112546290393149775557159888074000149073456263841804176696161645593241146556214460223087883405348228148903333296490807194378538851576242813590288990283682748383440345443266131251093750731880218151995883256480077550388930259823188017983892399216238968912226344663992849972722580159819264954647629190627301715210791572814054994135464005273162446133249021640620587639950788290884

028907779769081368401513300020295814894050039538707849529229421204
870650850511568175188646937275840409177630364690209764757090673646
100185183820986086052435271607411487261712448597325237937554052332
284738257416063066469268119233545907315994961523040680336623076563
601802724762438329114336855847593409529244549537454001214047479670
490124558599287079405236263571764156937076570173569875645101798764
078865620885546252736995480630354256957251745540501901227270108502
825830365457749196385096126754176991582404084416192943509739105018
592349345087401340376439936873936565280580383725303148275386614525
141130728652760929814869783234631939084960700856891462072043385592
600381170267915554647563245096253649188638948069485998621100698990
957610731157771003092499955113475554866364758926899529266327530919
539329346931654450527529854781588141286913492758682604946122434467
620369097818503372421451090405967439781151402968533269871475459599
473349527514616327944811208472416881392058760422269923600700278837
336319823599646574876076410656845501270959612296146874309563678138
293630249993751535806900302905550775654307462868311777081821264105
288565196582793423589229044782019030660470681390468371963750412420
783923917578318741433351909800594989825052958180149183809086331737
615469839160023040432869536346393626759395581701293334307875817746
110955237154749979155633661238945504797022748629107537952389109575
274974152592516761340408323552669449692984975796969646047022431652
813353242862274801462879801140369675786092731920714331797845925143
511732468083028390431368503814122451922949969429055095005221221208
452852082757451911506867456007980367252502317364568012967163629937
165618540346251334177276860288880094190054287008519828792475244256
534439138821762173472187819467928911826973343633030641786503754863
585853415525886331585296822659567249085937216923507505773565443667
379709804666542384360185441972047405321192587652623078973890454045
625831288202346071032111998661451495366190781761805909907979620531
045380086143729041606905065937815822674388891482271714624155630551
098257847342739732933864962957776983607422882975502624039666132197
293704338352958931866085389034962588930240209336833021262756625539
588263152349291690636404563632817334062680793156152817026119821453
437470491525947960155401044593795823608089753743001901221895191252
514156894445683734040187832241224726500242468563289320284496143639
589483349504645769780234434099982036021996723198088220670235179130
780600039510728615354139508046501601243650779331447150959136497312
120041403643083065533856961281607692256241819670534849938630231601
208437148807384443002870076981089821482135123766058931651250130742
342047535326834852751473009028283765838885688539157829895883722717
694733949178513248072052066108457421470985270288152683822433809183
179794461611913564811920776053239016100835598979859235763026908124
999794746047870427195852529579538749380051944305286107285487002864
070215699846005041304288865201728593852837189657740573067012379367
572141558732381974165173539778766118420258686915368939634860263462
532241810019500904298522634985491696641851099858311612398498604242
017297592986905624926481812993691773175486225365855123938895567768
631177147770993446349763959110282561888848280046147790157306582695
486950113562335439787852949465018968313266579501792939107907039316
188810451940624554526240302838730460483678333479910289478907535968
817437807485642324599848956395342957979938254412460815065572922512
494169121274605474961156582070064575750636220726637985784749008620
031206188591990487581090485349419425047618582637065634994993119407
054055030277520575875790374933845301507086634985644042257862322356
192560093952583740491977056940983001839765408005008455022353368073
771757244595330072862838621905064741178499599309447641210873505657

389790018612739013105522387186314441539063503969388058869265811096
879979165597234666085473595844589295946644382344701150902464459837
730975862481917830145340354529240838725747420271922513899765896497
630957397711317236340951328726011021941056904047688319280545561084
736748552145014390506421692064604086178325171136927501678606727567
773941994035391068845583843434701126754379569042782863662570183485
928668463884129307461850939195693420089201438105762145304252567016
583562687897902114550755993182757021525734128127634671791002299133
703268393787524669208189487866304332897446940590722422447480782948
813601160112009880197066014541982692587652464718737503289033513056
080899108537747297139099331069117443501177070223078777147648474286
509086614199363924961179660525198925792774631157964782195162372077
005159518786969438096692179096401408078835988443558266118305609383
550147718745160222409184564625068373084859674733541476387967186261
402448989354392311071946957805992657381087450073437540016295994717
034112097164884416945213002055881220001214088450850931711342463668
213379517613218513222915077700661646320893528894594725338333947820
038517281182802905288290934414098868253343348551543672326913545074
281442017824993379483174174809219665816294657041446478936752706677
338029731638597309838621671705967386674992680588592318631899459540
004660420104050788502673527198673789581240484049399151414122472460
078148790091785458915733637367517407233461848794318007002323597187
434965064523673214071951020791834941238259107882601598162496344673
598431703524536314082119298232398305479699103741243878843369579173
489274366034873122799365456592597948804443205154246751139129045822
190529843849717295611083982285089099240027126032976502245154351855
715844468888527214047240786202995687548746824114697986911703137730
440915221989319964126406842138408259253040882104173585511139811223
508458653961959538784616036058670252483709725132159346417994020162
534195623645093650764957116652316399924213103012484739123763655015
229354063944505550476304177685099942646076033818686416338896546645
530215683930623271780863610406580897461839659869131624702593262587
163564049010893723759557807548317192849718026111980463941184218068
996912681179430044505631938104142115754147096484296895232876214505
725845148991042064969465327791026642147710092446377945887566202797
781188483918513934958280378081821152283053065909708845864880467200
725417416231420050651278758594172249455775156217761494001027839471
641768643460561600781603757894116452536488085460737218366507341406
910693642344635413756151480436175857567058760610438021288808112257
597650545308242127211166431703153861395757952472253698278399978527
304408064556220337089675940298132467292099352603060582676994604260
881020606979609940168260554565369340136196005727696837941953603165
331751821872717172710306377435864545123553134102496837072649742876
874273217574744632238611244868611871478178959251686262584518909675
567492475359853408576062440753422778637124443682805900596804319318
521349757839019660199332344248094990387845081007564189486957318098
234679126720406803595969826422634406368071684871037391505339797386
894750242332703603486426043046439602446554190512580210817868733732
009684048374482207466921153836092387765263133753387445124811930772
294068030515710809722345311784490516907317023886351315520850473767
526930411862282209017440272536817823439753582592726952044374647332
639519943479716025267476815590063802662008339352438151176350247759
773730984410198772823724981884582189771593481420098591085979165506
119885508444914501128495554882951928271038074753900952974941298643
196566650878885555053953333565184827510133396897277897678006139246
953447389770779114954025727340749877206763447159871325167814050794
249826436608140273015066677450392425463107683319084692509673333159

469574760338703834440081206459307660140585877467943945185161121357
8710000309263328483985497610065571969012434689022097005669182909 02
721984709030916007029101806229727576900963917935988151140815477973
950815148176578556432180380011347855908401654928361813170562672187
487266974506886813951064374369780173724762403061305166065945775026
364567286435275907552679509737521574936319073909298562717599131997
679887334953822585654133010878304459614689733132459746576008809381
137388951045680196734013340811542131749573204832121649765456602285
418302710841082278223262518046841786119224293710956074355913718634
450137366964419371941029517889075612579624272971941504489122747815
392288648193059184915557371178499941360249719579729531223134889004
408695924155282549505591436802543171920637316527624396035339037694
309165126737610338279944177776961678389938537886543838000835588499
280687177920071844076329117566315242225470326985582171025578064136
660913468967550473003156550304749564911968071033786511787069740918
473393660277275655468048176962675850649688969170873515349378611161
052863435375675874946765275371065784836087734590647098562805207572
317794948052024278014111840728204342821346738069042960106513274254
315284753238098005012090625543881386077207561831857530516492807263
807022109713538572638332801298735309342765050031919390351825639965
300249404789491559704597406389459088575428395140735495446345332901
484034342370574256429724113941893728783542345190228512879140933544
130736297647912335961661786215359482950411386325558210017265679042
577629614865736484104077047592613454501416651654115392464641572547
627043404934370667911766918348292282849427503772091542092753925744
745428553022160823136949344954905126340895895165431980716547260721
270807131914481836919330515638200606044298095622895426672128715932
618870686810394624469120529666855782631798920638462931180862589672
632022379679881106497198094831107747756791962791698766177122633831
236173412959388751828746037707189533458746271995091004002457689690
556518696801640203613500756266996256774216648979649287214266596243
804209130667130383649522651724277502197572103972437338084525207923
810055870472338006364828325430833263469687560626874790000166461525
156162337508538101676888990952674660365164410977443369581579185152
928112966685182851178708966333975312307165291135743447670192076056
038735710009892711975598065162323184568082269420390666054789977771
126984268719978626458660557128849587118599693849390575736568290078
373285384779683221484510924815010906356804455468256638285065971756
799150344893523785047357555959624409962041134107462208631244346442
151948929012825821094209172833006595088595948879621356323380953885
167116694941577889621011208048933647815361940986190125294202123551
629529643888744422643258272315359711981998098953443810796238311916
502289024669296384408922226734542517747096469188661219069302501213
457338850830567090906521766963555384961062639332227700756086863503
567940759061202757782256552523260779956128315530666836458219406610
361315348868101547154538475251074510973234115196335192068182786659
337841344850296408815459127299319611309133990203845613248354671405
098140790450816349324220534487689723830587344827658825198661030937
109351133604508718625430209174718168567852053336765659184932641053
801735337593562982767557624563205386219301638355346579879304333590
313707086142657651602448284441292903648299306749575713225449060676
285469793646648898606915938840418740966984502835984673925784130676
820245300587633957429920721058732250313817602867398259842120045516
119299207892204487639821519776211186717718036022842571612291180976
092999627576524629026113391381093291856807808286888347529217219587
620304248383297997036938339595540517230142330061909007604319852146
232876600121198397839456531186741009347825595052468894568233957496

1745822022669678612933525906351541754633294659572299287548175201995748735636230296578621214021210965123780124405801111202130922689826563152363031251172451444584781941509339093644516758735149222709723380567945358364442844937025933107620914650374583658331118997275441515115956638606224572616018150972628014514132505857761759968923299761608459989864699407887998671790626652264618646775611964224212602525715838936432166738767358523508629233458358411452579193594774435355020388311279899287837526596792972529702973282914754935448801733680549204205404174152173613003674247925641392444606520508419004800311344567829777398024270368813138294800530168651089709819550298227591160063487612160485791134812744929048001898359101547380148115835291883748340861453509298066784326472080672184161612202326033048545949762048571065873162226704583739403164860704762958556145798694780228401918512934617251677642638967983913147980129701088875614962853392290663277996413748354979767423020136254600360725226452732884030657793758552625013661672235809802367672688684324381968557874856540375636747360630351537721572266608274542506212942235206224627455447212014646825390465900624378386203159976593592718741863046885495695437606571214616185115138773096261024196372385847086328290447531043665351864366691608384831908229573170060394299943157699782805328138395990470257919853818710463909174430361070724966931620600040736673070047783789520346280010098079108663799426166021317617750979313240367413198739699766469454149221001085869151483317903723585357588668959069277656028103490830723436821250223807574049575714298405404165036309944104893439283681908369195872818635803488203778928103630517009416925354181881906742737432923450502447638087128723996307481527190224224030718067673785697963061388480234723092461273425279098266786654436529281242121795440584428227166352624957826843374182384563829909616240055746116352972246107523675874167159781452343682999274143742226024093431241951314391271912694091466844422252615259617040906314773879028222156423763112755345264069780269871980476124884928163359674270424458809773932499180802969081443437947468222205426710579209701036770182390162283296764089188042033526834843441313122533089757819930867263037124130144358508224915131736720939672328062628134102811721134283708079728770311367357561134676928325897764813073792793986023515561352807695459317655664514227653044828120000526393788918535023589104351038337500912682981316991639302386456843927826101973072801293184152499836961749154590528900431285980978621102821806283365271514159597621983948074191057991914381000264382908075710994161800408035200770429821881805289097635380063129903013338454755365632645746353744873274181157999400260610613237140308720000117945613540186619689848987244846297110949549533535488217085588617443686809232815015956488190199838495001526886329316872720613423208855576090093728812161008107272527729005826704310788254292389706905541713389707027738397352370968745020620189838382353687316966416432532909946106204392189217846220121027898614154623287977966463069483576905399905236958607319997363811058083393553266383152782586361861651256226011264840833400724841255033387867394842367978513230810810535084458267604886805866727990692544639422270638780634838573502317058526828187048190634521843019386098878644543141534523352873620554664617406730151855734219750468397807287574621738883454720195979212567890958615153433778898545416897990260390387893950807427757090701982326866751168502971475214073787502742078350967528276531388084501837824499169384390748277637029823325324951489178470260150569243810165973004180044786789446993716017411114414229839340501370398629385001198867690634525558585729823110214745896121135719988325844787417227820195533857853337625552165310116029096254784935194858591049987556 09

0394306965600309131655073060356619312182859514224595541406261563 49
33474069496927656639952973549428717034852532693901985730562383534 6
51371900677290204841121310307051426870768237932654175446066458012 0
88358589297666700759963027615158307142301973270481237456096672207 0
50110449711202055741271635553030720194546796730174352985195816063 6
21686728545088539059122635580081307914519990478733471142434648369 7
92299450982619145620767548122590564348059717438934526627639178299 8
01580253370293818295359453761088068828950769821339013669182341324 0
47944907516177271210475237522833024116523444542804792219778953867 5
53457176428754436531439735733031870433567817520333031443117426671 04
12738396495054142699602304228460008406073991731265863044111243239 8
03171938816436105546445838075552746409847945254093616739910816772 8
33809356308260528874196731494800590646609292157436505421322271752 9
51434240936378957925256709040302149615202852055121360992288721755 9
34435895066579803752401939659410187101288538244599729907168929543 2
78860953911314322899765866635458423068967641607515722974614935109 5
86211936097611338219076608378871363434501872394447157380356447783 2
31484808770104878395523067926170614031841109430855942421843537272 0
39633243114069956211472616010640485355387807911353694760153574264 1
08336746637588802471703936575444844202979635135185099049960632220 1
81560123748367226116790728210016514378829431218004618344783354753 2
90453609542200259379021646269101739970943803992323656021325088078 4
80997720611699339369514755936401431398793895584237539627862259405 9
68484483436386727543173244719560853924693392154765484232923526814 4
76056461248400722822599844312451346308090037131829658898163684216 4
67143713711967012255237979051753046739195979333015829447019388487 2
26276028658281212758327167375191552449983445486411745036869946158 3
32483824821735274561459962238755135965126591928241328240555373556 6
62910818033118116686123761889763829192196071662023386598669663033 8
12323366539566734589562182693408010438845905848526375187335558508 2
79642008353377887255747832283685136848480407753343312730217351024 6
70633717274710648708974997000868549870904218310720544410975960174 3
56504345429904243534871717338657271954200235052610383402766898894 5
61538671954774594901098143115657454434304958280920870605582085256 1
56655892527039511220280750643162260794162961214007913181020161660 9
71414771057270787697863590046662394977111900713144616938930009201 4
66413185082982835640381849726893792660656555983483380567167953169 5
36845191053597330799553536480218510955738600930872925815868674799 1
74085617377981788936497136119071089822593670353798230314477320912 2
89097781506064882342209646740988738345868483993149990118353889458 4
61498058793603513462262849509379682680164168563396678395815516346 6
09181213105733289116390355274700074280377299684062315964016884645 5
94219354615814483206677146354050262039738566607691632257261141418 8
46155717263973213169229322296684334249899744515520413676402537597 4
53918010855007021383790621517543594845094334840609108519621357063 4
86786808934315482364832209968920693130183730394203213584648694709 5
81074130020854418820159211688293543453918888580421811489774535236 9
73926851175314484877615262768446358982708641100750230912668399530 9
23873281446645030928915673992842166796927841396872266340576538630 1
46915577001180908748633830845570827236814288440101879079564506219 7
71882181624258719307727971214702084062926482586880472675363748766 7
64084357118286088563889447494985810865647883998918661481043882004 9
94827350782915992735932568615347842423395534769079544765533791924 4
38324443355052055878028781200298368698501582294114809156546781956 4
09043483973552856057864668942490226512027598443811489679681800695 9
27470857446448127663428430633413718082400163885176535479308198770 7
79185366238284548888674319378567260835962545343349994773185358560 8

256903215059538514776057390680523876091231516355989805092168659574
757251428747811449505938786609687700543714196346306334207974496096
373296148533906812428740019326523173138366336011835692951839796060
965869977053828030964913030593286861197769796651831284785135023071
331731695074051015799524386460161793374626310004142740205054487682
278142423674847815586665169099254514552000674202204085539034864248
827528721986292854663328158758575607733947650247094403895090224123
160797241254008271757287532222291452325000508127300142932998161948
236776447113688629980523640922069053040607320769429927296183919405
165200432378707104876875875471499379926791997882190793456846749566
749374182076812563536882505276156836173118251333689049118411539624
576567987652816851852108072428531323595198102591476087006325988030
735221133291997882742906214752711825407196698151542617227938978707
318226230651765358144797241254744460839740878500244114689568873076
404759601355071143505659960221279252567853997474802979631871685912
068702578506795462648215852761776730415010331860978963741354746220
803307695850537638619222431091231187344912797486790706741853217292
683740932830852263161168297608373541787081685063382634229665113468
884510635989985754494807952500100333355860068459407677014639680414
464107013360573385948586198263120427992540965067552279635201850128
192385450715234663929326413558855234521349346013162067093062729076
965297770108957462083032666331482739109155096879224794488579825828
205732182565781915281324956753167709842654271824776115101866820959
011230517674651421781908084447630816020836190880911983449528843763
280831143502583695598820265657024198284108220889272240841974347401
399758359031863456671608982911710831526950555434741331628586294540
502912333037066481855007203338669733637981076974253894441076168732
394648792268895586631943169267798755848558738286873269542479456397
174703451253222001845684473225232601538871198802461419062333997496
890617074331138960016343441107280187530114440168832777424975958379
403947778835156646751270857162601877005659413497709415542888830093
551303828187366838775463127482223300313052326766466842719507033147
985622120800970446972655023779769613650473753949939483077456926542
101845676267067421304216772166963844224715636893461676271091001529
163264283413553817663949654695619550459202224292322827878113582315
672925473610207328842050854570557767244590444881757264648649601031
703849184093819220268354628477974496865298045360479228670162052747
561529435521100809500845198578464407517193301374140773094258474998
684892995436845155152919276052250284025709974378512062491192280459
262607033249792953796657262152407159882784465534633158266662619267
7910810203320093286622735783781559013652191888080601385279176240781
582755186536271191465827480233087759826386046161452214001683229574
338774240833559549452950898685409724541759107027293264888234283358
469348350435198206898399913825110154613334473253392693622531637836
944884610929899846685212578365793275893909628593940212447612164988
805504958698111803387129064256719117008292713203169570276509662814
546560272430625960996734994418328864461390304296179253480160958273
178109401345441830740423272383052783274087458840586826076123359704
548125286593673907227632353558638947702718508957556762104744968158
807627362814190702341827980190427538732299790582032542790952414526
397343245682846652013221898014884010700769807318472471447494992460
092351517812667987292836590941720054801749082800084099419356506044
333555395448980731721400590880320993524598212321530107831756352891
940298632288940023908327312183055751877094578344481274542371828581
185984044041057221209992055464904385510191083069424775142993363572
822377679065984098046515763113771680980853448189329463405128625625
810915186631367804065535788977994417544290461707655909196172335281

2806438623186279536593995754274385153076533040136073669293645524343
3393991485713482001350334457098262321116069773455602747608830387233
0305065814376328308736827315941753937200071300563642153913531662913
503713543967816276277491319976775308361243891797032539325467938313
776989141617158352943919351790115081694627273305615047561269990774
658062025023041358552310680223074248426915212816585595537419387271
594835599322049044774666557581945790488725144808731807706923944747
431931041360459050645306301748111415456506945324836010266296212454
776142085740056096527464376899498407160524325136502787789111355381
942298005542959321782839053208755089767321237087450283125914869083
504485009320612886490251323491799920310590279225116837276899908422
449783016935559122749308281256543444823498768853735307561703021964
332875710073380594955178928661901323773931330609035710744981834871
332505453099604132317719984672669190812980937351762851333178068879
897572255526632795333025635438201770832728833850530036767215985502
551060668024722609538044201689578811868610156207882202101947964047
768081080871117250922563604879510487175338949381617111128110308773
978496842790615049431357786972010393576800976144210295327415877434
864494596076042834878047526993719294673638942818423014581904732174
201354259939245230714654447940783743237014492268094581525589283434
413942053083284435295363045563152480228735480131728224232476083122
024147709617570149036867710527183136713308096385951092063204850957
260583590517483978125121137920448243160016781071173468536308045746
359318430969969838819623104240615872967595357439492864833087791207
017287257505802578724952706361527727447137439128979232184953045628
632110269863276023029578212893795395049897585629625566289974058061
432287636859621799465469097822768829669520782057103959068727462190
434209494297099111134118952669296794375996225870971881464172698031
028800475987908445923091944592866406583261221782168877747071669226
548434970131469880870056620487765927746124410871694613679499002490
813886528907382874148318806437434757916286299722202006918494470560
259499298938073197614778189551566941591995966424975437497953838348
731351391645287242510253518506399199157307550589313162287513233617
803806971766833091825756685708202789485916394351542513315028022030
590299105605930186372051184458833788299027256535312686160514571532
105895014145272803788712205949446199097713050484015954344015964940
749905297260060717811551809863589369375754574190516526266181583666
773193090618852782629136269084068504369781811828906167953410999527
611569318116939359522513576108302761423263527964555075971048536566
172201826800259439049344503331405730435304514377960841493449302697
818499212401425249433230039959897941640671533886119761968172252856
465032562283274218005271884623183763035185936960494186907815977121
571939416319577709680185645549354452013667802662811395393410408069
899866987635324158096952570378731193612498675032675735983625898431
898895988390562869211859333625440993741617240195427765581316708804
370432011452289931754774753144682372227313159147309257471043338386
411409707982629083852788522856390871939204903011399465957312746051
590798957833210745316742709948541140718733397452211887534268600599
298650850487879469109077943472007778443028306611042388744884610082
653828029840216068331709259357985680258801613993095106812279707275
558499981296711316542630413647107250452753580575306607112013058254
821725700765192924374440059325678110617355663621585610299923491165
987951678608805316281287555520320865016181699023728957281297742126
473661808116722329255473750702566798676570074847872701528657855284
701698482685959555048409044607300196664849700652658856600870767936
344692200026695553681040878101867703610078613154039874998682587881
358315082948131959387604986629130215130314164771747542775796743576

342418378006941571553380637431655712882371405928715207803946430925
297529882523924262583321664649503516412800801588166885236812221523
862586759160887893507659008955161592741571209911567199567969602207
066440375195493335123161484280464353675617931132493063496148410707
331355436815364246604222203384875890027518425468308114186083409685
662549559146222881023528276897753722544687128469662020529826964252
823282534536025340175789276169242974248825214575142603277339605028
517998433340968734691446976189935640588756119847510910998852534673
055059627011631914146723052515139618855164055091225182708987435134
459942764475409536548319762621286607610779830602382806656664184611
506121681255503552251270195452256303642327732658001516247599255652
238254688125940536361157339558675134710949526883703211494119292798
400986266255942261351727610166803760065246775201816858401172220626
742269662416200903734098180835143370881521935507151274942633955869
137292685897181485433144313802004903683299928103154380150374817726
177149752231086458483314959463489377745730035751009753005657851925
147632594092732312615263975372396875889218559507950826913350464608
635046455949010597958752690599106607466738124949930696952771624859
919274260080088449789769783966465416377847642313692327726968053379
652345765962949942763968110317027578424483983877349030554675828821
048735033179781892810745928029746191486936784113197622213640367202
215568355826210580439315062000939650809803343201710765403059051405
473448320833643319407779355377740417646996447497202055014503618480
806527982006389055498780347367665765071153373893804069673575285421
944287739847660457290591842997700250289865527431944493455457310521
265829822248903145317010652078893447262457924392288329177671004406
195544670238791811192507381638124639738649243646601301941614986364
517549802159696237267029107202830828627521248858940796800775136297
076267330759834622457924291329222165166346732070616172330633141241
788279771760126848386096937135488902477648681770988353071178521266
502027683348357304902022150257264305939232437125899153043778629706
100983890686389716376347286759784185490928923782527528546313608941
877604475194996578853070927950657680787679252781929908534286082318
376647592595816391115753102047615172505301277604038014391726694905
016100562857078405384267784912273555160354710757366807521898155274
152664412345933036586709870416868802463441109631320190281992706807
424414279699487580890618168242937128996909922190393898182772627499
195528181230233825359769963300713702436696183256231971672391178855
920033669389901294227996698961737919055403167327902653506241295606
717552715958774585852700230463569417141213699699937904803817864568
976563385902753774811334272286780803313487813899384852066151170197
618926580970479299192790449075074008225743235184901891825055543622
635377318724704640510656285845719897301804898928002231605312868836
988847664092394534403723994455686197506548896374658129096538698653
509855306964206079272865482544136582150480241853365936646089150948
529430279250798576699582323068499207794960304019886188423598182228
764541082312073890679896499222087201347233371268568927133531550872
974356181961269438938239830757970329241652100250915543088897803102
193463232348190839408200870249781735550586952922006385115367975561
177079673235438067412514418494488932849835925859652449934282220248
670112239324866784521294937525746839474713360307510427760823419481
210899364533950384802792754587621681943345621696059539811101256256
192751186935458279444725862967722152810122309126072315383384751958
026272160827578784295323078705273766359912158752804316485683008133
451348963098788083350853560853082739964704136440820413602717194053
741947893004172777063361761041581224196526912218316408294182778238
186346219678714876819046872036146234033463552594624901491743806127

735581241756272756256785270101281739122526783743131869437085983916
431971144268732166954768143435994782809094643563890670135290517693
802652839654093401787303819952009118903694044890907374061028173309
072704516551272959565845861395892350552025495617431141679056591144
540040618217049194516932904873828161489192907001585306677795925318
931454990532685661753096785433460991136492692917991951878061329048
070744298300076740674987503021235223295263987843315706928804135781
181414035949799319537994174695618132313828355351273763389279424236
991870955678299670646211602834338706273536116137728510939570469505
316699144920030262030701115733460221611811140962110232612794507975
295250672404896420599499981853111922352067098764890474448320358479
379777089881705580551585659003575710913010838303952048489536753897
939591091456852124426746346606832559883018855007288449457734297537
482901467306072968621959950015077980431874128687419726672324680382
292664678731205133980449871604074834930661166953440637702586485725
190429781616742138846290477226455101790621990101064723991166245178
996306841376747614290773613910599890516479131402990129874001851155
667329009059598168486423024281388551820450924941349425645161764438
024831981644782441753695904089262540896713293137672417971184497881
886641208500538501296658073585911445560234972394110401145615524276
081418037006925282208168327641105143640153574972994893742231607297
932846688596890779529479049622774184931407468245530910024807546119
711207497840562123258456736068054598680926652675729422881406450993
468358928198550973009991035626310461940730356061009786589359486291
4833338908523490352260161116267311446144885824854369935475255354685
970970012005981056167495030237194603079884905713479666526183524310
329605348660554276444504687869498531934453062179768591989190527250
913975087304947225328826392861338131243081633610044989140357151600
108759995996203276239973756006689326216632041271564414718553992163
745132571787569920045331793734215392554957301422189144445148817659
003488084946814467645187706960097211812601131936079883761087506199
583298067505343866438560342279149210478085670871212686110499475512
364196862159005355189208960454911801837087351213302113927947949498
157160689254439283935066231954258302225993904646108419126977283911
625329700899993604983544205589250763685161205226873792836010453863
705169396833464702268162108047704317588916650909690797846215121153
405850167527433048957831728319550911254913959967434804307493724232
093563415951628524296500143631375493553263200642733819454036035016
471292095100620300291035916923877115341640257130903323748011829648
153048860911525395199582274201115288178637182461545910141535073223
798908102585207913123261833783663973086725348955880826566395904698
494586645327943651353041329623353826462598103372361852919348742087
087405531674261212633731882937687221636803492356352005450381560894
384404796918033652023351402976755746861433333050208387838111541268
925151166116930274296000426113671057593007530339863211950308033923
935794087416870532450153670572923374346617729991193485193153195573
999537691263697163367331179764771187970106981594852818917269069689
185229060502882341966125844911596623504305364360140344435869935105
208842215655791117254130937404161069889431686316515578886847425711
435293078457378268381913669237471873765036114019931274788955613142
720362250679969666727376373195224645165671555403406941284959423784
512097673759017436858546715560385708069006797916099574890855980086
291652161786679405219875252687974230877054749630423028293035258427
612765298373725206252502198535700584024882472881571439333196937786
895013767534951472748248357170591103305164106549341448296256259053
053650440190380040202119684943642618549571897538200290157298536474
141922268166590819374268930277118424017749134844691016489250387237

200483465001201970901451290948959111337775558325485971778735550736
760415422782088532065005677332973421264736659144908426144499208939
625766086675034809435890690348945624497298523623631671179811318218
118983491109144324354709971575748761833386808392758242188258317972
873376426584738419959429063460865025641920729018922939376884454225
160114951712985769514509191963635889005402162681622563351387321791
540055706200344549047466943494357183394855708615827904260730245673
126120480774370352283823459959560169822740070222158536792396109460
875597226270351571618216645216224885958641204904458419056864801654
356011243206126652245916123841780807997824843552246179405853478344
642156931094236963465846509937007349026356989916371199938940366672
127024866305173877943713902426423067540464969108152829509788010760
020123834434144501356761975935634590123911593375276828652878589244
329251305094989943506488296096665835247177063141529760216668828967
756246178265376697131371999006207021132131686344793232850535267949
560065946849113093180985273308269830327604880888179661619217295908
933911350111207115745768701357561706784912286958407024018892419839
846947947860186294518004580798730670629794017057189300439386598222
495120441908470074696024781553050534193985289199261201900910415634
141099894704243969202866161029973321609245078347796930747826978070
544462747588271314769239671441937496052936427546980077418005218458
000279654650300024060631688305185076640080718047432203703900405826
446593775380817147553802600796494462382105663523215733007367142525
984817682367350210890862904036149138364274503328574834156406432066
891944967482789403633474104111297404488698772176551031480762487063
506781546650445641661223866587296779391288085009272305309637101886
532162105697180469696605342353799445360633686950691477088621314741
058272595343658851396459192769106881967867859266898054464225705203
824870126220348504870506630110619566228812194698648369471955375533
963602112120030669781670677096472357811461251891701323982107997284
379513643686561171373758443007614371228676780003570086020576201376
889630494146996947408397911735861565815163854216362790680102258661
871360391970173114338593129274967143614467978019951391482206318260
221186890760108969565291299868757462140499840714047540567790568868
864781724528326661825981822520147316264032891928511282389812055422
159799371904862143756372884552099468334373378417669478051400007976
422511720201857316905897392150123813358811836227753481027371036493
208492059417838731839457812208684728227756599800821735175967119939
959266440743943861132541162237267684977016981507948315745510965331
072870062552234413876852298368265419587063430817574543916402757124
975942593995882390956706984473099930595517436159115400931591949224
956471791893225398295963264919322186577298676773041578017952093141
384696530034320727054200059566684677091373807093343502310221607655
845430848729513104722871099633863509699483084956053298714565656409
231823813321878808500847147047359852126560582850894450924764761709
110612383756326890158168998080615548013958602451075000122381573684
665671529114428749117425062941321263036560495449045570927786158816
156683020990562584769113680276522606064904091346752999703318556047
658275131229240219169651878590771907382930062359867982667448203827
053406296010260971810868508976136796240800245055381772342917013518
804263892617146128907201025907604211660929222870199660751885072021
924872189371622919331927171235318092499592290119229509641961153790
059188004500904145025570946717175258093654585693622458566354661915
220059393761868621821466023898004184052834814751160552905379158133
422305437433388318996041967908111939219889134715180183211177478047
446980925769539074038753589605909910794299352756654123766293200336
240128861865721764111486147109287035610998679226197139349205798702

666611852375300919592361535465246070468674920212476467523759951715
618152185443763998456063528890836613922986307050368529712585169863
314423859806212756923449885291725963007725086541884992983868379245
117377952260668774309225912502914379185652876912411057136553285527
926533283507316097358794594812563481993514691870088852143186336574
078744095627139034818071779412954081483227747027124560137132498014
901691611629673637634210793482177779347438259047995831971588026201
399378812000615910763065020083826800440433662630424658388948479810
470860881663184489018980871154950053346646548284349184090447566792
981361115047526424239296863181361698013258881943999321084257991617
306994290303997152604316694798586770535243587816826442965340469094
515945388845992097562551603881591693165664681943189522356537860034
258865483878222425301616483121234856316260457457447991941258992523
149941034002820375572358511833856817751019530782698048454411403701
324118758998780641832379273741382729280004318421707017136863406461
103274574739679993143536351359397713594714621090721912105589030822
447050879681927143994133227566857296683111888544834758677832323475
375547417534008105035236357154004800027605538217410307455890299872
947217077195116596776267164910350567073799823398093758486080852578
538058871618001376326084015142001665919759155985516115643224963697
161023201543924577841093084014248766670477224112053207559779054495
588257595781570587654433334172966369311838808669164183658962800382
306517317202725665788730673054771459010496301291648388183271635142
289983041248064386057087327779763679498444805610668812900550132788
604749946599217896786532246378692074300927466411956513286552741068
926453528797043229060898089934618581229054297506300875435485175622
185185639005198450194966677078665946001877167658962247844279685579
292417854580890625056363348568706330468405713252515405830082050636
415015172256636638735224363627597468179974627429171196018621618742
274633369510185147972029351959131102624661296633665833604311567980
750020410739835694164363878901466431189916290702718352478832299447
480828808214201220932873845745802182725709244565687381598965693481
971506561110585234071766200546313387163435817557854851517126935579
018752981444487781838651019614753795131317385485524185614155503648
343346755462773543134164163752710135205773528362100629052700717857
050160117590934207942397804357881611001133903532835423279876848098
676979214295639854257037487088513490365351026516262389826734690486
253770910271718868748039903821611306415340972002420444786248248796
934628168906425742430142792747111966751437093655065437546469559285
367178436151633082167458908684897383401192921827003497937496826566
263599693923629042005970134647782481821674175714662245210614369279
022305436474852277825311897754825557770028295999065523608655632879
217507470521602476425728844660024559015865293041988104985168044986
610303471278837275724179002077459593830360111274500354964463237540
297931263914159620928156334907571556246376552556375223356345900278
361558893867980401187621107746505862837307161502393261924593304121
790221695922742687552435942926178024442489812694044327691375581366
468662428194694418135732202409077307818795952481690803832370948334
304616456962770550864426706116430610315621421516570815424351207196
517354745561875548213724714986955490345708589505351143239402158246
237317991855231874968068370712146921797522952776549685590428248768
082050438345443676138031522377750502389340889888176380547193918913
736839054911703524171390742819895349601930720974805443474733641489
854699326691048300519853441485932835013941744576147232119303567351
679527965180880921244727753732022520532547963995360259679964642299
846064327546130047232042831913657589809062988465108806397877213628
158694690644663770905999116655672057754520531265521594525285609305

083420098497578593372647175773722255457749305673732267599454742309
245428053196538884826311100660197048014368335860797727042714324410
191859624793742819910810764674115664585266909697467237197008221147
889949822505049506596209632462316260258834077128389919608311980139
825292731681480834671760222472791312791497554958247041100062807251
584824762517983736835888676510131318946968548907795147247416453245
902072988651869655092777692429219966135310404808773943956375638717
730068905898046202028342766150443431192858188425735355070803792286
778152000034700173975579147263093207872707083228162678149261037627
765003703793964199047712412252534306851707569112361054658692144845
786263759060980798865292682846498009041351265641786001887292701503
817428318713758659265427473005472472085738266463992053374940399635
544502872162401018418432545261450497943296200208720178257542776900
005666812833168772744193770051629511638604875831823754913164140398
124686470094382187644312138923793929634901597004225036964489920575
583434819889649397739805627997672829981670706143985663914511334523
976116720578018898953445069095385051760763943796660018573260891171
283705591251920083221104955323865283106634848110827805666259606195
918654247016251201701318174967724181584290624011607674750922316594
088427350097712968503586054320749519575811611855538912706786036392
828563695721943477338946612763299148896113940952452273396516644439
956176446380035992423073764859018277233807014791056571263382727070
261810374598895761984002987016868016374659259588089576570620811808
015788245235470512319493403010897860778603558016256474963668952266
644297034750973757293655215957205018380011300642483695274978980488
669946312648370712620175835288983470645632987962527812423814972340
269923862245553799485227566164182094297284938152661553100382476458
941010631066791559388078731554225148099356347040083852563338713734
005789665118282648417522204303350688567673456703495553783291284572
140874341844662966193453239340102186602517225820244369698286892594
482292569580501473842032234552749162420536991531864251835132393123
249926171102090679208777081297331878703254358945819299157922805909
629313615804547525082634659987958292821403960671715491841579732776
669604006761432161372979962879694295586470962389699846152883945119
399866680529478562520047926648025531104334482182225375355413143198
789842444080937262640971866322596396451409108638268364912283333873
204238924585565961231467157323664576166407856925815730177064163262
773408491365608012574138431829515250315688191614312101638047668216
237140317556271005829767655973993498456511642712547906884468423062
617054728444476329963710651294135427650142263767469742212676631934
514820117451729366819512348454810184828070389799766164332625967071
557641203485357545067392252078078608458853099304390756822309941363
722218810657474734407718365747078729497306288848468685885509892782
698668673193115049382377532058098194315835426983040375068899137050
166988926840535519245647408292679246585580218926399943633169156591
990968485444353997200992769810704737366421869025712126960845786029
245892714263440554861734395635224522665796674408491362816523583507
583693164682895404167836972552473857523876498759152433056242907916
161697923747260277756820967581833760682148768889887355900659817808
858652732469911268246578940497843423605889910792877680494259713368
582031968619868504750040513473006793223432926837954984642333505247
263460082690068256150580587416497636645560901697038354464898578971
378176342974766943836393242204257238379652358937833265993732944425
338544431136852105145832185085344227497507375521585479886496527046
750978569634379985928566957606237908255374065993918733488900683707
746155489726616930391741958038525420236316279949081363400652774248
626138944550673590388362049435427415319751126340575592208112892245

179435878060940908912240877214600264516575734886351840493636414562
851412076587021198616414722225541119232174474798899174912396282969
229904038628541701808467475656375497288352641939168352265091911716
387965696975529401617570874128981880416544974424432650797686219165
253206781232677694837429664274422877198570625317789009163812625149
268598835683397805868852899607572612324059082101032768468528289163
892886962291219615830219522140590952205228972377626878139597405380
951219895952727502300495102059121377517497365540730407591887400539
984780761585134218807192758602383601471109843561136961831373268637
572744207189509549635640736905992260249409020151463495614064290221
465656120894680521708255829751858096181033709257858600807838724053
485637997824320509476609337576351781081771721920388391768477538656
929309953682828387716996256693672496583637164397842074160549709960
664332221742829985099655056667494594601913868672654443173397918383
359490266481059102340343599790310442218904226364686067510808226902
546675198447458959068566636994156846733845847585095636870779635931
230765940437498221894244750281518093959819874655731869032409794891
587446913819980388681581918671230448377568580829491220952824741513
947607156627309898236541080144691954182331228197046695559611558555
558315806826102545264309773230627583922003237786026453847280259878
024119832286203580916875388115444827489547270015957334586400959176
457689844417700579912331788126521625196597494202791280207150219806
882664821063030190168241191958249015513411969179182395145052466745
793017346324703628358480999085464329343470861029546207578499327479
680655603815266584241552414020100328059312423538009786819459704872
308783688630961702065151971064359994920999366507669845874098782049
806400927467458343141042231608218534406234598159087081778504888861
880769353476191896021433883786317404629749227411627982391949176987
362361620547976356944624376008316995664118957255324040255933632552
568401402312231464177616622326107465822771940305047531829005256782
861198004677863617969440097740171353350450635087932262008743082216
996466586769129528166291852371612532422635252769247084179519780977
668153327334285229232165810202648568179844654769401370024774368463
834953838136747214167428043136468815243707106704500704876499277719
360884026245748325443296305533491774675512357508435857365050276037
637499339477411802348296551573732414321115277551759957194569248002
812142576522240949051239537058982754192861620644976900800516728105
520434855226955027595354140108032576077947552173829991639441883871
609437994545693681521187688944537789582106064276906041299935917059
133742640188431275188329348106633293922679093949994775888072444790
297925359054631740103814939707976348412661573835667093452579242745
789607624721422283235091970540000446250776484927851389883571883509
820130553425903791935363152235488858663247667642880777793088879772
304343640361006875164277412202261396683280778931927828318080173077
350607481524842491867242661649204922918225971382402245955232481491
157686077707454695192967937878911557468450119742629166667933784946
411560382743455589007005502225605159027581616487653295831957181357
694357203992998082214737783062018460892617210744728286221985909857
169389336098290224282424396896211744287452783331326237688664358206
856526625386067699667080975244914294272654597550660926770315649639
644011468325168860699878499841076525272781285215897959089565978155
839973755150511717851905584311158007298049867433393454099116902870
684346774183377429817630212208162276921974481075829736332185436139
245593265234717907058104746873548245529777698568920795629452204538
286627419204574553597537833995304548225920435181972671492648476022
048439736948336922302639020031594711705740573963738051270044199045
112315063745881026613485787620090228654099282412837723676723358777

586449486985207248605120598606668137236359779005805426640784046475
170485341481827591362494352635349029460881976590600165871375961754
051979690088557206937236134813942472081174090438626568364038965745
127058749124499542408632942795516866065128663688957056950222040105
703079685542237024703234386442595318728474297221471725239969992359
558082406786817244036583223196727103007237001884751283268533846058
342785102726474056248236406334766775708283006833629551793581381740
550546932832426160342165393337478422362961931248201738364442549652
131331618826130066374597499137378576328741407978447934588795894649
894552741972874910295636324730479566930857896480790763136880434588
757811617173347323149958044338822531688624293072993485513793273497
371851002577967983216782910104931542166293613921409938852532032510
832762973260840413857062941311330133320972122366756072138326769687
593371214362849324725406139914373900179096556169505245236643999228
915756482986923581537372325651736293269723423670084361617967387854
123383366056254733185318152947002592276428174807186861248328293644
512048628862147681847514006874763269534591446136942642700326831223
619261447910638058964077224302061508264259374530337172417643773503
124291480197523909571974474894471533079974013034950682792098108358
639863429973463930468960924472573851739936872068214980426553124365
071730918612225232056271600402655700278727743817419243515520551967
117280928505141207034590950069842139567996936326451597238335162410
921815315970864284736481795259910509554718804277692194704591761767
503716438190866972339519435414088680762293025423945883227965676774
363040678792944127606681212535222023118548620650443953945083317510
365836703280339483588121845313265177950256518289980760433114486012
050652750154004568370462191540667988042420995760499319254854789084
965350534854003843031756688261055554959518487857341765539294820411
375375159728162226663343481694023684802312493356608609241988399182
166175892530105714016606813126943060349673628302915682375578192779
443289569198024594974519464312327361949574766488341324625439972015
075982843472339319579448206808906058911339853122710801865677278159
411985404897754605489197638728560966380495400861114708444264789236
588316378356639248789769507202662703057940230514022240971920328906
189822192809785726345164856300076620242128204348556309085217888747
711778346216046160551430763787059226469008671587597444943783484827
161148742869914832164784674630436152256539382979746707811837307823
031182423408386521576534752035424137527912423982517562482544830046
653594008312345405289677874105136150123640259004565531331024775186
861590995306202215036676918568220383470112931858156087273329526603
526550112324992659325690032515293175316695961466223811457424745620
728303432553487027576987711087291135495934721958383356328265835481
184496397759223788788804436984685153674751365048962562931127022799
542884989969637590462367888264316742631006301794525460633268122579
201781830496635334516031677367017446842652671673716525822963934774
843320595236302662722068770243720307763273495199815682918279050247
370481735218687366782485765060666895071589449562322741856560196805
754365145452163499602174412917105422092917801861524562245072350571
441467130403039358952207346351997864884901364146099470713194173872
785580764101916730853561516619724546545275684887448977385072760144
287081149383249718853354015861254856428609434560101650090159934047
887627096303981102422520396766573992654399203769671109491733084464
558074340343497825755427710037347739353400225278438031973240162990
816043513211577735454283481232149109630712546594269100558783295870
888946902463632663058336725986912272431303745805233776692442176024
614735441097236695980802113245363183222943755627311682187443627167
156865902401795932928320330785340814376567491408588603697367284457

943458135898650159679058827253879537231369650073356384647560701395
234970038110832810510928525699698852291991158461945653507960480232
666630688608633987220835991889931237878949945252639718438218462630
388067081032211489318936460897996233579186582620489042372626132345
670542865386782381949268122896104523387398788104893150276916978748
292787975482880262227977741735202538719874817121221558965948797112
626324662819003402883206554756811317376080249891788724425138822908
637605497012348636020485109623527889360183170833943556228447900858
658657524304530236652774583144513974633411742799858675419182932860
713974754182903093182881600776813410655737116532291770559810560144
558291080392585379541843151181004584899028261018961873538902625164
894334743454254110519098088258443797501606145818983775077927239640
207714633594589264369621462094820925742815904560269205693498774464
955668029575650636345026671123036640537136379214682539054306930004
842414899829485505379797418892092187473971609364605633779444175212
427177322686778295148754557301102539201550916482184548301513687443
998745610103236932617348258361211296245735172779677446247706082603
269447083356409808713064989110619718771690313121640396700014314465
699765568719400381359077481983458488069548263943482156782359633050
694889740723925238276760642988760867781995721984737227978604150425
088471417894366256914080658348269071944074274998415108912281119130
519212485197796047005120556731887766065592258181431784995010340698
242269933830363072589928093363413290815077357675544275427292178784
567663104536818201326275824307239427308857844666711853148570372638
761450443486104693045758226315809711704079841175655441013242991082
109637249841971499680026611222241162765478465291521256157524919064
171812278532638416660637896345481391373250743333493295520879255060
081663010472911117321741343447078172085076916064985364168194690932
941155625806367483114900503455216957040337679281048149186780494952
285536822431527384190765330747255647984194653869199876076229865675
353755011269112941873597410982403051019627737910785848528830286786
577396572602180527700736317467032734191438908872576930341727435167
587122056230504077497000598540138301228241583094504827045811370576
208343616635680352530359167909636463573744989209307959466470643437
870511971113547665104719624871997652218021203243636055282677508656
722550249612762915672649340360300886137793038392984671641648957948
831806547836258522437118460743589659453285084402500706315231943932
257057084383848086084763866608312904492194270155155720204743876552
281252106725802887237835351679073750482042164696884838527397033244
848661420067030969866931273273940870191495790733560788444375931681
092710447337619051716799419427243489999918580079771701921471451672
832542169370623829202378483101831218036839238530027209392938004636
784521955374443733591819529351033923418836346718201227574951760590
258685793758146968432805273398714513942008314647473866341701331961
631022603526426027699713015379981089316644115238448534474895229162
269065724906969825357406008098937455425457779015498346865358370136
057108254084475623891831380079542046920662527089821931700916909072
748596982575461757549914951837236642453526375771612466181597524071
670039401276405265419620765357956819846412171271721349678005069572
424227042346135573761205113050002860062331965897634402007941809250
556601359461067965476388267169384091763798674806888167230165122403
532687034129683858803043163679714169776469088496492518632661926859
118082295548214756293529657416124503192951249448707427514816733602
303200004455057166591847456066415735434310065966815538147081428842
625525144526594238756618850993835982472354600266789754829134903449
296487985300382562524565612240345807351919324104925688553019851993
658746025129207560471552780424997364385362512383750513996206672398

2725049942735651643310921578194708211735465984446363850183844217385318968173250707498941286446645627833018858866846722891553357371786834665540805979509123550839391770627765675290414664813991111455908505374671018603253138842315776138822207396155352440285045880729536438207464133491945339107175026541072414391771558556437702870090096055190569551238343860086542896430499524187245422137029233789335850124750754636322055183980391580018756549748460340546829537543210527463467025064988757478463846259812624029303666021729082334668220216863300462928431012001548886389956510305458151264885171704042026354946457685237540198744587664604439267067363026742683835238281547866960018703286109803203714309296852602123388841893241314390178865148972948510053826103399072492225697267155022131197150157960576058822428532750813495343802529556524012489621643938806157633764802703644020310318993813503292271315782228052884490075472056133192888828803014279339989326803600338663534172241390925557258851397467393791628216102164450629590369524745302822355476931054914819701890239309520713248153648723430439342435631099433019840100502550758530041244026424404238852222961599880856377431052505561793050579151058220098855971504054512479560760526065239625626403320783976706326971766751939183220087628503005281370336304047346934863287370120644040024706115757563633464623420853885742508683124515921662253906650358139974030963612615594551042278559045530973039515490936081514712383830792369123398753158274112833101190030245140999704653465099243833164545553507470392604605420891679058896372202895689938469660378116652604910479215974103839335746861356601484496800854923767707389405633706485266640835053035097500300002323480752684936297327429055905074046548621141241993097114343923825086638683773884446649889153390677422103442500858291195555674136959664247133857088717736420668105656460683440456891341897683042820378672595329790210932878884230294478605150348615654650970837114357976522543012008451452657191301406323947751158789949277034996344818127462233913944985799843820216513074765123255158161058565389111275241653391801717517014033651096508761597763642668327681138520946677832207600159909731640949142678571043429114283672657133251116203355968957712254794958001582517198643244507786834358999521566560895963241705461238602956978680793633944069287203768863949294300934671942371129994267158280626971602203159565019935504561434619803624048990192979168386176126998484838628252198346256275274390774169131152435081838154849991349988491189086713357234148215135187097534333293341178641254771834288436111923611186015725347773037717904201450524425002653045337467472742472413075436868273521695777823663622857222125742614064697169070236318552652533139488446944411322135921025759174425764441626100891858195909328968312412502281656872304749705585482699942850453426058864364677432077403855756160219264817841893486849667558465884268310564430523302220591823221520645554416923560702650216283124234643899289780486009690826990532798188438351629311895262109657615269172614833185180796485478783773295410284546353446241049682560473655111032118952617075789340758395423445021898624055801355238753923696299742956800224591566858667351165779371866531368845987571726520584750123673163137140392082735198641112227504017796871892584157224785370265694349759446093219906449091937611575613021521119194850223474149063139079303528696811367805551681874612281664028779613436398250352820548242362969512825648715148087622709547164662220901800284793518327192914695221132475168034553536555168033055354152053422685098502390790362559614601253411866200231756891114041586880622801000654576727186513073055339668717340252745573823771842991735322910040183643044031055399358073009961291987387901736769610390068758224736620529732950512662216455151605070

868398803968551187435672901354339735081260092916888939360994352719
263469977561373424313959939568202542844037193024591245658870410995
186249481278788320000640519675128652587144832353429917159173489812
944332976619902302015829663106848405115634609610429609663957887706
302738189464090292668777748730774187018836037942339601237177137111
089620207694470166037648120368885118373052507931871273607429834890
659100246165987442406773985385123045805649367146087741830695765359
376060070140563539965112977327928143047192408525284083055149052762
390902387607305809083414362841005473369032911371185910961720062140
515362032283392722411563161566312149140570990781673140886562112309
133793593152561354112016603854068537694209929282007279649086871907
709333610759194144357805433648744948304015733064821442793312043041
402545493349813951084093101581187178133190305351591215151871660170
828589990442877499124799183769709956819940701848737544179754789456
774995863112301218656691586033447688219662075519620082899559891646
650879573688004972612383079308233800299882392112854092096532624688
573867371667377250403117533636571281982530565990980506311202687190
513926870358844994522021549940557342357801066085620771804795540756
364826167454620040272635625473404309409600892469591212915887300034
688459434748067129844564800901495585933349098371714450540566941246
161613444251643650041227385387113342843152411110904767157363458840
394511553181219999287909451721595473113489943827370301380015649485
196344498868180656430972022772819365759901891195670286825652242981
807938563226873658675315649182570707505150141291597820883345380244
364270016511477591482805286338088397274022913414196169881437128915
062105654412511982119083442119508926880645326353618948879380716965
982927814705873414181255589115550047842154593816326090114093190107
698494750964786910513821952533492122918434408593194256574468782605
040203040030922234016547348203587939611198597395568059622589850874
055574232428253467135677408319415331770395881123007211984334542176
026009760420037872880045971380596690167954585763966112755038535284
531651406765401303840761709625648550598589161914676175732457246920
104104106585120047428768416175965754771526509497675245561255554505
123582180694036306406574744027339582364542759795435237727125059712
768384844596059418280894745815012199726183752885126723238518586324
996347343810351080008318852064973304981747077677541238533413099593
588428841587593014099043291112822844025317941849587372262283674842
863128018910431550093261006611312919720433495099962380418809158536
822694517600012229126775894664808759837500961458896540757101670549
373552231940451238570771599610006465208624342713307017068059637184
234252402982121231290494585966668460801976997277527239243888305200
770784598409217012081775907247619840886714677859996931216314094403
314469159787103910258486027281107172157926631753042114849434133601
930993430725684182544195890753185944194586878129069539996835573984
135840557553389714762654569039099879767814965322495807986525788540
481177870850587530852670643472615598613799178461775585519995388906
648593869312275431468463721434450274384854704537107157042984458938
979577492521210552912979966016917087303538703305373947158045050988
922488589615657477032720322125260124583437930610652936623040011924
303165772146370864535730493394754057391869142231819279159027325661
155547750979049058310377893857721212528210640918283725207367093091
812809352036703101089367871142895165893038612280750869455126022447
776524101512954314975349524785545679917572659263719419746849723222
484065541461996243624631930090296883283940251295227197643189632825
832679100856562469897630248236853381536263941588075777852325518521
850618298443170949011001215405451868446267030515744329445962627652
781083233306790025354991317664762735857591116443733540215524720790

8084596542578524618119647095762048910010760689779616066067808878 27
3846459522294658238567967914679528365322208872772765002364746239 46
6777432360025874812745828607798783671599693309632751208644649310 41
1989092592839356915170156428218300714471140630875384642145490779 73
9928374575418472826829221215846258752919261432811574092883864434 43
7428063860599275328495734009681328839506608447814898971506719787 59
8639535216163749766961168422687005373529620665043779416170019545 14
3572648489174993965286055550645012638057910849665021790963244871 05
9335985888892094994413999111842605240478408240015041720825944396 49
6304050422432334423412231898366259071657411322119024917339873698 97
9087191906692587929184368375037768708134990084596374623095803562 59
5310651551231093349921946547070691747261511176249697840416431496 34
7149156813881662405609098234901645504865834821322106776934780797 46
6687398105150897237571460947381775184673851619229096048670992721 50
5135742014713465416808025570378438242131536081317049732945431018 12
4163067091523053094743153024091305078799773686670972046702989465 34
7814381925716664021546080674579733385844781305655662386139896418 58
4866505567678593805952642555221689269692525176956472300076002396 45
1618096632359260925838951779384039905267651750467768558668930723 37
6762288726582289415350117696979596156241813580090718922442177232 87
2003875171060365146482983303305372249564574479816229230358996291 67
7314090475184006580417040308198343943816548910682882063274621198 24
8333338985669895292902835067457738694555924493084471082960111588 50
4394025806950398954693995075967060331038807206468560963210090329 81
3694337119066353168279711311263815573984743633410544245921492844 81
6607897224222569223936776987105775043118705183040841330039336437 28
1082996533734411843544054805618815315190791177900594720713732256 55
6890176317136905300394498671178677657606161354194820269956487696 79
1902535274151051805318047904833229952470738710583669162523514973 79
5883812907822441718184814192014021115123662575729733015244239581 28
6386993986566596722570847471629822596727067005302783891661513453 53
8680049477491872956611414023828964951927673145521410419075872805 80
9654542738818448510164672164841286081811884855542812565319604168 84
6641177600469619279846953850848910100959577608489581100877809318 33
4200114711075366451782495401231276452531676859891101361387098255 50
5779044828323184614801238679941464979419983198656430124212242009 75
9258432996544368400132921753439548318530211210047161890806925649 21
6483152394616466501537578187636285721141963760634590380804485144 44
8268896301485547363567177636112665520430458032861508783195079881 00
6470656106905920925696551084700855434217568242624467739983958643 95
3096218576016685023513457339696192916600677121304593927898088510 74
6478370676439446009432290240467283764687747067208984224155797931 82
0852699024220508528714136579411897819785504587389757252874600365 22
7032362527644841776506081179839508952757538706673058464281051722 44
2379835925436488986759190110848908531258565256849093459137873410 96
7007559078717216941505715952074434206547730785720149490965505911 23
0715608365355174411382300982288148106012175954828424074282604636 97
0643405576271180674187884886305881954050094623354931598350794951 23
3441213572825926780315452329051660143981142902824654494029523710 57
5220410408719852639985642562637879054893209384738109277312745761 67
3514839306932765056656216510271885039240621199732384491744898198 45
1671836974498021578014537918841419203669268865841251760108777421 86
1457740409016994907180539710867021896549013771064734514113106185 15
3490595314547451367557354141683472166332112542241507184695989545 01
3350691631304662536485450402893329655830311197227044692712768445 18
7936986647962370897083791325104578842326704877073426002470128939 97
3636738197291834119862214376692896693353279645140506039664013467 40

676371786828739304827643225209023130291941475594239348717695689630
324201712678267199325039815166783694080096602039614260087626316177
157656067860554208847731562147464750836930868547332606977336108807
016114555416283113834068363559795477759492995351169142968351541590
653117485145304963802382112731951390088568242577007613090437491097
080110269332870728084389742814857162349833286375567551322651538494
022856069789504313744760121653559818336894674275742254013978959492
129253549975424435039311366077338531949592050653580408662369888683
574177311812020448711449120608009141404178855500406260051423898099
858806062599859387816762660412366422214571667887039386174158590424
638645107953043210707575261045400432762419587157761784274443076739
024819018946071905814755350581023666862820988105086145331798152103
609256255584994722709730380619323590911471597996454645367233169586
162155770129131605709672450758806329488970003360173200314963396703
128323994069915220005975958169940848892879028787095714877910489968
720701332669102049083337862445412743638600382168845743535734856954
237600613355919813698764921129635454580294503884508230060190475916
984499974928535678788877405578993497844299903794184281619229166488
125189281594786441656558611577459304032358260654266312826906915064
661439982278204011136702360519053093062067390302738812069166120867
775364462572920419129700792654507460775312888318832530961783961997
609554412871373070913192929747492398885794526906639315373718376605
862638685104074392254614692998767574888757004835986547213354835194
206820305663075724184818740575309713719080166744237135048959052868
976316936510041844184192931064121762434964280724622079507779270777
594085018478364103681081430371730004789322876869158874023275295481
224378778599443466153210307620319324483273002866154343612500607898
006493306770755172384974521838998556325464419831727763854458940203
625892888670074191981262963370456445902209677886713078072885117795
625545723617531791834495886622347011391964648993419625703241909554
553542963116635117192266420477169151300882533242342318533063823930
799972802683015644817446280667707864924150250140697608715106095802
657601863685876759522554848679593091602771905617183110210007872286
023071786879167190715362093299053433685096922507454957335985722691
127755901374100852537626903226490476245982390370919608797549185230
688739685635887349584882763761356843640278213496532022162025390015
646622386513212042662637065140790202987558326954360410046655721339
283144932369541132376620692238307736489640581441332979551943996506
043269083373664886436600286491109559072032773821785489301616791913
589934426128202254439754822577753902878081239006588180437550974477
602713092900795610176087108213686265668564033403327115261997999546
067173585891021559489871189188892414310278512244159080400513508811
605005310024212019277797686686766392780362082192136537890553149892
660492287324192573905963204652710807352812164719313451077065820126
146202387118614701500297074020714669628944080966815463011972005892
139093486574986557942005145573823194506046418349843916344149336874
974083843470409843492905516335636517364373976372182533421553977413
672765462638260850745558046710307654857561724562075113548871979562
115712816459467797240519847340294435121810186101346010377134517919
667029853915051226235427124100136665962748256585723817758172617743
576696198559931832068173283954483120554592538025706153304808341658
339480391021438997926469047391929437430101677948822478509958248181
032809407218526229428099485630965041460314445048781473327478920724
966271710204105098592639718944019328825551301234179887443761681365
121823531255731233958949203005402012671985157412756120153017742912
720774273943596504093954199364540141234099602139420224484085184848
332198425908425390987985210295900294077244141016654654873469273559

7546154341076423816392065403660153009385025111155626489319997534448
9065476148158125225125605625886990827064474097271117372916307606622
3851737082148659800554922417755437038941183006542088767922517738889
7018732255934931962045405433017577472139657594054172904813040271224
1611386805480850028817869410920377203379813160679107434331915770004
6566787945928001716592357071526413980926534648279061662369076535669
7062151115043038267854399835020231311367390698206703166068447353007
3948048087965245153533484884352783030233914751516292794080379983334
6314666606140654904594593886078265474572932360871022583835836244887
6400963703453020958641673047970510701884288202908196783745946530441
5124187771377019357134259435585387366015956844885066815524210453009
8215486732732789692401309334246023357995907731208939936362696523004
9116540323035307932945940864919964386855628554111227930333107987001
7136961785686357679197295505489779400331138138617295212007199283667
7671612152012623032805942805581757170472134139981826784048102936333
3173442949569290325608811745705769233818816845583457547605448550033
8669922566660302413236162685074951275396535601036177878903245506779
1357374807094315971141950708922539420848610779897880214369338173994
0133702901409943350342425677628449735643300402912358587122032530999
1703381390928293103393538601830156819777607640223037608800979903660
9249979059140293155436029472797168567477778308820780172716942800776
6581423156748192285330918852939746666658959310851845302819689261662
0173954458676532104676267414386071802478312355733768033017154053115
4804284034047879603214845492502954675674812273494408034755889424331
1433730437061424614024112120995161790531576878731406257166110350889
6957258720122629621683957084095176567350523480854456168728475408995
7733105231858856540529100558854046202512691178400663228879374938338
6754446911884085719933725384884399659233482026629003669894848995440
8013344749062364815771907478619425273030742149590864310664652561993
2394219659142423666350166349986935941268663692222224827725469354225
2010387549076660458056656897349950352176220465912906198026582683334
0879524389498285174949034001604693403583368158598776387302199580448
2154256615906562179358709040805799605868446261471427058417190467997
8522512872348803659952040136468522311454511205362033785585608648999
3524643643229371276056743912798314340552056104001055014300541533775
7489707373780058526980187771523332672017006064142380990427174834777
6488374537869165787675184569495029039608654531316515567908756307779
5999737028184455226482416600072979441770406434599022260691812524331
0428293450141198954416302540016128147305736588358769541929229595881
5935191172299796239197590416594807001069476333244683870445963029914
4955868865901797887657836953473639202042909973352794419339021905880
9093823072881757173051044979523845751654715290287859098949235082665
7004759468558577683119668308208489826266791267389571313463253340552
9035295488675633491080498931253099546845700812109152164694148614990
1539950772433781005741899006066933258350473810468093694144533014223
9473775182131798068930515519628932615305097469581274172084024097119
4589995277496683823725634441482190580449971435508295324882257161222
5830156720827615406682871300503271418439135350047797225155373592444
7287325741537530349917641588099643039159773153631700146666263882993
8532966811592603070743783494931725729381807150623573275372182626999
3638271866761017174728594954695719845438378042883998731513474057881
7584777889298284859134533950152322698049341443424229707915019552336
6308550328927441666467452652317447590828312483577143954428904532443
1987332850987071100756793105040662004523488769620983602725715304889
2236434118494277320558432615828460215727004191183454600008218158992
7595560313867474320763757021191989063352261090593819353869627872113
4058946430993109316722925942093032015451201207635635057394244009330

99667117522794924801161819887145671569513566405420877679762062469264149950308173022047826326451646778769027989393577518073066203256638131002463926570385617762052327895680297674766851344475176447245258312970910015419521622604037955642485535376402196633191303376813994426710033175743066999659383239210167996108136632851590702432247547582908576483937651783609911233439594683379600989713682280659452977464454344916431737490899861343656825724887515132149612382021666349967246543362852294833250078830637955213552008598514202463098711936117760950118172338005459624071636658868775798018760432819204020502538526435184920291579689226630045685817661879613930235455990846742169065660651940056752229851959087038956653913059940991223875868492515351093220095867655115396149269453494535531114874187030670730737628232387402581070679118703896549940483831789029974202474674985039918199544606085748783358665247064623208484548989714550203211614659551898443574288779195317099896186451432729001860331206528788633392565033738888358090858245056439466717126311273652227651794148341431683944945826448250562280695013721687057880253188500505896087429256731274253828934141135141098363279885415051496790024857242386726736918058755615320397955672635431702530253566306637977620874196867061993175367159881222112144208823703810707677713759562829059380621658321686900766815413345303611738468339395517793775399462796016022292963312741139503528382816358913277725561093159819764425527987872558964576619709632378230533759454200820770556290944237725283757350811040400563118321948547578610950563135071471961458710516976185295863935757709245411501993430948884845895738795863162497417852785931492750651717418597495112519111713290255344624004965947812113348354003061893047922430015246938352141367278458266513849129033205031357201256181400673754004396882899439694542042456550896555230524867478530941819467440938190146280420074981220322183741005297862394021234827490958027699427779805237492113595524682188963910586447766346582065405519641259771066818954786286963098095141727384635092862021001792923470894491824574568846622850013826861774685766300597276710809819178413446948930781965726813320225012815266446374465367163315097704977903901822917557745073795576006464722139120920429303506522735961180822367305845990048468230458124921692957959791204025686575985372789511937867097557630400947046133353731373281076441153226952372310537574313398942800681094128348693851117006426317179262491664815198874375304047530512293034123137715337800449968811325025434238297692571017112805310629329135477605614556555772952963108335871135742185219625463057900974503017913953385372028383832396502719824022022884685171939123593896573534344438196798688191897213800280843243659039798982997552552656151002207915613066145621544621712140571590041612904438622207083413102706042075003529375869076960600532957789936767372835297888969757373904163005810514742965680954465848708713707448036295749416226085248675748710079006465984760662214650867855537481832123673241724737332984812145276181417059642595559755946760699959211536876920249472089302056587706135344412448096631753489802569354414671106866553104038857389426991581587567633138194168695268375280398679841465245046647913728789046887026212586713260160127363828580923956845236045378816772821277339390359398455116240587860159727624853204816690533247955017661564398296958442285154072003535584801702725360006273507972562630344246953077804140012329308810607561069801242671586751089223975778746080074596063396727335318329118983744315701664930314966267274926175195315160387552458689189748859873436286940952029476404371520862272076350506611944748882642018124603004877166958462339883734130617610160974876668282961138233029729515633892474509207360352132241652094478776141712244064242361546423707200

878734662426323829152503431813961101164014950426382981291208348880
708089816021991124210208388691344131897766910831422819711684317256
002914744233582369270822822644123014307636995757732132314945634125
771762839177530672821931502316060047242723249592310916587962900404
207136846789367874402799512877786009609955358940585296362406924977
510586643331711946647675963855256389094304883056353737671657885787
237601777198907356625457125705404419567156378977260698799610647882
537840930386036287875044215423710096163166247653628541610808905168
724065508031902300404178039433963229447852492299007335945716638803
662630733219184304787227655637476782910140422893076965892206271437
800349156193138943497066422408719380464987442487817578987089679165
234331700323562877737697570675813554169252800596666070081549917903
368245503652392650369066160000498643055710148907586223370986977189
535260420969380543469086094557271822297420105620963121241799843325
335008077333508134064868506409850106089208220531299184703356433714
851772031698051632899323256377879370186698277615276970018995170835
743224711358909573655967629680939597079255653225536712805691294393
971010405758577840530214745169574365682523632042765452142348976729
9743982141114706541366845751840611459388346872777691633836836482824
003481963433350230335004638534646752639162286310530873782876594228
149688554426404746919686773623099563534611657208542471668216484874
154810646362432849359529367145192505673593803047424649123510906071
803201235684114580249511155126219637970124753905625513255606917386
568238143501894114240732993434396575698338204640633103760461921959
189344908134274635396523912634990037907277013460206160002266957891
054964852458998567366879499242752029982106991858679685816544566928
485857172858417210920087856234697659379383925707020199264753908928
890137334521995646215057532608904384637947067313914954978288329377
780027857680029528076635576111422758805707501548434089786726452229
782340791712414193817637629286876308080994446543993936036998748243
462636059463968557568661033724193311144153202108536961132201475644
730695644237467072453670739121831081951166786220408108517947802007
350937077634473360338759461757263015269429793163630225527142314831
867481709735851362947092861207478838619693487966647583899624772001
029951321460271585460244489664212210180090463277114079833088067963
720499412920458627430037520466724580948003250525473360160269752123
024870810842817123495800188728323300223659734819946633315140842854
413055443475672404862021954674607130497185318394058150301538579500
902955734401053592569678627422565190243586243207434264023130374730
291319348764868021913575043664178900644196285166565689923396929465
520661860556584531336682729308119220367901199421986722716643869060
098586203460543508415633513879866033811548690325036554303719380470
738377022073323076537334377387335607152767485780644573771138908209
752529114993016246720470178986020737116783129020004422745659476690
201704696902950036498771344805546569686939566829846617150786100559
290054268664334320480686388512422067561569563376938732476869258365
584075323020890927426460829604977401614653003264296633953818013496
226789761706314613323762571055930784148667957907442235352063968886
793702842017442695943899317134859186389234817289171837864733630673
096142090624050147867220187527554436361687646847722328995516324614
837555036265716229692896689941980307211147260604289939671384436074
731591612219786278657497609357000629230206258304095645200350827374
822652511499875964448063710380701476398894561606146579235058836629
220554347980093240565082104453666852804149117363460139076861455444
801558567129105441854552871254881663347032357614235424255158948841
413246336692601505004531547310081793842055806846496679452636922997
149757414731466086038113458777531614502581572469206526043997756538

6381208251150119156996007401783340239615365791870306225346216236776
6651356918051661880618520979438193955134451187167983889049167845644
2524552098708732706857021700801012690868335988645219184634464539
049847955330848243058938352614476828425651580728355669264395253387
653158262894027909424281644970524954180434443049006834103449671525
569685550727726396371947489206805129670738915922925190625023792390
330929405022019802451877382785757728141177087398479161242352064213
926895550030818349444917337044646648361575408141183983208664587485
584169866892140065726422524263371881531147350462527731475478172419
080052883345742258553535491720487554976161881639677682753443929971
622248959238756324358467968655906708485847211082811143570220789931
647453837578804972906278470827739701293344175970721128127138026231
110134007498068507977995452707625076676871362024925948324637401083
308804610646582907595260287909238299512660960923443023537155330975
369143962895898711282192258834313464608318396184427412051348374597
798745050240324695245618248711586129536910288332266058550658223684
726660683196143341222287656201303248152467799790473637822125551141
920149315914011962412900594986871352880757101649329503964901491057
853680560731538508988899125808625042521448412359067303414686236103
733875770827521242945402403388481955149178622091898818788392381480
553670614711672744989591577560809064620351553918770306381683405886
753234285525147285582741701451041464867893332311953805781313414629
298965262433924995148248838859394721119807356633432469280062287326
624457116575868462665997365196591686303434463009490919235072764719
181717424844239821739371755498134065027664099431235839587143574188
936723243279353667550663798496372996340737093681409655466835270863
037647563267754199633755924056647656687116148227431983833263250792
991185356723511845246918929924122039723848232726360503310495784215
149999531283729032383267322884904558291845377210095004749980897123
679564363564450539586101213751565047978642944290710941455437545283
324237066600731812312828395050102732442217382179654466048813419731
016530925772808623211259444466512796427306062575657305288443269861
622690932554499260183022704281026665059891570254874092353210248723
732789019750565585188991162406180784117402033958140081460975697619
314068446208368954803705057872965964919158787126738447006572378628
484942023143435313726751926397407470772585287010883097690743342787
882958690586559181159796336266106935486361744527956794025357337601
455183208664980332746473812496988688119834414706744024799880270116
097404307187970123147710549147816621857710725994163354194292226178
718350424423524897048860411504214280306999396380483860367510111602
121833037793564129513713573590325846137938106089024554095781860563
987619015391166705445231359729957658311708526671516771639791628714
980011090897141686215952639352041557400026538139818416785894832424
370904512904942160135886437056027262897483397014565922728868530825
357552498466718136524793660447895972995912071772157800180128146189
197029144120886366049562124914312893425853809207412931549041463859
048006279315038804538605878026831842359367666322499009108022269382
676217301873969077756574807327726105134263123098110046572517469381
725583111692120885082463855349702666537895616322567911454955890903
017291530202579379517109365744351542280040226809321576395990670341
190098926724347954611770270324231615470843394077354449825296589785
695485742399322978546705344392747410454133606896185771937998998890
174734791727023454008272737127621773240395214143826984596013652897
818500310033147075626121080881289491937233419639203862303084435925
900399127716579019038054975970509461242715536116454505299654069850
204144659198125388186287971490985350214913584284311836955033647352
942005678788489698798507164626052538205482973148451641230102013272

2588272021537457918556711162036517743911689797628853212454439877890528345874422123579274043732512601781502053039994939946666370477315471860612717098673036047044170127261223148121307198164238757687584504162192888238867404361199366388654956979459889735051549405322224217932626503162461307507736600436988720066955459644811967606290822504338443298426986372616108849150888088588509491411690824083920330532908292398653975696128627160482372190718955984823619728711958592920774925427716297668175663712197817462176472430278202671309822848729710185715888167866441382607011577139526182556778558619825516246546570064679941562509615324107055704348803133654166343650041964004134265062508572198088539724165046397901420210763658317164621446290645114590485322504749277513529768710252255802118064846582593764019823094270380049966098820343485662091196392078139850672907310845077432026600097472629025370711171798207427149261179225743826866699155144539523972247634905602678584998472907965729070571140378383127854312513671374084851499337495650363118482188429922632299835999605662327903795413470460437236985084740547649623585344559856772996384314206492312493455847626920201565308902507724690688305411156231937468182785208535157236397467910236021075907702991903188932543786286125837290523394070243669604208790087678604205689890110859736300587024970506829607779442949104614135516969020390240827117100716248668237515431510131705413491198414340834761877636137913793615527722957441928704303996042268861899787460231077219717087851121279441306123057253857971766898607158168098742585425969911649339223403310604804588073733933954809392918411327756135501686207373776427247274589982411260075336154536144605140583894260733337565224450066772360712856636223808248771997324916054463113233025323881342786713072988549540614461613375930777960833976521737072427141829448723064154151341957108308183038318870918555515241467392700923619546593034587310617324603077245382786501051225434532995059370994530292190918046046268388845992868820968165078952545464950719978663372560907680552351095400468250560850948846986705133904256396784653388242591111170616777138336896687541449842880235854273391316685543529425185488572689338707235659637204663885865993264051592229461484171484109679720752883062854205137113784560362778347533579167961730042943035383086450198220877062642225807935392633461244326924074350914140304338565644050988728721287288403097025999363740176640352644234524392713486524927119826491893029759790975329366568284393558207006486066209725977926669503237653324116304800737841111144452455339015712695780517202928783702357177196796465080045004132782370015919250107469992015332665040692431649419398982826767959706347143004422309608982632612173340183278004633781585119956558588764428184350435951084388524685313781811108180486951972274038302451080121850342799993774077727280865721841422787296771531330741239057242640642161363228162050382193853943363787604787458076214222584812334666452635352973896988279459843555314339934024525495575194748082158317081766252784833804069738823630758642896145303040415528854016186911441547658712893000558002304130956206541768032533324729345917000653300455668469690982465259775938501820485312323360715464364092991036544117380563730926372566020771119610680213821967281620180891166299417668432796474231211963264422522017915447768149764603573060947005195720960958698119801245809817717181159531714048405539359251053725735229480624268469970758886962096659936956977359181008606451993513696012324388647424166800259767751944088684136799395738327629658662303396724024854099257389780716572146554689631634489297194590941004767999829230773029995823268455668276169904188864241947666437205355799534656956077114107279285501044186277488779158632676818878087514618388934985879371875150286766750122

848942318794103002257756603086355878333422494483219722570020138080
4675407216417419169738055789875545422600954986910767510975652319 58
4528549512545331379715934239218162807392832398726881069108361160 58
842379403055431581584742466304382776568069535427387097440123727633
999758565702619368019531336558244664140725012912612482469515935717
631802950906978737290105822514728518274887205199823488320746676010
649849880364994797377095273780291924841902589398596010430179098419
851164850270930706516283878624829378214117581291605783709045964502
797630680395586515812153563772951192766869600978967791217302753950
882540331838444590741843758720139771113896501952440783977805029915
048941286862487937264685657732163936930063802942828927915145689795
181529915471057800878374052249626074763227854451963839354066281409
576288838020924418536377382784395693086931493772915482639028747087
305699723288475731558572237570719170945642038157756693053544391287
508221993801052450298591753099892615459425179728586054882918019560
495768942684066173161861550458718958005987236080235623552133520343
060068903488915901526697628154577619366190896785860659384245436513
360202688638916276860644549394073401541133396245820782406408581884
432025781410335894730992666728241928328884242536445035709726894492
275040450941726887089918272350431273052078827623241187844724118260
133323228842122940596229736218745347670341001706560066604378875917
822186915357104648961582258044940105430900887200460418458805115992
891073498947036209771520832027700262818048051741841999061387810488
064887243085369212744373380224206588985065698067945563925673262244
111952407301843655821818625626465806566379623800903384541206005800
139980863235752544411933780400399267456394210272086958815230668802
426742881329508203222477717217785275982692870694386122074019154786
524302959810384121154900489550598297485974912475762194090426439903
276402359160883608471520451100851787603946664290788305914424753818
777713661123702281519501953580904434779038141147327614804976041785
219250262410891807947133118746986676917520732020538852609029752781
348624778708553444865640346729022944447281667465187631339880914247
152634248414000048804943911830111299501563921689139067594717839529
236420862361780645908590954446600938027145943381704069740444245283
864801286362919365281022243150447590046820881776551711124298582210
731326101965301770787289169093195233892714761304523529362806904961
165926199348688180552342463318799829172783394715995351269521792238
078695303648940589031314955863359699041150066094949831021596818366
796391067807362611087452485454783460977012347325181427363661049862
908692456197634548939088003314769468211542703382827390495078948787
476737625534583104754559635158510292926741634570498702234666915253
043275373769653321807220932512722519888000431771823962199372537655
503399257620634632723726133908265912686833824345289852251537724198
880378677531710597796810665726588078987415741841471227953876706055
801177584618417206930140398633850515787401807926847455466429012290
440739217896555301559495018629521691048435972273704347121367877180
907337403039206770893530512040325752700045989612027406592149482049
677516908304086070787905529945169844243619792287691751593450114793
249928839097313839638288026301792157953420820108819910522320509603
833354505401415427637138838522610114572626700438679066343473600840
063381097704451442409938296140926597837271683182950256099202357290
010903319161204801495845179886247904676072893939404828710482066580
716937979235668525922786226051103221685915246578973360063733518277
368664505973907804777257300065998434152433204548516284377775402028
457023239646857918798376338486654615576095669248484021440541627330
981234175507435304434416429979345287534393620549380140290723502458
297701136265235833891006616689984600960712639035893529272001582721

574312065191597977374814665314015852052708864012461226224625152705
075252092226421971538803796570394869762481092586596239653673730287
862994838428990476727971877433911336834191671177567689627602607164
843911607739090261778882303794959907088106476276753539759225252547
836475967085792134991697459918210006078774742493697683929661580345
110583155127074087021453313619281954261003354047948206175846149144
903123437005426137511247843785784656078405455351992118581112555428
149552355941601404745366596869911078431620395331286053098306503674
850737600011073486217027069695024761709297607613648476984066685133
413704571022710774482739565272643596179170684103429856495885089893
411687256384043525423915716086632482593374670883675076507020873414
549944539909332127130089064201493609522129993285559239704106725418
502623683532314592732150208408334593571010145301308910008818947148
081292693719998159843188184680376283315576442271665517215719079953
468178920745427552014965012139208898515829833451578094052507629669
897294456789910698272634805436531001225005240124461415755130292741
378627966346247046720054505089322435061296323030622051847523885698
470892744953223596150329209185266065451422514892298143381882742108
722165726695675538240306467582640444707618139759581612486638343303
573945773390934021097162892151464887823407472956291190731051118315
761535218564780036671749188561626932385625313887962238348863649910
996541877382398407803132404563460628731584952108853135076222875028
381678761318066803706815790233366791073776254145311595711277560695
192094329438264596608738690884732919831248301460011795531820254845
968638790622921244201880229117836672746072288730734454277811557131
388038718879991319179572304119050383094159772043614231955761263291
008956911487970665368233806282982128185598738916288345573000906246
332683080151465298906235658627228036726679632783929388731971153838
937769064548603057847264218028492769503493509026684879771153201402
076348413817343233959783375248424674365421477367813565495902226568
005501856161853555367569483449051372522760941101351732950743410745
969395079988300080374352894981127609704243056855608210784852092804
291459491718819060062047266076340025729180541286165037101023494179
521707807582435121154437713297130153879228377783519620170212378193
718652208956160647346992797830836330618207123068927659891064542060
433132712788549873875291180243977945042320080778541505642932480485
509670110527383250128411097708755930136705900739271613797972949317
549228986254066407436600166230704610322302353691760892423722438401
623019736959313458986351903667490008280548074778534018429717308732
376019514312262483936030442197351244364097053667346466566611713702
674268317227728642452715904723587393178765697322305301709335718289
620161342908492566152180670434650304367530821891272344745739944376
937669272200868839076560932705061600975053808776045674346952108078
016226164554061140614965530584371079589321112947501097888109505182
017859332996354888136787173090214403979206021744187284467359238345
263313111390667956747312017695279049305984195992099117796525505105
119490278487890856381225527489966749563111199762690727424847817308
805228918285982347468102198903389175986769300314537460808982812853
264102786855371524165674861076773783110347138623313486747333124552
565121364660265711983764617830087665576137546153143762438616931098
642768250970619571377743454903718795882065191945146128438727872904
788596040899890656935987486008835923496291822286584276212376289467
183907799935901564986920437561050411806444293307846180659302341499
099425526544801738433187758186969174369082400477384237652031190677
061204138065435002199155284622326374696813486427452533005015175444
182047470187959854825330263285524874201699778396850912386170113840
901863179144774059397035947256273457800169123941250452545220231811

183233484528106029927622886582632592508463096363771277121844360840
664934732856774593608146428979960808599445266728967343926941188425
912133674832735151428279873343374199956613588582544717987349462371
459703232560132926587159730253787951814512003419232079209935776701
648177616619431583730418911306886266008495622396283036401185920803
901295230200507955037367828146613746759997254387433903481412914330
487583182795307068510822955334688560315196487141563366205180730273
682021382587399173926891097257191723882612850608906175111045828934
393072902103695752638814673709968174417076651023597870044921834969
394448769920475882888642139554030217044411723659407074734688146057
492135157202192679159583543637341781011008987027631205807741755387
514597232644673548502090801232043281523832982653825425969445017257
205134224323691999408601055574155666216023994985463187375718776760
558967361223611081551611119589726963647576923060632834513379378239
690556459357694883922601246950348149197996240569806324052642122499
761834686461289451917711288877859742498910451622339638934389310105
337099153135177883640007558880867262499805782073524300149360541096
977404322786121140388114979687147618534327737531975550840909537542
352856198280094516739978210236473034623601226115001541385193518148
571285510180956822044358535512325696142868216266327977808396340742
046437842909302044681017070314603860234165554584706946069782212880
216867502111788931132850214456353041660378583780290678776816286351
900630251619614375594569637005200734059106343910395815048878080673
781363294337771580852090966324081077680787677232532859978380188929
115616028333503916817600714202779093064008103730760872787887032960
973273699201689364748406422584861970969925169037553860344561045586
310606628957247104235057005319178706847588512635578712159973802731
561051057102525482608000346694557275633880245882644073911114540182
445227456896167088844835725539859575790770906923746778436924553888
300513998912622456433348405728147431602041759562059750906064115859
786475220162043371880409532907865398903390009447929808962542610215
827113393946983627276394688295110688968304310536095998514600711003
969925110172731151211383270159593092555391139692622668488968458607
718386722461280642984659949913199227779030078055795680525583131880
833794366648956193842821736715783656127840311650885609063842243427
385734083196056100303956434972314770666032837625790887086680056287
858998694853189908906439055790602729244287416622087881113432411750
775769862369869480943828047353836747857607255471776081893031228045
637018845694883301622569099457719098107232137162235767719609549000
760337940931764745341754577476866757954439428066677159121166059982
794986536167835948278897077334983822342031672698001106058660682150
956188190720951038891561703034496278051163043324475267104852284706
933317039999484147368612677071228213471219529653547905540208113344
846769291078490958899504714449868644932444369178416544553139075931
370063460006511169499355394202731521848718096173623542820128812487
713038180578699592460436615410219136127923166157252226131503231845
293203265202998588904005134203115560492425121219649247799728318853
253286527620531008595194096167153297076562716829664806536925055304
309576268496242042136906662072868836599345979546776682123627697572
229826885825168399733575318766544797253870160633551443372964844398
733302028145369805561835799118435445239206017829518418641570467253
319801256081544884189381402929165878653499137010640507964434842013
371899103466828685673639414589913674861198188355347661012301691162
138195982625968826208922423571462088983937528414812813030140462888
464123526357104426289264895868385879835889267400224695457533125492
363974575779769501592612390959991778400849101455121027249975219687
544862679462191582176148790097046819360922607103161896925020478898

395015523219536617768249606544842461213184432889509926292569231060
171981630251786684640393743930861400922155582709018253586442381870
226529705414774463947809476470537966762624846359880311019258472339
545367030571795942530246071541663289495239923644048291085368322643
092171809227110733061551694068695351692602864298411121474675801698
699206385138602060235144666101955063946708309209555326653794263459
255248505498284893773775344631841836928233629790149371537036058379
154412402287581755156023403082074906622602102653226019917084033575
643973221621290622987486134743088197858291946794898645360264551769
251576848448049955868652575780978352703211804598119533002134863644
761632315419479833778023262278871166232698356508118406401806336611
805504900955922508354192172464414677523675063715532894053714978126
183460323438194343885779877060537847412147707283326423486222328817
271726479750321250418275885313954196583600051849222436753404544516
578496620653753818476815991806743465017916005840907899774331126083
349279145526404314985575113663720431326792922001339708623027301707
886174259067132120580683736259209912680534855667127014723258617967
041792305681811940294801529749040324248611874706967268602071662692
752756243415553147923571842326747664578854346978258826726580200597
082125118245211221424916975509409882546492815322782689822184188930
482848669890672204121225457987348350467412340371958140257433527479
958245076157785533479113316007965591087892392283210000131458396003
574931131210156536951153188248318644511723396530211617460190778683
108870801357184736886706770857477672769459834271924417358457927461
903469537127889192442908151365853714281173015943785956873672653774
333595870269992206284969981346018439546355299351327202859920235864
298965770263011170569150617773187818098828013797224038508789496364
521937223527947734965130477117138084435771082701548328691151932660
266441889292332141273606183521626256125191646926085523195416152230
072070553373544134790377022924773304586973441985832027556093898278
055207258046731689066648151017169915042377686075039045407760766483
845160334880160466831787958205109799560872555161286598732152268125
381965754254127932616995878014881291806908087488625598235605949409
846916686898110810844411984371840870000181246980920047117743927440
561603384395088183595965874017066412620716767208758302618234863863
042694235234270235104042450142304125140397650104998286578262098088
677326722907146520926566169021916776572284246030458484276702199164
844255807860604349636565106161195069885020947072396910701067725857
993967189825583815811869211993618245656566758687106224754336936377
296635985459505068519729341830948676655008122833894578841959784445
659320970502433583692126442216023537308958609307654857107099230009
343120466288491317414373162860456829528978882985633166787381444246
918624478551052449795355719565046204644353471350199836316717339586
595171061997575566708654652420434338645361698913819599905050796135
046557020727613094429418666723048283881173129260383112167437855787
704564325744288849210802522422816160330408341826627813074710605995
185757958204655192259196212489761471620928667704306178908089295949
592033719754297562417854640127497977501817180236043492082565885576
822724530045091940972681259424961343798996260751884159787274735475
246292431816774021469261166573054896493629602842278305623702131590
921731668855662998381020036546255073137675443000201469168155142149
415840005796899772402798688111510003271643604204772304927599741936
496143680925784675888244091913553325486718660734259352228288348413
860549367366507771939722532294423871828817624060714827429986158510
849352013447724291622077723663820379413197722635305358923911629998
038541907124589744296438284942776737237769746330437459746243063808
682399585093977170381525464056318668258596252120778512104097669202

1840748832966543991295978307560741723127764813594235336387307387750750468404267726122029285571570125545565039082701858571184717093230355974794186562617978799161985358000964707178449532957550680442502983540503455852914406414661253839469941510749529421477565607764909394028170426194118620017638317371067855421709658533827108816661280182422561379902840262042169914165246335574628426625220371009013181937732993017108792563767336552996737338395872823770310299415435349347852026194004232830188168907693976661613514161955821268731557082985898118326571222998927035631811314690622159529041642513044295696680567934356266796212273870005074632839457516982615473757916432239834499813431510538002552216190808003231031412523358469953012372064128101183298724309562248253148307497005993319951940320534229429440213415004359506366157224120479528823836374734774693741356051546956189382359907597800061217017012139680227738914426146077478512377758969921730970789567736974639904515130020299283621115416870506282753454027161185906662633228447614780591794210264317526185721084702277014000828184755011475795668789267411090782755751526047478564726260082135508810103714902614973170473765707628188925237368519420403636496306930546523550062054395816432236612490592948946314061455545224704729975764688257159390988601575979240373668794730530219206765819311089961971064051960551893186554029194045862995577829091453119827481689651501182053076927704010345432290970970087414368590489575812075640394128218160371266278888243693317732335971730726622272483741358098799910215553373274037047531489686865400430322432557316380280018237108755609037533617138220877700580585463213772964762793303282849264504903062801498276927325948286453030855105736642134962086255095474523648617229099931314449570685236410739978504675342384678010644003366388293021334039019095929525099211953987540668615659994104631996428331123244650807024212049479572121422570677799403794790198168765591965628550311613626877188910357583392402523435045720916690343368301404917466707757145741811533781016322883168657674634884407537273340144903508729797607268833064939369109413949972505146633251181649274327447889302298416996262692565190271209360895219839141481638024519355628081066460994270889519376871593057413078577550803489226539821555821614097192184890697934995250296167343012959433848833833644469099046860450015548163457983556995725828319396095469285899479965104095093803985317817876028599009950270258583229089570804071566945460184937455434363606288361773168500775443055432918503787837516173062094064436120251944602638460824306539567840738963437566639916455814556307803183574769741140177286499269195392344829586395513795036813410254178176352300269610550779108802339545287089812373287068564093189764435127498650858118692307593158503308469048622117918726590936148709125638484225341087726962519470551275789850452947521554310251432376317451579093805157019125473588003346839473745449181840285340137217800776862599908737905214570441338021976874426577646223240237766723769858750598482209286693375405204323440592606162581380973535290278726166664258630022136420875386458215326769283991857220083329283637511623003412955688714339241142305525825649671606361322517316340725983875499923972772596447226573595916633399407008294884332378858010136369717134369772809340109689965811688500404153463914791107313266588424163553984821646331597075530948124676429882694989702195015249196673127092161403572958431471452741650004636316598551161587104467184047068918090049670237614457087269928100869952652789487069896390909696572225824520233811514116412863946949573807635512714556293752383493811472575272323739677495420160640148239388833345733666043688334869502615607861140991211117132749365990691774663968459879433762487879212090461214241124058467240091092937225020760

155657635444849890278119251813073953297196799824722784086459631267
5532462425645771645577934909507159446637688202373573694027410193 81
2410925631747019252881457996303460376685426419506076682836990036 94
8141355848686704179649151327264540140614173817619517118525494797 81
0022012817437835814788641734422792986081658268633143146878604244 09
9166876817349795457764436126018148913458601777126906894745899405 50
5826423655664580356458267557029358126957113541451492795555504233 45
4079418738364232638871896749775445136550660124780250620002694686 51
0360390779520068350932494526456587562688452994686184581527597541 74
0643196391046656052105972011862680009441318327639609622566095909 84
6090639835126327776890824633306455495962231768687117033866188947 70
1455358405792499041802118109768138853311438425212508002352886256 49
0280429752734767619267982765862269649547745161226214815379656416 48
1026625502074822348461255542684029580969701146037661246138329284 58
3717266469005891886448447614816925448792643909552683627265467106 47
5253023660787526927603897043873412270262988756728044929562066152 09
8959622958945634453124545509876916108028753158825879722979855834 55
8632837617921487850625751919182596794336889302879909930057181755 09
6498350945670711796449939752503365848490155275875933443362486423 86
5255613877224934169843720827444696894828685582010803364174420274 79
1730682064712410436692418677416832197947451556581900436875458583 16
8492438101534248056565467753151522215503399266852638122109133591 26
9123886222556592982891188889559161879196184851049881414725489936 42
9215390152576670944769795831510316577233466919032333261306735109 70
6793485860239597515074497568628455004806037730500067749612770015 72
4751743075250992230488967607499963251391957629461922663706201643 45
2493275807719678885805527729708124648098991741883956727454669982 68
8683253804762045136303358753848717299121980533531195095053621032 23
1738105565201056361260390363544531155703433695290514679609408295 79
4274645409493452181366140905155336093746071316624803571798739659 97
8022085656181903148666284877735656176277522870246588124688888533 57
2739471093791954304833454138209484750630911443462115499343659222 18
1979220144561738298914065493272542967567159815530123127039946086 74
6631406401287051959466887547154991402471864285498978226644647958 00
2890971612789266958512756483085705755765970058599042451191926413 27
0779908268236142691567885126513808128255074834006766940482407285 54
5034027439536516827339075616290854353089952661300801921882475078 29
9033001797893202670482623114887144422377688827416691560662892842 43
3577866243862034111915639093925503395416515352094980754033138194 94
8428697863692382780638022585688067765352100622799348847400359649 32
6911041267328459500337602488122077022772884086496429436687661098 66
0406220409794067865328291726514264137166988237966396669592493152 60
8254080695306570054236730983745893600056107269761678565629727027 69
2229574476306571657457792753070532352842347647095215165300828298 44
8413578468089906611586513730647388460155638375957056632851577550 37
0784359909748592909813324500144080545220349530865417130877259880 73
4689736880654166300131371994917117908542692503017734325033672073 60
5147109615259133836568000388671803272663289056625371258692834262 02
3275229550981572969547705797767187391559591281744529860114295739 45
7970800088483573475889575092628174515513337829293841451370800913 44
5109843148986709800021760531123860367847455962997953494242855236 47
6539826083973725417016865117310836013700690240507199397885157587 63
0083604569277209441191006446175159550604398507333132962363797988 51
6900809249368238337166540747599637438684503783804080217564767563 81
3135030029785695144165494955402720000670807890781503595110485797 93
1305264573268881456146375419158226603190117866590462215718360193 31
4396700652785128764933920898308417408584644434377814944746526252 38

0159770941858225541893944845480349611729832901837919871997468782 81
6864006666321567516952371732676628139172135930475968578228690868 97
9379038286713040041820399253674064832399192481484571056434068845 48
3572394765374157085355427109570147101034820849465071932994933118 65
8277641981823825342021207145307443846907338185935852456932546990 99
2097151374748746299607265122721141650014501161952243825521658188 08
7027168083863996524502991531623457030308822680483248205944285407 12
8477214161662732206425049023189306884179310277059014103690104314 48
0816085514809123871485965303879988097130459251598727389269294075 70
7109151636668466796875023208640541165126206001921791848941526940 57
4046682948251713132790356261894208322449102636964311106901205792 90
3009653128860505010013222839389149285300806365008490348752321682 66
2006197398779331670967650911032142779053072594102371884832847739 37
9739675840174067843001724496697832822824335348845447778531465145 06
7762935538743700843171080989995392736957296973376438358818757311 11
1123225372804951433940526078324364920832327444295870040722947362 80
3748929824936066097966702666581200302368825731748844791563104728 13
4298924081893575987680675348139349875842435670340346454015989225 91
2660388802159112985778908525940465888097184892144560084751114189 33
3299682825445739024852430149250055073929083674708339000430642634 03
6831938348495886064832143693605242857291143725737076862101301015 18
7810772679227758051791911964112748450176768671126319014920601359 14
0893298302941522120338758231343384765364643017426317454347116903 21
5007547232811214259821465967324442427571542960436637366859160529 25
0875838536678438493633522427921985679158057398946449824766518247 64
9536686905241790743430061662232013561310474403901331067559888062 98
8183612949753224442513893407854702680225770452995242411237285080 50
0259045094600676891344813106627930791249233417639116447384426930 10
5034757918050092675114440166114514159524982865374427121325811233 77
9948629752714698798580716199469002990954065170101631463599559271 01
9014525369292542665718890422294187127954798458491538564378371562 88
0929303328281683777195543829275410670399589836820925541301937017 30
6842022925519773682841764050553617957577382711816758447793638770 12
4430869946301444104002336031932625621687384429563044781550586787 90
8182725315981715980951017478614448121968751568832362134006274611 26
9240195211728934883270529564764164665631800118323274666010380205 83
3632098644917034260976261899623628063689284203872599711569123943 47
9449737645729736113961721329084334789580824856724796438647514811 53
9453994938986847231907782229803059828510513995398847371521978200 44
6221088583309540520602502052287984635446920563850818226306194823 93
8787495007560133208806783094303233364812938367618960636849712466 87
6301327206121099765154168031172694172255391771942293060774570567 91
6980026595138725765198344675049314795146515088688609735162813810 97
4737188702042871820618373493248338665785189343296396006423370568 24
2741740091393812460959814845066659962894368543638586358822006848 15
4089758703819165464776907834425843765425090322214273671818253164 82
9660571958165888913392546026614204955761840655945094268630387462 59
3780260767044298561671860594119224495469164155097286028859725512 88
4330768625564038831956942637224030418227139574741134166846417574 63
7908600626494919867687550712154736405806858718480359430049956604 20
8706067448976123874892471569097481098228377462383822757169760542 78
3834754613546655767216549292918772877660791923084818730095505913 52
6546662998443637103734018935671106446803610697969697867149507070 44
1590760197412351925529279358486604856089574861494283524533724502 89
3104281100070398632567133185267802618960566782598627663090831010 50
7151249620683308144637072312976926925883545145035007932338281185 43
6937372622815631111899700617469988033273528559793780879512580127 77

861007248481272360573196267001910997134100943409214076603220381132
478041326089480194403488588440836270098490573644404997223208165352
664823324385231620849021259773776794691374674516705642940967609377
060633450897977010132545433604350550349338531212518189402981735056
518484910818120527345029594047822237474726976564140154076634054968
154758665217346135457573640733199169429161225891516213594596192562
184133604180354261498822630165813139476895597205657665419097275402
112945519603334757279134575343162516742434704156801384818082126198
581652673163161471813236289239297247412389896503794178684460220938
074430000462800189971980813018873793798117108767099648633955512033
075413065681713884379213907304100766601517212797185568540196728263
358971057221443492666815193756465759789093946789468503521617703245
031959643690512223166649841665928528563876110223901698542164128067
447584162597794417835824260624174123316840449958883685107797691583
464654616157109589388383093291584667742548212911515977749904126062
509237845529623931764774796232550215776076622715957466273668209335
197949842328125063462580472359195516802795130432967353267575462469
348505037354365942229006331260631393393514699119380167391232114865
451256716711848905591194491877968797930237610501773537891797539705
493871533787655957821653599867308341605208269342580982571664278139
211928187714335986973706905479761227668076809108681968150079588389
267473329486629285953859195987204169354075048542707451968430862684
639020274081947153873776236873209940397337911665123213445942542325
463953909394630175633700072731241234197795237811964833150346928578
123754832858895223008952378576991692696939570200246007103084684054
078652326810207183321143584210267495217973015244811969980837511635
135194848380475268229138052026560003915780844090202957140493449588
366488421920374898086564995420610823291694741128790403823542717726
988233069425816993156088936529003547005706433913931590569577557871
476642629655262843927669201416040976379668301679922419265627102859
814910236952840437522527813841333407324147161604066067294074415986
879356408893333904424871055364546039337795706493463359577866900429
405315475028578257702916665220554396238703650288708488322242958420
631249732344804368644698014057213121012472340198519724278481709771
445970127658744431853721241225084090991339337449553585252816471979
065159371776293169667115680400193029023213590974912355393456025383
190644282939627049649134774840268507192263805720913262213548278011
979376069726471624403858758523489072875180438201881750824914773295
175389898300778189289267435275748976161660490374787354629714312870
101439922870650144075960969903291724392972881207988387422268145793
722804944649102189161295127254473598330552581019535842207621796652
041418184368166024451833369128363594672808182595060051660386803362
272432515962121534379612467156956564049835430119319862900240345841
851838439225798936872465276409101490311623164669675194214802521105
593749834720069462312738434347225386071382867142442240225658461802
217726130548449339600404778365500564018170875557784135927820181222
067000380660910356736040817486197608492830119493363194163742181788
129154753858376927571776411836472593430902630754651808518240905985
404745482291198792257212814045724905028569194824666509779041599669
884713714301271667317920656851792065555736421232042230347849291516
959943810597343071483428303792157175500670264318443470036421375148
789833444637939315202871568001489261575666597350587976659670087485
425167958263258243934660987203630047642170028701381078543885219917
839463205882215537442532548737470892280995741072423963408015488903
104905672136777450228095148913959982598528764922670881748125904433
804450740638787447240302012294250927991741099626964065565635942425
828461453060402551581906207932601510643174824222408480693920311549

194763484581690330235195645804154994864122630340935340716017150633
726055534089516242810380899469069596184930985299501227437449642327
751187385629319902414584335341368713610615033033985035039279328735
118176981148158780494113708503681143044369373990613851474878975336
558561049082299825689310704269238042354365043071145965428770260315
059787147142917169202944529852696888092052578816525723407217966312
492571055471448672084806856354569717596598203064938033889757646422
862862630874166192978755739684812390198564405261011356604090178124
266724419197713153292246361231660294031784405601830163314936355442
432277247736526883696593755503693927804263845608925566510134512205
523490855075524066435756875173849002986012107963599311684576980975
371079297879461624860981631454400189910609527258012249159440860860
649379181322470985939268142994154793759065137997312608796329278228
464385826829829543945779728678747585815726955675607794497100584083
146722230645732752602753704950126751005234528625939270197726586526
674999150101468548464277728900393826780975793055207248331398354100
367440835741012858645105645720631933628739319094458249591555293174
225752886848976739751390491442440246203409198116919728746323150237
164997230957234747762325911700680987059285202362652450232280047807
105158132556001651240043051091097382834332168030501196629809003965
845914223822602933033735898661259601930113552269240188133165322860
147733828619489002087958587477515535862501757614016705128166656818
122426656119811124674598529259571106512064927256007482583380241122
036228587358028179799073078618676680789281118619039902362089560527
933526980934479029413968921357816930448552370431830286232263459819
253977090944277829940280976717380789628216036931190384423112787374
636490254240793531425322196346989523433928816631555474988634454837
719837559447869559560177187759090880055632436906694909022682939284
206088286093586000318603298124612429675358684277662118468996409076
188893912917771313887715308976278334355639359387511016041134409872
290132611441729497789796896581550626048823161772404776075518114324
659458423284348580976006917620684031831789646307767314470892908467
746240942896933833733902210720589246882672017576083234168320781862
846702896712189362835027743808999410780344011360160391581386512205
597877189496037481567291636728983511512123465872415845916263840092
992449819325370795776625380560419342599713903739258326852104897992
475575247703508430304793415195775325429215222723723267982944143850
611283446649243075848602978087846522872801219129348938537722791596
855795400293956935230592632115923438041769286999425024783310627075
945198121135449558985963165647278224344946677621826946548938975012
741969253230045551560649276120366986707177629842090599382428025133
126254779716710063875263158946176577256310292902669275806472942551
272749265766471925483149153207170006791937941676951649438908464717
333890116637155412050416084545719264834888785608424839951665773227
479213592119700228890220076597682361569263570876072021417580059188
884215782680657684970604918616792587029128476751340406954049741303
316204269388651668130715030775577729508591472795888568594989083999
900520311999134159990760516727963047443265457583837995379855375771
933019893206974497329823983755521123577466635879163895125261700365
502448697369211897300469755261538836263173810798557601549271345511
727897482104364192060738576493230342916200071414616819694735799988
844165033012110264556322266376882127386253526824194646484846625219
522831997925746250740978213637929340316845148076176400123184301969
763775705824370924660987627833473794630225923628403481924095614901
081154162857467481678746514239563905290987577841865558109367448848
469016630387882828777999747901032540832798690997038324604759227544
096854395691547526343778662202222960886147062778284691159579061245

8091167453894416903679533387025064713192738784853283883600522184 18
12492664552098942613805286521899273652846898663954230083171397050 7
715736869140762806671489728578879549962312693976155347040912604292
861151974047272139628256851422009044901093029409167190893259060206
159503165894334095607128050764296409366667976458023039664045275360
529403620806446984985462208792634729248089518759906947398789032992
771047038272471648517224224608872549644875295977652586751914045817
921127544905032180453213190790793431039101582804910890838649859682
233706260752979353548978663455446141513267832044984890265778346060
797061684264136041971495676729394796439173144293052133525577990645
534740470289841278194537280749135704415976626616741722004400213677
443438113641223274705885200554518711226439337940461647941229677113
932146858716337791916514420410253686795770824423160040719192442266
488351036073466738577257958580065996016761135204698014401408608689
075823941768090997382493530466935134831609197507646682455288652916
824293870672174892053663116026136976038943608853622553228124054261
653915005728772743220414397818929828282500970719770811175846446331
328979836679381214479000151051021085534765989765760458912410668715
708958832057272464398353187148960289781432655889675095040792134211
370832670920660115452027946973384889807590927952957600580947761681
301420595582744529629859794505639770523254065818897674999391452106
779958911813888363559938954077405328013102866254584210666098540487
384106644710072993893586221463465983827616252428042397701184191937
795156822845677229688487624124200600782503370054861728295206372105
898418479020925510172026999042434993532106535481678523078250104721
312064892237608900787780826035459105716407343784620558314322475419
106854756315537143763533200802176952266829035855200124218342853257
365220527577320598331882029848111058786330810133992773701107080706
670191055576093031278859055931975194736282558609577813479235507887
163997446808077029902678448281434430268730042279656679170757692837
956207754708137911121176190473023461347084892909047961188556250695
772620607972173041267853740588987460654232331727034231040506610930
513269454714657613719575502302839587469299874321383252655579673203
517410094371342349951984202080293268811920639017875106369100343772
379237299610864956536853655536548972389097307643186307245331672783
173109191982170957437226507344841427571928618394214000508161601263
254477403353905048589319359742984483533170644362421457684962494131
436723353516319165664394669925287385688146407531467881360371245235
088031796886490128313198721001162258763763123357923822915596402839
215520202918734722495827612606746873691145633732511841262058434496
598652439133129296554593345428198501172713885770209579872130950931
436201827129155536835275771718261426370715601044924586612932232259
920982139763267911455986623149354666748571623310399667530716726802
273968516296291301249987371239139874840395012246767239661675385094
603583402269351622729781810676486792101667565935547350657833389601
422500614546980733093478142045757958958069471842873825607855292100
571134975707943011449639200035564941565660940453603964576629251314
005106448822360431848602243709627960049445732382351023325902510998
468435399363896552042660976525352231563567476639536218700168016890
405643796647654556967992024251879436938989270130046063118209588448
620567109339963316922622198655185782231186944089269473608240347322
141638185690702455960120656085022198819900534310048711233576268044
938246696127279450356206512366849876204875717857992690866843042504
148746758364179561404946503215956383915079028955195308445738558920
837962528721315909527759593531701739492251252841307289457561034113
808517269273124137339853416585819247001393750162915038265187459871
968999628682840187001083253661227392825291509625984085155967464651

599704817558486570647470786052034391627741648793856751738964855781
822044284937718006176085052597899127707539953740776424030372912157
182616302493294244698434949040277685869070068725775828467892095760
672165777336181069706507437932091199340222584133303436759936085992
755300496801288612026301064184361600963433117305422887995933183049
842503084651646559979283686465691904789889676529821932048675446829
667161596201687437579852715212581851846121128577992168153360997805
820753554507058811927451866179654388648164922477963628685648052424
220432058262635289174747130090824948206263674698824113726027008584
117721270904115208260095941199427849655652134456184033434248073598
287658586448139054955119545326559974050869598737952854863127577394
492444355183949139993613692969268528685150838404063832719399917839
471844873400764674287379839317218165271765322313421038420192849901
399128047651899939576402177670353492344523232159443560014202426223
278942607144078638648230673465940460331278300513394168696986264242
552459735057306599770199741220884419568244531122741357204944691521
761531881943107155823207236764657718575850876905230912448451053854
343829561983811197816912922018588973074906800925505607372612043474
768394346091092302418386616805609127720169169670955758273626800157
055379592116435557826942625903224437837246621986398095856398260097
551717617642040094972096018097250908478605199893629298481483105867
730855292626785050823184819027209383845019242652459914940399103029
492779203266250723085567959088165195645868541750304134111564132297
775247963586686902866078613116440649266061209049050128518508275358
684252833500091587363265338930232730367166767224763776227184756690
550328916302079193788271775939689959047913691889864787389953589395
374622084052940706859165476553649050062211931423274386899056590688
956869046763521893598544629514740219837272728201458715201022828911
760252178214637640615003823709322982992781294063291696827973541484
026331342986050467454051135884374123625318114172518382277445508526
311946083472593209010919847939691698020382156870269163025526643838
279313181221133352562201585077564611045565577359193209213068824521
795628916214063875606112054851422357659852211800876988391164151070
567587771875192404065006396490405912429000553103682075186271638979
556810258276094858826781112625147923033720633522545402047992729567
163724089436541806447763274345077449986830874584041062265673210383
454784107993961395370855947679031088262562445028013713446609219016
129922832392077133447652060105223799719852695675483781711664262424
752311951115860998579420309359563250659668613461920669593594262447
535045069091204184456350399270960594687568176730583208078145472600
975677277797832155117146662976561409990498983032371796325992006248
965521096958931408080823924569325726261445588846927112774717791254
271736037931885337412632275480632189742394419019755750515442222034
35253800129750670822302421693388802341938889395554966949854144521
172363606308749485134819359288338938458429555770614320029396398653
626275482166092543738606827365255873134388215394146866817741456705
573774651788948158211891701941818561136346201003867176864969521481
862539060400863218729909047605662826905883793801580751504403879007
316720803996321627514966546104014792004040478420038235976163530863
793018766636759857320551484634747560708998811491036875154989768158
441583172696596302940471880188170465406426548232118780989600519322
209647305068473968272373540988819215510862744326457277805505064205
516389370349295180575920470005618472223831436406869573849539748532
192548319968299250297749082442486692223670879815692653364290848548
569342680596880708628329083228050617120808475122663205246150072868
284289949147452877548570877600313754983504633711763019958072434252
994761738607467282020171043017681616817737281651542984888460649962

713878567783309873705577586920229741052251524217792536567185988658
432348176980365616763066718231962383309380240278325412829845666756
449514537551016721882426235745279003617058051845641251016082907795
651414651169751512463439519600274048624111179823710214586638546979
003490758969375342251324012839555391063929504719894727519438315849
950088706540481262337569936340713833629596753765348339649869456980
173777033194337312282448919970387395047304013444018247496875358506
006613692120003627940195347192264238868172685891020394289680016062
738633812343971114144582344818799908421075021191973083678294680515
354188195921659398690691178232250801474276095536259766577896342047
881385716559012960961505867146723406707910274927399834993738552756
880017680778349795601283701168566325920838283223405830508938097263
188137703942467504915170369464073830295048004605759269764597933077
607654906475533167842812250481142507183080907365089020959967267115
579362446130319054416880083803047181321694955038189072408006308379
191271956436600686665314241267302744610093331087013620316400362741
507995361124424691294928647973016962472817999973400906370551596735
689198250146112985422094585128511992898600035947400898612210819131
032464274852455546279911627807320207564836138317111972563815791182
912310552051064206750020531839362464898034158647950277348922663380
601669833089647980960102620162099896703172300255430666088070122547
382146690975157802320767319004286933254198942711721429011111626611
291884971034677961335815648327578995212490734802434064994194237192
444080658310334050801348011083036544789705752166684640462544411822
806715388767571553511814099198595810403111766138271247100585036383
588195977633044922443965910173762215578069635028170482226823370811
786335187744074772287878028686597731214990750275871821955006049919
822071806641003348943263908272017295187159751768097350769651194023
573614883257870519635450053110247355044079177844062869077131987781
210312477304798932136048228109680606071741181782995787589271784648
574486023188463225048543123681086914056986878356050787040806772359
607957457883175240455997804690776255654905442897335599476385906596
231179064574304373902753790091537853737317022784056908378812085309
738338755056275750920483181958769339114401983238294090382129726944
586796502585567467233786297623868798384754433767655161105975072384
524827249024444177496566299041395735936435853754980455100335274067
918350569481039133701521874574260684150713230009520034850226384511
212113586952408556022391549536351162230085789053624569004207722178
675422827364447220601405528866588485629576033440103815599861247281
961550022981647600334970167657611682539508835525792634203486127111
838929071566190396466848729075564120816018804904699126720058994193
809756522965110536605746550458397815442490898657700719760977915878
096158789978518522069645550325669985256415467455502148315939826176
094860589481173272993740044523564213354459834368877182228361042584
876798582230727546612830208670924237158053067859684003420589967719
154011621749872264042056460920937575762807237463604733761333217490
036589392770705970992359892353743745011569717461188627375450048007
409264087561618295958078037681369139655426528358825271450046538221
767040904799329046924979455000281846898354737008921999341789695665
225003336997499799362347727099349209913657823237112733070037805695
937564446310515632769571972613273245240454878364608072611070809691
494846136820290509537355088987554857580167684522922403951505676179
600447100300534362937124945852438385187268656514648239149028844458
860045354407746807053948031533236021283192314786427432029702227529
042550106159462106457129277558010987495349313176263790124594804396
734215504890117059626333648098719377448519937687965322968959692049
501277273359484611456291429757337811487069445931298779391309267594

912252521801219478534608709736242836546895947369305591337148769573
726198883497876894168191384023429811250608071105175424537103965868
246693265769006694722400601172748654381709441015355969792805702440
504972188408721057148912549308735882875283637579474091379196712170
607584463939714397321097436190855714832015224021306315322819502364
143285081526152582710575402428573431822356733456084486686436024027
993415898817855020873443920540744181280291090027241266731022443313
296443043123222475812010656733008041840441289073773042251373554035
154182360471315013311491924710538351488409576591144392451053639245
210253377557147807031153225325624825434082559714221130451039230969
224403100195348358544175711788253848947655583562585363524855437406
845632986116536796131227409522533109852409354003193040895675448043
744573898073259535606572066722460973500318193539950473247791192938
769577029441504526152886279198003230615286656706957586261186057860
896026400889698180342162471292649026863721394945203879363810029042
810361064359919391708460729529566213819356252032866769191526983091
878993302223312271794620784899173866186935651807973322800328606338
425114281968700865088906775099371484474009219680418268084685072596
782966672751421067698288804765330317300128181628826183692601427685
093980586495717025886788815330503825236459493300275439184972859731
781638517718170572825431143240271899193257786139370534811616206789
137825070794809483389821304127105591494812314554525298617296644020
136189306858815592257386028996258992389426938151139142409180887263
863159804700599316984026198939726396768977903659678545879527471414
741639699849664078970187176400123058245903792557037510931706689544
139424351148768360271414100384060967555869073307507955793521000610
947782587714935671505407105742874676063801260485031848973887891490
624908823709452673763255459610572034474274380429064983662508463340
998214282806941873747951485960412777899542263150646150487865780669
866106836717500589053105633506282001822650959689756791041983763313
886792700619598199369144131344515012779471675462955700895487826993
281392381991613268742035718110496692036767460189469647284832840667
316026822089787053744425979457933754997792942618633673792154247202
989348617079020180981729907994537957091752142188705423671303291723
708509485099720365941366131238577742117494590410137513317404875420
416331425295559583132184930050095384554984837377673728294743288527
799573611042688267489044855350588839288925405539964683116530093108
867340706146748770013430453873334602883354562849087935447904592502
923504414431849662155069441695854529225791973508299294845168292890
847633151683216802174481559805985087031685625427023609606739890610
311287655878760723073023045519696843222722910662395076319711841392
496365146821687709568277148919088538080214463869706654014397606462
658020385909547702667285248527576844083256820681350756232591144731
535608247113516801337246972315450220264419833390020519450148565325
662811297362847844050667583706358400849849735413882670223436745525
195392186726358139866958721199284199299244534142120584526056148482
376137769118610233585482474588186425569691332315149880848274678246
866142203177627990967243579604183429721703229060556865710600503745
575237699142066330246579039362361082414780261852253800901217785237
959475164722724502351747539627442073218307521633056223197192378732
454278161559190027293908736307220492875884797886204902910142651011
607361704014288848898653774587085202573367269602719720729730135602
215256944329864075890695067385261284108355653552110611351874464711
164426888749391649020717542064833413192352789775509930173400078132
013865451421932538601760149554450777099262020306358230864697832553
720520559531408893891323365102460914382988955124978190872968189432
369838218125719281757417467926097992535246145916358958857056487727

249953244905593436212565455507789247810244286722517198824406708079
844127905403809992599267270631749273988412821134289913998663598199
588503200264183020576456972538151890629277434258467524409260536560
581481531633264869613194231824572091953995664495460647274933501838
290187995085898735287998082790199257771810981056813951725078226312
796080002333265824640587821302796978018062966404518922534073068412
815916126192804472151708854759575744529233650650024368221316389765
375806198369605171385097418597716209413683406067376720974699035163
589926288039371602699034890333637430268840822590178428198898995944
282117255614114493424789849539616144342412559796686599465478613233
970353419767385456018258689819498331355267866716635276625464693496
936525831146856539285245693013204051611923035340818591218340680689
558075938759601877407609473317287636125383103810303713314209549548
822523512233449098634507451927285213688849608902450511929094868293
340994354619956852285673664053295984872279314773783890318323068322
041325599872516707508250605961942657029121343400599746617570068820
383667775403293992560125911210624332715497494939242445636202722829
037768805780037775638549455931330504581941664207260137059778167835
698416280224341251489705769990919577037327752558694120023566227903
654645867594135502055971830156693721527288271879005091395031029656
485911566736290297866171408805683191483203071544929743916717769954
462270819027059796089585885969185709587528937832516069367948336534
628562937166850912531938071613416852767561164349736455829948714433
537472979017059383543811153180270964182801438922405425683732526360
119664457738768937247355431983187263217330730046635731833934425355
571262352261855914884454435554778087164645124643063483532325166922
527947493351391437139219653010532075248440793397498652621644098097
080631498758227554898925848947047807176188765279871800794785291198
771926952948002088075938037728931847670693299163856306762094708309
502942990844584805657508927243255558356851705208879414960951356858
275895601559753256690156857835889096793880870105000312446003484985
439274124655068136436662462548777204501033058171099661874575993543
952951488230117902632682405695749783271928513863942821453975404456
009123567064957962103330767676267963912902106246284749020073685044
080745435329554151756473443146523500720501181190434751432324642605
111345379951427487083782000755273114199860782127313777661245654137
531066922781032444226021766969698316052353186048386791939220147759
809946903267882025322156248083574993759259429575013071758057139849
566436391092284571332773046727557581337572038355257257382242558537
488738072029239480622183997511444247334949316169975367308805311648
070053917103684644690156160073740273872807372567507219608249534823
411049047763915475136079912707182120372072657553546689561052979435
936210791188545866096002470006221265701028319096089124193232736493
514263780097201616020810019537855578791967266842782990480147875469
449789061379858497947424612116945734651375480060946645949072073727
082430081358414274425930314616986842708075581344020910057970753010
960612421965221406326570914081121001304227430029946680735783702921
527418497604782466354341480407052579233746832378331323758775319479
802250500933200422938233385411300980285224803521448835371526173384
795350747585747800249089508527296104294017147354897994409083131252
465403418141542692617041488644600256291891492303027582337330119128
452502519314493419194592893247382621272310613633443056908013408732
539193900154143958937161233480579246804937015164106986297289899069
055763657148093883481954063727438153418937445508067739209782372489
195739669206895678055588974006407295921768911317711710660731674700
601570449552151696268168013225590523912939835150518749881660378239
509190512359449567249533886421750187152954664247116891972636888136

948895020755769676802957677245676611469863506514427783980036269867
729015701781218743852656661871110140270550672513176400912846296071
749878871527219631111923101272606906806627567479629603123184966105
149467674249000533683376788993606919888441758076759747079623880805
468590242374423977433431043872249478023550490596527020192744709187
839583844073170944970981786030925877525032714219674396702471383862
908663140939577206982425158668214757209727477568302840169999880730
173842893356486827004534193028254469743611595207716073097677113778
331759801804418309804014309298078407363419492718529368273722730492
937417185200723806612394818567690830605311771457771240008932138021
060862027766466926900982793995030110844064606701940380484226115618
755163944564765731289257140482000804032291127379141064199300791092
322401545520442712216786969691158447321066318482572211465922762874
762608857433050252807785651368432075228363224503682255363615121225
341455153321280265050479656491462464849471490555819336105574457995
179464963819539595233376876853605202520838259847391660850454262951
937194777417556706976880880176317601455996760432222620102449420505
718727672236238142025385008315441110658333378574552341515475420734
597385830193478599300678863466395461273335629702197958258049140592
405369519397270577715847053579897915480260319356515960262915568029
321751183716456438687036897211386604649809613014563743950449056238
224520808617847576240671629798908334296672749993697075113067093948
327724326851258898196056551295110871116091513630236407314934807847
620354310073101541180743224469301613886887053711336397571717493472
910562751636153965739768309837128376292229951679813043641819789279
299160635334590939880249593622195102878083919716509997568520145088
149618928345059950944347841320379702701907289567689830030169093677
305023598330015141228276402531684889844144786761798171890381598573
249004077246695276304855126223194835136916100601359640210141199430
525652012864244650922164575105850593815497894455728115453448314415
009752386171750494718835466508638511328793157089105851364442990928
883453312447673420003543388629944703928709241122183599016256341144
011205453914094553466814002504173287163092623334557548847146980356
455146481847994294121274079966041321344290228313600338313753773133
150732037253486294420473160705697929565064178874888168876528635903
597387557618072813239337686361726655528881950997359375461062200539
151742384776449957335695832931920400182093784934899794320602412786
838502244494643884304863807345252801927333774537787764973220235413
248016835369145121985960725070800712398435070017368050658604659413
036302852567362032140999628006137388157561172160874531393046378420
596296892956663553466306475396622079127007674758060019468560398068
310939805795089840850979038853811060631919831132233769276534712690
756170244554698668877825318121606096729640465038267975854840492587
603841821273247450630641847756791683900835472651603740337043958052
420591334889127850600441293222749192675036470835396529778964913104
205517698840955133081508140221551531973481651698970454248474856897
221075442149463132066432520064504428898795990421509224616012331466
515012114122658867055315951717690244293188455848083881388424494879
578680423642585404996461880713748453102585198616002124209797885361
906554552722096788230686238999043429961320010628776791449116218789
178246358789652700595822052521174956710285514161907887684587236173
723171827374881510450984705627060378001635944216961342586051631092
251470705662826726083619540347938270056450599432347589076494573220
685166615914054230037384189744365534389495186971631617180720454167
543581001145943175342568965194986643064562712541228387496723469335
631947053928991902863585881563630498798538184076601591427827693193
350283561828113273132450479855177688872797241480555565729058049182

931300884884259650950370298096746176549289900417197673032818192366
526415861705880834308839322490069861703073663516387365192726085086
365488868811102173368430952799182487498854900132149612639139960907
977894856718192669885866972240522896782490012484874455386598823302
170800488282953466152947209947485466728497638434486607498963490574
435597795850451725116160518098296628910445054770059345936307042680
645749301267987649000752537726185963635650733813081500126949597537
505768889482605603560954395176860973667526590156805920648893206423
903865126040789351871590998379442031217110850981630909953700475828
924801280772495220897003728737103269509188386542935134418931908773
088599672724154248903501408310875221946290133034700435110341867312
185247325024035133254799613920299700551645554704919663310314633309
077239079544820542875692858157305886906391267273132368472101389255
324729848940836070752387994878244581129437915046582202347592585003
287512641819102463426391594679443876282831654861021409282951819176
116643297562878066065328322593490695129304473449686308413376193828
386995778259653261774138122889841655646886819922734680490659179871
879805515678826371348673236917947421803493924274544866313312238124
226715520629406899535052983115187026489617361924961400414668757542
944950331436137481334040148741154333627418973398741813714409137211
858492238469271973441979595367938115391234698641607812362726023201
729613583026193491421686797935944168077158706030290478871078872914
294132279486298994659581453491689878123922299667022487917269912286
301595676045115120172595172559899679595600129402209262099289712958
463820228882025093377179977622941090602200710232084829873021386521
527011720160824690916856123594617819445088921931873050067400253729
995257944568195895295675641477185341841852922043516007161877079729
590637529172380604467884803793254909327870452563058774792757039504
447714012779413673341819141015326413829761208845707501535158533936
575247485099968730477240769292926933048587607318135538858498624647
248456494806976848850676038470087132623608902040703468665113277291
917279230671782770898716162401884517364688072733784845847898865390
556090819981007319832558843262262256638118858218043481022258732038
130502263769398723898792939123426646221226036495163713544114802170
540499207368195416487614791021630590648494340869865061518818405403
236758128350794337757664358638567718335131925387159887412650949256
263019435863357744992244197270976996652743089688075924141086244909
722864926744903457747810777969445280066670516332484638232444803596
189596012311729480057445480399217265828383405718264464692254797595
772591020794606596620287946482655700960568476417697676787598442411
191975016072076434924739911894782179423470803883227447578850484598
414746767798676618485667156065093841283671038354253409830407068871
970901518917882423690454156317651177452261265661496964612615888444
604583655822775782040435267028612665728391197370137339677392862444
031140941533813001465210583118473961741521015782469076176671743268
856015606498523540732168120062497410969258560623076665414064738136
843612867089535778576422090474079469160634371036831276652306212850
929966153256511019709158533528875974096944747769822743881770302403
129661733467758810298184312939472389001529052772909489132902881381
825214399492803672067154452056485233421988755757820243069199369369
173611868084423782175198341938439172077470807431030134955038169304
265429431569762833352181662814309433345379341479284431453262848682
617484085917725672208767916291536238482329518581890823601993315149
917231794865507681175937957868996807112641136958194182915952826296
348913428564041452873182184594473648145476468422988205686850540005
519402445148026906315361961839312103922264121741110002923051104278
960051165994911268978246714239128720379233931235413388077082014882

906059877040826330916729625243216680486948147095944185795661575901
580087408668320214580812679781356859535518446556828652014906483062
346624172269985362248283912466923182776844310577630066131226179667
998988430530617592273833109489815632947988734114381753116161172173
453915348223518780073202728808525082158476969253625787121350813618
768178474854282972034693484713854569607427234335597729797655263961
622060776310537053272298406051097273603367819525663588926290927554
020843660525448571697937494506037830734892560249678496193903548360
950519679362388238442186098028620194065211672419114897362641563766
689378864340510809483214285199009110147516795829726864564447212695
743776944277681524676544415250661799204580870334311660376747290880
194145753852460411021344094438956560942156767481186076874186163910
939286148043159595881722265436373196783550128979142052617975845340
424345297047552085019330685167204593057138536730807960236187433220
335399895171487903153889972653203475694388206868595403892729686318
607811577088974075895629880647296147556987171895066287875483517763
000547172205255558842297394159153018904518428071500944556633667635
016415056500419868780225482744793726499960052872890807850870885160
329061182672073605210595764469596892941722689866618307792352664110
916844257132601455834622437206855005256141499859384847685097967796
943659998339395588586887137854923443655700914768929502674274484034
271685660971462970303732098204725720977674112530240538122612492013
755738713067160838580776938701935503294108963124263774750046437600
581723195945054018512965163430134855530389140690272214140641628802
186661613580545799722082403953383012554515560745428236641488706500
206951614455289038787526820745204789503435309411339518841692055989
143122224033200366136250873814650441207326187589588969598400699224
325114561747760081565783618440764755331910726832424243868382741032
537644364383202816890605822429976234263681460129587027497826994395
984972022857871465507569398115789390306108030822074109782592686664
365355571284085386035082248311977007390762105954494140465893629335
845030596896420010581741345045919258692132652550692744972173875634
303531422594568858276350216776395990289680913281213648138000328724
611452087524689696478388720914843707165509638324415487061256548498
039223672213812117088803416987132776735316483498108702164536513210
748897843251307696544784124719056393201910952390678209595629318237
601212753917340035721301969604154583755393316546698874204401743672
082473645942900079431784294012873402026256717499223606948999759074
819145895213265285434950608375532392833158736839804859913625715943
459760624708636924937058166353060311552567345953961081957976849490
775185048980023745165523246790668182903282904599422872236262727348
431908142647343369799156867466283765350885964835343955605817287853
271150259185032511527018592248184516993166824024813719932768225856
839115503181926709261644384223559559895069559214730545806565278080
964684969252714443578597248428903484097405420149036998714486699664
888979651062031296623097275669461209275558053048245440104203348519
711313066489418291606366131985050905371074921858365114816424925865
139282068508199619486239451341556756312210251811995354285494412707
521699030987550046244698249546142788402725045249657986993977867778
908606336550348465289948651482322627066431208460719185421796384904
728220018931882424001380496459535464769879061388460769928166173489
660569794285218507209597265714905109745220831654816977895354644722
356814482942209342161589077356226401332499873619920583307976429791
413247840293351512033091266725632218998637352336375438531808758196
445089950410197026979524809161318299354925990789762272840383336047
599615043864476807691293664997471113963052085438677080203272450621
789906352489155999395987445647218261390612148917319641856157409102

6024869406218381600188148132895006488331893302264106544554891606455
5627669115735919870991322503508336063423501393119248824898390517425
2845545353486008977368379772422478602503774441001876172487146750306
9424335180653438198192007039219490711602731906532329455686739629607
2907990329480406470128107733381961356416241161836657403320639688184
6893770965294213345217137280941808032404374167127359092569274498338
1507070035093008895894240483968728985801409601451454689337647395869
9376457360092072822229975205122272761226174121003828673146416964972
2898920353376270048374980064816047881339679638101208825014511743723
1264258316906840342709980890461524188349473902853229860333087659461
0845167407278751147828357343802379325923857043329863366031613315404
6044591522151318596197340460106629121358343641227455303231884866487
7891020096039525416955677418000114461966970523727990683386664903998
9628051098990433825705599278902996135151950513693011332798680541489
6104981787854211361894922186057079929833843722513631305055025294976
2061648034061634093830817029643674983137133188597730716600439494247
0733547232742926404212189430742451059375616479239596808515948347132
2878073306302147639691611601152149720929429360782377246283648923413
0454272755977430455521968354919858314933253404985071218015444191064
4932772944380334951921061881057357171835422032545717183347630903995
5177802875781931240038169194015885135063492262092646817009868622586
3695146936825948647463999897844383138934968273963303892998775263937
1121783213467520477540551188512683220350820113539927508718420286298
0540061308763367457401910578558257803112227828991840723751624417692
6367873128309330739060291932079200989568710231234553890718169017264
3768678701299966676774368618747002925171701588153858983779948171868
3915176633369209029322288560774560528830052555215698248646654712819
4174704290226382818133315285534365342280497282638505244459343005351
4330891970300635687729612804417336179245177459204841392669851331901
6916677549340221337175101865379511032204241624988919019252989654356
8506125404067805919965646615010172410972748532374347492351590084324
7923657740576310725658963656609166055578175720704603168044869455214
5955918304217939268565492516517739023680710952181753877050629276546
5774727151511846522041527702012331505713648389060416063314945787733
9757395438629293103710410141844189596797032352108960872867437930304
7184938583348583378228617436156688471528909180394480576471365798170
2437290248893563871801712869385168805273109876169330569649798859485
5238812636635228096276250119822896546661223451021740313884928595083
2235945003826617180238796079365663484247314722294315188231657864799
9360230031313859612070825694973751822261824947100260907529740694305
7487699021004053782277316871364033580229267513716228217176455892885
8071860753133608711201498717818825674954438752069458304944936059281
6254872236695181943646342534237329602461681470708932202035201953866
6518445438090525799536598148282252855028486247307989194199580881289
7309369048631454826135358387317577532581485750254718863460986405934
6435895717842785315327220404106526424849436595675476031491769907505
5741827465694890373453866586961520268412930466597042335307373901386
1567476826613070731292005019740289649144476827927664818317258866201
0061286833502493790575409956526608130537759802351625082916146701452
3959393533280863420484797281191905492681876519905511263150112974726
1820487522901888914800344508684334718659125122021917298306624257867
4754117354262981267537701443089641220839304537251650230967464733932
7229898623711951780437679172113989146822380794881699913261137519012
3567000680224097448960286508231858690614493747979686671795776561007
1119230269813542714908481669297895622235141006940807138311383102459
1111640548007890908425349083787004768459160982430481033520474551612
8163959777286284183000679200175069343851527465617973942932313109577

689495058412217604865550528199725173566543879846571113550314658481
433679856466201904967713305653275098687065597760267609741086660042
539185002985814154148327241822962352170595648360846028547455112638
815357580311997182741370378580388957605932172164691326251012668842
608750134532238934402393775672211710825173226203022445783672877870
984807857062834701842266742080416494473124311683290856023716051444
653139155798108967131777668211125671792886993926440473801053290378
995653776484177353494659805321108544017884982114479606058544729000
134448081993761130945189529676374702198439830130311550933649026924
672230386224038230990853562207786079552000275966400526772733852524
733595399257978553121399037250106980325641854214409610772312493687
316580364061463938967310904801270924670476292746686084798873849131
570558319630198113784480934319128293838255372073996078049323997072
901182437644017814347509164354348699278928342050975861886223208724
898319545218220470080656188727238838308137918251445381311454850348
042524994574205540109894010801449637710168923111155166074720922974
395142029392598770683223974162300215263001741964174087082038549914
401466325660619680083434792710120894896138956992778782711009227898
936124275034900995331154434739053707537307635567340255968954142915
604092596761797781375350700705433883004555467294256743925609714870
714651910734312553955511504388511331275206794900647766641974255906
234275256808526299188533336630373823578669769502248672019985194733
223155654833649586210450424419990085893652223783200119557268138518
767759239579694661352287264519588929419515589134604099172884068795
884128007182105075651624402177830275551953680630472404811755432724
141757830154780572285337909674789952819388397231784097198534570856
817181011645973330875050929030735330501224421434446161580995463065
566867688976429250947106190423256182736267799660334938636860887159
551812785979464371988253992556820375389881822786109768105409699829
2387546220778779088170181118288426235328861395422394395079239543355
485036363488183007237496321249315492006624534467933172643899063667
065792595814926518226200499891718418123274965373657729618913559567
199530442307792895862273262425548659581692560711569147014573161348
439198648796809563203374574820182276195404133194141818700964498325
106722614503497945026888988078074070916665052458265652528918130596
701317194537499857098918713805353544030875437446661421563264198757
038000240545364092485626041008467330141573879679041883451648969638
613094732693547054243346262983969785566564393319929108202663567320
802400556685369489437655668795053988358005338994726956022499160719
923803711694294001067232844762662902994967880028653039756586602677
484872495086342182521840289688038469321664915616280465183094908073
244455525112714360145998825759744899898599856268786195065491682462
885241155660743439629118550498450985967184291028464082438053632879
290770099538936108920775623746738175599262338155980367785371320760
533825993650941225840165904359174456729101749333182293895248512253
998116029061724072698155700163629276975200130381060757543838063760
484872772157283017886754835033636760061446180769151928834053213016
360529220072830994331871316703851284444231460410008127826092412456
199570452812364260421984285347910209446616068369461622503463534932
561178794557103509823145333227717040990715761583544396005158547561
689874800593843834954764589489117410008612277354549686598904543903
084980373577743490873655335423360273536901468715924649997966861343
984892258849863847841228737164696082503760145368038423405437091959
227111866834493644252244960196035523801269593448016455194626309320
501009590822037746829510835920511491256997930242012858838602936694
396426085801788277051045802089662286812486934233216147132229925870
584931077744941898114234275475990438218463088731156977041314925189

610756665967997555036730710012290063888032440871546746968118231821
356014623089237967514944689268234257391101004504820965193374642197
410580575677213790709700318223830201499776113873358237603559137136
631600180039270986225718050590752999102440274481182049321303625212
791465802024571522101998135612852921241345423176007302669204874140
847876434862792396889144928751603494609640396263822353589295831453
484740642542158011167639493856343054142643318947755097427608728927
813759992116021491346641955428348033088105726531141987378625628351
973124471032083564356106529736710642890821811468084753367845658460
237964029540856926310948205860669975983252522484674088789242409045
273703590758481240828924334394755371556634692297326465274789169792
674927125930878450542356300298772054994648857563082418482173382810
161869848421670658140607263170575634932157535728693137523201842943
653429566328366896522414619681626670353447475345238514564251435532
062350217785060612491811191581862121421359967126514938744981347622
559695185191720034126150204676187641039359288669954512765066501965
680195988026602338117800967296819798072273522478036370023172358442
450604716015143993211607957491943529081315773564771593151768934933
444382388462495376353514650959332284372249042234185071259237725796
634235945622059172033204945485977572408338159716007309690411046453
219334666606334666958078940148813563568283844497023492072829372198
077416803870776220475145531699018263217926759901959410773090425131
492648632094118379192160518451512504377028957397008273136418628316
334649961693337344868558205759248821722851785109991023312716215169
894312311268997919884695415142221601165745397910414890189063653559
306367357791891209535380467387629740448612138802932000744361644850
463815878408029048173872891330641075354088267585598866058753119035
310070311365746833166182442566088450556596931891473473987417185210
713455192681277248574583651734103924896814123764644576527552297878
965696502977445419439790207328745602240410028255729130427473527801
485982599143181842170048306700383660407883106446599623123729808163
777980055899774016470265242847151445919515325037368661587706367090
484682809506595609708421253122262979679267660679684370762560788440
618307690610152930560031523245091441410172689649408653874945871448
385774556835483357849457196874270613191496708146984821953797094571
959563633479327395941622531202734072946031718486302109978380889844
136566049203132319325361825118222038579705374640223930360961888401
658749431616702919831178288344495607425740521491777349464859564639
132693239110004882805966166739177971700949025951229233165029343168
319809936386333053603112064265515940214489937849196647390367308703
108987476939255683628597774501405375295677172414775748087037409804
398687087202621468694326971383921728911594230798126859538137574300
992815443649244790111754684276878254397110348578455859670907539167
765812480908777079507473339315509428364719869240231124686904137124
000042056618855017682231764698943613600877179762077197732179959907
887186524353282882420304024286026790096476851135749719444686806954
886069962276588511084681605062027666597805766169644893777299680718
247662469192195624147286152083965338672316628767377633211076341737
939028313221055093965850614239860644241880925118049201060701057761
793425371946888090491446505504462670471156078492337087375671581335
961747578483245010398140188768140356943183596240183916596322612756
763528132921591038732531688565752695110318435361190878419652411565
787889012219910100610248394229036167974133129257273388969357952645
474856477063880988275658996525803639527927525237286546062229466816
794289868477415288251134137404854728271513645045965246606762717648
750172309457768375524614588421846900620211495205785187326599572885
487398725889555715978911415779085605982909421416219923915397826418

638281338138185156286760244470046738975433831578812175609925857533
551974647609159836135290827037085939572182976167992225132816652426
855252345061975709128952088522229403836314932585753988934165954603
409213085655489072501652477692294806262425783895158199535952528448
235683504127368461172474210856668823714080108566937639314539990104
582896168147222812965287792427817118075868604318895374161969097747
579419209377022167237840802785002208962684009258765688468051496381
250824911112933364583615534796714385563649390284953528915053831259
010495166405752864600634643421734980924994781933004047776150215638
232444277470663222110931423547763561073334560235450464178998761556
261124548511753468625926986313614518633845678720671669801051823576
895602367801228437438569318700895347858855528700826212047757175436
758493596075050893792083619892593266225235340779353705541580828688
334104719373576884355438869549219853810679889359101023821962191001
616482365272254794657551734616740291274387546109581917375385052727
219971224929586979235472777506357496207396126256718671142375627311
209906081744520531414122107058379853385955336969645325359981131703
820288455339660319639617745732940069215612414777258684325192550462
908455880926100671260119167137716407537818787829553781702621684416
100585925149456184441693275050451329738408833972558425344453349023
836047403432126921395371046170482130722741568760353437428795469337
886958730705832601061041838637792778967245070089174210773082194506
861080734917346493064530748844350532178764549579220401873871011704
384072875881032706620746648915347772150327535224478236925787441488
486220747079521685912249800519864082651442529718729199143863313072
896454481889398218055602822982507133113733247497117482807948017558
865145538937389472156840212471611528839050229523960995886060843303
836087250633526274140623338281704312993218408389814151079854235690
556578275090589708025600786452317285488166908550680102966309022655
796817214097968317822385419547385585544338110306822730726143162723
651731991991986564432994134401191014577039936578774453221976441048
513392218603221598931974955151150987189166365846484978642862211323
601671054678703100229367562320244202401102006220349041470701224825
782056934090492708190922167101685903308624854525030754270269391478
282097201223453118103939531129367544517424931724231918016667960604
445072641754488483807854470133441246035256990804018001834439084383
734703514005145611448279980997774473226966096751169706945169249642
292955529660851124794790728535773709141746622249830142978657243320
734264606440818702786962924592832461418452964872085175740913923203
160303023273571462363083318199798454553472661869096349740384201676
010562598713319027919411086321301800427069918803550647121149593864
984187596530227030772746775484078754396946386933272563109020950973
452471149562186028598340350346431548913739484811520534991828787065
108073074253727125042364779473389851664615335648951881899876830330
295348785467737663964033983964646919682275980778601133321295837533
732055599892381670555315514243456307479647201615043248731043211692
974603261342984427435399182461135219554505653089984153928630062817
133784795160707037136126716797611343862173111291664796615805165088
611567141553513528574636302617022570136320541011079790604013683006
797939426615758113683557243339524940212239783711547863132387490747
663727654410558448594644499695220200517662968167443668786168935898
669285447747878847235360102421902805945608724299969043784661228755
302004040069609232385507416448904489603464740925329187693939496401
833112402728773205128061663445384217380492976098003528340125328728
150628961950682751762636954104778593008596987345635548773436005714
836362187508303417209379308357651120580390208086035859211532897889
694072657480267343074461108041798235435690769206096304626085362087

755944413269035487769548753782090101890152167425321503042062448624
502661188961893125128939543843794468581916368306897684969604404314
405371865867894399038938495601834658219976893311998555251460203028
148034158075721623287128600930977866516945661223731244901068312795
204423199993829314084816098145561472128310285168751180757702738091
516248277292608356983831226254998599461658016754468103763300697710
445998985915613467890792604125288237714200585524307022670366379298
354810927436272703415234154695864530450158248490558891960015740807
6628517765645512630654763836517787555905558760877025381712502706532
130164430055388916696394586940787159590249783843542522448778482812
131987003879186819509148655488882615328436257829006763956093362205
762146635207596470420472220839216912509786862781654607416241281054
775556170433273494636592991208511473295185277168233138727986353990
730438558720938065227923716016178157338683710420709214863192801845
105609409105458701847908309479878835264607516552790464070236562826
668464934960991104403701315909809749091239539697545205715195308386
998270722345208715272666243193619585538106628882805195095618350229
659878306488785725961500139877689157066437370329555813930083297260
796561980549744003832386454626431673189326950131846319782591714166
092381197307357345878538284121760390449252145713652289332985882328
423561672957602045152330973251968722053080814362593689627759903982
894672868410968840012379452007298048106326850738134758174190777859
228302744924515717584677602208580053438966117670344296373501625409
266866374307285731001428325909247034880993875943275397997349299482
028064073984763007361915961634608165801860599708405826896779495533
393681869978992983559959868386947087055684162858996665988405856373
449842896575132610328733729407782050188685946006753398166653896384
558623802876230445038702972286547636716291714349349737825829985902
903890891498612947465532434160939605396900954644477618399136534938
190184664992655090077322151365147589848915085715705269302525210935
015699280893659764240639412765997103541866428234384728797125754955
566109731069855401681241622338036817834786229004456053204896013889
907292835049388834855478392237106592799975392101480224408367899126
068769876960509116227784227831573093401197504312558795772000604448
758269145498186189261252927349901134971332976673666247113527144040
394514387909228811489406710288509679280342383394140480197753950573
714257849237419912933606789611843170844650639986642092895352973578
144640657328383666840064588684621715774190431804174359388423143689
640386059675245077098509548291580674688854722056204233101219021150
413296847584188136537557700680202077182955419874823302223557992664
939668897606905387743540693366185412871603235844095693558094652460
059896614266459412819186951402362448005360747917739144749871260860
915992197594561976149885384268116495834603210065845734647743297931
871748914844499695994177380347566068281106151848379211963897500103
061910903485662241778666590756958354701484072669812111440431756498
94331118274034898762837254574991213174257618942998040651215259517
225186749918055083858411342633465174628967589815544398154843336624
252253037162926932085051005929710475691384754860851118034887786981
617653346944983548639701462055949768406388238124034991437090054916
583961285780544696698567544736863905686263121366071349457910370051
535176428057260666341707335368138341683582006409175507347135610335
423096634789541009765749684651853309502613946285309617784629509120
266382203953926536106186462154062373530264369575125106451093890379
713922526036293634572906714848186685614524908674265217052977470841
658464055338879222060706891321832543549917505741912760524353388044
925491764660769179296719042359552580021926417376748700336551271445
190574165566340712906124284971908928369919756497228595329755034971

401454444939711338565583248522467278382004480269868145186209807096
002835864440298465946568616773882537934606871774630792087101256272
349480366172046376744444753422984503064957166804070789957231850787
982044268293870687748651401843201622457134414231895351158879036412
424458855097616948252657322471422554303024057005394593491852283493
878456434717279024623886908605214295856543661675758103887853802886
459683306186010659866898494860779400331438024440900397990860880147
732052483306358954070538146956348786130029687797259228091191573099
390556598903779654437472436293427871391354278861697623989202061285
446070760096417875753100111072704302782023615222553179051464017039
586876251369357694854979938469505032126357486607045502852528421557
136887899857362288334148070957420243876260389214693021340812106536
812387298313680401483817466007376348419036862638466654080888038702
632301373199591209343058335692623855515812726768942745269621135636
275514545655935894710497317222497059448404832714509192071196151292
177268582046129728425853433433282519059722800545166752750001579141
164357323408656892956796620524765844913682386003098753319622899773
913155190122684302023302556141912248105326480320733874262889733285
836076924893007006189191935593100102229936913546825819489708957331
029912788568982274098448652133894138213822978811981777646579131139
608372143086899630656494685853631665084896588339172659474699591702
895037196005377226238179212457166260867507230587005137390860080670
014194003874192675540688741090822950462408888075029338579838870095
340597147974259688676852069537964789211358437916187441369753360251
134759300518000033501495424718126620547475798874034427225938459662
564178635011366900101526091066079150211454847187249462310809205994
854784781848900411720691575797717664639803260016321383633386655978
324895380461672003130947557585570285465505987921516888469820743374
726604623928611113551495961664178392210713501426064670358316761526
059217218325897833880214074701388213101935894717563465029438480312
693454264838649848930228043768410054171712698701961799867703749295
533217615575243932822688644682638868553574552712868143092902855903
450075478266419305939575489859718470663623593043462524496917131240
807158714265154827994714869659932706386470112644159978950291026411
634185318728131040084892164764213837348534278958180220020402487498
537638726293786567769051074100463941882283207785290115744113261166
996070603959549637082068598615028161709223846505390944497265584101
477134821398683505651898664976879964736814748112632864752869525718
897172010087490803890657618291621210629190831679328986790392649194
507376720451249672828738084337584741229144526468976746253797814999
273948640958019392686513422843863597088780296934133116840292361424
415740295454320443876384706743624125021509329238442061974647807051
394755748539913109773284701713386222719311985505687389161096367219
882696404444362847877291604351993074137026272294124589315133919524
994532343464975521904164444838192817221422897936697060374093250547
354680806747033360962266442322440220154891676124159484911143693863
730359943990654722702043230259116373908514429982629493859838003142
573820218244686857539785612558432332712487785093872667704738822244
927923405533052409758429688164725453190915023149916674400369208145
729297004970025040256526405339524784524153479564210882979912334297
611996383236675051970993167107599720353762523692502519382771779532
950871982185833269594152286245650495296492783497768514919950128322
716913438664505515692954196992545604504497582963079385242837662221
183230982332937911497429618504536395406530078250511484927898146207
166392943211835756128413611930733207291752955820392328150987232298
510901480713729965189857239744829253390055203042907303453716450538
232288292695645294820748386174021851918798854352199646281846233887

9728201150519875850699170406891253994856679654076713734300929501 31
2407064963542343495873399736907321628416249060364727886450123085 79
5096719993793545572324999967272831405829798282971663586745749342 21
1648189599705231736308426945650788333400344073530169841632883886 50
9166331675801386287294645114399523931815826071127554120164858099 55
0263281466930793633456971381049910386751395775753731735127990448 21
7384284669140913289786436550015452430611938840631603123255510682 17
4467298136205936895631495940346650827404780883958543475606552769 84
3788996977563301628039581899432654861997023199504494977265628737 80
1704649852475214626046700192086047645287921888411943944642043698 77
7917534683238952334411236680917557057492523074506456231232522154 18
0668593433734998759691943214665755659710806350351890727177127572 21
6833279917709362173370355580752731573380193358155174479659491904 64
3118716189903210294388300355410390123629018034915967121995888436 29
9308841303159775031739587319798154513785042717348443467979301473 95
9946800572317446827063856242369879967539398833604250078995208603 26
4790746576688063100072339062013708530714846774515441447775312057 48
3623535698950045900185687543458471890492907326475135592976995455 26
6867715517212712303825131413155432480462900630110707942495757663 68
3827127331885968222915792868787869470588285270046787955362932325 66
8849811661507984630677862615131321122183044028246110693453482787 67
5116224387214881296677870776989890576517050782769046662150087366 09
1052272879980373249048689065765481881742223491719074850307041792 22
9241642271498765339307404822275115767793487756407052076171676641 31
9439567193560696994590362198900655301314178116245942448414979786 01
4291736539949858422804377968044830290615343351363930973397779356 36
5576511862599835931772280961287147153178916465350444999496315791 12
5159758674419759184373356020134878663421661384929811303362437821 82
0434108441523193654819749874050752082883684686906736197160001887 24
1726462871755753595827970917494903536470474878821839093261425618 36
2549259866320592747160254699405859526992424611660457901924900634 29
5312960842928106246700702751657008977848066950337621120715959009 05
7008469462321646215893211191508332922136247761602237656745475853 12
7030013412067565710804847054855169108520324515431348998925588303 75
6619223943089390175695836208588474208166187215640120793689069521 65
8887553844535462201140119273549908602746369150197765318849626951 64
4293669360172603427247540272813361026130324918093147073001633291 93
4041913247796362108675757584639192642532796150464275721566306794 59
0189882361981870800915603853042319909588484745786251285443910782 12
5199629938886074456802876926062815995502285220437364935176216522 08
1276927825141379471133047752121569168218276297310238476226495340 10
9466665572676352732140204298444256927001091729450278633661806838 04
7293396079412423811952971573952261579264629405333310397402992795 83
5147943485836011473393558647636006015729652033884326628640616405 04
3297683922576630415084830151731165458636801885918918920882103987 26
7480936637902304432839723498832466538396026501550819523933574226 65
5398942382364124529463156397545987676318667365833534528190608035 60
5621423716403596593709935228073354865008216214519268552738244972 51
8460544699281325820419449238757281707402737267506480945683716857 01
2935896742601717983953371143427242435899087403689703234871012145 75
6080262449965305408180214426866085437321220321340343135360244762 62
1450833089407007284581455512272017784757246011878293093874186144 99
0377708623151228840270731077583094225380242542259776869290034378 31
8730289584468598110350762264714648357066659156374366751681340942 82
3629299300623412204414502064424655532933212459013236416404296763 55
3073989801114937541687862568314979376493862430879048592842983931 48
1967104378200110035599681321939783123535737864794440458936501099 10

885960691414606707491146322196157735259453524280997975179579133050
605072181269106773611888282818854264624943143039410117453149360525
464505344537808930660708592512717512294103783355448907079330397276
216552676005791117739796912006980627485888075414341143279292074349
412203198687250332333458359408693838427966786170221469258156451662
521663279229917376968204717558071292713684373903550598840290555056
198665877441126341066963397644945704169594697387442516156047580659
480486268446376389546965202142590535998313721065919989750262635100
681670836274046559145404594697193513854005845888750988649544542560
433522760987233910198940115653846567965737746015677721183804205611
167170272123352395287198747762296551314314637416435557018213769598
477636319906327519639113532219170174221741692030796969394445170703
860316362264792941934529344080295828956475297269557303344945511805
908353053775599609895289384846281499090379780827063240084390171929
222927567995475982087526244701588526847143488951226303077319305029
087569229610793556409658085185642671374415710461189633100004721804
183140524339979376088861171889543347071584024316187570948291195107
019592009596033180067821861690835516867306928401407560564855381109
222710329665581288208785646084806017631746831212088054475478818347
622521378829445876063994742482512275680062393793683423296365215417
278564043479379337528976612385157145534709540373015531153735623436
007124358549593739072018662181136476836520695449568167775717875877
297170300565632094671931236864715235522846894898788300090473843041
986675545943624368355034014987866244814870749973005912905438055768
176768587566553417042273149790368238133158197472932721174300543919
914497133021397560664961113692512540296307747676143075709400022064
024296963856723302444424618438098719619132413031027697842932191241
432387910377724485422849414938407039515151744328259381311161034510
103899334152099415453554215202305308630279040940745727934401117376
030659951713967760628328821848891349502814359868906069253004218779
136202550288075964005176261390844476629141357754155927039637834008
298980832213963272881461018519820031162056376661238909140915102590
759617453909248435765996686671495068431878604877836158675172286913
920603635300751113278055116656876316640978482085776784565871804005
512852488585571069490908618907368453435332818332512960073022336363
237507473135699461579622713953957412035481273266690448912931737700
163064102000678720008103382763262824742218904370009851874283472439
524110701289546082732346112568376949513094771257099821190220567549
628134661366483955749454301813577171559686239614457130793259354395
435637050084391069010373610055435455853502898575762384653433457431
047385240632733817159247473329123283810904268150831527610786171629
373630704256543481210766971327070453481875584492476722259495231802
239855377049859412031042621437180435009156009379711829740444923656
531032315318992473711249739319367354512984422094430650368777048527
904426776392730180320752316039233656069886562737664757280195882751
609206083294451723425002100242149873492316171186277076916156959285
551086018584081939761177353417124753586527198204615882230520290700
772919867259462479182935475627050598389388391431498606925410550776
163319135974276872434370005085529973373288880650284253660348813122
662514931444483089488529639216778278836937690905464015215792046187
820431317840396663028471936550367785754852823355861884739954007825
953678793651122074638942569967388815629450506707839387220025335967
658605229963022855510626508489953789165167293525517548036849658785
621986897926438157086092495900588634666356276322635075927480579722
979989043324321992573614610401146450404878589298388414035940307500
743662899178313795318395437053475122341745422081861913479019951416
485850947454390423521477047302027512739012300330215366223918290058

427058274060615409936125391281333024998668620546359832676921529737
440973385239666122404252156253372354980544095224983875264325044249
277478314712340433035882646967212682337301606700930942792569318166
268684041491675685018063179926468476830855742155202637498487436685
296646027925727551167430365471173399224046465624637338579774408 49
627412359595853142030918080446589017121001677471649378538904025648
632685102653667045410794625347833578242043455114840796600683748409
785179304866776825803932833186995721580177654924557308712848291319
285938252081745199550023849702854159875763078773680537717027516048
237982117334397103627709936049416641046461854995230696252156715465
859831337510779617328504873893720939081935351327157956313432667994
883573140596491198363040070251797170617219439242895481785937164994
574198879581339449331659279042546234950697054647371061983042755296
710147710708210970034937612163123692070455455551704183295579966744
033366452589688454975013690702549220999954293704313924808586950897
012226623766693594670994922117591741110521771981857353950773223495
222452546920411715731195824734261206784969881195638196977862498929
668182680714658202013066478051963182407255971818450402272243301936
569583473618593227782996072858491367149361294489746081027082158102
246257694508270910443145840073120142527405835758983587073229062332
846261765398992599988730584678747909508302481028058963234378200684
827003221263447986517213272290887617077170016394178658523541155033
146477696570390112820737876244064365384692270337359208195989566437
064946263832399757987513086479331444890376864162340879280539029674
285219360863023345388539766823326116974468108068927590045459916024
791249780916012002237112972993959534390666988778544863607117775032
371521317538019394432620787395840051396484411986100827872563517874
930206670619489800557614957122558314165533083619029180192309862243
925774625236491506286727733483038626926724305731395404495388628540
939479655749070719350924155604670950644829022571089602981829826884
794530905452458956279008660241496006860932119100619348771413721912
076883383418674418431989812959263659576644879577051096015823041446
633028323720322964898142745840494711167925676591239185443302024772
947709460819446728318696495324447798361734416865674450012533598065
257942420247008239006567873405881389429082355432876545223085786996
907606718240226104582730849299758955124348030482275512833938037989
492779546977436843810178239853159525821380676220402535498685280364
440468864651985684591255644821238240236569996497553465466735376 97
049287677250918801582282621104157472372852215247520353120632319710
298237218953584803558854114562715773829763515121486662732351991316
819375664128825964895960967102405137757184722657995693743833290188
400300365225451594351597761626523656710089672032807727609610936120
904838154425490529178248494493303654057418518029534980270007471960
601679121311627123626832533210948473730392773470176451146885799475
366553634767612325055951553989964284627889670145960517892476000182
182242315564153314985610290001968397513951565770939082917167816180
682153175039705775487812592963829516554011371927765011687347750299
174237836471567739755878679719731699499632845611834958215356462349
609727295745624940866550194181284842083690080262212669955123604425
010287536748801227190924356201750119811810766070795208092139458187
979073619709403761210303798979183596329087343750404303063305692423
740047974694563723389969493717658582416152705483381410648050322425
905677603638113103660591076692263774444416518871098572572277263147
242574054763036772742704686123685922721790227592776912074829694166
240735882335983911543528752093765100340096064822213081756637678142
608057301007545106287181310689889093782977657540319020732535231002
529624246176242558899227575734251609581386366527795512744883436297

335736492382259130069906510712067281011468196362352065026420439795
896147860402196217358956230234580830548591712768673973144258904788
829543016598314804125755382565914069933867204663548132921360181625
178307091032920408770843458729944087716499852443301532455479904202
308549762844457004808425350488044794810125089324868646890078019080
138578820080701202122755362099724584707134747717578878515352524280
429812565633485349834345221135333559824302678625105945805336749798
679779176419163553560509974533444415594236335654295506901826129568
450192313764182436719970494685328812880287327730092293043024199767
852119302620873447848254521669530126357043168869532610951149506513
999947573260574599438165859763786262794654944191152306455441278042
021255558485231982270306940253206156392713053345787226722076941231
264517093485431577465879473868675877050978434966207400163228129512
239050946168391371401840995196883353908015144019490669122299569313
564996315242512024788238730072109696775369931397668886121615375723
564192780662812551006451664198812233703317827864680774362900668671
711479777730820236814199605696615122041721627642068881102243213647
067848499801916335818992268413143430196627040560355897481031111965
144852915357397786196765959617920446797837460352448787521338657576
213833545044255160293923509364563230173390854122446090806053364838
100886666508928925771034698948090435288289047623997204146715786161
286743437747507578077727695850688714238034149568600218087518225367
269915712343160494269284432634384365278037270577774863158824705198
633851823586981545987165440709120339806391947009022569745580796688
325549928844995547059747174312795946900465262096701954641111451631
718631132424155156325673449468552527755669438589181724762150313162
752379414000321546259276098329784018963983630064000898741689219358
524528502279912725978852919296611647962557209144099066795320906435
919691029714184958431139639610661119047324084831696204890107434213
083271777776712669889658287470028003548508428195823244144523300370
338342553837210332149281188176305176045313356500728149650488445633
867245296385350228720002906155819124579895067955687282447108676408
290221737193086942522185635410220213743727246315159725083105423327
870041813095887689782852834085480623384841147052041156163579055768
229624523729995087313750594413825910372128489638596054900992888451
379705144535142769665965146415561778437000960970867167897129859828
735961824973694843348608424233036731821104744605256320768433201052
261807372761853884930271134544212649326901488588872696380485133418
628404614216704032825559760841672780982744568953464460188320504154
931121145804157312660057349498607185538920972153890740401680407868
856514857013503358704391540591935747975988500961838650314418636344
838663180892425078401927807163664212183291846434202729012490488025
443721442419302749566123603059120488818520931431309655578249124960
197587736462873131308595947191283170769849294279711376602230284951
641789970967489017971913162283796915662173776040284399172060011285
550737504440739796257349076656734857180005674266779141433742668470
770820907049279770536131546064391087857116684950223311574145797352
717467378742206404959131374590801670983487460444168746899772693091
897422650758858393502025797765985766225954905745873802122024893525
229808025367961249297177644816534374667054595055960978376569549989
645209234049419497890332496834123968446555330005856877004277103959
255221285569144916883724562150535422216244139772991564880078078695
574642692824962609809674483177081659220832150827572122333921822073
063080890699965964488709986203056316264151434494521960523116874088
247549066210819292129919181489176257896409043000265148547323270205
529240432771801963351438198499668278903940562907858756246151928743
123691539935817901426132047107938891704316221249333151352080098008

5481243983581666948141064643624416123420805112500194485833334285594
620758846845900688729785918013419848930428975878376580135133360938
9141444346752926801652922278787774619932736801251992862758103391664
0357636686649950093276263325740859683431661810923363954459122479979
886700934873155136198973321274590613569151928117413012605296346991
021156507651449550201116842103631396945576894428248525037390754075
492060070597411853573209095111777476514142942044227539673857387940
614212788080242948366789612398506098750222341757393900684396415301
905824313252097282619538048219997591005728206269299992054826417234
114486896113050140225398454531631345933289324403428285540366465193
029291566650871763648052382534785182422817246170395420907171056601
019217891200400002277280842428126140919280167640979699978147184212
642966658004707832904426889574239409698672490525190394912978704646
967420761169174447719685264533658251572998412354537084889088379512
276980246828152436205941022109971524098181543491764651966648056371
563804536914653443705484213885992825447728591883619063288869797183
675838328369798988174214376873617983630396240059167379709032487735
257690260628755927586064438912628023317906906913827043966272836787
280161032644939566305173490146117794447518874347507674852948972660
145411052910067661657845631309885171220331026765753311606965972789
367202644194951639297490252837711556766019400043398247620792493171
053805347212452278036947998443240299344192076709270045967034085602
914651448116401236099911478673673700952481404214410954342693379894
210445767239637821950544733285528591786981202146232211610883573675
834189097206853280569051435514820152570822682092603653759736451729
411575050106465109628210786895298433993919065242947578056194820761
019525036304885401373060006468224038577081923139553718195048561212
855526562375044170053672850414998837814537604237465541180086760383
444224858676049721104359912535468766127284464121653048300021508190
240624165116435598702710011468413573741367581707841012333007291830
681137963721866029384194264875318475872599857978173183179281926777
011941989858356617176296316462593428738355248161698782368745774929
128273080101310998157953918590183550723441693108041695257969973966
591643236454675194827907538487939136419167725477697571658218535398
364607737730053774601487227312806141076982094654523260677815754580
209724831230324363146787326919763829143313197863352207771014530091
544619530753824836246776955207955747188024012202109017510250033992
139243382509190427579503174522641620703500192465252812223704577076
865487828627876032507236119190492140840800094614446388985064459620
417597604994187644978846171392542887596853757619536100222506126879
733813922045882204162354675892154896900132606035295120807633918561
412538957938725302719134923831315838570364787301013239536268431396
451656470964614450052972084519432043925615153036671474775221595612
585299015943427081450957082106900768112543275717219868560978659830
245187136170242339952097288564927259423766949717942150054431755876
602343499776486217210733584313157321163947188708851740171737272963
855227999746870483866688958656361644469054720227438928886763609017
954423148075256265347278454584624442600839394025673986139398907449
389527977478236568163890069495754229917658551528785739456950654230
935665536856776279076016840404394603111891074415096542168288400705
714808676424976050654284305554399708492281488858647262023145495727
065679077515929425966129868390538881309607924683563944829509342223
548608592418849368214289697105842947683378634467618065957007193073
310930035730042672680904697621641456102291123117125064272053087371
527469839545158157572736473870343491042229711037798886117048722115
155532401498397390761782346876895943330582564062689212645978262279
037342894781250510003031503839033821965893607787178905465929360695

0861736801237151402364529590281545937772366173204376455738772041 84
7647332930070240150396006898258699091433050023898372623200942992 74
7892114874123394993826876052009996074777476931241178564375468413 59
3003874960799196148829336866234433986178229325295014508362539094 94
0736016945964293777098744667223386552906493017186152102475628936 89
5959065384058790975921404048078286807149823778777543938934875829 55
5718238114985891369554616149842445473843261940111768384400797330 58
4292718445090372920131397729573811022740346966555872138186779401 53
6960728087343763325876478459645617135122734773850603915939218002 12
4102598741860175380318237923304590632664927901972873919411203839 06
1085360339056254545779941863034518148118972731871278607986194199 82
2220272534417640929177904994880536946904802061748154151235724005 51
2586243037772975130097129753817132795488810898900550564885956149 73
2614470467847613419993953952378274624393961527741402303057698030 36
0358019287404966081776625341741784632198313538206804482134573435 24
2110929399021679639545902364658831503814634204240512362100301352 12
4586476238585407499745833817337208693217309015732437058474208743 10
4068514323098721718223941406815559383956228010685905093290977066 87
1446485527971858610334721117006622414047051377040215450192493942 50
4876195389509795782872782175917907117998344913777697953932524906 05
5606105840516856921381763681664393846009943833929623758954510476 23
8741876836129148019260186092806730653246407941502667479289564940 19
0537144735388604462177297744083537357698433883345571408568873874 95
0308633023530715018550269020224188751558107976028910748522665454 88
5868144473387319529841588238484768964838971831862638338814886550 54
4396991440971220698398695671762715983347646888832274162256669098 17
9891387735169674179148383083382688226194963989571785110012550182 77
7400409567820784372487008614603082077213272836813187357616045172 91
3281488727823591920126674940922387667798411953536290032893319427 97
8763869517868509978126964063942531764353821989795182703256650497 01
3335767366693026975885835797807324350126863032218678435021237956 96
9505854280441269802418136074929890434786406405348795776925423055 80
9845734503317749084785230352313683155080846053741152726087072692 17
1888401224159124143340269043302289314709379006500744619818065964 37
8564262548777260500729067679857062054925618063572652497221506312 37
8908938422187656419564130731807654721922861094590300766653744933 67
0100001957878272492837542731048287015270112929271619784105026822 39
6286107364128170191763065745528874995528779505022494309166778630 64
4855415297615391501237917322427467826234030299498520519201569822 36
5464241580515479653778458798137984801925284514115497545198765624 03
9827794279541066521143667334665965405551356636745324735193931580 57
8715498852895840622099292216746579179922498098827927163250558422 64
7117071201726841051469798686549528037402507233619012793251825826 98
0660697172533306024804410635406592714419259545581028258358989524 77
3139649877970889434441096472268149673423406677540269305399254778 29
0136759573961745057505790303267923371512844950081205989768059450 04
4074427276382218276045167002008852506986637536018751404985159887 53
6929023282483654988388594069097665390168599377021789557586649293 07
5257077918055759757982446445591512840388061513606151341321992801 92
7243754986831902547515831331039084483938295277876814271031186298 76
6967836779425728398109821281449583206370451379843087607896014919 50
6632203681767836731592064676647003658194779554524936038332356510 83
0633686928579564149994560045849649788232610200773188011536961955 35
7218742560242932287765049665515357838659430607934596698293487664 34
6300536914363289274140966384306433964379687246849513277093146095 63
0763316565707291730369185221947518261153332268508483431050715691 16
1956237716057336989497506891991430162273501318666187236985842646 83

752348325431188660659728886903671345273671397250534760122011047776
817075320130232434192403056805611953184255045134993408931141636088
009961039975894297342415203217314116165396871762343158102891708639
935154568700256795587937505478738598327543804820381450303865265867
541747057703618950838784463895062395688029966242782043177671560113
863009030813876704307059078119440594866850232163854926362960479470
060702914714437381049861559895726021015434001689818039126338386355
691687543280700743139910212993397183669119840279849539949792742268
503498975476606075981651452349629815714732568590846788068046756918
951163039249122769306545245384358409106294075833676335414395787273
512745764069683596686801730292290803592323383102101638891886588476
930924489604127416084053202791281804344682374877014739382154233733
733091535747076388733266673877498303403772829294215072556340607645
410211829440424338924681600416626377037483937714390006162566346103
683626424567015229325356014074203610403869091104408206088492309604
401809588871572538798454629619596985623588755330874778778269329042
664182469261227485178343040780182320244737199962810411906816226660
631750395257423389444885590466720528913602047153861451463638145966
444759891967209854571193018507217282358363285186280552272012901333
259742118351086110637449825961236436435194934739676585037336624422
469263377551935874859914575874363200362955073089882638645899370769
592719323495180923014575769400509459363011512059430794849376320155
801229048495607579989984290856621761829396962786524629463059962401
296736273916655384620488037356481558134608700205626998866860770640
466715375415376793509339222421215289175870558580013049636114240945
693149360414895889773849735944169867671182865496962174406920149998
222918857618320853118724169365769013368421235375666116821465190901
795569588106077588845986039281415518030604891232348058801055942640
903113722939326989391195001925744023847623865674665423729803741191
791292079661513740775569681860006036968255554914459921660520527905
432609633982268529908599899052245596677024891664061100106401263543
520413152920291666326929146564541790600022897813534433356194918573
693010458860085216462200050007613100481161792275789871349387288007
390212240505622267132137871434340034587035325561794712471059508375
327985787745082234704073955859458547702999710900559468267169646288
542792069944703182736685123499795194008132551045688859165339084431
041022049021040202448661973280850743516007349702203209129215106671
458425767481613136593466782806943117024519860313145879235395104352
918213938943612076530657471362413092874211911512381432835194921159
835354216332986133810977937756269599713704953152829983461105193117
885571593450686864995981973856875270690016788082811377040812021316
130694878312177410769333413682005426400131598785740236093629663615
478576871492806006833451194591347470303385745229027995419695205288
657722561420053718067848984638353522223579812458537980852576727295
415990641808359980482599213065962246615383042978958209467131680070
509310042415822279331044083058485693686184251384788786868646276585
827727387430307212579918850387420533240897275696731618650770362211
718556519016156172627640821537161828665192865961188109681401396445
666570524919815812962315913638208104666181836014411681708261895692
122026315973614889460095598811485147747572515201141585698743202163
307481359009284892078995406611035962421079762105783718935803663018
776740784389013310524114831734074326821053500485751253221366388426
988036718707681217508372681035570026584903799534964730422738013500
534625300365192950293073233013696673734901632987256727824187158536
887045662375435712971990292114201797296357904512452162098388812011
210730243774751211916407192142824538291215575103807708469567317903
741862830005845407741008707473645924996983464139001351166936721588

1652692864492616712025109940475486194270935256069093775263683034719878922944319465074076418297311377065587964179975942056917102331060593854436137423258627891639348030681890596954057305699343229170081377440733129235077087661741220516040759224400319528821980188931896338925520892977721266296290130143289963573688356446479852300696353522804064508761667811568712029372225260323991935325107369848330729845072533251878068274403464535109071864996933871491204960806075874914757990251844754758018640227446996801227061920422958116624229918748092500390518770187620399102644116658476988725668420187675070063340329073183387941888631231606353899035668575112715279841944185315749582908293240550549685582760403362809220495094744811939034002135551752823912826757854097726785923321337871029898289263854516985420843612310693806826751530392041892142006941288833452186577151000199363714562581004696008481766326898472259944431371830184221443746322422791663165261528532577058436351854640076371193716132791700099847644293330864157678907005676255752009383877657376918168913331099278085102549100862212612111195571224927346907401577289763765915193236038877432281396764797639809612164623707390214713147915777242740421065402954733079325118875848590005992877468915815369745763459065404730368627574656132098939951652097925535510951442119265151591106868200340803718673672393847585188056210767305366675964682898920803444876134582824237462343744757609385366150835297249604446575963011001504937330355620176905692603891816268400793683953291888480662891130055559781665071301228018889452290667911009251100265255194370931682948118560009206092173002678857826856130294929801663897045130297903922905554368445454394939721483286549752447959649252044040731398886569194467506635264335984056279848956732176737608997407396279318116948798017885745236435805413409922867142887172453256525028064776861182192238122809202592584731759372667407336423813392593926078887486029446050507442928416113188034245883889200435920086418177249915618802892439070445169580135779943847363563845306623169524387425293810357275725764300484112412693311184948431623224604649158711655258253105084158868412086120373683024024954169861367249297547909976296246777958262248926818474803714409703854208799219358075898164687641674432814618758801017892965597967935461660012694439428394440747680254387590991361285568256654687855906237783383120639827956285390590190333694961179465929462616590359739748934500116203259183331636205172772175218131540725397199428600832702450922225866560161791014973212695607345979693791174223568408181221980724975998296539975207813392648396598206398456955225708113520748116236310342515925367435941139181371539850800877029407987858382780629605432367604699813247022278409555037928370067087217508479533087289403054180000388250239843852151505452297963487389215722684880956351931523348007195641101811783831996539508279428683710926253831957562596806603842720418799886944472603366589535520254397190168943633489255933463564660008139361584954692095737295068267985776145913713465474624097526037818237502711303763209782974977395347438160148099224681766156140235041555677466977521935759588226970211807091458054400413897709030575944366023705686286606035321194368200606699107432770053283784335472561066665490869215615871737298276248747884629258407178704735045011645069005115815711205186582780209512885397371232993843472485867564008903181814178802065112053356549742810790030319729545515576722946070488466196905341998099847609547272605389788563063265864774787324165676870144891293882357364771092446299584548456192887515734571102086486589445278634437777114608236802596993578895897372875220423520686737793456592170360543938816362450259788690033108200067486323742539759897006923876418906814019872946552080380561373833970953304075545268678382

526682543391244814245737325953495497461419192787586972413792093718
187887892976044765733793927968452698904343764690236380122013446088
300116669725118088621300158874486481950160071441414853564384033592
762380222125998785023745771399151762907547669200505634430650425742
304771082569182297111123609211618819215004782503641072183560713375
113671020427895594452374902658476322043965810158066553061826747703
288162930922448562954861692967737670641034350998749628880110273679
725115703770397937665511178974830970269115374589426777444295844590
749958542507846041464879109598763733885943476936233295538691620976
320135040736135123567156255284266280405058709710684469001742104605
664848331300997431113988386769225459997391114705983616475099881371
932546038816894981355537445421413167242712220290777355829983864096
035139308958356646396317059061636520177042652747231940072823371379
449296741585899302463689566005180256118256062053698285695110774131
468252585286851956794429353603279956075612683619187434405297166832
503095784499860615025126071165825097778436754926450696639837127426
437437071224873716127870759120070045624871368357332331403886791493
287368587123881276307099358949982637867800585477609494255271862736
888556614729962870898516981845497136879127127951368033490679119501
430841090857932580252918603289862802766997130036459890106624196309
967118050122140994534092670735144589809338559568597382065573846815
329704610275407246775512553809718171280938303404877235270690472513
968193057637547737706177021651566826621765281029132139706164856532
965982799565622663652490793964466900520037654547924920439499687930
535570015625200828287380919696947778602579589559898350795286966342
645731289614335335928305020099863860158212919750090058170713970219
629977521322145434921592778359737951979333774499635347655284975171
970233825903208574669231119546311032670590986024221174394073318258
157739882447679758439110638443578620846877070578121257073392505182
024668968732418219295836286165253127747653825529989668128997612409
351805227255048743855305616524673796059994362346804981771356920042
885416984678207839224969183751524310223193856251977734350314517554
033532927270231194399079288483060110664191119865642564942983625497
337422878035359162393592072646109893333932861954573175029986746129
840961205789082693070483292543414197315571404283068141521475517302
072847243512237423999172982690911645398209618655278860727228029348
734708997754451856464275861520766448247168149964915728346334907757
576015782153979313648116156226667369781149362438112402653614602646
822966455376523900987573857594265450639134197027211875924571097309
203789021904700094106234499294862382300534431964927220781768961419
411044022955319886703213897413963228802514356678152733107661514204
237778446047932688076038362390128890787245152865934436210522230231
400899467333520691745274097995319175231418164151248626987273328105
555343050457631517053106455985972014442977554842662286074781680123
466139304659216786582790518968786713046249956449061736860947615827
180403072314343457835067104517947315314987640648554971884070686139
689652458510351965020075757427654780040843215999274680094585881912
529442386282291999553226710197849599814744239192215104405345506430
002342213757878286890774281995328633682822060668132576957554967629
251583274705401523291473497008712546384014429411754349030426038052
472982122125079334468593522643467594047392328861885536071499127045
036020502515105237501706003695896266751700501475529105970915058633
543204631199721976135136291304516649266013122582419355202021940413
560088928614419335475152377813420706659213169985169573765819946638
137349832644256919839682824368854260337155320946912321363940501288
815748356885017135913228160936504566615923366497395181038926551384
457934043560467311633026004855177630799362285160637565999744752764

485216463417377329217226454788573777183560402977323655740952362517
980912083434049796620537848162435177479644552838990041386722816623
683087879476244813917086738826434262088888072617549180955714761184
310837955324097741103989190101916108465704423401971998756994497209
715272784832904523563719240055243554892495893804506002359164053150
698609724523077420026467171522661903150875701999065682612237475075
583922111357069755680727348187615141951013439271039976641315094589
720975222507317929435753197255016411549103167492726575128248485711
648261903212439723097291775147656627636105600940882668530979102038
425528758776059287832924836432355305375740442266595028933569482036
083265612964765631228333770912985168464209981164398449090121982130
453360978685271654453564844019706443842451787619515918217961253187
010968048542613789932378784628837843526323907363803572273583926185
309315526777184033951131654260951563598049135500627471174603371231
118475807536570493825182034388466881180472200836910861965902617384
716071694793808108240464979371217149080373880860665527194019446399
689436529241885129509690416257275955868573003187112210902259407862
183122236463576569189258653127462169948651521700314326666172644511
728673094350044832345565392522755539224029045824560530252445097056
407511565552033550876269244478112695310881854222252550678704607936
996078859213529666700918066123274681382563686323301564399270096663
997386075988614119308616380684616042832654926436910147070419919029
890946519927633893141019895571290210230498772670003874799365706030
048829820680593096738527488474124938161883716539391920958972029873
382726498279570999346731048075864762177531258599962425193218839603
698622656506697824439850698141524008430679774182160883638277631379
497064800991061028480656988526140810012662269892739671744254542693
328327178030038709058449441110185868457953795321107778009337613398
239350523142332267861502793852184684948831363305572831716959746572
512004944916128962662255931610790451487589086901316649842734692231
686820584021466060643834083184803328512531912172066569028310475215
082752187287589985929017584281310592632390896288403586364671646816
276669421643357185452316835448248181692446918456609209383585455535
880344566375620166802386688037750245067726804163341057897231823622
162307842426248741566204438674435192582586729177981642985382425859
039372474738865807647883484217497630388092408187523981121268016542
109226550864640631981026595104046666449882825227296207317410631248
383757822114767099914180728620761683391476297038486617053365727891
737182111523496512240486771207938972784394582913823641312526365086
354385895896086070195719937940777128516477731561369705488108061103
907438024851813542424834686733506439385414847172862660259646129258
484202864268410669846066736912326034442776503368870663939843430532
805998835094735527320686654809334464088114840264690203944699404696
778884796994896816225260617599365577948375143944991300248891624433
754925404875351853304727640430296368093270163671469000866613774733
861789622857392422185849312066102095110719225945845900627057058354
542852742939407792894836878870537342829689992701725821580764332998
418787117634962740504503238980921523339886263703611750900348232563
471676050229552258290775012813028169291790803903548119490411962364
541455211084252281117332091658821403036758537699133446637331302177
907724342218811372848497819980251309524725991379010192306573042132
209271832940092221924885192973265171111659557000809299101108253051
418167038803739430539166726494083364744104969213523584672995516555
867124098602141486009698328726978249661150843007054267485171898740
366301849233467151834290277472506681602077525437288297866357671129
117096457439459652269501727304876407825025344239750687272036334331
174743235467348005283582064140667878334130743876227059694881048373

666023084157620574555271904760868439780974144443523891943255469585
548424791182592807524850625437844666588259446123336266428129249458
113704779960987079782518908935346632129881961766187868300423817607
044950805783558931607050437229521632709366363181880747654914786106
563968645913424519500166330078160875431394503008654396190826464961
607755909872410812189661414086753806641785618446994828897313963599
742852152652365706858285986472689201340562246030389603469196174106
679970176246149310895116408268986964053493926209803128803587823048
516711716441442831948487710706064331308989482659161849825759251931
915909002178676737609808968327801126356628582694718280552116018169
405185382360723713836423666899491083149614564146889116146331234638
369164378582250036961973902288965969519265110797999202293306976015
697725605789009336080907483648858739194390794678982808489682059559
732867074414246470917998784520465207270470777716985861116927514105
149726434274333333262096576890375190470728521227617390271407706217
335632245175768368382696387382560334663457475051548873784031356209
502421036105115893881343250753832183984108025617402470497666235165
069443655489180396205903573522993598166538117984388383183575814912
686851651084157180878427059132035646273120170134277683430923415308
517108729505946033467835114641413522533946412538370178310825243453
337282389417927011237390593306507871821170682196786399132672158433
874055734282092909657119513423283541371047222624583343219184030564
174523028495472767597626794407111337904305939952962970768877008039
478691497203208666796874401059174197740535974640113495439179681088
920706106690707330055749375457759172091146742563405243597590519824
414741653017826383433591991716971185857017370687156844789292757052
009678408044224159825456603617254388668811867258721861475870660744
792954566685264807873052852433546228505352676649490073000930869656
581158527416996131246571295175834807497374400237023328344011150912
640780782598660298041282208531574145734360905461282792681306222994
561534253376338406142535440438386521668806840655879009049503660719
652507189853385410126718247113480986777939342528586429906109071700
961779470827211333667390996739283143505861712039202659555887242923
057143295277507503118232080379857241331401673530486594651557843767
671614026063846672946345791658211903977134478984271536282787110492
816746701893615108853335495947878473957737501467507338538977481574
136985625667670409258887212070233980451214119704076710284141907153
916270076992915413903370655718581138258158080476587751350017723095
334185654099555904610816297331995775839963506555497594096595251492
606443894583434467633514504574100944238426169751582710551866796055
574402098221660263598532146750868568801410403770201979791210388699
936817811472677328862699920513307897924848935007211696068169193606
429035311792230517873669871421760821876715563732358778687735279832
322359468200795413840304557617488184540567623916388239842217596298
511406655499951056049959563910243802935387401638345570405769556670
135841038086195047106573844457833025645351845082524244740438078531
384969079479266019842268352689960708220015334753751560752328070551
149743110589078021144006931800034993709451220658603864238886564857
780684423545996577858613114937316611329005712874464122382794087935
994365909679434509579265502673456050099548370351996830203407696296
089016620303329460578173452196205430977841507597198140124660622172
344543540825923042557217869551182996225016632246069276966624357029
489842574237590025647526677871384938608542311742230221586355844614
999908624987594373381448180043226191313381755559294539008330991363
481014916279719983025973081414849000860022108674807603460105182315
815677661822587989316282190103692812263996200368683303058344336314
282710456614883344875160598567327415195796588563936582527728433977

0568215852504093995941298376728135962487653698402662837031667365950
8112014191606098479019058684876971623002080186189355375001599841310
7771305866811235408341765353494145366509953360724735824756022200620
7800639370265982870603780156309118168796505779164410664658634806700
8243501122537658670245346732250619580155621819936160796305522715640
9496955632180720171330110063478032805788268303808358276145084112770
5949289767339652772762432386894680826557008163670921597026348247950
9208497570753573752745068986829975829718250735297706287575875333860
2145282105021190864691020103406499472703411026320496671168182032600
7044045246376884234205049291594581540006844797538917139064366067640
3312992815064967380453847615413046638636029514707624386031740162610
5460127235106453909777091886240155855870267734919403695790951138490
5991435992739228041543186294301242498578771702468611394199291998240
6121453999319031433877758454926523528351534977907278895250634066660
8811166638862160853589305330877204021756649323488119233149556135260
4921372384635841884474376849088433946503431468230786958900497240100
4841948629171620361173287976404319980384112665925933188996032631970
2707548362116780123891039035406890165351020389843919789511023774650
2307917429420865168773306057297410775491424139287520913668622171780
9663684822058348443524082924732664634558815239461074212989839533270
9809704638303883609918110608089509716460394928308046669450500650400
3944995203731369376828386188898929619528210438961379506519427730410
7292598850724362785967222012920211173458210483676696313177096228740
3221451658118810793762070809402547330611520154267603239259518136140
5027501232188962988417831851356036419868226041615115790122416889960
1519088822600529154454149176500857314562777631123998788240272600710
4411776230307487292585489345827704021902197507647450338097880923800
6342031458659830252614793168572310609292141770066770999203012519900
2216123517138484974744116744853069968644181283647203696595619561740
3005761834232444179878864552744110639042308406528863311555023777760
2536311584945348894173610626298048963744218963445301947950287325900
7226856547340547500756782124995243804648538782789642968653279845870
2450579724026814245579853483792974248251709702131855747264731905580
9540574276010650270236341614890368092994571740608924394066668978600
3881539254563305749989285258048772332836408198619051358881013719050
4488073336119773233604153932251276550775978637818261892042567235210
7798464598207695796171249486924419779409429644361773562846894565220
4832489231298873772652957073016830687998802000230075480076922177100
4502867242437299037794304505141062195837971661658631938305492119370
4306845880709025651660846892500154865565958714415707318792614609920
1518073679300630342811906399574040538838869242165942272491046151170
6609645281147648864211714127233625524896280757024617306546887476870
5609635122037932858781123256876768254097696676497303767372410730200
8350437835326929801988557038726110109706541564974863206442103714940
2336832657668354806758972764705202861777758528520645384130139895200
9748663449562221799474763732848234214385723367571841054302692177560
8002966312159948495586217728688822980478428559126583328806773575890
3003144470176986456387095993445946729227496620271771803418067449420
1082584009400711428996373225087926121034837429552504767202081207000
6148779304925793404853331264500575746167493347016874146836132829060
8398561245653096655826355099900795971630489709669192908282464041750
4545164610645697072151066472186484930488405950971391830224649096300
7280307383572494120627144498882104465375247129747132765768154680960
9691075765160697175009861259226255011946547168583196713164984531800
6487718840414598999107563962048319711823553019436991878889388501330
9166367696185075786455139500041699564748933602449470955120701982500
5153082675904107259850391317022659750108881592054386005150599398100

0848563738255722399267205371114843718357962573505602748221098027 46
1822079296146545402400686635960179322381384661433607587573928133 47
2306682704774519093162762926132142028684931547344642000171995658 81
6320711043229114805868962691512875172406515601463309680171603023 50
9794046873270819506800655123618334716912752206163815017081678406 90
7365241971314645670913368510470241353663953345453179604652462217 13
8824763213307776100324951228001943879767304005599694069890247003 13
6058786561367635153079478311170879089323975846093320990996295713 33
1885850345275351697938117053938860584003504683633528534629624243 63
9483936953575905658999036155344283366349233473216388322273661362 64
5802848700994633905380660149025085637613322391810404988934617981 48
5829835721149586455793825942143034823622015645524284226230216996 67
9090245748279799628417063474967347917644119139994689341594376166 12
1899682014048102011212088600617365927854427951901509290050136531 84
2189667787136105657154869871922207401136506715337671565108460000 04
8835556860227812752319661173570756449790635605214191756848047544 56
4938636966073752570124235910881165993450504202970106816480513252 82
2223489479890182946569442886147021949982791293921642187506593747 59
7257948102221637147592324437324271347219050076532706974343703877 63
8478703757990248098767015933951117469673743210215852738854286019 10
2112783012175626851327391868027637216076572051771133249692450477 46
0338757273518453642125408478343188064162637701408208251345264244 14
3669079945684404204430323321070790255213966106190198730782715868 01
1954587094491330533206751967631066464805914270133725421910051351 24
4270414062145071899240503488504533140437777643306333657267809402 60
2620776767443441811958025807009658875574694422997625465497117933 10
2499090889260881936755058120715316002208563791762893991860777425 54
2973021326841227676599196210661736453527250858389175860236083331 83
0792136186686974572318307313165101720099085071099966770617546506 32
4023351751966640219375905014245931699357178905232979256862522528 28
3433630879191701047301744255729678476199324545275627703631492144 67
5353022539452916734018514247570418398573427720368431035348240180 21
5621536640283362072527726860453166969048581535068669619452693199 29
8925665282450406481614947239271742213427833065432464477431089407 69
7183687257806170496279585057571318790272067584667478651914608842 46
7384726144541796368195822646685789144685383785717203523240523092 57
5164975899617757823904650870458824689753604873682006280794266887 46
1188164764228131720953727174532499180050460434192072657033508657 63
7748586859714780433125973700268962953296810192119042116573244842 91
2916239146051118809493466536775055352181567236000174172431920783 50
3990573274215876107266358345028468382869538846519762091470890771 13
1308525205028413196010217666886437639631651401907991845379864896 83
5150416358059776949909292605048958925816931622052482118761125211 75
8217024767777102527754297843121626533080295088173069296734987480 82
3103638647417375072482018724942890648736478481282400329042988847 50
6267107127540647680240569384962791696000990969206142804358549990 84
6947303356284823701684688115887194973425780602681784114339921037 94
6269337982040445198089201112778626066923605556404178649880342208 662
7757143132016616016457809153994 3
2317259055081906602921589620429336676390504831513419312629946630 80
1356058019194412811102944407457013139154065363744232306176141753 95
1559557525054167930894595033308414249707294360608473003540682568 69
6989303873583230789161893787154002547922819111364087428452971855 29
3043822189148480363133395967676630810488942798193977541231096063 63
8561927041826360597318999421676277017630683864157746749006174452 32
4401127237237009681444279501624037529612343197947019862123733500 06
3761098352554396018675582380781757937777889482439604867219521890 89

880603613972226670384503751320535043823418611871816225142352149411
555431030619817561404829087990234957192220101208455107113465406266
460296749186820500250650261915922788290301462848508367323525627825
586540925939397964055048195199214768605921736093997182645638297478
723645449049728557773291971666809701242018027357123341716963641160
622582742806577163074791214426519563279807991036934925712914850321
216806749301043635444288413981678364878917626736036030151711146495
750048335952380491284539483331935795015023245507365739454418851731
018490240108701470172963157444065972404666368916670492897681053585
707266922015882321400152948353057094710275836111892138440731990396
612442200119116384416708470917428835672824782106875593928180438131
435596213901440418256565954975276216782702071471709550141666930062
704833144664052920427774447996121489273439730323385810420898173483
424020486878471222813763062459571173888766090003045853511641618530
493711893522150727190899025223221416531016339531731230999152734384
504485964272470678229993787354406773535257901426409801749044938833
500919591432572562625514205692119876320191889993944632744720518791
403630466861813517864957684835698713306381543601726906865972145019
381465303282055663684956748984074498758960170919766063563029065877
963837385404634252951470005808049506582321271125702191895387695186
270682588089159471960785212609535975447481845118113821443807118911
516264138620478098017641793077461560442716911760582505591621133309
052582130899215050590433812902704409852340946469132118889582903727
976828749540207437620628263675109554041760349765160092055998895732
304138489225274347610867656546999671045443196704555760966781244834
130724942457823066102792157731098357995357803956529989257483325869
294762243161333243527457590456681626614351214373212074143422697728
720798259100836150355858029667144496523728708098157114272311254766
962914557485327628886124899896550369964862618556976522310062490643
824396966571976487091983386526183822403629176700063465783834714349
827516766445082144879328659034612935711473179967030703609201552664
238023332839986655869599463860248840031957248823638528395839758530
050362617169696195650289465350626403612621205398730767059216897561
046632092552981283381315097423786095128271790631647139464446459386
807307881426166143489112265268616595733895602512607682414590544835
435963777332895094393363880138288389163972079843024692325196620877
306037918314048542761183158154044744989509241475662370484628085589
384325688440046657867291029282738078542044352842710025822032508939
622339601545839152482610956511733229638725651187755307815282009807
727034174485537343300870844577757020243814956247372553558745276774
058469944992611890278281052200471808944700688465599962815256857754
463917666923380502755872761805259867844298731363315292711461758060
955861958625008367922379500560169877489958002204982692612512391541
670322604199500293380020471401803603334492634159530092558118938741
082150633211603052904519177351695224773736212833703582753753262949
653727321453353455480589883266643717368255312542292370945983902004
506286414498890732905453223622267981705957101175714091756288664625
964682159477078759319507651930016415228618758782652859287905093945
342887803220073212554679832488460316715733935085690497290293939286
382925910619505789491193604661075936858566264107130898940838537277
326649689522698129283242166739515379625619838872543888399665857188
927366205387016101354641891542992957054176310051068067396328545946
798874675277780466694771532452268844511843727520345193193563991434
026056148478299709059524802119215908087739014178496149642893120282
292502727038699415766678089976157627429404730162416584812892787356
363842861647431984329713137442000315258535123121943095395372642652
788235648514871341260008989635074405611523702340306162830371757697

486217608767787700250576748949916292026493446617417520849192760807
877980787025603371521403712703727283079813122043179481108318984447
054177686764983180564732606145240756469031982073611405828764570545
541940060257743269644462248390201903410260356189940061955321352782
765397046951976370389985845187586359634065942051653014489404044237
338530136661531215276651506819900484124175496362046669261180075808
150768861637851649194385115092604523312099773954546771905297536802
956091020199354659843043003511943433511409489844416069873227942819
537024287650806321957287082658790425079631958104224080200165496950
126616694246819757229741032572751478359924389824438149471408151924
739407488289080677382790341365685333573007089913729441606947495727
981044746291778736999826649618902020669485482027530290844723557965
761190617069855156345656755212080200769122869779969338948613138625
332920607795772739885923643560118930982425355725442032426233820415
109314851595452993591737854908526789807698039292782801848796089997
561188923539084850927753332482715714662197001403475330579547790214
428906706416796138173865366641985128033009629634547958020795980891
011850302061598808434301399140358821101180440674923659276701205132
270822019174498716726212746739892189325835976400448435855135185049
874555587342858316063694688174757574864454784738213148350199468504
968452264326078773840248926898717636624554609362300461105833828769
997690699971142483372081591390732659433306936611307258742589338879
363472169010505383843193034015354073325905419105193920213132788699
778804686838227097186202529663533497600832713936487498489072696266
198600117784252300753172875563025953902225923837729529092419953161
752723243520773016279644486686738312331106792805619190597488816421
275473609473876376154987760945993301866541397222280599131048707915
555981076616722516765995969077208398047753757975267608607102789023
912319707247022428720917106302505776259226563869181576893542503762
764649381397653892801702921111465576923160168806798074148679826756
587661004786320561725857750984389109255853980564739129601928794316
897833051142981040196049885647521049116905746791357642807911283211
285464068640159763402363220671009900058453529574936637807257781775
277957208166740345297839130292684852181643018118867011259477606105
663240534513705504847534312181737923979412555889110320692562679191
894904370312043101687324393985508666027954371188536722042614906071
527455189249145885583952146847526789458932352074451756660635005675
109472173708229138988896478717847716898200506273131755132040350213
173792189397587782343959253683178416035150586685160209653050646215
709845575769746313590854016003650389560648084678033512184232943656
939256744352317349364860721200672021785208983183514402934695840135
836583502709408824658543215323499205366451023792916781117412243946
399190098050697045799970524073510865094013618623265187731915988561
032408794712231477663072115234553526969049818787171443337413917244
621964213183583937815309059651793192134649123218355618575549606992
099408432875163630607643642813904106737562136788024212164324146268
467374990300455296834497512536981209202515541318271347132356815773
592279611138620257660357913907761326069938173192506657333253947564
673614275505024383029701602921869674540830333645493771214094116241
883285255434614092793903013586132198210236002037906243572074658765
211554672847548723786490693591419691282033533133119540761548939437
465048658634856138691033187266556157214754182206799346567924920938
381192793001175734364368581645415426468534404341348265738263557743
453284733507407239461576839144831835179254209648499501009224504451
543323256417954854092444743109486430179988458322253227960723315586
771011035977850380676718541681979597678238458777753995191347807443
430327088076891830330016228003780180632191976277978765106911106889

1681497573669988301537289463993987948118482876519679117937386415568
97340832071811712390543743999828670497944689365579085020879516482 3
4638789822160931020441545188973426273870749409468849973350631139 58
8288025458253351358167620229310596946954350908300146950352456115 70
9964708124062008022429733238871314352098122297090768432903928651 94
3696255901256435352831139962331815791330124444656520891459188408 53
9423784181460747639818990276274054275855005457142859611758837849 78
8755933272247024434036429910348230185174816602063060045167611368 34
7200678679283359157758692337689589205558518448471077085015949723 819
5938048686912995766025390123418890213233191934073760365773636023 17
7792061670763678037167693483364698795210352727429122589259669769 38
3088925436004704935184678385660560470090985125046197698767270533 83
5289799830004524296793801329695752945331613828472337916258138373 74
6978379630291231347257839979226046208548537835571620009958234665 25
6923979378349286689742900613542690686099307963635494499157210361 80
7263976496840594677362645219510513052035897428434197854475401179 36
0945917303751370962271973736432763987922019977292224712465014005 874
6465457365003769261800977286185852203843550007070992122294959787 94
5651292706587521089625700504500635571456207671435825051243837062 37
6540753076885163929084172626947682441066803727721322861275286298 64
4536385946366800356588684178117952021933043289177874332416626119 02
8802492502328470288489024511404394002439021290036341966375740525 91
4197618802069174565017123145060356250068338398643834812734576049 81
3642704025247741496296440636015956057513810753333640103939104322 02
8044508674850863540682478026453588668312602239581937584976414233 46
7451613854785314131191401362067504375685317647797857213488585632 91
5965659530374472949617624860523018320703420145057084310324620758 65
0363411934576049941359321896186237217872523749114762373667079932 46
8184332942984000457047116393207240896935146095396386859395660869 50
2087709126392608675584472547391527294243880047323637131555254074 06
2377695604764256138738203049467571282465818240607713749739439204 68
8593081375714581035622305797897189126329819093921151288716141043 69
5336829998623608422182364279767934466541141537448246367999502434 12
2315258499950875088898521665568847466344939676317890230802278149 06
4118039749914516527834661945183314755245631421732888402878542529 33
5812862926982742792957854269106543459203792060789181395691108837 68
0989077824395394966899965409725260340519830938567465160311948828 33
5458524041299202786544322100347667274882902719198657779572013404 92
9320940443075024878971564943028689907731610406800670609875363493 91
9434522716066993735966561804379778390253080908499616999103756202 36
4920786560448542077604594558114174019007236777023093946757935448 81
3323526298244468386604987329294605484985269070382465787111659123 32
2487777070860245089967669790165312431705495660672788203713397352 57
5361440790637839313227069810941814034079972839951167998098707227 22
2481320937831755011737887158437821155800107121834710190945396477 70
2883378282778579271572142855288612754841544958273824626571247090 96
1477510515372621622508861772108682383571851431491479261821472178 56
2758045660514940912601754051053431712224750025051264812534867009 09
6865383799044687832764110233610043264474345479422725897524819131 37
5138213009025432964163774298295997625333304501752664535647809536 71
4639099172684654473794069311553464320113090797258717856049058603 64
6331858968193406459359565796266030537157349317087190208530235069 43
2927124492484634798754818838716750441944824768607749935011971883 31
2406840954560837553361327986863855138490935048548856685973271036 40
8530785317016729153480121272387843993085642582839235520861204063 80
7886313766647666748901127268668124769081013308742688202607440480 70
2012985458392847807580545959565652287530120180720046607207702815 16

9695890402119696218521962666438867875258203774454065469211895280 40
4905804074753958283994890607770955811130919033950275154802357014 77
8684849392057503863101931513367650194150042854357007664597636522 57
3134298314796005933975296052923511789144198796043467451307504817 35
6440142588552118151336365698610939285522388093753284369066914632 23
2724917609095213563467268500301702972059631676024592156521610237 89
1395988329404368863326246062688060041792228282089364164713604713 65
5059884673441672522668295384910843510209690845289521265699614322 72
9293631201506812487564399110898134701278085161114208634654660205 30
5292949679585278126649020011597061232187652555161573137208887718 93
9628244918164446951626568051793234050543674831757991109423614666 10
5336808008829714786307831561097902407630482231876573368504155100 49
6479736509864973645307299616334395354948996442726629826556069062 82
4233467947911852552943436536247368928961677703956870442034459156 00
1505529848937545880602314633052680689278164939886807934318018656 71
6428317944250337221324529488642536836133397236603217151309078807 41
8880229123956141534719700230657537215243705526543118000452967255 49
2570148348786773300340445565204837540378735971179160861928711017 23
9962448311419344030872624960523313184682526709828556664693261500 64
8484294827411730149638151989929847716962378028316569089511522762 24
3066375118087024030296002703983833278464117254944961011076467157 97
3573229578826434875364603160834297198446558569727361013436142081 82
2763818309883310333795484311239325309560062951645381939277039520 28
2550823828963567512349347804788533231142661747442793997566400354 48
1277322937665220503137132528669502744548182985159115851650093351 42
0982077932914601102379421083899526600461944880546633944713189242 88
3977496600263870216869504395616552281059644923463424285321788838 67
5812048305672615567767006813659982712271968346782433104135515840 29
6992545540991917060186792265896532888078659219170244910102184271 22
9788399954298170895895554083648374086733052783093398740594239712 70
6987667010476907698565566587855520732304233572031076868640128654 48
0063175235300231210384911504653557959464800523718947106279076314 72
9432510200034681033566198021576420397705140340845500712762009395 13
5919751825872783562298427975142405820134958367456298500711232318 10
1504997427673348945497469199291296797948905351891258439903782046 17
5885904900747966149896628744292225484816692018955456590566308041 43
2023909590984126260869473448287312645131683314605527613945222096 79
8867846246386007525533283131222641375263552564734464888375709915 09
1312358916402054878907807379336762856780612586423443185731768298 23
8513143057430593853508382604206789348794822891994121134457428234 52
9060296788172965899286667900357395093497271433445244791341337297 06
8768737191118469420173635901668659310576941044542761529916361934 61
1611546705240008716975067040449097611878439938267854683862925556 49
7548777773857131148533482102624265275345190199525836085671960659 57
1817757936992614885618453977970847993910917756265877032325214787 59
4889888355481894005812820721843035825940517148391167345996681330 08
2965780613110448718893118146617532370408917207485890258210135947 70
9054176536441131962544973782440088681429419036041596095340011792 06
5459845583692477736402176036607123687340601315358058199476382698 14
3043358341506925462032515588907291758211146826477894738029733889 42
1591188293093734803198271452094131189967300568899578828174715160 64
8260666803109911381989653229828772873199254402981917131436797924 58
4577401017077966038231499864966320123984259320315394825913674292 72
6025444206122280057290168970782394278658321365543074047098550546 10
4349681775417294654885914809577315131283330560904335221208348238 49
5481147214833414637977027720192614270241694489628273149921622322 10
9980594121362792440370993118269514901400150212556706463369436038 15

828210071612130620279186490992932736220408308311186430144275930232
554760042424733213070679730325642693330742633127744608115065642651
030899889172098821896826964514300300236814244240752960032168061872
620080756367708470412049127747580077437840787530123609422697393486
779308281184799491537164397197887759858960169538778934499407625566
817985964818272189144480029712260290791803455687620349033935413993
910455281063346283856291499757238306756273625509504076236716712148
107128240198045544546786544082486150453996328328344095400955432598
952207794141728193766503785940592700960848459691158784320997895371
594805347305835982265584084451704796541846731863964420962966376541
812545074180332227391481803320095941813710000894890963262044987663
497910433384661934624530916967578330996818017050445337636695836798
016538988848768994022983734240917426800215321855186947641337127703
962993302741492636162704567171836446567934280129620706068580520846
400459214646783294187844662155147760697512019382242761639886759415
200573094322827168943809710489477144613309808165403465752120557996
577816365667633346828217438155835188915902603176519339371490151492
985082205997964574279732616060945421244185999921734605677446003382
706931637046734594817519717840172410152144763463729665434513814543
886298252682890511318691193559827848273098755000431161719286676200
949230602184902616631474538152768697877546787349548032992198670192
417019881284282369476946844277307014799641752172488405299143759592
012951066773953339985306829038979527928954569101894828580277088901
887740463490093666105138977749454249194401220567695024326045059802
131598951562942716070436534603310353367466349172682922474659500979
304029867115636703440084449367317076883059120665504619393719155580
629386394078844570564292866498664413004329073216509978386469474725
712471373411696295676606699446011437975587427224444965838602190804
863807657777785812118261272170473493376483825443310910829028109297
636197785999250929370879697240861517733591575762533902249241254812
429528756474624505998508142843459861856419316762330142670982389468
266796852600259610374180931621434848863031545724489774810312313879
047512352825266102041477783486122812569705484811114331720841508436
122855681680245277689867315409373567470367188211003249060347495689
977382236937801549436807330954726582486924689926444314107056428596
217897363107085603013946220378831817328518264349154238147565168280
488040024768382130484907514430232259924215906616180655497767138905
325381238878249191501796661500180744315438202967277828855559044608
290064566864574600164114312933775505908337848459005304101013458058
370877062305130551076775740555402200822388913966173874385234722973
639162980880612350232910722789184027372522053957947870300718954709
040601973433601456471454898833170250614805609157714860149147576703
349818869201157768683925797557904344015402105692054173749269093908
543246549769367411318454094568651149487423440522990591406257245119
518453964438909890143631017586798827833194688881862413707879918345
112881440017263767835470974963132145673436519979962608254731048766
943826527323083522016422999871091107556643501561356065852956320974
284542460038830549723725318916262383307843643431864798923442643200
787062909113743493990211951593263552528222014317604450147886787315
473091265889741339875530013857605661070260145516995374785178356172
670996234914326224884131134076250700615868162661211091646402231540
575997591220630227103084458939721931955684242444834550078149077729
305628061282514298073697900362452533630360096016740900498321882823
175104393203128076217250580410690617204137355240296724752787548845
751424495233787102874706591165987800719264674424396020277797728831
164723217173202259621372736943343450129933538754291118953157560097
429787434626520672959346333673393500462717419575356133821972980759

2의 제곱근의 첫 번째 백만 자리

7512021403765913626640684917356413859288924800594178207183272424 56
8522712438803438481664811125883325573613516437960065610369935893 55
1062666517522570191267031608582272624362656299723762127643758671 15
6902509599324077389738031580064808900508873967910200257529820331 21
2334575150086304339076570146318450139123868283259640068176263612 76
1180714129916682140649934887943981961591525952864849910620406300 11
6170699589125586667695269671894980650948550008547272977310174095 03
3355174502472096873169135218002456157022261237667942693469583087 55
4974781605007301935375868784888273331633769281418090149197585810 43
1820314326461894794534356508404139996051940895189640799862092832 03
3918378832059387372580657842314746243625091124175583892334451843 55
3969679524543971445586864623389246801261036129294235183200228976 87
8475564120512476102620861437378283778922855532712319036877434416 35
9018264511748207209294477840997342675052698404119988876635953457 42
7027352146721148060265537315783439490951113858453040579561627935 63
1911320180356080592908147977298525332276430989211506464637819038 62
8753210311237946749561992914362284664344165812282814047226183076 97
3645949171590910814986202130706932376241436424708852422455678702 99
3309727193295976261944464268932260245009928792186479130743767326 72
7079780586882212975910586678234571016243158261413273237073330999 98
8983719500654002922259926794469907285280566178341989662562810701 52
5507297442009007377887823635336953012155218006069494032831612255 98
9207703107817599111696171986056042533312057053330926536127573986 55
8596300384867549222666048807998165383061342576281067275731859049 91
7599907728686688808130710952261400652296739839129177937237693031 02
2353549141612695702445385000085243833731968095472821527549857703 12
5819548735961062107319482066739842383936659371839421965350399010 46
6046143620046311377806784614513227612217386666843909972191159152 78
2084691643722256093053657973523650293322040537276410537842475993 47
2022507502771147540963729388886755660234187344260742101687010986 10
0086613227190034057259880068220530829711695373932543336168262262 00
4158495675877876873963204667277677023105854577708842889753793852 84
1344300755372539988219884387762330229358943875435098519288009943 26
3888591881953442419116945417154761759404587934738051994134125461 41
2402172899880948566357385168316325762726390055552390249802846287 31
8465290115473080639802311522272754691650759248724436682748814754 46
0540535470720085958357667320303859484478911430704588605605691908 02
3678154544279873598517523180352589730929426124253398803752094017 08
2585906408255863353574157457822755500296123420884181538024530303 47
8225323011235318009588361603067522722297820426716924995993571336 33
5872092559582286701741807426656543346856154417713846254986204180 30
1124197814469235168692470471621016723926979834496249507385550699 05
0932713392036218425322370961987674010987919149816833747971534956 54
6194478331340048081837509666254736558821308192258276591453170269 73
4859255256103098865931657696414035116974384967793542552124644736 75
2844540087812913158121121196538422885694493978160026585589898225 10
9768897503837763990125023395482452715064747307138879564313338956 24
7118724030591994395377367924619061934847240359333011776252414394 58
3402690607840653637183293657737302441895137276172411359265963172 14
3929297085723417572940291604804168650770653632279414965641873824 26
6881574153907473988611202005450889591932866143608093504832403595 78
0434384557834082038832781721653186805487560724232327878720838508 11
2237785734839374627258041037027772961819238063680487322916466657 59
2240004352112742933316444258101095610463383461239702416305307360 07
1955616147682218673160245249502985528191962496454313604549512996 29
1201387825125275066361074705451081561744988005076493048430876881 57
2330962211591236755565699796286458041551818933119384593200543925 13

4090694075763224133999348616924269965630167135831908669957851982 79
125300909170562097583605265105176539353823094343460912309071053204
430545334892000829053547671195669356024042153733544241091985825147
796974005293821074507538830213954101192023743435496880569731524363
788273839043933788407335678819087495287282333236813820446169257907
792859831193215133000401750105220542030394804615028813286834409880
896870055721219293906539808685542359893960161977104472429553718332
651765552381966663333933070303773894563345383843467864938436020049
472793306548870490681904360676936455143389861219439103392686779447
843843780388071692478541440872855549668297746658300965184122172852
115736310118625447027207626374929658379201462748949906323885823350
140081917931937784584203825696034706944766569532599597415952683206
737456567997532200757859243512264941954364826555530462765802203015
110130510384896526671533083759663767910754585954087674271905315848
129934502097090816735458753196764701327055166065781466216195798548
846150474738026504257219000536127914688281182537680659658975697183
538184718606495312356589376946599973712281293917392535719241964425
867048828543241652731137206816736703570583730497026353035021528182
369767267953461690640750591634626760304805112101658283107769849463
095938379428244827568691843027635256272621533637314890322209245182
918258478415637457416878463898321436936632543741300804055614687097
757425366723047454682368775506685019359590977545537689901383031112
058238455965918120561586685036095204851818221576794711897658869371
992237211658100759737344172239616773772709794791547334204322903244
425389634582076766767196560922413665086850044280197108644379874126
659418079583518409680596703961874915034665584320587976838094230748
345386664526087880538704979674742592562218840821926013623951205435
296521299146258552924980035624149853533721170571703750390367858186
184907181442585297770728769183200284433608727922398676649373261176
329280908755273765011531756090031459929793364618227423811619152950
047353619719525397417204989639323747985843262414410337887932830067
427341230164327060145079647536233138549050904587367866404507462785
819625818947666745705829584329486502941993037540602301233194439408
183365831204601857880579917484298277948176006334804849924087834383
650137525191327765708600096913968844579211034502372729595394447800
627842437702815794091556765601915131479930009625652204760387686699
582839586298784459304701402369593940875762652839035938488581394344
616178580667161204600141088350841466845732061829621301363574471069
802409202354014921052467944656094453958967877208294918090430090452
978171425633830357302250487310770493378415368506469831234038187649
266812349214041914526662863946919404467571213705021918983543732005
365175744269421634442836225853497350522800650513364202449631355771
728033542301003988618983828470852815108952304866986096686567148271
305823544948777588490152569331148972752793189449014247746410132346
097794040067586012399996831496655943717743096112277760250432328962
259198684599020336791582353887598108795814444488200879242423042190
299696336525795875980034878647271242365175018661980551334285103636
213477379410701739195520753540306687125146659368452309423054523271
954175176600157962342674057586077291648593263618027739050636398315
949264471326925724345210986288355953031143138471578084168593134434
366222074444721102453013737557404128541669152813245405632115879496
076073618946995742276501027304322658728412587410621634615438217996
572102185144259338694510725939644295444667813602272242384147673621
323815616957064790706926704921190001807923647133652294081491169440
146512629074149735243518739878508198559976717150368718246080748365
285829847538975347472088453108596135864905406481196418607950101732
299730780038242966880541550774545328512593137289396369202934073267

550052529230502835283550456977790472971705113529819122283181048349
333892047553219911420131453203154849037569229787391703208830935550
035165278495437564520581763900043048629493902307971403039200503953
439667270661064211619780316817216738996309439672896622458660131649
481643911317380543642116013523608193902897215299131811748944333428
323796416075154958398439717531260969286560263451447903779467717463
151511756829678304516622133531593181530479979309027971593842705728
879892791276997461371024279326834739249863235480265747468101891894
860690727509485032413684630341830714217308096148892443970285472395
969352937726191666851403842181586184898941917170413706827026244732
141606382857948147506788893527165552671898058329251710860890262777
066326137148120023322089088672552653983626523615646160179520107214
460514638505396366660584243047701597027005296382238593294385860336
485769033067803023552228789920887679797041073611642666012070225356
424748392343093181491720858941236382394822054013065431002119392727
809272932390906620177750239860089818248863200652916986388104830790
033632135021266572456712124434080192692964426610647542379707006271
878446312682652801356366529898593345830709114651252444451296459808
983258345988081035527741766930284710355152001205051494806760233914
125677089186326628526894772080345618541629987509768358674878317531
271067315233389806287183543145701285569226526224546728530500257177
704930268240678962134244044694373439058930033204778974576514451539
331142067068347785097777069753697128523805236738530437221372533204
427097139148088082861291321794559942658531082808832360197770654656
824741124827454108333928550519952191401148993673063422121289899976
264072002082552962198526673439329535243107676724948425388816260701
065530576280658946602025435981594257134303695271644500714348638756
971200025776949438111330098478032110101129467408044467990665993846
627345733758248053634398814045725403812959258208524244530480159540
408481907367930686397111077374317514914963841566952019893880429025
116844538256137479939051033737767944944947264227986583658296773098
030954245907956074862112162352461362273896500169178582967947891268
162556499320611347986264591252908310430600518278827433361536174825
637723891501925180496054453533209563019817458658649606861905708019
392836349682840969994767341176536863928350589721434652073497635052
605400474756810639419247798302664799111373815915527494242332779733
516493747600302771509980148288902844762332975333143142579868956286
688680321133314232357992692239221888679562434030665947684862653907
577906922746695988420410610941359716075881596959849456359535737188
164766382091115551284877309689186951826446104883588852262261003010
431601477431563508123572655457192040182860175361179492564126126607
189874274481117445325732548176391928838202042281273187133883533674
985232367937819292886827003444638276791076522813179171082062804070
856599243412189972717101700326192428860056555814643513054797637952
499739920145810133725392449704753503690769260067050707895093906519
729581689025510450923453262589930488734711669328882837191005648136
060834034409814304040258456693055643640321644019435604134673852575
871486555203620010818544788573965489474367975217733407220445779169
173970655309170147205017449716586414449956652610984104395250421294
682580908298638240142797995167010816242807591719109625747086801472
311921102900317350697254030801291418966020886494949039704877601013
895622271401998221703833862128471586024568405196342703982507579533
833764101607902567898419395073061876480625290576429108095789334587
769148596543487265956576670052646077295178972775554977087289075005
042483532563871462202099941643971057219945601111352779930835277205
768922746650379921337287634703763779688947296805980957451143909572
375949444367051243808548617693456128120293807080898677204536716977

636114446835837965997869245039695801007428291944435949929524004386
377512747896818668608423659334320039987034296279448203184545450798
639626194326259956237780909796081031211634529005236789178268974550
868068774640496151828232259197381407508143920280965444247302422176
573866230378132106691289155043161449884447740373916738049790034562
612370463784223623160796555070776618752882750309918420223365032532
271403009597942234211733817581662784299179411106192137620944038647
251360518195870124262550666452042273875180350317534456568169304298
388402727098803042579861760642704769692990290870420344285219683293
299177669118613011754009626982145574453924912000748987370595343007
015912622626192831696478687119443346811774532965875687773869083754
163765268086802565019520095174503030941569027940819861076900318016
551251527747864199170193729997760228017464131590337454048226933158
391149619802702282598374427410283780201245198049248781647003582080
182875241771565946828905709653888450384500295607196172635155126067
516666122078961689522134626598801400656374478883833836647546922565
042593712713359180060872253584608631374197932134485080880664652010
920001020672845190469127943141553385794788003099592179748578229616
574799261063634490115461477421627038543259787698207582719442215966
213186235012090265379325623806146568166270548001140593572972270176
767414101453243230591382575562537397296995352321120294689520474137
744138311909542959245250373515837658179953167981704689479856268173
931825199147826010267277358788609190690004992406283139392122835339
182344076294391883843323152484069160473433010843551663181753650696
110541815653728460878715624301788702751120506129112477162531342862
720557373868778707152749850917244610699223433336818623964227606008
578642979091688902839125438592521510459953632877282320991687509571
710201889757386603350103619986752993932887587224068843622801685379
984634229295554247795327143277666115090652944666828485544871892639
841069882855194496390971285207373899499630428324859834528827027005
772660262451646277305612693169747040098093841553039172039691407594
333384599737829238164681559651812683263649911903111611050922899922
769072449212461199092410073601839329266655711582235247666855720205
694244097271339652922420464292202796678397596603296452496500875548
109860628030008944237647116804056309148432260278911156167505953402
321139175245931636532028655657885741544012259314648023545332158381
866193432723748790539171305708329995335702326110725186873951250332
279639556878735967664388082825232025561664692073287904072683990784
454976760770998371521548927434885668422128052466916594287458866443
079694369016614324418636448485204054445710331787135758538220652720
712303199725205723837156932412990101439703753743639762390091431037
513829422231822214534527172447181838395406659137336958959454909229
441508331113916411153630738280347379630621874528927041828314901679
634474277721845701889840554144201955219821324925261808212243009421
578486410324628748396850478077880154872595720284470824203286079793
295157259501322691619560744923677678913061805649821354931408682828
760703066647427630856614834758808504680359516176969625214914136520
603189702213683926589112690731117326245895072086816823090072776804
029915927380115310756885898935774472447000685673549290646773899797
240600304259078936498229920307928999358490942393405777257209174167
102431086637221982976722380873711867076071821280078892114916028156
032531249405551536591604749960807423560164734178150132061975445691
955773762699936439393935435275739115150383275948957174336884753557
747471090681055015053182691538453594506689312439299264241608126598
289558271197262856290569227484908156729452433696766934452437157185
125851487725200779191640062649377219400220560001300306591006754613
133729576916090463814528049076939110735552510551673560062764413346

080861438937746268973464129745179694909828027904474237773979700600
081911347427288233928270454552251600990192514109255608573488478334
973976437689334215154407601725435574367554200752399492803221120767
502878729803046603392715849279808966657763321961457531349716512513
560388786255186415850305280772923983389425563492656241012897992318
407348936447915907142454179696140412102834174505146542595298009057
357162899668397397293746232927034071349326393617376063688746211461
477033222433873078066972653983259700907418337437171388031613128093
766723756668262589994597809008954467872638727340379542284848150102
069867709667696680395615272143586587220664130523626815322119763242
793260832556432143804833599180811416078056489536729541594705117983
241076925008750384665359564764164049214819241380098769479439955888
968393499566887810088595668449804648364160423969823721761729779976
461712766912731697651264153835811440237682544820705511899008727642
256310757939482507857718369701740663137277651773557881545579234486
422715133612591841589371123085236368739008838141697865731125256793
186894999047515101781392065426404435975766547282935874310659078063
609620120388416150152753953658654379688081711115196166482672146477
548863033530951755810236898507169300692230193740535456909031061839
699185691382483599538555549590736410719383273533760403409182420806
257213590865299067998560490928688345398507547367708807884250624167
458084533490386051334381620004764003761832934211144875103367557696
163668726275440097430804910347453880430498579080123843851164324774
333452740790803600923122426022295094842618427094207610017857610341
601275721787183273316834200777835385816770574676724185216737737695
141872722752765412018870015753319366984077492110273927153433913418
660519885917236381180919805307612847540995445116567906711802294158
475244960083777243819121768819318424193876576047045636750017825276
838390561556348232742977773350995443521305736068233725569340048300
445084612509499329434504918392426247603953604953728479394792478566
755547020700802926091843105001035274954865775552115174415656081505
168928823877665856628561061918494562283830227904522630808024437000
118945953721146209907382874004977286498288276144097950366176145499
256914834668583659340417286160536906629898164939285215374285597129
638893623325839330096365434141791427580641227338562764414883909068
980882627521825442189556519225788333821484596751337879285109051589
392282715816703338102994938031532395150672519417426838651441405761
401883579582174991135457901714885003549271976929539769736315735460
608925330848669503963583556975887152357379956218943705211411775453
136370353998200466886376119429325724618386216030237533808929454338
640392699006014816620715319842874374199501983585958610692585449281
279674261413795955790155565796998411087498185105446851140800209528
470974032553622295787331881671819853436162122067158597910820128150
243025736305427136454804840476777476805232044256745279459235687425
062324333499887119789215298071822541594714118140548316410210180258
504787554824749028918005612402869270946384016097053680290474779010
974152348701074974871570005104513303748887193060551760406936446698
776338846853341799947289661383229380006887235801185275229184790295
935115886710802329095496962828153904081536890942981814992402747732
346968782292519240993817338819799994541789196521863869820114881746
436279517986315017506793121585025923505092335897683703869694479707
007382290122357606710887137668171001695007296056264930868581649982
489084473741836300402161211326884492576983154881014491218543868852
950327275972957128716028972786421414962312015751111213818324549492
250996034893157041754940578166465134736839920528428573458177877120
455804314201545171611872975819033018270864272888627318294891885842
918506758988907171968341693679386213977066544075268737774344176146

802778664809684534765486997252118437548879681244787625609348480781
701689743336177096930255566569164437842261521427197633099387276712
3908812279478584564335402380648983363466645798211320274880863745236
658615149103500830564517003809898564867887483650926163456616615482
313634385751373025531137918477860491910907666377589408364605119218
175099933972032442321297490594339242172585753067274882412795518327
353494211556116720567073161306394295313034670857575190159169666667
996783884390456925721329625756682086211227725609646861387662914353
289367322582116111750754148215325210976811303880732165351202862740
218082892793498395452697323069908561432704963722917493401785590954
603882838974924405991402305489814657354724938770787584966659569255
742908391478558459853253061865208800407354634980183829373995882370
349759718276271592470549480570962935877514976977187561028946014424
490419821908585500145981262901643031851866062675287647780911207899
861974560443766684226495566449818805774276596949357678743947363524
379474941931258878123210977659454116134332438984571849264575923225
955529966124028766691250330592130726541656597435658517247796625915
278368185741271447192565520017107173332496271787301020891744692744
352971124493012094555170273257160482055982705879843624381998771160
749404920777383422516557533940500471877061916432528595270642710342
792041728092426472682765059811578576173668590767088962137606461806
030247415752860472012552071044074729346657660425397110074360890673
401449469210656929306914708517633151377919736745515051190564396850
987777008440550350141078496936956502383080847378215683244483371351
344571205601228343547452244817273431052716979509715394277038860983
079575583258465312052224973104085963115541223705656197404310751072
479976778139931771295731363467894643386823838948784414497283333932
141410911700233742371579702101071888629227111025261405138407508750
396083263383780069235792669505221023415779198857484092625562219012
302374409391459996719587555939036122194075798888730468963994922484
254879817733875333036542417566253177347947648987982913375785074112
669177759175181457718165720129877335202756199658196529527044955891
309289267784095778537506071615858303890709083728557483782413036428
265950327280576410999331410001983219786019543591241804659019364330
220791467570780656570707053052390427884205840661232834979139750972
534623336585384129220225425670774895121529909628194381029912368687
087927711524689776164249398352488620926565038637873575463522467728
057622999156100109609187329546456967441340969209781905408920236226
727715573848587586307294439533977412326372123319702337951058497999
684353558378942509202103848127720352720063948142601288454386964395
045213824240035399787218918294080104686107969438877489822531345783
485622781827654305140467352074051776471825389836009089825480570331
416639345587411286177446592236927671646047674886107160965726183703
263571415279817369179741990768651980520453305045338352535942229908
896454665399364120563231462442816769050676174412917236706233915137
193725301005303765666231025223116955961964558940298885946270695901
052841524392225394652581986322754288251538695460713506023908986647
778748690840226580462313462297028806612899936817275174342620660723
162903214917476945740347194023394018919543797495247141666924156064
188123669942538264846963296523076449778563741565552538112585582828
165832548910447381502450629580322530348825429105213832557482582978
029364262710339779527525274252194698586888643444114481792786569165
806585970772358105794160308990955154787446317788720931525947629048
042317002905616533681838275867215581005772017115532442276125876909
827707611658418104870260879064881493160202893560218147681308330460
476462827318586808555823064952816387251619649066098633711864237621
778834064409878097227739268479330225190678803879069005503676649251

949496228513730250241853019580861844238881924782879940609920032129624923666917678433827546542145555686003836653062420138464784977979832089673403487482480613656194366885554871167884478832900592220365111289332867569688563768080020127776313639792252705478579503186060453258173967206307389118649906186398942280081730555181554223125948805066313926710668647119560631323143099933112317992239078805769238306999357250446952735281423644222765033537446789382694583960323356957041084745586026270642610638696339474952703929698743183166806344607355001013601956882818070328513639747755063150128392751876084426840989148389110958358254762817628970789184664156686400170060721822126574526631709480634920036091177757796618034071769225247706090219736779932246330613203002595390578528904325058440758468161865410833640780012074095604137945619390554597134459368689673386080181388373727757834481063025506847508936067670191833305585852793338146802493613876340759186827107681919877253472860757487621571001776578852781756663855317705481262121247558266450866624826411558173860727803639292100814138867490736011650909046141782854940410995043975463397508753950565248844536604715329623565262699063394950066080706320319030791686584549651499755552477730495258562361492928793637857819534339662051276879058912919351005527574572490956212933827844230221078992505847971299115668799668146619506017009786980211686432332928670307400139762982780975192767051473357658447129195485662938185722305084927223089795654196465985627186985058888475107158377866921004868738672286297562236894686338612223326460813852452945648933208953889013542081961287316540121093860238810919334882471720752996473016275076532858466035405409137631458150561539921222545239367090382631687187541291348350966270461223705122038947151718572267074069617760560409236931203701898034019779041624275993250825032232374131575001822469019258100226722750804151728875224905963249825027590474055749113398447704251226083735583011731252791954972522794103299513500044469377261365598079283919764307866851543215792360772685287235072904072926002415947696108684880155362655580370889097942570295681342399675629135596143305453638185645830734318334792823621681728732128166453127722844183416840338914901341254627978905977009337338876269476067179263427980941802019539397661847908232800870201772166337566896249960153884350532595107050276151322871792919157816642645557478847428601787463665092532995702160946195367570979961549724972662504958138560236871749391232613777156178279744514370150592351665965080393413501807740495938306363469670630360310428355690507555580061050777865678349642652599982599711238037331424715575590542885657343822992715490412891245956984743933397843723840867611706460326792399180105933479710553460544484406841153094514656054503148570742286910136682178984540883545856847294533745431412258092021555599533266304061326458005009244739454671358062625285529864602824771341672746489273164524224881537591316539697109720897092830760671733539064126877888604529479891317036645716993541951235356343636132592292716820746080537675451959917820121402762026618082581489696754166812326997766248550744322743055697538492810465525055417589249848115660280469015396633152749725970670371955981128513260624384396119388586713932050792848010043567582328595859262319136584298965289036073941513598448940858562339022814837535399500102401147640748851406946890484950096946240105246647673276156424466516273470747039512743908598645847069066385555566604824963820045272549631313188992716446820679161466234419016898526514507069904415113894952951171000430070639630356911974689790392751611176772353405485609968494504575846495650047866111445636532911635960638801428253558156817586185115787913674344134067333542836690031248541426106474017181866657211762911538603150981434261370715466297

725291611300589391488364974069031701637885428055185996368584151328
218585675320998577667232196918462245688289951323629787443584604738
446915678357526328688334340819824342532801620992649090001589863266
009200234134266965832386478893752591610219287539101724600964017656
886310370313007231871247413853345555782108770838697715760685708107
606162910764390921891651857452859491382777251767821285721425049452
421532396021288090958067148456544176746304202223533037426102623768
176519667435897337478408172722017771453507001333597784562161348515
192015720688463035428073922216881811334835381689825064595575302793
349304310451908818941980052521695817411342989614101564411279367428
974674795171598817917271761672260609227905231894693533715516901505
199083378202602226878781370627424563080656182071586302714861472596
175688465473981832677086829271483902215973462626138406262608443040
738347249747137235998903957773885865773532667534342444366906119833
488754709126558600724476668356058647330243685046154015548923205327
604223536666546674553500929195471392143670990991023702786202272116
581589881790501195792573037942485568399940819404415977428228516493
189225246318218116292480155179922627324628901707802223488861710062
097315461500454597969897905583494414276264360991879196235859118229
527613495794124004673989235267196229295466406748232891345524362554
176714525693208566118896206501105094123799354684679898096969016682
808439524536629704825273162473573002924608317066214625748381411471
6167472943597496107666097520201811191448638160831343056841730672468
494863244421358764609032777662978126808370198133183382142729930195
642212733771594152012218983917470146284677297361681484104239282007
008994185701781597971958755320861882295291273788239626454116845647
419682221547017325535102985987320066643694616251366967211137410725
923387128939951781727132459434447035839171895410661796196916494991
771874369539179731667507712705428900384132473817419737015540274483
589490002694310586001785237726181896706425008000072520932866624701
256015136214494528625200844386269675425605130282280358674661026082
514875399956026196437236769269266422014502125083707888660160926950
923251449839759316653063555794471363981175598546740817085714098765
252112188573978550158833507811633283766186487986989049570603933378
741635365166585100155801318069264194263261182834830112780081031849
820660125423145247420259966601316617954505268750025308536339821588
759865578707532612709580261719266091490658613178630247750789228631
206410831594331200396844364591324628297089910058082892112596258249
299425112636905215645870014401371817745630319775470798856316441797
658573859396592291795982998961053153077117480086045718986972805951
767477611977321580045001585165681939578824043694359362797726483214
340015742882345092385440266139596377124910059282293554424612434018
669023687254356373965493681996561195398817541747205818058651776430
734435763599321986907580190625167089259173390486107664012525681206
119895071026510124012999179160320121418732198389856684069343928939
723172993679015966505346770793103982006697785683084499764952276686
740729992983763738543861714436973026019363245431789036667948819410
118307552135296546810843567207069712763637715341828303589367814195
191203257514763990230436839702931390506672397194836920488997123039
214177616583703446003408540057063812321608897507735116323702797466
451731442195047867453677409260780923645890688852963209234272965459
662333384259844868116073081120015394050910893355647260389922382106
844103685863362851723714762187374164717501193979233092045782790703
736092169246802652099839782653883150383956189457056952179436327504
738432641997485732670636702942989733827034968236931842498351841263
316983383620516570958182820122345688649559518275539777987031166691
216374821605346486663374877664920636676224464928652883760004200258

2962770006109944226706051836093617546192139053882148296750581558 45
279220954494003999840137998589527076681744371675110846108358315199
240978542420424839719197498211765147599751295293023810957248632734
634907014601395157125138800233530863613632015956792319173549910870
463353485891910379326254059806556644757011146662032627185659664720
164321449439950046069760618930474250258276203399237528274778440251
849190999291567585596992128919931433561756492245667232956237689496
471198852649269397780409481372291849187070337508416387929044458506
389787335601462558282280839905351427567169225223854613880466912971
168064594651401222405874378557039213718984269211277753246329735662
870846544230723894133171142621914008927966495124237891279474202698
282217411782698438959024030771820426822676584298048762120655623793
147694633366875901536220973928719170400362363365871140937575513740
609296598251679347074112335953586876077253763314507320532699249199
915594186480057747842456540240515599113200466040424500781207894789
326819680944121228082636517256297009976450144263974656688874373445
613607256308648234372809122153676618368757296774477847506950867484
413341542421431201721749451763758940201450304355501089696779993061
864222794101014494512886830202651262335795928523087988466439885585
891909712505078701109464523566580410560853718302764536199828456055
760232372497709070429492490151337918891607751887277938215147719986
330498516331122509955220213827804606148347195714365898333137919633
211085229331741469635366429069773947314032922866927402442478140352
652871264573561750662098533278344453864524112169677618691942658423
253803551034966700858254424099040285242168957129554325857325086070
177625141763821187843680338619936693397737858871901735057151019654
911122461951967369790451131438381836678858185904734397051394053598
081609489911528372442200542883740614771309066443964860057032264102
545875375478701702100597029426412438504955232113244152879259982051
831880125026015588971109947333010481712386180470112753605535960199
770472357690007445401329594328478548040163777883549353968818183502
895527324509615815534894888426617225405143773217917103750684211175
495736556657636135717403719808172402949585191872941594744756936348
942464834221920572625405122307569858871264184768577896110761595262
136144400886891486396824450822421306949281637479774947393634045430
949717158483145951668900196047695515886728606853674405372342636971
047618475642683641604227828612020510365786014930929206024465829846
205044616885002645762565243249644893456458288187180147974842838528
318754713211572538232096281183620907981266394316173309766655967114
325773586240145113770592685487328834053034781379865441510340256953
066745762249663605567662033145330060191745320102459789361410099985
359200372995425030024070582728765136777755099035830245020656887366
351446681545021563616759546483008019582681299882560460502323367749
981418382294371318758089765112603529578113389788369525434123887284
051847464562969034832531970635626451457381007007199881305398214825
789605052513864535775777057222603656382844333572063128221324097064
973527260857080057067320608270948946073453399965492601591995994204
438626394462124819268562761652527522326579376913139835093028576838
264949900532691626225649548206533098883704497084693006703641237223
356156246446818296308946751646940045902091157675207734687755594240
660747375643242393514705016849855098541593761618054937131890478167
858164869182893663930701302983772704149047903062641259234868381687
472497030247600332258253234541107802580748644250798015080291794258
948240033351163948973014258409057428763598244940457014615999142123
670282711671565644508884205765346754474205680793033052098316721514
155484793049591446289372059925209703752715817183031300517222198018
065098423581206980549930590700326856070847086581299010313014889415

928164029095914116732635744651858721698384217030381725493260177470
065699475811332483191539085956000508168207652454478931386414916336
847272245280471657692558899409754280527111069522492717437086788098
582440550609000338553489446297987849108858504536306187657541572691
294177276326137941793572811312648451225235107320764390939710920486
031374682863680845829643458547980279565075382505519338873523249751
540962065313108751052123064226159865980167019499821099314287820155
699685058527312826995352493774903122656755358577212934397995674709
090146428210245870683098595095329705176618179329345304179112434462
148833355332230030389388519498066756712365973801884101565176859645
852902370423943008635342160678181988278619664632800663789805361273
740503603878107070529296030740636731902115731794568347439248361207
868825655513751199603498448348663849848815031835223070555799513488
789829768991594085520389436462879342914773188956876563881476902411
219404525233068875823360747310670640307088144741698926883321096817
329729975367096089888531188737878629862564047345820488104332491878
673109095944721742369185309768399711343746584396904737674317460708
094367699145371870742823754340617549560691808193901453134012591020
551050896432596940122370758039176316522638869681071598077734499554
971354116829898630780505692589664236758117775693337545727846310161
157728361162599343455162171431236652782928509671455219711457560949
184608643495704888633750575229302245043733748253219602153550176753
896300079292506173265032949683036777788045999131478985779045174511
307231783600774277697750935777803965332179978429451949577364636332
573290737259291356269753705636108187164968301787326178132225270591
815675858594384107731980769665879632232457835156362917532771402357
117552720536984227525629257965387268663277308231219943452348806242
408707601284188769563929102941812335405891363952457262636885428193
027597509831798701906900874504318960203920940202157939415073591925
068426103662717037641609192991584242493936873884017867224771611016
423553468663109430198590147900508235362327293103145121100317803553
683447472827726056688432094653110373929480327157113959208818515108
659442209984606995120308162118013650883207711168710514587736991648
485526214898390479258516008918427181689674094570422420327378528969
512937118749970151124971510863058691462599571781375076928723889765
483788228269363624104207336559517624276540469909438776133512466969
151128140805179963900946616903274712260951133152191539848517625343
871139885747562270140694845994542451655310266134982498354623020632
289874806063830233911365271598243702597824631976462521508617001695
114027039530598137508510675941679527576746527908401207792149742776
093143896385505316086166453458903047124391324726672036759684846160
362042542541800177466181781866492087945282200264480278177246721289
534488514969269336930652954179311682930875794605591974600036713608
086090078446779618827693047562956409037227650586960838652144963476
708480148193214613919405894329284209789440569738445058184683745843
943449662189801265740523065882685110171888832656335145941591106180
051037405013265564627270591570977419963426144420665743353026408500
673515620025229841767330439728206500611758838908537989918178285512
457280069272140965765332911353366836195610001180284226142803134365
751630161456847047965640028417199916135653150776551046994122852681
452311606147657866492782876148294198337051551397323715029950592381
344528437072605101952514756565964937097174479786232544332827336959
916745305675830817534188275502292182980413979760544210250973817161
757897208851411554186464874689303664520264273756629554774430371836
136011873657653600966615570659910378920412879803479938063266883220
209802643917838412925910681588225546376433698085908366162096923477
308375999069439020676223301348940947407553683157919345819582727102

78371661356842495752275842810879696216062401196475066737023369087 6
12627287863951893431030807678100969237686778645748407476868804946 2
55804410101853928910702057942411705871920705328889047332337816630 7
61917950201289669393190304767435981948011933426065482201663246886 9
32427265004004429575975291340618797565201672450821587164589010006 4
40527437893967709717432990948656423140552383693982991659132863432 4
73083102850081608197069481870550503813440781792559970917119775586 0
29139480166538909382179442884052893548983655601209451514602021700 6
10252864447427685438294562386609798064005890362298113460944041805 4
78026396002568926354454852813980322768352495342678253023742432766 1
14518390252734838803243746364464385469256790365009121267427483891 1
47729574005999526288493463286990865911764479992632958687102676267 3
11812361899807949796622684159472688021356513046035821698146846764 1
92179681386111284908020846341460191816222660720784028485366556801 98
24968836101239879426604956200003570721521649283662487285864468978 8
06083752241233535370573131898010082205407575224593243733049199451 9
04174846594175786983707916533003125923329827511833538771597316219 6
55099072950362559861122855102964209692423401126208413089363664711 6
22225843638104997932249777733762667209525333591153195939132665568 4
10205265654061202836015706601856147557639304876064972507200678445 8
78138191384962302186423414360703057565645524839416854237383799642 2
03117914555265927594544012668641567710058876272714536811191397311 0
61116733417063849025453384360813888682753030457216268591156934665 6
30488469775604812973727180811664196353939447630809306011858866522 0
27490429069557133147523941945661778317420823394510511610940632055 1
38770390567042196091157445798779011562338961283451537778728794481 8
99859034032897853394102314776646928266208336516249575867451835910 6
06983270188656562782980916349818450644055552914068712669022579563 5
29498767377915041639980842957184839139886802330094996822577031308 6
19885191407505297111659998086063805151449695253420910170666538902 7
16760765751971032281104068390381029035189484514757324707086407236 6
31012650426709239232540165031559749210487441315193391247765913273 5
79109136104500587179341581580030713338097184967269676033072854029 1
36562320369899993021456806413435914958970898056601875136761150206 3
04520909921712252843900668632768790831746208711065652889999853762 5
94532478612496325346670983679781155710259714592578173679775596320 5
28453006639794034248896273326702675315618952809265710830915891009 2
88697773340579892237571232051731383805161188571747402140990862953 8
49498134149613905830064848283662516416988788868616224738750435412 9
67159246807929663857086214555853564212627715401069704693653418751 5
61385207349125446385789669797289597962469051103747155903601589207 2
91971027081403129658478864894400686638677155494463865327605248924 3
08349728594987182763353672394211706074729957935660728222980865217 0
96157297308921995054948369256589290844746315675303241686417421910 5
53406632560487711089317550463025771947326526656119473522469297317 3
62216046669804197113387328669859644679465088980142328372779008377 5
13467931998173235071210980782204768502588416730770317029075055188 7
27405618875508001498671287672102590428241958307718093403513958647 7
92823820002474524772322899140941532177712852263479758336850180344 1
95029095541124432055182272573887041605669101528407710931291644244 0
42857049143514156125721528219748775409553884205908743227701841792 2
45597979548579470902237753613723954744450788796050708703975922313 0
61045832655391182610512283733361938730229335824134682552838358374 3
28984042722745807761055930965560167327286897567782860963843121226 9
32959924274829021818125633012103947241128748023162595612467940869 1
40196218676250118285787813694315036330299168429783051958368168215 8
43735973852698840115435919755570992910451703983541123418869613190 8

4843794952445850008133602798993077578542126569413082933201619465150702221531639840837894733654008317877101800084236109578695471711580257038605190973078239824390403308275283147368726183870747475013032061893100760419744651042171771133607652739649050156381736752489875981862430990359983696350731804984105380838669642412950924639632979775674793945222828033847029864480178760939489292186533179187695097591257812017665602105977451605562434734197584593851282863775712619552679037470324941830547463860645530461742629359965208580547072833148362852636323318912392817689633616271301701300733097823059199958065274893239969401739271741219049178172314561891275149598163924040558142779079524180611362379740136616164385749234488357571837751949705291824984977614566435156431019074189714405430099632745038888854398616966523978235148194865600172101217771261147578878417948072360308710760855531060198792690229123213131777534653173263294967724054355679754865843515201813755369139241644826433743762894707737183035198395852815750041113287473942574457673642843642199367092178812854455031766595269499960525907050241940423504961430398205551054011434968165703959381865673597623304696348428083052036883536961898070153062731797693414158996907700413347370531041700905873936115679744421581552318559778503179004339358333068549086243449387894114427664886393763177875646399184013944026804677152103685734075189255945234229594590264547490601202578764145733766978493347574566733427939298036161761191147586523295622468154793461853471815100202682770710454611954473728587420595754869506532180530937027980492952388784710933596537980800210712534296380497417375165958760005756124663572016401302813094681140665880948839321391000736800887434614866973618704575343839193252010846280690416953518226191265996267844273981159991045954248553039673782000277264832667253396787591103868691382792027662939046451439984209955212983102615806955064148154960503110649900004329836407195898907172957004246072217719434318437724669971605332746401721362184262263987029511074905351759084397604301535065761532756507612847298451631076363005595480608571361150850074839353327775214652496065273518356690000769318588735064411343035591391900833315411293327759274642811048235844206078768963356691668849177000880244503818509836966002837340686739561248441063454632170289904332975160440052510585735993764583588312329705892516503128000813007352253847563993047470755378978162164930244894780420716716738589319625740419045932677225098357117635901874119875467477193497848725848124310529079745705037126875861769971800189952414576347605051337949649900679918973429276489926426243852317168337912667018645642422541351307410096314009689224263115460343678822343101929059119482901665931147757111571970948584223942673787102679683713684763393610858105260774098249629354840049785895849763842773330999496291118281084455959235749406155680760713584017084952794604281533633724800847521649724978385318913071462346085189208543802376111212558314821759385398579356938434164477678649274551226633722390200821208069115406547695525473694946468916998976146374990177870768520221960723571768388627742519725752575415459806920422996854701703145170057648387808659854389790376653407513704342098149632649683870898307986641349001337530224104042523283725677220952423358603119946342657048253365024891614263508219884574886198235417144652244938192071286517204487884232190058072175931929583859634350540587852400908497577931637129658135437535749465860114342194896828662777396720306627647045336261865727219949014480984481918839025948495163195989993146232161088242740099360698807811232830627956156167038804907484329987376434483055908691255081860164859692958576617269258834400872887473659446076903834753141698020470380249184203567701516941149212813136758698787240596064977481636628030711

603823942993258311530411897815962985605075644882406993989765846520
793514411529244431077513909851503625368853818331557779400186661038
419859419358813451308755526943523483845833328212798635032310341408
745626246149487480630603790622259442815783585843806095490630598327
963479167228451856939323250995914132443838428178710148697571825808
396995774673672028895718196564714785715291102350264431190003268213
501303325103810463076541573530562530972771770023147117199713708676
671053841983174154137023718193443366358243316378706018727988278332
069312627040773674213200422113615103228284033084954949472891312600
341055619836505674161783344990459855934728006565954582729328138950
939236410922778314481262238588531657856346148604910422007533807569
998384391553624258532065769202343956590022504362464554044229284752
633571826902486599348948371828270089380783372469217584372025691008
199930780531120921533529264381945843463855946080336801572697905527
784981924081008022280051166954371803656708830499777161017637003816
013471989704697419569597549878393631610520154123670224547549731523
349397039616596326136265422792972994410953830908038345926725657271
535751657422432693575106056672403123173068334261049429778130077702
355601503997849786425908683878874103590277441563350754072684622587
318528129941857301708683205617894121961389190830115521498293680418
263042322499405093710908212028890105556385331409605162794365337543
641743602086266243018534848048476492355660795350738708041240772928
658912755609099619626864985822660416221651085445666845470227041797
211976737921967082368757242539117848312186380445219220413687982484
525396064528997155565782548413178143185173074186871132550717434354
882248471537392340884407226929470905299387299922159134616306978467
416036968524836660779764054162333318020169941989769324261072681338
863337328334836661180591972227798300326448819899920085792311476578
995665250603494911442718047635896435209252703310945439721172607292
402842474191768611363714462599109365583665179804526897756187975395
201109982599045106750956914720559270907595376540158484003806024968
635597551682435320002217686055414091947142593313597995962006312940
980181334688177929027476004409993194144200679953934097440646144020
330494784948733636587771867908222481551057616643555154475690365164
766732104312305405396928858066668844944209041536415591837256189101
482721775592563107452127034166867917701341563579920506955923132121
965889458885578970787575403941132222024608878438653401263631346644
665335286022409659947149354888173009331497527893146274925765269142
620323941645714268687022936535770234733462621127615394245356540741
418283091451402314688942415701584537640245477552089116948510286260
807847636472448065173108922385862149549249027705316477904540133797
993568861050601879971462584136744171107882042524691292122168317841
632254325882367883690762415777526007818579650369647912042146143173
021863181168193060811521828548510977032526613923594566969011313558
329210695243160353581114692247742987395870234024764157659887810789
347852436895297327629900042381187601268818461521237386731981025547
033011509156486429867215162845190976418222053846551689369423750518
974650795351621679489596996348892491442207565916187743871438188574
715291678573005330822183995241288032597582851081928809556616259613
857553120150044554074681144453765013577784956954088525741790300118
918555358020509623156385215938339806717497228329679343849401013039
346715458353408632293288931793484758060311862022745557522599787847
829048272433827422039684387305097481283754184071244967643563992612
623493478772584941414965748892425426299548890567694598147233645485
965366039035545569759251299113747559293974920991183302106061702098
399211686146111465787801702118089216085692400601614489891915754866
654507523248601878187842927508973165841069472953404473253121939866

023535285201273822948428474753479063375058017488743749867898923935
125485975138035604887154437442444076882119418355470795183244534857
386075057366596375230702269040237076823296717141783932400711866420
788062463993652980839974434659643271610658805763115529694089043622
101279211928653945085433027753635661647403602810310816318361099329
744849010113010476239634279931375003094526549416425482904615574738
681224246328733433563427408577747342706501865453361503757311021406
768199981510781936028654412672908775932247272774284993957163163875
315553903687370774230450373104202594998558072759638571883277375904
536356230269316605361710796803238094962216392581598503276575882907
518748470622267745186204719203273991040183571955890998469092411349
039858758261315527234714120782209949645752618769768266435134993907
759138091519514488030079715341856065829853205448972552469656123818
638985054141380241148143988115360995861157937266697371152341153364
803907751396430490043415024920425670739214496433307701848403581438
712499437881381806671832954381970741558090684967902424802235031388
224451790542363098535034335195885199274457406143526124168319510014
664149879249946609933576095679859137590348016791511765102477586884
689124607054453525802991063686210637223004823105941045175965443110
292140359724707429508007869711596029988552772297319265673627772628
852069117753336635873321237206331323952203754907163063969822476493
456563321633534300413329502146799676474406250413148395912591071243
584690795953653930577921876898494651034261486659301629289561910823
674353898655062956768232360915175231110964170046644655756685077705
254927912951643593169286298820061098261168914145997770874735202464
140224212760200364283253118632712089881767871927689441523389386472
634037822585504518564388749807562024497124278837733606849272971246
552113082150226626217627525328302151872301391665782739262484965111
678232496878916331570732450426382112947295960573227766465580965548
527271132732653916487028857994595486665496418013505658212252730523
508075502083146855675666645080820003556059319833958360062066424418
009685530524163213443504881639120359021426086749677108357573103948
460929174363124008125883533919671705749000582760654581865394064298
973703118438627874288054772748118977219369209870622818858075227357
921623635758385546364607908470768580254587311705399012301739033694
776228645387562908920266735398454880033949490806198177433757569030
559501794078341164235338471053788348963328246713236064144087810413
848998992325406936984295161330280993130373011760698583942698541942
637317999742260577055750658435417864080857910528089601452579385259
439887350822249079088325119333855664711213429901820168988664879326
954391811485296375273168337413494339390737573777410313378579935571
116445139960786325521717252085478246117136410877561947608681783653
636753302611073753680549539773977510957352244819307656971644656119
236970042812020066203656261308394095540254353033754184147308602003
168567708234631653236816151093651476251094135098078244048647389791
234285223437954092134301119089678518545094978471015976570184169066
561081216824212819842450838696672751755390084670689910041644358058
856732162875959948639143792481504516199481081439190277341936083078
773374997977062345236647761205698205062279975899512119610436244540
597489723671645107546672555613141068861364559730630902448746637407
472267989658395856967370421653053742890658423195799941072412450916
693094728417085654349866999215354143641009738303696214514003574829
095877774442338573347121772047118715509379685516672873105665929880
319527510237507132610179239216709748815626905064950329041558128047
450712386054483980823105379364401308614006835255140008999886935850
665637533475189181207579099801050892863000171669882940666070359279
396845102403504944836421053884779708076741449893569082161466440792

5269773861527654968327182506906625183271350560101716474283142923421
1691907006782040394284739220952131748953683035161463503879882049
6659440958091755482734154049040142907267360095880575303056609567 69
6455034395537870817902040841696570840223758589722958432828257258 05
8138362014000291354044098975049735314684341922424458198435358506 13
5961802676576937547856744228611532569328989783706017032404050177 12
5632940798757264228764356472469357801209521009981617477002972438 73
7007099688654783809514109230858323918458142783750491355619795949 74
6900369762821458716899980274032886788197325377773796945275250702 92
1531576799384365257587237360577794512790418414490212289741160670 45
1462323102899910541429623215423265381943545766009985882074008118 78
8906180579950625949177981186501047843745704149584561126719187029 04
3009782641611446968912785574360512357153582651467319357248961013 06
9136874453476613936028757899332557676100361950117560084640067236 68
5200081869095282934164538396972508715982054111757521443983485533 37
2993752402765181963397067336106220167212794242100291609922486933 66
4497226987765308087777078026668835605980699963518550188254842239 07
9367156637015952203573710922961994281533960980169274996130156004 36
2976848846208548927678092112144218504366903378769554152127372820 18
6572715011909637390493273126982144236821712988802341633075214607 75
0188881034993342796738556301648051060877098533601716016111802862 91
0288506443747315375231827447764174967095545341945156706000282970 60
4805346322360752254566359439159025440925628998272045236693429231 37
6787033279516838275412320369025910681575587530835988661500173123 53
3087872724042554818949234598026506454840820988025786025815168247 41
8182073302449005663573001378336517890014723076449750053401181624 47
7676184666241563932417454718760580695709287970543534417352243328 59
6831457953956306240828374835760618841641472631537658430496813139 19
9140167785211520593466203485250032430240832458076782090363429216 28
6136829906926086822244635854466193011299180639614300779533468564 03
9969013686855814637203550054977680897878572077400102135895861453 37
9811710123749338767134796794691939974695932408738257142607354986 41
0784596035885179262984069556055710496583788882277700964011837443 69
6971669922503511279265982960121289313848440117218468000895323897 63
0506380203118422914065822201048989780929731037191711851933225152 20
1566507390922664070793101429712124314553117859550849470924276163 79
5260599257680141332239563956286791751715629116460292178945424092 81
8856186014132289534109814887205464249838169634145672017571403962 74
0644459473716195062265388975963512393230380211436983370176733529 83
9889124663885595964412858738630029454322893434120719800805820175 06
8041361429736367379257160486450003052063820279428311637791663759 57
6373507679437519759644211664808655119963679911317734256078308929 61
1210565563452395223463873993031988643270682282988931099239023141 14
6260800382151749119957342999841472044104567823791253092532999691 08
6912076545639854362562700248182453224657141680547467347111987035 49
7425190450118259125451254555368534634001510602198252635248910784 23
3816471457872249397411909576468907484286532744102897335148755437 68
9771751142583249474164987244678951700459538812191590512427385116 89
0894068603622033874868776134256249262735694878264390580512682189 30
8750997666587620621287339898159822359097177676230382830080686161 45
3142316380800324413478366337564699167763383181203827817340123810 08
9585251084027112952617419482025116024489163367241202897514607593 11
7575781514728848263559329824116979717576654140228898280775037696 97
3904394303715703230773649384705393391947012312282879734614635377 53
8309477221172835466788485754823185386627534412911028903350745968 00
4446887402682323540694377423313774458553060204513244316457864660 62
1407876427538560686339586416853056689343708906991717050192787087 82

017781457986926763480460363483404077235936465262952288902090843070
92508302815519786577748476290837779572881221090148527864011956048З
5539864788020248278565117541080683990382364938082180201520516038505
949036872173665542949745557747454602496829999830203583681866638233
271322348822955626077455458849936515015466728538154977414113587875
309980691156715461968506333389203343854330972379403911638562518636
168550779031696784788371613674051747581406875004098593227675237007
354751966923387431930646520780749637634775296052844443315533299479
043046913307362676272008381001419056743797498007776176094862370013
065366158008285068973758132976505470248353133401765382775033063624
971486148051505486386086885320576488451440063258837662285802702213
869874557811829409161097289598704742799890062350257111955784695352
185433320690967725505807998711151458902271219559342875020486240780
170976482774198703346674108292045596673607815667284861596461933462
118580996647063454913068068102894047758882933504574347967527402561
742010289272473150741967767414678422059193356722938929205273580984
424215327863996289914367780898457064771120127660206692338317577145
248356174733788035320274087196764874303216274194270839290228046957
503686789879042905964799117208489129443150056679737956123876221634
727984770657975809742262956411958950532320160007218142205018788768
844146041653459109667899104568630101461405442738716309629649198063
486131963386255198466715271791471637984454355116643854829377160212
253512804838197322803194660732744514828202173690709074524542841210
888091102535692840243676537724586701242953742582640450070352401661
467456810969780456506645430176859379546386109814066461640895686507
781720241583903918057330515527475762333463072594481798752055458048
892822416725948110969586447977927738652854562312960039812647288338
259684066900229838881526091144712031822657928913107689349715338542
688003735198672547875366584474647351348856641209797157376412306204
683041596532006680523766087314387596487922778932973810516950995096
198592313503021669793782071363623119978188346933713920618298899823
732447699351319618262851433666523086981630442766245573902461323411
293573556434105106523282411430177513427528878116212207957041481626
987953059295776490608080156003772043256393730427184954111357752369
836967428887256613089405810190587256008125095152880421152301772765
285349770211880740700533319909973481918863616704778054708334487822
594059293107402663545833729223911092748142635001709857478780994258
698757566235493743237444655673965276483882082104550549852983853413
275395404744261255330521964708411293524340829486735872152675700779
248465997790926428591538689947326851639175133163936798301967914974
429844586902086410510848889070963507665707591037666735539450968931
839099052089565913011157612197765501978358789146919004586231875276
303708805993477974959085893835594544138323794871319367363700673837
473159360202455487932230794308231033666747527516698221934055262968
076143253368113158721572445679501020074279834415099927732232884531
897162284830244873042932232548731692239194172748932674062736905434
183715722744234359899809163719564491297100327925628039609471573514
604351887528361202655241238817639322618846223018667693939222496648
080856187327277099090214617710771251700332670253153754546110548892
597821029716351462111867568396696127089426188971919866665389636114
445657279313838715728612244182257270900215897684060730671400915612
809717336392297893958525131768077028103965254349052178236963982886
316623125277029956494404945435915279494307977703592488639402533983
184604199047059821693322393293957554075758479802267157667495494301
479873706904915002757582992304485511270670193490451375139213115821
733644089067053816967019369936134368147043866805442857040664830736
909518082358216874259701778083054204578280348795973870860654536133

015793945527197472482095499437536794277222152448008833744408287038
481512326541239794392981110334573227559870419303384689710273858224
072971167908298071803295297678739368555426862888699145411327118817
733429244083429981845368097803884052423798340136493257916805688654
826093101226982023689885397746274470454802433203057337563177975018
595006789053920534002993448361795460149560637888005341227927455367
202293679550550223403124304134458399460618069302100201897203066365
344167033225852056979462786298438728744075587589984024769401494955
488523381668148615032285320070977866588528388370359030092011706763
751721468293589690062694586441255735981579493506919918154710799036
854142948126303916680172968624747850899063563835539258803611250311
991532605537810556663676838557244617216933053487814876377639236622
465057760314246724512704204944552444646332893795873868558749447751
538511134557401863594427188025659967761022232415882591345267424871
179883642642845421959503270617968299280208577381390552984068945656
089573668084153657519752471671552229332621329263131399028106995530
658919527957320022740963799162774386391944460944826462799018504251
610943893982930912307208674361265258727431030521161761305522094923
795511066856344220146506747029686345885572677125505496052273962799
764630918895458389848538327835744300956148204708147167278929819184
128113010179051486836549747352955247450604185374678359644352305212
723278486993766200243743657850506789377824296351474790625382134049
073502971328847643084628175418479288369317641609869083028734765999
629709628679704907790463369437379839033753006846289185019957852247
317840478740485788669246016663048026376736863947717251432473568781
312132442129652102110448100010410728931536897602154823628452504075
023618071412245220398768099840198878569947710233047142970204088118
251606199195182533422367412458105690392008372405012262892678778472
919838594114356064777448417016289511960447939761868800266021999498
388117764887919767282979880115558677213525441428815928810759008866
620076104977602589586797663865429934492441274406095066941910532857
834270730891241912741166616525671222091700585441562353846492121886
575151994897277037448644587217962689484611355914006918475815015113
927473899417086477063802568778162921902543958050279885885920573845
668005177399838176678032029322785659375007313265996214447139332185
213578146772093620878914347765790000691133424936229487869522722074
213555341863139983622740624975799258525398495400309209094216770829
617926403764990884723946705249622552303374494883799525417768243759
125077356166168679199127888543592361827308842056896890909353836830
210731931386759919815583396980311188976978179097473417578983890756
144857678364760578269820814594785708575542858119984210571388997098
404470350710488108181004335029472824128386762602896989748935853770
457003603858716323643198015434746231160647328695299111766617225582
563238799346572007959085890454466705246253800879486003894767535970
837507781060854863195635225745966386614640189642872017425042283157
411081905638169928580379023353574337594033279474733324336020292638
012402433193105399081903578200054458189504769254095397224864382480
452029535305161557439954173092414143451164424267419295202973573145
590620402095677357896072890230778573318563006204714392491036474650
771684138524071133869285722537622528419068391992890132381157874576
923857270696179378627185742124233702621655914774695900788792484602
304935635224037229093932173201925970867524744113290478471706530839
415896634620348926324188841229587999898627876244261596152269928053
702132822226307136840554565764599616821875895003378118494205734167
865838481919547422275496362497389103802374589664181218703860946391
906215138834196314395359298887842216111505344562340986996692326176
618920953717954776345082969399641408390685691337135643079448829262

292329881523751599716857070696619709925132181673510109450393634025
420003665408616172724734450844621278062511786322097219428798626321
659729242058170212836483062305670129613229885084858300666676879009
976053538644654872747179357640541632381563189181024134759502638049
705900037564967838098076052614762053197750497050809172870887575043
577036200209897183186220523527848133152452693000580786172940220158
689105029053627837620760745709713602245256074858919393999114839255
233261873929691056831125115720833330567611604635254270066843029565
098390827300978127241345882204535692943670457109138498643822695362
699263820321342428137937582213100664443111676776642067430047767757
955551142391951183431602814475439525096747455612395486908316624421
124052458822174337436879086082502003625404501420818674416718575378
876755206839708238647125277900556012723844370483218498714039567457
050938579264152242957377606319418793419811198334104734005952681234
667652979769017320949449310273189899784013354933848205733622791789
950832993984219102995445742023516912843142730339628140555298205271
965825224949151395506561585534339686304127318518097585069623653235
295120902897528810850177502563716538353565806544335909229299525010
845569616763690334268324885500636252602625029252945771024180796747
009821120093089366741283114294368101279310551594701515717434050913
996607343405012502040411259382460144276721212104098674535989033166
185533432697987525771263296673198058100770402929832437481959156964
042541017012826235759105128133817270167595687984134187885032508889
964121217663656646169326645940453577459947605231907867811184237961
520534188675674642854075812937717838357570664268300472059031677557
920870826644675964796594974128385157327641923680575645657277427090
089951840892309339569478981061596644976166178703984258617500120743
135629056852914794175869770077697047185296193808826303575698172659
206749904674559604584575381790345183716415638215449345025059830985
229564798644712533483962671087031556064036637355921343498082632212
460702256558211643179066672287522952257493296570697488554088796231
164355458549223951109856999367126308256585036409762944415020697121
298992235181103366238830855040157932920085670466084574450917143203
310628064371756808966191550704739679781986213620521331403381408731
573309737557568447882459679028546671726994357485992678522010408215
645962101112325504970913845651476297519089134079191358021383508101
532437185464468434849518161071944563335451316587347094904120774648
192055799049732082305146772553204256919589788886492375147109366822
800771630092423452846319943598720851403818048957836057248200272607
795419515813433596680947718725204273784563086431172230544738314821
133901567787265867632499565244846859634483227755926264320116088063
040093892275056249410353785543163966508404852980981035302862353617
085039799639241435812009523827837231739942677748065003380810323441
936578633348489333758647645687705101885491871819263558165400905003
704902419963139636583864121570999861938578735988032210502321454183
480749266996735424438811180291683915738023875153181522820492268488
802706956262076619786855550137987218042866155368118644083443162970
059564000130432086703140289425591678406771198876721703213251268617
589345439176872421212369136513996906726138462792264773603825200349
006040505162481815978564924733146751407443883474642666612413721132
484371606549483495072234928045419837979740146693010835084802320701
512962045243097997493208919543667957174367836116123519985021884461
775945767664524154299472953178471896593332080124237400183124718250
945389086367516074224517342586335335101918877913292502258791515128
464222671610483240336122004571640616745582599195171175623969574891
551199170112124904848143734932772787636318351297518009541169021488
659644977466747666128588262278270325301488258762919983256708161996

2922322213630553721037121785949518448731070227067970904204032978922
230945585491888014933619911814237284584527369819104000859018298539
026188428319662581421313041033164440609768340442275644377797225466
8077230490908016433942046432114233817284496623019024142838737012746
946566392401286559950568682041042315877416341861476097323730040510
7089022611758621110708480683648144343051615646472793004592898633327
0925906349566938688956907810258867450268390980064156286632221045577
173602428610198967270170568077500884478544454612360397646573342574
6437066820621974284755556034447908465189409114371079733731464571113
941070888559879893072163691099624409307686105269566790478136614753
873759985658116208257584012109626580296261337338247949217982911675
0676826911194956000774721796524986486288900788759246994890773660466
036762359096349448286303957427073920673719246663036175779819296383
321258321104419512849789310793739452972143570105781995220052266365
789602354687324356801352280013667801977391306946426152643885718129
980920146639685565905152187019697907275623271307947036716686119730
095792994900903149950086751509244785038683387934796607321516849433
292175770095116535350746328056741834064910247245411316182518742601
248494572735347466243994859473125959496682055501349468330265216959
637501361618267371744166764666309794113737729349436352636202113964
099460792885982555831487253235428230225270307486353990026178702945
840634524673474060094947060386182898106933860307911535534339424719
506054465400376842441329373388168766121488914962081673246768244520
603683802509545752552368369185441003884491669245633811623158549706
665370524001027692271863448390900535656701934967365985810125507564
707750498687576801957908660110776502208830479763869448832909507597
724400816375403729789307959354179489932958886737513229069066884621
667997083661692052352490156561088775419907246712435043677052507173
657398606409353719677066156552752063165681243119623185062855852990
980090419934769217766663903410324952162510041670062259061153871698
358522728739762725005859106672949533260090569819108937347433371292
389173881524078617450522339518987116006848178752665577057835837953
071679465297950642171317208641188333507258322085839593999239296467
582473088317389914393478110241919013332177149350673277894525520470
006096135004130772474614273856592439894100557283976638684902480184
665029017016329587733558297019398973210001842411184616078991024366
683810050399895794238345255982462353822658404916566197762672569354
516041285455634014994266793527775533743074559589699466124679209693
547716739516061262402139321761832366590161581262995419347926923632
062241869466457851692712132825531603898898918846918559463818066523
325106528957416121395690521066564224124003368456466260564907814068
119420830742739636416607810339130480895993557621801783920250628014
680466507451257601742082891389586663046831377958550645884789259454
635252192629657944083355202892527693148963387479225614456590642011
431150455231506104430257658547005054845999494792080180869058838771
701147333639815763713234755643740146365248157411444681623818590940
974841749643062861302427355704580146102701186109130345640712612946
675593539081860586905022989621817792321173959568813187706418883277
054626971557197008546361426693592286973216348301451843581899086632
721373440343897359724393986152209235362271238347223761788293872099
773214796598899464710314723331431714176428778520476827789256300852
297658614012145984489888191386409383517408784188176091320974731659
970734746884476990555932158029780255303173587604254947739694440078
126945721246602308469922796737515456533201386807980055372427792422
139747754570348330910934395032290991545654008294083936858065527295
599152619479569036792297548919230672963203567640883894286266898671
591924354612108819992814756200365279589643084038731200314920667894

418854465083910373049081179406750152024111830469742422786492884359
4501960599170481144281893315438111808810573260423805435172471389 72
4766169699242489694608627442603610658944200306976260255122363382 63
923341681972682599853922585452420327228681509902426328303441770509
609074465265018065404785196056948545899335114154619020963051669962
378914560520729432601423704593272750223942921022359877616980157169
336330011904027197860291503182443891282920477818483434567038741459
540360372754428061858584404762512353882757442328634342127832715555
717104105942513819613662279446328727041993026550154983687857378351
911854467342213619076065405784272542708901551571023208769007560739
734635526069600267427216474939334225670387867472996542026215208615
619685726967931862596803569951514484539046645626471715637544018215
552621867430143539746336258466041919861675885057138173085611545870
654763503507479131030105629806609721327873638277018155238000617373
980911776096536631195266708561698312078916659622840700531707343503
344700810572951591591612806907881824004862314834428082515140548593
143541146776461624115714532488543924046088376412989280091774975633
406166870196755565754339371535817213295312734182594821757828484816
454094053443338874052934439748091410626895037265203612394195124969
316387806997537822388806451650771748670925296714078296927902975711
231390520401383760206435397813022268482776559391038662953053285185
716510132833556638677625218166777549287842956992677627055802753988
402422797642438588192162175407097598054797724878165965524964123504
856904233121002792061778163127431958355224331288331814511588868297
805603531066310500174462382288171903574570382560578089195204104393
024083406306085280620149834121884276238711136522869869273695978729
306399702613417573556116580917108041483216314001380199537460249500
354322098208345249771071010439786053100433627587465451141425984662
499522347158050707755596293583213719492317391871706252936965670386
702562577206777655423739565285103867918770229403934999023294137699
944514995426987938482164726328292526071055201524410964827262553419
948304393243935584510613987663127568004353303859239182721385040618
579822788344848589638036890571304667334694224939131088838567116800
327569926332013157697627054135566962568886359327287484565139164015
912633873884158947034141637088787636440156040630153939655263849690
103566821385775209383227518025545761207583846364828965173083144741
675617704187649224442428940485190971994840234158788053931524958606
241041974750214151612433505535433753989785149759926496471944721644
419473059621289912999187213708688195080900832194311374497595953268
603434456424224113548602792442026428859260280575117189437843786349
653061715642610724722608215432586928200736305090831038867296022733
926275922510967260225604866086047231411150834636397824323646233780
678957911888720982246007425576147461644220333109429313322525745905
505991531813586587364045050790200984976922300291793985989967285319
504182817651833396818433477283861432663955651698699283423844435873
995486160106345333736097465267031665386804969296261837165206373459
825862504363375980264751135529771094896053347599448968570501089726
633225619694566490264988190867384310652739081975037306320407242801
162455380574058142931327264029312489784887293694340531609657626497
985149811134539138951804021540458014613657259157467580469458825846
510386890697187093091433018968069652376122038654287895200248131142
043816237591539926680830922865538959004111696269719324340087152972
268706705798480976772582290957277973777655014844736100159241236645
486709053963173614006883233243325853445103734707009682469073837389
050476106028761772887293088298103937922295264948536896216558046791
244529593368570306722774742854911509128358491128548575954854235068
256924276842586710392327801386009539415595849014752104963545810902

1490579803904677967766966582286926717366832436848719255619241336l6
0762626526046844789235514526546804006820029114759299281180912406O2
544360619142028271687408365596900430207281036612012689537590430564
626215715302723775840244474636152202461572349712542350660588850417
559032688747075395633380102687320789371308120202854774099177789459
000431961679700733798749384176474029713056084757627003779877589427
509515502349143173407350643657309264431599190283719888603137492642
633642819771762460681199799968778667718263705945147184692954739409
342570957343512000476247557888633971012132961067451999340902614567
436264261314023887830579109058910973106814879885552893761506487131
062971156587807667377496610838569625484320224561326841915489249364
352088046796777418816363441490627351580602303134352401586946330052
327459049749551104950162817948008756480096770708931571875254697700
361974325902144577374489294220297132835213507142305568780755953715
689337634815534852159494261209065790765201580811476571730669213049
788978950094155358857589886259107032572992283549668156337594456096
351719547272486359884367576596272120250205789155663530760853831835
355181848922879850145498615276315064480130287198638761621902481906
112185838036100525668027813415655530891540973223321774078922189063
610744671325397850739130681642603306730428108189646784819124306694
763979780653564386369352749538012511957142065318757247147777328284
831097640223205666543246727152682476892410904922431016355082318941
643486712914592442432390530742404217147043712694692158539720699516
855539466355557879439668238967043898687847290714437974509464845180
576070911971487317133096827342869319888868684936792552187485555691
132174992966413291886101686175580061636822543992614699859883544995
328928589852585693312395544444565318707502823639997310410641432211
303868078705262587048771767002381124533873678549315988080356287645
685138403986825024388038834325188885231410266058223385333623887099
894978210048282148220711104992223904209650977973690527252578396319
922492854573075967661398555468715115197839193828858884277308037234
116227769164480628435845258469186957314451207459776970876620641168
519924505781036673988742593490561323950750815079010068025459942932
869708333152204360597811828033781539542061936173910077985952170222
783976373554582594126998879635444551833709973409742667655111672463
064169643946501253358506809424444141289679019268401955530935442321
142777991219993715387180192442108922360659922012423864327252778212
832421941475682782111927679657902004665731666652959280999849083771
380005583578414021564023281345115281543593509365157002447099131269
274800655688077841668029537711065050579011674764467464000751907887
934553498491760221411695670116518703559718958531012298108179092764
197799348678303857989019325465728035185097127121301566775749073395
120741601365582926769438451755417574447680714011756135748240666239
259878205073044183387030127368964101056768452990277406145988182840
279972715205686352882107904642243270493370950988826941329155970297
333737466590316830901314469636318231087884625189708054510076830430
312004281177352535934146733889592496871837085437849823940700895085
986944126217332857769141244346610580294669630264850439023003081776
502073750272859557196110954762380869935881409986473547189532849856
078108860031958754023850187647969481803000920188219418166989205540
663737878635524737440673282740751603215788788419861819775109640737
870088972978091489045529758318901021649896527282857276963989698048
249072214523233453581677050667150966404745353703911048390183486066
171831340356470734450152127320876249779288492838566137869106753375
215918982452431156305049780642687976641816711028906664110138038325
390311869096813656480332649767211622865144140378818223131648704500
160187376812631045664906010415193406229572753405199352191520897507

381850935374131930507026055014501636073508402589923210311959326533
540758635261081006266004799997707382584965038956228854810465800447
015366407403191203138930749826559358439459740046137509465421636061
837694333161786893017918758276504810448472912338595464389153694798
840293790309667477930258353307408088711185231466171283684295322382
165795067317093298536696603069426561323124047621203375567155615317
133347077115109606055227121876954066974866679769696742073837499636
935047284564038289223815083284117714933620958122213092986101003058
635805658402143123753087086026470553325389961835166946356410438277
633748990137234810792572658904709794645013665178987061682066290764
335896884515851429522942865936270044300049888671334547954928255539
165459122177256623206459700148261447641651811249551728409526606368
286656731687448379758231465980707731899980682259076884988179255883
2676001496976836258969026252542399635553796614679779914712144850083
977633387286109237501730238145774261700987034639352120046600040254
127584047513879076735281767383325199698758678147046108621266744892
010682490492043113560458105816996034982490431489304346317611804387
205396892634867122163031781747522996116892067522781139312156730164
619133652908427132400426561362762332076860602398166732886922876667
979848091793786435430479584539020854815766004737225475940580000968
823243080117876450130867461463577929302290648185638984203845701905
100827749542528278969720731946683314264186912638302815931301724533
779949773345965107298066499110273529973590314925993993178780787747
146590721527023504030845756074744621261329737892428561013606936966
521462155336856537145604371794215208480055610955342819929764819536
042132964706803963977576580799891796180506428190839292253251986774
972125314630139524672228630825218970848936124516292959464400037193
650114094143700697407184318878268127815675239964044066736868279563
917677114810833088637390978620010612181287932422140029683888940762
982863995331367601590936521845313346133768276054361200403692546848
453510455455054343031192086508264180452865448977849274928576452324
129787566540367954407776886990740597475018827296492798067177272121
774581648623262195033053598598688317954160390056185834710845685185
210564813190592458207504197217349544216951004402030645901262835463
956078162165172756655396860519956915756846569917767004588129313847
048037534625275002638514245107422901325528204994621652286347352003
067207285700649558989599909071077110520332204363948043148770115039
987446831806750047923648530440926711176445973197202894749065214443
648128269442428962662153461761473333484571111906981575600037381738
634828714200722251845128409938877531464494123370826267646443957292
347854248475329485992768608168318076637907389675646324338476704335
419246678164662585396830301786244409745252313259862520412046998161
194153813663097175641572011896801461738118806521423072588493764805
116615093603100271990467260956073582463135227925854155116544209681
017680415656945816831911438654058063448523370389971240231633507200
909578295854812607543971039276630913239482815869893290933552501877
955108443813319773157021946045314855869038761032466976133675202219
647968594871138030575373435824775136209993792935240339903185117606
912528276553525921130776047101353551720152455457448212659502970017
273711196138689840266514480231172746437082073206214709672055316338
112953259099824385304911700109688336238796364527127749422434722164
907329123412133224550358424565193437652825332935566285036245616949
131641308636894326058114382558764115440287776412461499572110474762
507065289446478229548051697692449436772534746127618136064648841854
391533493157672417978926800481650854214008173148948527340190454761
739797944179870910900523054599929547072995296754043204495134087336
537671483965180248293376318997406684247631379946986739229290583084

181820589819449429321177953820531858855351492444786165782661355287
847075420934425323299485937803773594674268100804023785191760253998
538319522278145951564822698622322471939784334701071159236888944184
008825031926470925564626132491955490676308710029165191461671563748
581170086436379375757162088489682880088848022860780530660603726555
842765110526649160214504313339274326272767105513959845798114749902
963368274143091359891560165144355358628819385875575167260146721240
473326958869192803241303268224252280679877318295201315459338882825
440734582134326699387693928921081766780887445365966571657807788614
273058811053134791147030082328966546962286141123833218552249247958
057621308676677299684261131650734837567742906036724289921471889341
145827296086070141436678792460183879850283106647187241154676169185
264113320962028630978948898855337770998564729631066965693273667666
700503887441944218955683950074721817181806638639601259449866657247
546730540170675296003062694253903784736249583773298698495801307154
939176793609080619475647776999697629265367032565911763139893783755
564253868746412300021201861016820899183903112954777544974654925428
974251180552171438058931073183062172415544772544620002332425110254
245824177336539231601633692449465371585086382777303000918494206721
754930409337055994531442020594687495285935322270322085451357791082
713208645468386819048757996107343149306297851570406436900482702703
669576712358301551941010801482965808320450572580198141874604630866
877528792694819660726325968583636454561111895221153923502915772378
651386961690191245582226493103664911735923626339561938890555560124
675828775878323498658229203373810440208574623154419200874437796989
362176977389521431709173165908711746071319179270859359040365716952
773635667586702600571508387376859977222429876994699168211048543870
656677161475843525089165381356043088973407797594630292632994777906
928959190931772637506200244902559385151848395031417840252549499334
814952902411323885646244936325651674478297304105996884388275834908
734819190646738237894904464721807777433344524714218229848317232449
548591401059047309949578390658067575992724520628201410604011166767
574390944215949594881818773098588778843958445778183823436256431827
897104919562286679363234366142089238961145425450590306847768714204
362552372727773448265126562579694874727332491287241561125890310779
250241224035943512298823642008315580477587987740850276526411848860
230719977544685341364781369797061677420093246053524207741006086953
202828736191589995392232012069653063884107167904800674365087272457
287854030986680359774075461330821812981750553641949678552290994613
470648377742475919244484504338271544733560772219208857791684438478
817052091809002271732660437036835468975388733970150600978901742598
659628020748442614543946849659379198672242860820642823831758708342
555222226773700183364965539383442963318235526852389904872171910811
075401231125436262929486722845984159621646652298403507395480780869
887075613758113154674485243366172986697831316196628990970564016399
609964898212189639681682347032603941836381045794977082774836641299
246338551399224124718989929541166828695606138110132911339882880625
793508606435773866351470199952791052213732922323844551671558341162
296591378006787688111019871375956274444967652116755086539376947435
044442326909592745795086478066254658089743468130663071968223281686
133221943131513563035163544422910765080826423191242864796517391613
596682951317904325064343109073254925091193475104098655637899892688
402744237343106054236817065167634853454629036399847189578474885181
886466990899289799329814112688088703823020092159938962304095079698
282453485834402579341392407491134492253680052699557646110097254596
837588576146034785232721943491862750347816455037539784017413658215
095677605639819392083505565611838455605856085392551743855245451836

153173146211683751575723623737944461467494032436684086729472106741
534353029078066920208965674737192885657742964381973077817789342701
997487146823833995378991276147496264610869142686088380339366013614
455904183237129827110549616123113929032069596506052017745286931039
019314638174294407672842725557757696719586295458877845802781931069
120446308501408159893347236166549668042356721085239384888550286863
929373416712318138661307405859238304545465348609222150878073181114
692151631675911194806415998048770931136725212452813708397668410931
169456611453429497100856106921233418416552144874499785942813245911
136178695675308861295552516434506240130081105111960382435573237312
505611267857804262039833905724944225056484394357452563942136805238
431873292744652425227879073218859357478026338428528022186650453750
954725837180026717886968699134197142872551864112938831053833648748
566571809376997249728034581245947825555699307057513887557477520690
025741202511280050282076739322794994557733161508733369086153440771
896854308705565175834322389478221050046586185466707584739393799628
871476764664035707370619652569956270078197283225037199671371624051
952327536698635291884572705256267980131316497743202993291273629686
962292244910270085217378715286620263863460700944683445922176594531
775012062013995115579293953705219425165186692152840378905104971788
915458227413272353947534345175918752854930321230407032040312592457
278993407938080558021785709554478771050282769831428252971915185677
487210927635045819192730137439257310908847002019547381402110715251
770643037767133223927134820646419592654553994410513513495988137914
661589843533006260992254360311745723315898576194521201932492007114
832948544910852065780390707450105467717950380377581746904406125017
153313742408736067898834437823300442860570853402294798097957402967
093734092200077368403554224115850659918432723180386723123268255552
054496213503280132083711949290937924381627869918012680731189452552
182628288323977182254847530786028208317308633330469079605795250954
630794457264942252368622201246743171970238484159768469751166796480
732362353821676179536487311676669199913997627566826697260502626702
665420473165463168943484197362250773691871761904446690949759500800
850907383709429265123313270349543555561514999953297741485160817881
763746226456634277013788478510335420375985711439806252578026639682
030457025346123943059142636630827159384066814391548452880845008498
348046005296951684195326263444996666693083777680276406577396666769
488472249444822365101766401070143494649567084399868574737136407070
508220529700205687519274667214873319739966923632688148011513698066
442190247519486495287104342072332017374606141568391973144772238900
139584230085413789995685427724346969109448987953045286627048125931
034970031816816450076918090889217622251933336579188036218286120788
412667732465359044681792948606649108043735506778358085708016248299
759094317031339959319421610875509695106739491740753368324467432358
132802109625947750439703188211743505783168648290661464966035858457
961435818571637973885674225531982526228144045501058194793677231347
324576311715878714893033204049650484366082542369815086659540129523
881391536307227976334745748012389909340969498642898774545515164267
176361375168750500253896338052833001391667443141209682136664303441
195219210712580541857721140690641867588737766365432971132393972411
721001231359444900342480902310179358505860667909253313595913704048
231869618910201824499429809909443405842056903385132660298574447816
865090682302986493174735271831133974864383151794065551735809964287
386893101242071028754461586642689217152311226017508314252150283841
796303680316615022256560139385667158379200231577970206027924160250
354358182578896180301788741753505607570512683057271113723407327047
306863821309362383695728536019434875074949176143457330037868653437

9131475542827272032047663827713572541836771410172963691767772787 01
7908194090466334129933002072061383880496991802362593099776380532 43
9276180233895946300038676752972823167353246392546028523030477430 13
5339818153778749864027609414679015235229522505903501643074597017 86
6910990444606963424227338561851471528712328052058468710594380475 42
0097130238662115767364406698775835403061692807829220076949566850 50
3886666583306350222998152933154004873816350645154484291550492582 00
2079060637156509110779031674100939070872706906397563311237064695 15
8641905654919839711051391922471046656086662389751188239770116835 79
2135461246633591173550973509000176667153524278756820380333709416 68
7478902025202072479751787730437370824691066094909550829505180731 74
0556009312879155699924064995217649091035921341986440942653460040 24
3632852062521091989597105186572474682940130686813690461581024110 97
7041459094111038221007257431627633993438741253242499530454042035 65
3229273596316873775122550483421663218333330247029077703338560710 78
4337933765229661666849341462860711208145254292430327887230479834 08
1905991085954937397059751028975215101041730148918426521246989711 85
0075382663766868970221250273635130663609364442340398593565445276 40
8582698221803716344663259055408884255706670046130892458101858751 94
0368707217145803573580142875177737684305476621505294424458227069 38
4404285984207659454122394540388042423301043810983472457944553596 77
5683426401542137934874637989176721208234145469169226667254577601 79
4257160854135451126174935059468560547636229413150275989599050439 12
1058227434802608273305175147602915571747087705038822398751762270 67
3338576434896615216318957300989523320116321735028201167511299273 75
0713267260052876301880209759346412772159672917349664862378316174 33
6698041206647192144982268940549308611218565120221443551567890925 72
6823648380887101752810667955325488424312772881023409104484877439 25
2995391213581614290980255723943439667559560758994049157336853813 92
8485821194616790874618789468917988728073168351633378519054233445 18
8248669267361534024208813908888010334840461688636893596622788277 68
5261338363667423089498630846433930887771794323463406298118033768 99
7513646695327446763957091745737213162896124476822746734373239804 54
5436842248017638163567461392617499658893301926273138137487507561 37
8907016016819398381833062519689517451289941907527046727329692293 28
5953998363055988264640015393361046518243848418644340506990242670 18
1079181071096042458403761378768855816569136065284644177298806077 73
1030087940515750336113812222602487827057111355461084155181133658 66
7665845331703285468672719707272272151279637912285883776209927348 13
4970673946468927241281883134565204057923164885692160137208928613 73
4473426101059903100725366969935237359151118349747594798699204439 98
7520066426724008621638152517329007924359669989744997233030632552 32
0062156951309316215427296522530617447221630071305528637574020211 84
4720249079371840943854740066644716775821379218855935534031571755 24
3716666934979212292480321128715473978834652343744036540957345349 86
1414078153022245108020926079742114592462841159740480168620632867 37
5902381097938381683518546489725876502698669718892953988325081657 97
7696882466611792524696491737938204467460275559792750317244666262 70
6013753478392190765884307586727820494632774090443878033892979962 64
1975629622956104893898813697955118480416013976178366988708614996 42
7728341383786320489573528050455130070143900237690323087293304816 33
6664955859396528273676941099705894743530522075381223813250875719 26
2351201827463333227071093518595999584547289523563336638487047901 37
0738802947139098253869207712204802514484754304450282184833752878 85
4798863620014060050602375537333761814074411572462445381039698689 32
8724381424542096139320665187875639892242498131165994297591350919 92
5340484827275541776814752214116974062306806481580107104957032667 45

497738791148135681167538816526350534364934693206569004146212850269
894537025645765925764154499555042520076829228540268484882103775806
265827205160477509908298361374726702045718521870433082862659120462
177363804824428525776420542992026329507504341563859876529214353760
184502306420407941713888378720223968876174003766684062610064572590
260578228129194169317790552209843439166522291180839167093219020623
130461858549835932349801984520953353175806011129056228292275582681
598292853584697465383119630711983165763015211691333720013779129495
891792230134722522524747375690057485666606125770602168876851165817
837985205985931677338745477924770792734481528058995259439691391699
763841457629018698678794105175718775997267172816982252627355112865
756721698780919821318770289607484920772155737148564730854649786278
332833396383237804057669773383360326810054151427001253207146732439
104803472945354392082771221788726053293463651875810197641918891541
294956679574740451104977347494324850682894796674992655927325876474
304201572681119297846072891795594022102704640502497614934648711451
049962761455355266778827914264977654248233528731682570596333280734
889599189299545234395404546537430186491311437668833833944560753259
639741017566150842941588960381593958283241181056997187590596816175
991337799389772427441707200434066333837728122999571755383127863073
002280988348956168280893169568354555132457748373312397227556706628
268045250706519034521598768763386868854751024385679380926760863999
2391758160820357258286254850262224949923619485197436100921397397896
744162459305337401147975148564345437383241306837917035939458911889
934263636537575466043304100849625265251969325405337197969443239934
124283362374368524186101282606576065571933166592076413212861747819
680971669968138991639341891811488141184467468412223953629570182356
113176537274339890070512347954913822211813623376476951555653186639
409230701958382086914882595497104005357744446298715999161862009156
640335408074933078863886025434785799031175509509894712146232983292
633335923591994588787135067869767638662484357837865067938227689091
800638169656737188236991868693906843374080945236674715169815056195
822261789991320863890100357317082228393634342085829923234046756823
224047698218556024083496597223945638165520589027944627625167457044
645597111806784264639826308439570469216976670167021541839714524068
111078960964431070144229618338290493158138023879227749602441866415
538281921681029156513129080429939969619243209971962741960766271691
030127187230183358443478074358552337531034524433453286112113772479
009223044114150641370354434292793828988648275575774289529837494644
534965697890742365041930845257242842975308695403921095282908719896
781994180588072315128880047789337004410799671036094909316307297059
651451691296513041276233580317918143099566522761787264970367229629
143617050628189403312424686105545447734014738751599871573226310389
115729576279218028773258017759052443490647872418013837600299194173
901139808163417962098707654371325969122663668194330622493316095188
628395699412298592185956555715294550505631752722214781864633408922
045731001297304271098835403011856943034640051339619015052164577550
734848409906564254140758451847747645730734626238175143895250461726
298222361716854960596211075928326963344333526585633354487911138905
595867047387518704648569134710144755430881850703997229770376135923
235945682042234351993497965125790154717956729060239959906671794284
655022810675743285146465200604750787512592095185636026918510476917
137599504893256342542736708883874563232585492854306321916326110116
672932005806004504143929189702410682450279495924410966119985319875
453822065751849771802175050578517273449845536530631638270262075671
879463054965085954956909764339842164606878754586484432942473442958
228131279238525118033441125589231012596250416900122222399180886579

9805586689731942081163805298568487405866852437973108921846788037 66
518829513973507672764294882297333705635972018002639939886174189913
472151471563797158263916679805272408464651807745003448331517301689
545453335872497486695533557572238841631870055913845854786851474366
407994725858733723054059295672511487751518033922618974065328716559
233048978869883224673866225914772793314021580214148421243391147245
047391458534435621406267762271001597994753885401164432708699191482
963222269460610395651339465531044322477602538214206936752619052058
602918358304859858938230941383340625938337892627869182770862912756
223461817703479899758534733657597949524459830937345207939418490156
294606390205110962931376255564881170006729010521332943619634355756
520587486546219702277025780023490476796102154361304222034182930262
555146259450727456175671382546092641076911641733169692605638474070
379887587025043209324906089717532426448085141785399315026710188476
005814469362701803878018408891224944243385268841491571214622721286
140892179832945588904134852970213090930350682734602577785973249854
484280126069457912731072258840349417670990989006034288717084722663
826007065975781358159214345575894621662812805256705734476674194087
510486230588492153375937300183131449196202147506767513632789893147
262114809625860376339489441551417447096734789727817743424314626468
593826587071772835819681922697621112863380012254374415378539800223
763449372995003798524723333413764264882486961740504098874416620103
860870880883123776335389411837171156494805984111338128760876380750
385700515814295675423427486489066879702923894166721859374685415715
218788486251633328162222489469651897811447139338794797333857917862
797988135727963615718779018234042508215154438042417862992492860061
552704859975876044472306676908196724702308032435593267294086318346
365550459543741268729754181476263736980372098942896043337119209076
495732704493012975526632555918060505811499416150813967492076728073
174569194025209323205492217630701812593242147793442515444146060803
088182445137466256047459594681802664921837719096756115445775167839
412598157068093271893212129153127152820223033918234758061081815274
581588924990310225710769869701274049002568395810038271760303830051
015896832523857442375090139111228599758261939489860821612678270778
031654871213611638653790746991063882435784999937257980944921777598
683881718274874751286579149815621446413168223789739577989944248771
156313921830361251228642928792173431546032830828734533765369353812
735482827789449532160458517235728684361227760834836242778822001344
915973515531800833254931756590200719794301121311184923332782026549
786824292744843366418178978122495472452477552223251040278627924044
590436369537797163108991318809473308790695649948431857828116419396
248076998681965940258484179945554810526963906292619438254220584710
131647367066040613863602463501964606349706387891002380682836893012
019568924885010403479158019935869583457512952042015822288272054745
769735468869944344198471942722293648373365939170289499957375064202
773042247756482131674888819135805988111890692982777772482379179376
194709020782753032705705209850834999595894832850187585815020872181
299718742262087958892444675677687439454079446788922625698246189832
587096470539017775022330941585835130312101527156705775294537590786
530573646566160274278988661416326599355927936280546213396396633299
190686562176797370767984898639196514979893048368093484352880214899
203389048323978042993854444706309630904916727421586856015014113775
933028718271239017474288156985731841266037338850438363936504815659
617124919168710285526237242347442222687489888307412176505446484667
927145207121873895040846296977549077996591332754341817400497049395
851891894019774562290749131054882238123752490427858576563550106486
312255467887279067194521776923686829292269952424549522914028815928

019691704994662751042912755589473041324116515370226188184729367260
211849042019043492213916787549556861042747440304591494645468018080
304650866948213308070519215093166006336750441613810974407536921195
005734427684883186394535629114531346425285651883954826223023346387
100975139345935786936222516081950522978101513080732037666525120008
795313698743979017675629174017483694568386520885912208563327412747
050116962484753733722314967489656378236605102039447654103016470953
322679849868027898803864559930548966777365568861370895846432566650
302107479523448537717659387704984570917733475165016755900135377519
768061805710065696124000849010093858050054830018333110600601856827
041234879630897073144904479397338462366150921807305496641279404647
026883417573297056150354215097112977876611376285263458911124300029
136674363823942800074740957803742969953499097020635678839388678433
351365472611901545574425210355591201053437608657555166158912210343
624761634522849147927826266384698187530132384684383848198982259129
431965401303091035849565568860423399293764197277537781297576576751
104220674692508261116313483421752394714850836894885690798137328587
703543841545668065822436416423146393854203619392221295490083190338
867046636909549163980292760929237733181711626458622288016324936225
945968458131609004557524916441273515381192028818110517787834070400
927173050009153315669821783263623074102747808983518268963421169435
311823668571135018207288135525283986658128488717716339080358723260
088685972284225811125215795848611919616341434879662152796338429598
193158304078469304371877059895981005020680696666580058933713083840
668965788413586389063770886714034039973885169279690255858447248874
524162464927825345779433659865245448751535997255868902314490610468
750552843715538971359887915282925828255050120835419120587880510395
496202435877418284809042834012623317913548824250786075509868266022
155690538616721739707016552951826185149785155991687413480771803539
647696253126379133931446691551775242879398376583996804906330680176
854652833690811941784649343624382999817942041651225155281648662278
969241316967283175771906598106614920189094814966766193502463479471
325657146836099798366877167117645768363846679320507604568423013645
607467711282291454410457836229548419005716460338365284954362664397
313112157990900481873735514627240002040528376748055046017505262238
339122922205278208826476178433341282467090434281555799199936787059
242446539841415248337185030982365045703951871832547505889146921972
787747493476137431476334074432723672357889683072187178156069992366
992607880234726582584111858536785494634704089537920077406163245285
854832012427796206571255740619001540568666359355115191485907385418
336738943687771213576680356395554954319677643261844785458336548591
964475108085868241702442535252203584976471168162476839953624476793
908223428292953081300906689380635274420004363883387069849021712445
883967870819545956703139050196133302424742867545568883597989025769
892006589434200237275867258803211692625170144931468664680549000789
632227031773306101313017187029864949930259177391147857049708705092
800940844098301417159418161489959727551004889962361242184667921740
402557935757841830411854809829851398218698285647664429028480990292
829922586242989685205259864405231722786608191694277437470575771880
761080178170144412923472681276169061375346156304594764959765848582
440358799678373308638092246773164888660137582230112667714358818269
322052862836600684660417608669812085388966448423634127830430019766
438574724055586785414244526663556478233814748802005471190740096934
076623723196500713688019886856632248183354617539427810528634045487
684150148177861122004990204474591552400838546972384386526846236050
165034745895856420487076738103344998421391627255092008166428318460
105347025818298005342090247498511881750062670884412379523195042061

420729591780120441108210043139323316050122661604736720973055753935
978395931391217709166253148727803743200032297288350128452632046447
526458249676953834093331796811966577917278829965391034981801394378
419558229713114826523637606339828606342962398279776496446686968629
837267017460877965733397537813876632044627737591511611802806674852
175256924858603718711077225232573649510157221247061001841261126143
113020371508764915462560950255744788727300241807695775894301097619
588539241071395051108671826885921799146347036185965741416975160347
050238400013203497201690750143454481840785001959616555552021750376
614208353600308554226516283139000897553529304579792799051545541705
586820451135637146704411942761822983730791428614295864767934829032
395722437781831378383090974524463284891032578685455840364603505384
439735356539103424668901769280812754245712647903794048222416972827
054629989166657013996978232508098930619305304874846505714394551522
130923050261480079978803377249805525957401726449051295118891778545
751052809268213446972071235540578850789568719093781853355007751043
065888274679607849931894474395039999440818345801504830345039967155
327137758714638778072081624941500103065127483383647834568784236910
304330175565872230771194207625044108524387177687336893154848960604
981667626690323755496624275319348817481407832457316079552872676837
126118081584623942044542980533497736915195469050498168948792939639
968752324908065516345216962542132037649917330724161582043172409779
780270130087004141876079184028490145991177142665209285453570636243
160765058847376985987107871715794338130707580432717296927019986816
588918070391000277603084358151804591335015658811959424430718750790
126976529417234363240416807336041725105880539857167060382979606033
118535820247244763710051832406308449237674456287167496676490605645
124991855267272564935779149936017213357891928354146196788689475497
941118320386041934887604287998426882664136623387737479484053621544
989893738093944672955532085964288239560931926733241512640389426756
729012135781521056356502450634808667200331532150992186650264551465
520579140434331418931744145838420034720114527627475566386463637199
154891556164136320487255709853796453133178054994657384417413499154
230689959953012234156670160551788060454883096589803517762589040817
303354734957965719804431576804129356102302309380869894586449484552
998450548608120087719720164982137383165934861750474894264984687492
483015557556088823382468631822938489826958743128999273455955791027
777823999739474079071706240114696142722460394052244672743800904788
068009204257381456815446138608539893580229084144989604154179801310
601766049783453641531633197224496825336807416715398997449480537924
789476725847323987207948415076975129577918946249822894144335476631
853499993586673581654758791933439905537468403042134167767371913878
776319919673229649624979546496568363762555201482210355676498158036
856868528035439933206733394042646651584569953881912796585701315163
723035971515092329099272112888339073900630268586743036381664750134
279032424692734424028488879997900400655379849337708746593010508071
048941423036863903046826850163688100183578933799329677697771516244
432831505342567167908835992414207504466339326227247670420359784332
815578267651026243239188433779193494885924473013410522507517984038
779077812791771316017378485164931516371038572541771694565531677933
276154956643657568533225261023257517130919222912037868211070106815
689349821999351886051472789723308956152755259112847529248525450462
215444218657403751132591100938338672834069400299224989263821091937
119486618171512760816517655776727261418602198834922131227759032397
499396244564780586620774443935110169653881841453023655559151086374
832503926500145515591650607843333853192817359581558458366214501953
701708825489775034719546868729080417781621620256162930998363284038

```
52039721408474069179659568130165902173259020956745960371894007365 3
34945018308261531846736419803763932533028627104582160605086160587 1
70234204354930540565113644109298028876014831106800448603708914426 9
05040297834084766918108525421711562551888943475699838437276944994 1
42970851955902636559238592803026231026908497591971640232884773138 3
90435597953030195584721843237552582062741661982898438302106297178 2
91592156984331611105301885841177998750749021455972597144709022562 5
56020501578383614558817837926845383534671073453061139240582045115 6
72720961373911910694558510871201442348874368457225909303888082822 1
03383198816449037644062565076012454809987509782984409846381031041 1
82772268157213673247695694659041206448208233744695599416281098621 1
35087157356347440022880796026607745733364015250933691969813046383 5
08737604184364815320377505373065431584442857743297221558308881655 7
32520914477138534167181344389999872779349596084550869695324321313 4
37808885995142668040741651059307965325237184645999929929423983223 7
19753679983255286185235732648787100932679579241499649518068785257 9
18231476187239306295215986869373782372909214197680302484233793124 9
21209129417138921014678439723687393070816601391528651495786619299 2
91644391189032116261140890896600268533039458652508731533985026307
48483469061054470142490230548292996618508942890152594788133844602 6
00280096172899257149747770758949175672899211491082699741177748502 2
84585948096090462494598391577780811707180034713029063011620283082 0
51403848641415696284953687912357450537939508278881890728625449074 6
62217077838051200188095393863525102349089147627181337232252591066 0
53764211405235319261342014063506063001874328451459347305534597042 1
99475469757019291305413408933688594248300274806270466404435751611 6
74152764951552370221448769886268465958052666600888464554968180110 7
10099093642488899669820097575834605738537880344700342040896040994 7
92457431669381815386960626371550378628450570541884509646963289620 5
70562923488262513379254510364448530808725387309440073503479817064 6
06523475037898241104659747174811552398903123634887457263482462747 6
09575174381985281929189088974329265640759433165862841246724010 23
56556904811175697537370861624358396787518770098478405836919765030 5
09297091541818240640113129001042793205439044117392455617362192512
08309984566416248057647073860599542052576977410473301954148336153 3
42400734815088628925793641504240225340849370443416466205702613588
54133126167121573510199872242426927837992371635390750497743268548 7
43382489302620672736336077937760753677004629273825593100660250420 6
90253583319726147286317422065384724655206306180721512592821547592 5
78288547068000822111901531208659512256514708302495380106527480028 6
62871274622139964583245771310120782275987635208222893826902883194 9
40777725430201901491640101987829139901632479071918024364346251770 1
06961535221202887895463377520022327883156796711899385329335365939 4
99035229382962603790877179069499061191254223326810405497972485259 5
94910952562301478348982010450719567351161375256425035622931644625 4
99404995337639356069570000818997615661104639996968504159253857134 82
59881368953941339830512484272983332565800010305131535096807909965 2
57378254767089651119393642878968372757768459350781234177462923670 4
61593170399028858133789875454606434065938818639866522785672418543 0
63041620972946869200396101541955080359837743558887369413668972574 6
80947244176018969628157069142309591576700975947655849866705289246 4
22088897800000515438957533633277778004863873105854239608354846698
02524135641833412902139426640704481142138380958096216775994569104 0
59086698128651874865042633805387682156032183373074044304863580241 6
99451345482451772386520323193520036622910157380607445045025072911 41
70451650820530025283507603056718021767356102892358997584486687160 2
```

2의 제곱근의 첫 번째 백만 자리

1543775796514290099151441658535552932583816382863657600898384374476
797280409275250082202249690761195501733256267328438373885824664039
815594352128116890599814708807944419183077658559180408494313142557
089288529249098735431536073703948356219285528337900892796544663911
219365569647163275081259636982967545685102486284030874335539796624
821904174202527354428423177276487370781632836916350108266420207972
853340873489226708314258549914110166840319279286140445442863482258
224509436580477722265949923765329151538474955420436736331576270573
567872554145483107553877168491143431127250200429474690204875857059
668789339730787366711408291358028462701795245590661917055864732170
394146165534414802616198350224836424793414717253041289153404506474
416565082725331232510759368825619705159856220627094023879273693273
530841474936338646502818276487370035856135523593091322134316581241
404398030859580053524696707826521555370702201292692727243749025354
323788619419616549520487206231327014258129894926547170961455702829
955829886741957173674105761092202255397780559773442768684783906964
741087202827752992876421573828952129480043615058553309611649590619
368202640717196086067462055669329877169852302061833592941970280514
581314621534936503156147210184500626379460600239912184908249741755
506877427075780429580807094390040728732474475159818802337294122233
148465035861512152220817891130789956877444107166336586502448608390
381013298927074479229490228048968354005454091170385857352842668460
699888874103231204701461691577737594237941588168112439109572879679
919403126484982986216752425139083013264007645971021668361736296972
391016160119935497749557869792405296729033931542391684141501160806
726687800926676805214283706693493728437579236256751104330469824870
582653376431854435859157652754714308857902316007859802950230619709
033107024924108913324651645994557708921325730998420105037301538751
461136011009196276460337496137944692218680785500894811272456339897
817476359911175147905364260452586653452235981308799574585924492013
204125039624563289878073813730067133330015755786085835778085608286
189746896708443240654513253003844708381454326352809274253847386546
755776877092191944378553962567901315888585419760784899970899036352
050378989108603636995590192337635404667238414621756466502097366846
335239234679194162667240798368979312275722949933628915637699778865
018640202696095705147299319963368259115126636447044600666212663051
289878453732049699515141376727975243456405511136044445605708014391
185704705551738082865844736344141269868874958323479530603008032593
860694618519200106429193658218454415456936681056320483571573764634
539036426293266761753387252523903856467751805138622619177324726240
430645977603498706002358299230855770510900937417657434723492503394
076972193908639429635388795389007748923836871660754379424689975505
043708546748172015964808395204367564302050107437055683132390425989
129984999194782488190441967483941357124233783961099853543209021477
794940757159729652976394317201439466515126924917107171326952625229
591218857141012461798012010170033730265854332662620691809426744276
510874184400109206087727293789214761939035036513004424757012107761
532457533753793267466063733780905069540641798216647513051140440411
722244974675813656605020527128085423815600160900808397842671113319
856647746494420286983443413412020554030216702070678990560438147052
7089684832528842036857290992582349131466664038748375152809000315273
781304096558763891253048041439432220701409482076281490489269593875
869155340719287470993442557109007407635118465452245044195151159874
769396591888001109929801544507041710299465222387243055683513501184
977807570474848987035685687194982040052217472334947399349772746982
410934151859526747110431418096131581684681041473092906388465027584
609881069335866929757005223706138174156013412902959349500968895238

87219013839325069729419996602869246226293184205114176941822066254
96752590946298998783328980449830065822133537927140637936417131303
66948231125401181363568591446728257555800452577064048842595786077
81317362719134299013000540173446174721514924558081774834226191539
18163371865379335446215316379703670602825672566270135330091550635
44777201147921670668179917901704773436473703372753207006970120527
23630896592770542838523910665136892938992657670839425490735833560
73362103188573228572464433003432692611111099395287141342431891411
83083921183103705468918442084574617775072589786028922935749517367
16130844543570385729566186163808068306229746817171870218007459461
72952698476329463443203929731670446453701838832764321888947405613
08522012704284408373846889485419759821540930577915433538981087706
01070856010228667643576010007267497000733971131265592126331425883
83537770207649888609646461457039869295589796195725997055607876328
85383435560922911097511115438400599847577351548072539019060674930
59193207469321205147819057758508108714237975158845356088594733473
11309162280042796635906170090700849507770734797861569646515817373
20029841968492671389789155515198459536699148868956759808185163503
21147220840030120619969600627584795184169940211280042278935681020
33230531599631285929389855871216914299873564201472615764424918340
20383715799919951185789412699475198323778010542460576485099075679
24112638580133619001723654305602005628472010230925669356755876814
29218598230336899995283290725978652460714532617775223362345964447
14992816466297822747942313718750383874207400710071566893879982147
43027808430801051940177922767666532690658257845017769364656309597
10007579828567139952189006369077607716258059428370526276431012616
84811391213668049991415537488565844096160476380582393897504532808
38157471911986881721396125877507498183244718452673889354651623891
01260207035648239586012903229860382457746906264601132615902587229
20684243235099273918484604114973957129641100784126999109832985531
06805134537216614725758181052295588093097586040447064074615528850
76863477520377836512769761079897393283159385895071143078093806554
64587709547004039301354687037808038632123408568208725819798522883
91080822493899839396509221619260333025557350805606272878278804891
67395376110309521183799496437827568688758333370714672286159960591
50358021863591887284389548617814613077118091081249084996316227883
84657559425305204641213968922608837432927354103717526182802910153
61789496024810003701934187080228682050970900794298847144241821877
37688618430998109515906471628276397108557392323662995433695179566
22216177761459012202050210356475234476540919139081695415152484224
59926658640251022074278960732108757635935022559367639601462219724
94496858756807150704955915121630606271121121474890879797626228457
99656719275413217650272432829868736231757119993879273229861257005
83287331569789716627059093197324387946579854177505339460947219987
17800767160082063278469559524109602488632708075268347230454887950
72558611370148415428633324212744396857553501509154711350774234762
17810732216841649227826592009406175892590552380515849054180355654
74662642278329698663486608567173051311015790370037046091870528178
45535709484318481800005882036874603118409482456314576309759805221
00788220875037596529461108170447698714671287804652855008021050463
68163507796132415772742876793255463546043648321853026749379901467
36313908901189507467572100149714305981219935126731873152366245965
29107979704148067442104901017888878872612706176784357454212336452
83174102549968446738297700841886876310478783031809321080861829983
72848900657770657516539515374115679042860978406457578746596468108
42047777411426808583771618805574935173578545565300467222455036947
11489405716004443530238135727006618884255613302750225910751859456

300942341881984494918355532252495460977602605784983944871369128757
848698339369839417801670789195924733512728075459411509498711418142
663982778883682969457522116857581591209892227011218335256517293636
762105193214500494814044591261532745945100669795303142270854688739
184581770729009037819269796624770658590816491670804621251388870006
293134587080288077892463472851097104086923706145800315959093554156
727332647133570197305099368186330307341691947774404540924841207576
945854068897203424218065627317889710178233002288138303035334715210
570576834580946193354117764999817817164655212777017711674993606360
042462919551876557088862605556545933357822533600789247893652020679
381808396637414994290018644924705346089379264910588906217464756885
247761023913063099430923148860539138904982695483771613754386219379
403960927719163755920061277043795253518343934270072603737618338356
853864264612600561169885893436004058887276147816211110738966198852
262401133789427621944912445052091556521703211960490654367392041337
519507002626582155651458186910692501133249876716253380636303645961
095709131139825977099038077329841512653406001615213484828789252628
943535359053493821124628206332737887039486632226501793136478365149
006765112121432058629195422014564355430040704547434587012323422381
477377636087854909911914835739772310311228169027738631634873551639
929217659357511601855721663814078013096261388050390442265552227641
596848399529842001866522826306057594623273468384434340296273667178
949243321643931772528777341508133838585318218581725674510622985125
635843437212538067084671465169236796579040303652220880073859968143
872360385447052707870496466035763327859137368263001591113817869243
582422810149438793708181272819961511956310742022573428936818203032
722096836438091786086970936447486630185090074078808344756441203410
778667170729971836046448069385209283837219662579882250577641776077
878380374983401620860026089071575068908031524520878062118688840341
302300373096221373320729928866701661440575635910928876306263566935
036190300897565665684886019723914226448098470423063112191583813865
061679629686822771256242728530684940994645995404949316740876971089
059412491661690868662802698293226116044047814937083045488590353087
545353888060449086088379366083891104117668264671122788713748375924
563215769188007102527416875516480511079788226515694648334689887474
707107706768181254615072505358692982444212868302442908435395891702
809428775817017813011825500018758098589151171281180368133351093694
467309207759098615438200116279275149954624102703683051147085833369
809363764927756052347227670931847724753025337646016281299293890055
052390252626480025498454627012162635352957564321520222277824287246
118826943658945581269555540074754085573412712585840243353451621728
900998433119440983988208271143714443920975979785978767686894083325
941709733933574796419437929963815999816357330280502418586265250800
386763011502779094057876415048042125538693787210622641858777182145
547841326853651682964806614245200608398417730699778235078668517283
142511192432204535230568036081464653653136153967562967475996635369
857888080622297036576927634153363689356887219437010377395297096436
281737796558371039969586392304940879591836955533965907942252803126
130417998568405383340408863830417620408464895760852552405794733865
163300658287550742833953740327882436803542070727765089992737165102
002363266815591489734569122133169710204085033857960002490989543836
408775978057642219908785899965379408995055595543734428000926110307
006684692629646260986337442090544371852958820184726717512524863876
770745017105179238084607001342476664723921997553845198101639705148
541967588285629344158147628762701008537760499732953927911053948634
398594581304762183450505341646625824487475215604753883582342912489
230848076665179669301642010467755151035106410704290804191860720915

976836537981018567925037250865811494953946633559832585551568706652
446338343668219021916533067382402063051299074665479648873122013013
681764029033454386678509700700236936779102551514248168841870514727
857058742487712238661477424177480720668237284712412764800631891850
211216000679704301162283120169527922681326006865728793161219294819
232432561549394478409489393938552749384394272613151711919944370107
618056589458208371216637636414836998817974230215596239223813182567
006511223226039055603750463597353591342836819544293756331833737113
055646471946737268489127534324315723736038942158847956970129040876
701918711035094698784576308512487944868869510617741555636015969109
328552867422012341916435476478265303499556302331648273407365008182
760150705168366139167826237383393783312972234249127335619326635678
015025943403559050401772840582018369296458984314658356376170369564
441875992482108393335036450416180334084958301086956120223327244391
720170983951334225601719310339879187131038932931140342316598583473
445312109295688587816167856056366693960464327179891545142011992731
512812762680409057675488789883412240569829621239651593718582010721
004442568777054095725016722218777419923969974242454805250800700365
177229498649901544582762784220545423668125690900093092290468410462
840005508536782083941243805474983123556650316397266729210367202193
579445580437670200982779020190503567734440307704528228787942690232
087246308402956600883102462897650926621613169688668070145136924445
407275332600208866602557752371354015821090447095607211776067721572
251738699552644828165392496291793326462454556930701752105786883118
863976154375918184349016075015551819429121493931465093436959004543
411821593703581674893218420923553579616417097071026657745916347435
030593852129175795190948789688936569964636626115551422176470117609
142763623541356014446987308710885255940155770293330716806507176826
589061515390228050168719470602989996694289139651617004820858098670
241916334874648515636660560188050527405093771099563973083046782836
297518821688662677557735105494000885282726524642158660005740772284
066569482581335572560974369259119058341023295217578727980729923896
176827398048954906058852859612690949894260353030292658158078881210
382695833032747460547174805328631026414973095982439913157936907311
445147251233424946733814478966606984479610575375908431055320393057
729202018960652427085659070022674402210229841556336514667369221363
161995527318479517974393027291753697602259752322989667971992038254
163311549723188132390948682472193903907327923208922064902109208610
621532152964427585595627068003147453619453064667337618516688435140
054579595516390360908318534024172460264782785510653504672181568694
502085900136320394554210488977016903221755253527203439012025405895
373259805468235190722467912025548265000168949873604852720975967050
942939299438267549879044192202042818419654498129417222012416408407
108114080239202738710277654534415896204050945298103906314347148394
298993092566994451580883764470277249704281537541403733840876233560
031721798735665881200677024800524342584100572727816789918729011057
834895163277454345624608173512135045447559177232251166417870394921
004225707428479231963345522858074444475872283607850527137841300142
294036587843611314811680761105150102367765805645762827001787064872
226313140597231528510942673048784618457230651930451793553917793697
359623433870925449008961642842149146255376032884948724943769816530
469359466083274925042127109188608399801715154748403227072750115912
530976139895546696390166363555160537362970299815348192612842226610
182774683861357990677908850059019358855468448662500366004640278553
912949056366183740948509569093149366109815181653186745159876349361
119908775253093382708991443573161402203033942595616544717143323457
239865405966628819595720691204491916634030698106989377700043965327

488620420557843550618795370253877098255654775700944957640510307952
791557163931493399926802208813549025110769777399264405818027145845
783961661603337128495286472559121313165571856473763010746738795560
400892379474647112760904696470739028770063249138817518739416903425
383382034213674217691213904304776755624886660060102976620319670397
052305021987824734057527822757453932531064599877294858725339210901
925660641432942935444955212643470195394363870733014032502530397277
472546499461419980823986254595947528582179058859836715879056330807
328499125745187823167124839350762840382643270941437677931361736001
450719368026294652971394005463101346480149911526469652122754228935
443050276902585766457852642347414682457558997374870043780641270731
361148147950436769611848407918426531028930765857395165069720461744
350483812258916409833032689057266565563492848622455696404978823181
021272868515897521114200881008219370462527304163474655160802418240
992005928782224449646318420353494652115389338726656707796490197439
903340047162541428984700321280530112013434003632731926627171660529
424307383475945727607789094797110189355709756539878269266663437696
386761776779427143443509536252641040944857387842925565942763327674
191890543372553491142659784510838554285874625364275288138204985509
077791359256761895905807549627513438728306328894275944377855018970
013423703699010917655017068820810422433433351856378595129218470442
487790172946877813388584765853418494564230843975232254584541870585
059409234154992326050823892348791518283134375405903503545037976246
817092565717232807717998862109779549530132881937252322927169599018
618537590608507830498979182821289641775828334301731744187751366997
921337252284309242011562759552762918563538268045736171489805020672
709740189126541482756075045989103061622020012351577274355642240430
248401998611453063869488579671973350187550836684997514235742540866
098253849559901854622075749335203238170482626703403804670671374621
391708326712612767515562422975623189478414789446792675459709808808
729968356219103003398237439845514708586348625379582933142875480363
929533391414925907410654089485188506744170725598270667221226974828
520730683817266968658817008567564758133916895408574461368344127384
007270205907335692415155145540712038484903880303635497768174718503
545608541319731920783235258646483841318702588571269070978285712935
008070417408180941579495255508833845434638992040738538734858891105
024882800816941451383286522583829223131475853858393279582256800419
969562084186912291114250311771955667846934115901095078641799292572
351091518115559836053388777009031313271909599137236471581758035720
555228711561094158563878063265320605888387199826257917322223662895
171024037101772875686927534717342830891621136043261025209148811782
870360145311907460943380766849797124023747183637116819407958422224
628083337982026409548974113921572738171674136979584792037689323070
133524647465713195303863182456302910180873999567496200909493186369
162027016953739662436571536630394401902423601294981790089732382467
673918121028880941498049233156802859214186878360023527052429112248
629634442629455216027297407221474487645587106488094224621011301411
190325195396060498261348376385234086219075091480015231994970853151
694727038698501928627522029791444435624490879945192243578203875172
062187754438117412873851286718991992628659059124627519824380424289
957023242486811331701186188720776916196219551594271887668556688348
151439796060108881983822356980416952639925207581682447375244045811
533476007680308027561332184420172015933801046457449539078864611899
955059208644667312538211463439054619761576459558766054760750358596
507400214877481533842867836894622992322259311223987263072888448295
666660761383263441463728786089244854567206302227645213741807045828
841286867409874126561685924316199572602347579275045806144219060760

754325556199581406013623751864414114322281040338531568277294299871
037869484308000768631029952106540503295265312490951283916099496200
863749689581723981090104865776121683181696882151923238314111136169
247776053898873483426243576591204519525721911206259211592857521352
073191659105885887787022587663827501853008315591887037362328149521
028091985228495661341923285949419770060553999221568496883816739181
275298938488995903440000881516285725564673261947473350274286753811
776659846257771561239004488177582799818540121621224849999162699583
222144468544064213463912148677036404516490232030051453261166125078
164395029786660592660526237431697876001206217488789426400355837520
617768923611019768849918429771130267638794179153938777070116533300
175824097665897367549129598193701229010427442705341245697932518877
369971009565147780926552856100678614307892084145110610557411488608
604673484086421486268582967458796822162830222548443750191352795020
202610144149359612375667370637069826047831172964028414500633605700
716501103868487487319913674200368770459330850192267439512735603719
567151991224576695824890708668605622707826740748254328883990945763
145010063753779106598357640663567508018186139640675765123603403648
878301711355508403455128960701152086412498303651068886072733093144
289358491030502487684554001008583473938253412926012974833189941127
657531155945164027672578643188240601860856214546096077508355587933
853737257095058633294128662332240145649099081934067366997908030780
199015545066987229118432137634633506623171220285324684473870366411
827888936200348658575390340343182863394985842078288804064921427677
615330895433016588494728687050732472047555062954488371484935259438
106787788625227032943525360419984476708369644737172909728630479592
793677486868975694841457254489048870193668971191106258517487329557
793225523030005673960012073235490925297786037294223616566438250025
589995885277118180372672405835787633069882581981935428261046602845
446873600640244235033834431083522364902624462087513490332142339451
226556334959101219931126252036504805344481613244105555752654791746
310455055928505250787495987112371445236237997582900837445210668455
686478684785017949976974764750855044345958122951632384967506134315
102405218605133653161850754258595933912804963416755713212746626694
688095641728477538136949190137575851277254440415630074050215028311
430625007139020129896031269837134698881154587068501564245840243587
656877721027223967123808804882099014233017199336625644479600855529
532931719823666313381204885052668978587061845463690287373091004290
601057433983149825780074616689805470942184790230260916641540182338
632718340342150042117498852953580584229568226030651221674062264348
094739547411420721831831173447845766448031232016492561714090033762
647708642899235652258883763222100378550112616016634932765563111900
210721123609535665547068241659030675654834006288425294998305878187
593537654831324395888522727625074935402235412338975778883284244405
298932752224199865423440030266883278155675648135626374541534041156
474246005170942921822273144138149639404117665757737725010878620774
884296858495606345872806287431788497993385617314425795600625438251
598551453022935164176060699485935263708128786929046278545919306181
085393591021328010091651103911210812800157319608824844365665519648
522760073022388650637482824307538375087738496926527763398421164558
307774531396342381305333198192958289147338661269539449731672566724
153460346099970848410626839373598212530889552180354864231199496917
289715192928979444467023800716493481312442459987903393723134732458
668721069655805847993280433292630603993665555640037452949442123044
809557332288545827994107620461119915224282845500345710454539313101
768225274874105279271681339742950116661812766300102988856328424046
565808543181905015498553535151570531482080556621243285335752769129

1249663329658496690922725196860002751977895821887362023551584031l9
3888826455856523470284526677556236637750954479906781920011493859 34
9170159522681233449038887528236704296630835867686785000132149573 59
5136469365367555114035990407772861913124936222725604314527721679 91
9158872761312596425960497009290465355190143975155677551315616208 35
0720267839728545463692545632415902858725872715718510879991812076 66
5635383473741597707148636776029922729594047292575545679835496906 93
6142841057649820373386444525243917394310124491128179813052926217 26
8230970609646016928694453431004893328674167729086830679197445415 43
6147294796202140655182324312626411537648780770600574527433207096 52
6536230261196418272651375792724995613674128791182321785174623406 55
5580956841441222771222715573580733712850285556458913623453940225 52
9260073462509914853880658749015864743928791012433893273712525118 42
7026373321910358307231861499322648857605268256581418713845628528 02
2188620076962676478925307083793607585334052211092978378396606292 93
1192046139810647664955648166053552687133516826987466489598738914 79
0064346289221826808831626073884291951862499052298653988021283900 07
0110882556020771705921847955982461286629043449303538347468796534 46
2226805529616613564169971517395946974973869472223608115479619706 80
4090128577944715903839482253094672822732427749062279281192860618 92
6284631402992356579963824833035565442997895865209904786514956861 46
6814047145007335948031313658485495656306380865177939513201358251 72
2795771893241303624462095851642788419951680920010306326369299494 22
2453864865398727691237013052995630580539446805246955098912143243 19
8184862828340428102867133606074802306809803741524901543920000930 70
7036896756755238592938197913483494374956216362332648800419037836 90
5915471887405877339535524211203332904625538035656243285634537063 20
4304929323966637755719732972839332655857664937425923654756079891 97
6982254271699061830530651234371605914513116807571635550357527711 52
9160784923762332236922863786213377607083746740110512523380609950 92
4231166459199657582349133411473454485555839916670988209545436108 26
3242798043555068446193412387800752287032101164115018576233302147 40
0573159254029107601915832655055190474918997046821238176555950166 88
9123030275007880565075800490313468421759096064432249038368512875 07
0906805263289453782747091361038137306717040775263231693602917482 70
7228826477725159569991857102591569042173636460520317684455742840 12
6932942743851495152601370118194296546188512373619599279092646621 23
9612960998024369230429945769290525398781922535646892047486171413 89
5513330876561258375201313419237018929205521797245754163563429109 68
4882374385144965310713627635237095174114709050375115859137506437 02
0190584451437525104375371696833318241056721768169415403079743536 10
3604457327070796116001430052927942123350643445568376680004304662 02
6189402108510853502703712017928323298931720462917891832884592791 38
2935066270311103281203365357199178896502270140060284635867342633 48
4038138150494636077936567471656264076108041957819840810006143491 30
9220744592482237262320768905787764897702170118871922624134924725 45
1763530786341300835263748451550565256256298609311598337141139086 35
4984924997747118178063357988669850653745661280509301853744843801 56
4603532781571612001225448254058324764372763251063618008054732049 28
9641158176234851165972958945087514490520995630502893912679083957 71
7541231467018120076263603686040275900140582867511769362349760072 25
4885708820418299321766405058326458870862673799599409099472293648 71
1363869872896176047232335275288766863689911257258787809665328887 80
1512962362505275959972331205098857873302784376174741128507557314 60
7344373163429080260986655774941178202937028533932398249259514986 03
9290084586817840590015028298401484364525816364281246816100776085 19
4846377296986127802434099477462884333032198343588658393980208595 10

542638726439073693269928371482684703889155629572690361975374229159
718057195927499315557656417855737505079613118934633771016187774306
099821854243213824672968358207459044400713861196502170724220247317
680216276175569504433940639906956998302035442848769598372929821572
606386279646279113429925129704904649058166376858495677167725715454
316449191886787925707733389084993382002862170811545195972041619889
591921963169060382158091021286890230248103934686106773181389529965
890788642975598998491279230133870472216119701690281629676613726294
629132945483098004213790123118486280645295494928155719344344954918
733919171387484090848942584848729854942532266445244776123991470666
812787566786784371059526315774565252022727510164656252247922795523
959421371667485887276659450955632490008970742506202682701277176541
777812417595017790407588062944089651966374677448657745649613869283
329892881120184307874245432265735553265782121959459994745816028150
276062718940032147391783446073827759119202210968980796759623061229
037582763606021163372172341243676462223072325836019216675643329359
970330702055891840874114664851659034442324963656326813020355381996
904852410738834444505620361377054263847387212546062369828681927966
800722289252717063234963486201308545800490120353952789842460208332
306467915766319658793329342156784380520215572985391107023812742873
459692564177666291847426228315882261559982307446859666695338069391
504238781354219526222194651355348205719272397307283547154768226795
659300496111337343536409446183284959422172643965729761154468640912
182763903066366405768042627377672639103667577893716667791118309632
673734549217038474109842181929932870402294134277708024071582704529
795334331707700424513047242848925759941829279569589963227907964826
143743884670720631936507288012420944026765301779529814686505744499
320189253169661408201033347347457233172917770023499106040440096220
881460575052511656813910215345493006800374400903367877614928045919
103145734127975125257184175473672201228966592953624045339708271462
937487249399925801450625861099419208086296844694610325740923205322
982641302460880014729134560750695730773976280294155384827273974729
643191575726074948819348493419687313623148043162678373835702377931
754770686421985634510543468853036969036217558078996084075297755665
635311024077497985395693028284079509156094430142012579542276043212
301716663551392935158862828410385890199134433649829898294376442818
092696950790299368416228764022920159955626906220456651361376774086
201153400142439897964161262181684904076865976296663668273608461936
077011505752374798678937001009516203725342619046856538188188327136
477081429300700956173748670222977225028664663601738596876680780638
583138799490240060994973905385651063893589910794337084388640783365
544785881598618384947430899788882329659752450266335136295920436759
753392860084962174180466303212415308853312108594983844476244960414
742549812729544982232465409909385176746048518161634609308229383894
345859642843570714419759466420493838746199953394806756913314507997
508658785434998905065116403720678600031274330900347190068072841949
979454189150778847802451303099888884716467784918120449119127237579
730835621039493340962416701851610581760740477389589258559431991721
968476225638043261399729804517116231917734119300979381000588869993
473304112629151768549946607102323347520391207000131425974724178283
304314948838929230145849072225316985358919739869926403694984573898
039793142185178992517031732724115886696382017886935467814148188365
998613370087528772176033832251139280903629251330785428184475952720
510979329896737952934389554082968045845488026897972871681217612045
996020483299138381131286540646213997225401984880374858605268921990
687754092914860751166716478028895820992904621897109093981218115155
299274992663663365239772456047030754131175963701711424908947667074

161620422977528747931155293366726245764821268963744909814685912670
919482117005702370392096268373036654852721716089778942837077168847
609422616070754652280972051969954572273140353550107044723271670085
026414881048019082458223584632613796857593451404940490168133071998
147345239943053283609171187642675682892048750868041772177189873366
995867547710020990921918324637986284777826141089379748351778867901
080590928566295139470577011681821290154716933793366036733885058678
237258953860517031291842310904112909024593695403191571296651175036
156264528695973868924916372697308137894820256397430099804122867056
940439220637606961482765154743130098289730421281615087365912959120
921464348830059688587873903123670978213015005508226059042196229143
719287766416649954122903155081655758487344153444488378990699163654
897451019191217387603195316129895817712234314334583125948045605603
514079392290994760942251991489358681580683979791926345427062335167
634014004891642466451046280246637051076422827550237003346567685544
651987521283404110816887614638469024834336015935101706588397626449
472495578696082091505906805170703481657560720182298010470472607970
798399901019585091774048420445318499359588129211124607352356963736
450846546048948204039206290524349281854532226912744881282845915846
550261288127621078266367690947215710267063325504595423312900886352
212205389268504614329403556954385407688198864394603305730277652954
845107078030110708368721294213793457802493662007291190387625132612
972611211763908653470223650264059314107908391497634768297633470438
031636129505676990703120462203158777976990157274445179215555806770
170819344572974110713001269968453099899936239055966850309028857148
924854272596565559937403683634077802868738547380325805188802269619
693730528068664939067614868143378816872671390519012630928932156025
927754018872831123571647644892758210693236006691164064632795590159
198533846295436087093849154404378795336810585838339784141236614257
580674548879063131800596699075335490410099151567812985289215472197
322809383120522806211837770993246044807089119503640353551263955301
796910252578814540342149969482805349448083438738949944695062812645
636230050818636518055970306566581877859271350551736323767166855215
961359354427388246383279619430219254557952305024446505232361523971
155852751646542839848432485908854153032234853236315690892585095824
899292405751167219768545874709352037285844526805313626315936467034
400769185644315146777287391446768577856091137633363549480215814963
423887434288586048253678516071213710979311704703135600116366835801
956998818592663407829082429671000965026234376745073395384730736129
826642209227361363959736782520136072787881243893087831625428952933
797478748859785277438627022443880903475964729849120071432007235594
713488243833134604291291470290042805881289881276907586307621963939
786780438098398128536906944611860164382410895442265880394510710033
938220851666607167008311457554179572904525304394735335918169853739
783878505936086434164138572359542327898043763673190091468065290051
219652370775704820032612653685194355933144804520813305861023248490
592219123801197492488107347767030932370564671270453950071088482784
207659868193932082380201442431392894079586100636527121576123528062
666466348351034387477772051055558778151172914882554055475073212417
087065653565522448990770520813986773829722517519911233466535337318
276699144544445710064027657955209578727178158717318045026044968342
527184505359050508654503394554144788463483303255506465382820079233
982714415409328224504253583019038919978801271189273650400537082110
818616263173615582047185467827253397797516472473898080265822843192
084907176291496395740953413983576987870015285058218051958854730902
841121820726126164297477059834871369734393430071214746288762262176
850994594802097017140704745834434028749225721477816376415317835320

389402488331020711194599633409777958367410398218808610058843232289
838189197866649106869800787862384430083608482062269570793551958236
724320961214505239142763164261085938200915299459307164359811509744
471399610746727963006254946006435690761355048080395552252346783932
299234036896773294937781306487790982224320958372209877062533962694
612585787218219183027484623301161892836849192787802470304506840133
470131692923654597261273609629125903509199317183362125521597444895
929012539038729311142783505440495348885481350496182633480614510241
409882632467025746233657958488261166210852788614684855614235967594
459844314643446023143948486342022317127554289753878443235327081432
398567042852982795767230319747780148442895846935223907431983887194
656310190393429573566316924244937977151743939275568857332386904714
405538086918271588808591616051919986062574341101198989490525667143
892905505692146371145126959221108498459953465836743478430705907311
672571665359511888392634254724318347884827035739438294766160949289
529563023749577563590454037677619891874086766162887566873868109632
513218071819935454412044689631688964186378796481740820620199255831
873302314991035192530086999689309981528890965603168696185716943887
220826974646085728531135598174151752781031092330346762940184546387
026461913746580079299680507495764958132058340412485203177241844774
816802375697068929557134499602214818158217088931919664042836408913
155276361583691155296902814613831790766465878385109276442547547757
519858688445541650813928941357860834039816911022339576608888740266
573146218234401068704886921492941128865313448700896352736694896862
195127660559272142286606430638508332227432854799954728207724699782
477661541452434411841076745474507920100248709574284724627209073102
026800195766428300292894912507151121024962421653400943291943923231
118338465947839008144016093262962430714275045249507827537105771747
095136888110026552115580809691419025123849886651710280443849394358
923120210001802829913890081885045604464324007084834111220445335710
298550940225441130757503870855116921936715421340345105158485638301
086768768902753850988213495323229943997092277284204923121935807173
318054508657932958689830311685358277864039334629926487621487905021
321358550265353951243382881314213917972048733544372623722931207641
064036112524798287093597955723584364596776199446110133027101759389
908794920962517046845145724623727497223920636085458126815932496638
525913846335426794440484699404481673685085997350647574086916713131
740094431543173396378737083889255692917939245801602438593630101094
347019647538406603130596476269469610390969582932719326897629157678
935269144353971950444651800568773183294081792620736085847881334106
436614584374512467989766162506969073758698591799608553715668432840
812904741347070159944098119247419686336244588028696923008740456350
940459976835006176373348234862290999909345604389767917342718752950
882972700946813209522454292910692330475680998745193706966996399214
654909605190101803581525925629511788816557600408579722911412437441
637373886449302552539040003853822607626466931145500775214249393362
036976132246090046234947356540690164298044196657333106015318935089
841656371748152982806764509218479920572882353171494589597660274930
674298034056935181993001889867129075173932864956241186176402659572
864665135279178449317966278349752517634939904161363074237098229142
320244476341796202360115469735498965778581277744702532542553085702
821937612021212307951975619248074217221643242373932213915662228236
845367785339739469530432539522816591502104211183980829572978922838
642442274083462291353555852521045701137692240977847731079911988836
344386219522330962583077380209935053959683383888184971572475262019
481484924480526387544182041021511847529192604735330515134903487256
535300428558903307590135185020101822529975005126001233514568797015

788477949473620974571901924368056556852153470683443159096493184425
003391809796157290816859591392014783603141419669124986587679409827
777777030700456171857300221152948844594245524322382862559231209997
198493546238704083314580263102044171533517455171454659811995808683
530608968989527740917440644097214771131508313828692664516064331163
932643855140824366032310956377698926978401349593545709765617661210
315383170158735588184590594916414336834772855132580575835656600952
174994103990229706585948997787379747012289442322986179397114009731
020051500303913140630498737416470758352556642772320509456935102083
915206596171619219360011939097598627690459978014255390216752076616
804863673057176892324437026878760430859948210365651855121467021585
127210864370907050322827352612332471959092086199432761734606324128
775248490094253758578214202298028727675860551016155050304762608980
266929963196534318775508099134756579737724539733584945486481045535
730948036130863698406002425019162832461949177168349079862725530631
663410627246893592329224117822437900762757195328717383974887105654
057730756453223922809225948662150844286554768916385172706054239174
301665012783484037401465530583693623028305408069560221998150997796
974299715659476919446815342074324322449396549317134879764888847786
784382000134962609722005046888691892338382688449141383516757276917
454612316230687792414527789261484625179739707831486341372469289094
397016829618084078211992713453710341166640988855489797459248097808
351038667919452414298482154789485233251227546347511365428910946596
403550246392744986195665151857529408843712453718572906524019771435
471549836804664237560383133813633152539616570750329651013369854422
068538742571714161889625998915090398928791139608992328094972273500
749971961419389107790892175387066918273876838685365680043881242242
602348421803223779190989628683218548564668691491654379894259070780
483434297862472107141375979357536528959083590858175885423411435468
989151712635778338849710009412138506872997415809904301932196233974
292314060239272575752869072127358436060817412384320794519019926989
119953223680107179838325178624818354549653750803390465417427035859
577577252081661359889132497165959078437678018365061617319548979479
840341725582362385948735037505916503724402002438350833460653588396
358137797520899627601089088041031716345254858523640160602617892837
311597293245786625779536204820587313469674958221776222059524744499
175471221108951115835314281871629356933846375115983142619689398547
915408958147124706550050574301809928283691129251310167004659762043
593272391457693730775961734813562379417027626662686073589413296814
024455446179462922996789655435153728097509006127516829968232310651
106300227129059289474750790477945066141080920555277990806136130105
593864796656036176352179806933719623438732859876574671057977862616
392217949189537774357506223559945883850943979452937247107565125335
372515106532588347092683078480646138819815705882913523535085795646
450935428402358162926467626923718024343633770387392541507536702695
467475990138397401942283678931074014273950943528310784736434263143
172196506144483420438710791195956007397691902427156684191619646530
277131904696539690182293162820569664695368154505944816473040814281
106455942645593515346978168932141342398186323290817425207526009834
696751606893497233553887889147803250925404940836376339199314920376
998808724086612070992663146086097223128992691741691714900756739335
471180596083340172787439098911743779015992620849191031923723338782
276477029485450391191306037593024496406261489719704318605573546647
347751598540025931878099281550346165563877401080863635565090890033
051602625937536674337088496116307233154251113781028246395579630492
384760020631128113194593397273385941478118896521441726661229775519
808607766968793065324650914867361130609832632879315268369618175874

927492583080273802194745685481777418026216876188871652179538868194
414841632023947844614730580129670313994925167760546050198293698659
846473068811551468803975447563021519858428908783800353646061607536
715513189400597336620047685197691184391436479485519893210650198089
979246264512811708740144309063948287981536733530451796474333838528
971150918004813634985205992098226058919590968666592400971918371380
391219409861110708181185885670535629538205428277440318762850109174
269289071525463233296675731247533531403345090757607623011506504382
712925922692623535909687051335290882519442638064061898469289391172
775368474162510799941106228773454284191937451998930996392130450285
739447661757578032194614040009073270132472587503491605056559734161
824222703410441979326103734246765032838158290154124961433249584807
377239391247870788608525165699077639881149493667598626166403869237
864574351522044045827498617326193675448030883095673942685334495781
930820432754685624061952948205619537514594278863563614902660040971
484188765183583149451178289522009419842984364758836023680174115931
088788104386014070585640000261590455317537383281901394160393979187
422127347034159476992972299245554429585863170272133522122479633451
634336393036583239047977593278843619810856073587910538598109692064
649251487423931289561527114023114810331462392845606976812448306319
051361297989879663554929321855024793577409749183730086320587106332
023069474978867874450265868812325549133920837964301365729412949503
373622796980637144560134904868733855303624505750629687047914079650
914940917448135357043755293859594677943257824500026675250844265348
063198857849588311901836175736012073097265618050349313558837520340
423505909286467152463910620743821970497767184187026014816279592105
702815505896409719385348062302834148683768805743208857293769182424
129777611706265230858437662886809969016675371066431363311808744044
698227918239083530428595963705949031289212372621002056837075782194
840217423368991797090954625208144866675890280062339276659788701561
192629169931209277988564757955020825098543665464639513143960818947
944170578528362555271172116841082573184621444268375393788480984494
722662311706099831566714389069530346576767339245845267931856785763
129765579395594402223990707135026339025995068331708473477124216199
391304683859519618375073550077404897583705386025277707425107222504
386779109833061498959343368704153225195394790662711427263623337266
786845726514394430287287571609186260808340229852303535754915230615
671252173350183810199821316075255175101247837820745285936793193081
723495918307639744357411304622971722703641816243326321176541125927
843478772677827854910011567095292834353162084476513881312466901726
723129722302755393988813377605705063702774667293434784871205098488
729014430584088876559873483395919434214813550057910018463133444671
372040979205572188244303855529816479207935927517063048659936072823
834007206227152635964660905587795079594820328351206773913969732181
611155250578755934739086726971131079604673396149833964068675973817
806354163583557585465474943742051184881836574874549205963458378055
386241074459662060778233987918245984180171389805343264378929993873
893631279490665736266663272862783599204530920371025333163215918190
681470189817385942776808087910979011132618602358466719582007943047
444367791505419397842950933981445766331408369094686340811648980512
793552067865753370411486419297518118254341171887671649002352009134
906757741732420855141362829937986849851304512436996328538727677775
306652856373429916169007052186194710422918363710106703671378531034
460856046722835110982882900870229588583165132811449370516196760745
152601358504674519872809689922644560606257215754586982389097705197
972359972031546583340682355736239299184184406846623833307494866063
596317172674363506582961496347843814569195471002998453648742272618

1136431923487160463153028652173496508667276322325067274450057248877
4091615852223625878178768433242364171772556652419005916370966152055
7214102966985961050586880103541599971500675839812648317024496596898
7022530112011312865021864925323609744320730347296666657578205559777
6915072597955574114684807431951323469133335917799681713394949263688
9096194198732130847390271352675988680534674160723627843605557006877
1653333224631478433818969163650274793771574142373909406438820868866
1312857833974444101243244259989179257953946722483472719771158241622
9247857069935257000880583316522664525438920498801255553907460429400
9781140982333496916860070400989314027471155898326898630919890032211
0381899779687846993331267017325798751751677276386604003318346177699
7163679987432819816365577080476824048940296189083018025911310903722
7694546451713376052798331800177144005446757897272687300550334704944
1904778455754821489617435803475486724822374744250432975668378903266
1375228234566345116197596215484948312084475243689605665013032070433
7077566012140112418288678363591553409365740927687848695413481426077
0143273867307231054681654782917840784850414862925243783341492145044
4488197803299179507436013457110879030851480094202470830439337727188
7872372362429620530172313645907421224530907816915005381467766081766
3870255022059325506918359711198611350863735662618427778115966824555
7559560683917221260143246796184411685415524548471662494096154943555
4017566197953722767277428748460361434612349514413851391829192171400
9309389632608694550038717662493923127760980378751416824369538021699
0093716937950946688304708399680789448738138784327283494545472297290
7385747748358767709470678696740339327452764684544919694948431148677
9862217468312179496298556700505883856488627376579263737075935150011
2085100069099866159434851086803807083159032905452942841764676926188
3855374859367952314157532145942389203393478625464089059310146809411
1360021532228881827964036698929250843228709793868588210212337230355
3974798331473481274338402391930571417956083959322997780204680103600
1994335174632096123546866601008802887384485886487146987883884392633
2740380605173754576950695590036487069060570365564372422328664961522
8950195772210710932414837180945750843535330819983811384224097111433
4676677611549925311204504664277448329125632431900573336800842835700
5813133771051852896274284957628320281534764626235011432588931935000
9408942257098819356551772529597839734367494291733687059953749537300
9488523765481972410028051469659060261984919348809774564259193741944
5648461279453864719563782365050746666110812013689091428027234678300
9347201381165761147886974995574887325214798200183290186697946943166
9093813725508119002142775047549412142324476367791931159497598158877
5431688790975264746813669910594253110768704144033545390890041010533
3720780126128647073099495407019816828318035068512359728296503420655
9383154785557314960974970946105400339944583042835163173535510790111
2340659784697286417008516072882865484944927460657835185523677641011
1756294688494506513501935614729896821459924879152413075966284439144
9749227314270109984196929277527102536031219104168285981008313346055
8727776415763556358725676257788328343906544985282894682870436845711
3965090789042342716966888084612824395671771753211401938489749845088
3518637324750575002945253587150954410057834289674080830830144895744
4141817968682488396278100990333210919026597143322056590949505354655
5173816682427958922486373391297335691002114608824756112120333657033
8340128218148034455980919659899428843973342753103069102819682861866
1579548812680783758141300343797409142460676909840660991135948656855
0171958951526801292504250146336675093215396768731777603501065824488
6279896408698407156661759764712487991146291337977172720344160943388
9452116526869180753752361945660408617986403165359524823564567776599
0045647112314156387527696501524598834765907350599257598589042398944

261201018920216501652506210586420735073083158139154012805860926997
384804395269732913644238373875825297526949314236303648174393009069
876974742610007612217238415684247967882223507177352369299625252383
890789999393715692795985315296418839850575155420618423143322908057
804479273070005033067137772065574183673070228552166995022693811278
630291438799211576476146189515375011902677573214746689284070177860
972125125970670793271658034267020458366372554677578267049127511105
045287682526902075493645268088041695120232224331843171558130562876 1
533480398829038326134568945079878513149343588514053409333615844925
049850333534489679372131222344351610320838724546690564627105812460
088626307251186571317261335429476053822817695038050199693364618076
003085408210187881293033716859509164427545337578042644913584679177
274595580678488287110523007951450792032122003482953110395645937511
145507247951992323915556988719406271790885619575288556806356317023
904460177753522336176717765606569375619361936259570068492248438289
144287997784280102515971795248281793420502299436973398883127868943
808836949897203996318068961300457849994747160589353382859836907588
754315812747946117347176037222864894713017043939851361097012482183
521386661878213237661644066325418672975483626552509819405277358203
074690541843476812126464070024059146538325643599928980181837801556
911150639925614899522018524983531639039060743883264204279427190585
061500346943196716063936271271613698936606884718153250426609651646
705897658429438340413344899817035095852450703762508689785303360151
772974523008771199809382021820028322481968765231796275031501112089
358880755608636066865227256202515520460354981886416656396653998349
755025004435173780781089119710070018545060791121408004350299097653
373706437077233795789645795444918986866109307292337337799563710281
538403132399291692887548885836458551336281031303759744659976324614
438827177912237640879961843480016824636828892436885904977916003401
587937039628812413700900334751838317822349319725537679591814632566
930373231175521186522026168016458653314791903200556152331203765847
176226830695494599350991218583529927170186624661955426505557916922
089922093741606334596628286502770613338378526594052644118301016525
597812528890624605752508252224715375493965389238843297234988872188 1
683584470610037747975652375799001973639320605326864402174329372093
205888407656512464794691822223128373499916217152840416846384365662
531907221591646315908598563264565382198053536010190347229590777108
179639200169204444323376356781166798441323030035666964180340085052
758303971521530949806519948077634371858234670357137521901262395972
023536669250607997141286662328581311030018266969869823640562019796
523782919021707059653703117475390326813007868450086743645498867023
173108112646275502198812817309523621821154606070128730665019545551
503665665922931739264301949428481138309247705559473971238142127446
076069623321727059415071388689192095990189037063417550499476759312
753373760981185699717891323721485265849902535671806319315337384020
831894401073587282313964474908687227444252148435179672785678857347
820700547500621577872437469506769023324196807886974622285060114326
180278742744742582138269439408660243641134710135115709794102376735
635256723462415866084705052961957932501520854569123192328525401220
298972794911673474135273794521445148432851036709613496425668719787
861709389007902144602546612785421699525417135547859582512673269012
474627768987503498132426021418733141116918758571764455277869220894
681448582099386264106518702029329053318636760874017558780426825282
696901148975915684536323706416574998600184962044628236036842135049
680577494480361348771309583721967331489812688341702069538021919198
510008659891170915738184183861518171299838777200946775617525852074
096279582719335218940504064488112945616195339327821288172005426875

9489533145783557492004857625375068309785433489537497532576895405471932627091772036408894467127907974095830091284204357704884054408356621724589944963129359240436035913355496397363633163728610022556758904216951605526630510794942256918548202245722572079795172277326419550722579692721685905218628473828359226531148668862791533156835121813707088369302072597783113253188649473703551055046677480309052393540648658710566048891226600799480399149580308117440898199398340385383421509802115461693035855668625589248049454439523959372931391111627735673531947995637195437443144200247401245957686481687087717975414122803394275362407605979384904735708535794722063596018023282925210448696282218816240261892567084925052745929925220438218825895021344328172883612192709566056059484404067033388610338586878753031042042040568813889938479578131287680983263671105567741565420236664409766808154652044264516131713542492241493088397327498026439566212533379400552989836219604615828359306964832181150008190967352768990569948319719417698422132293738233937211548342529190865550974116065193280979563056053478388950682528114360997646682823393874841471939608899080383490762602594307447976737071051702488208144548532122456444681673416532262342619055983149920006092631526920678309549023428988838821526131068197401371957873879734470295029043544086904068675991743762662223946046443498655673649141541157440664028641699644733261799539660452142879179739077054286215250548189129033267769530091038453245205324654194004136473254811460661581881867990681705414030195492007132239772209550276731147174267311105344811387495700163677220871509057043833004310158164600248543330650069985693298328323954592053026102109782950889039463098645696631259191874253388746597252686493076183409810940024308757029623926399208813839199459140878344856734121765356007301111666681302543588829594223967244361576764802740763750657142900193412719368341177108074199308838731885759725805352608217936733206705359049015937804876474348648387186601152061511919452266182513202278229883188306164953410122149089701672493745603676666116811366356736112759995475436456578864714770635215943803385501118277427811933695009349415187867971154265494580438059500464302098551260553271598091760541104013177007377906733178746544333206033317633276441653016999388157768794279976658482097636321868406143700318516036743893683951815183806870601292380504103970937013353275407048164410210803232334120297294537283903703913120265145332771719631143203487950180294781391541671122546826020663848273235888914692377380285182026358946917429806068826417706487362048827304947722276087456194106492356912944970559887731305487387163928907281858892624323165028584098864301500121947127764941363103367301489878572179052835685307451716683762526987431280334072871201423228886512700758316580058267965999952281418562167606140863359418484062838153882077027722223830592678252397728962906072904764945075485922505119261757307770058298985299959184730112300780119372658949549431376486670784062295984815281620856386485679713104611381488123166184161795976237206018038071461314291055007442170556726291215549193140575807302741316998943623605952245074230397116217164945033827871823917213832806613160244165641357236975859155316736782711368636926673938874657176848442870765543744025862307044122889424843382134420252316883168199071799981048074149036011847093320907379892685141437390962505158850336180348057369625361223820307584006255968953151283087926222099331578021490241828322278905410515030826477623677216198167062597738307728127864152709112741041382893441746192215343148834356007502960183506993045377700718166001491716561761930320571310180758755112216844896947841778979290722696782472259954683978166420778862933606629926754833763526348235705661662233069049931047764600407747957903695453270777793

862485827216826675228357244202854292517696899124839257446289215971
932182438004732407150910722559913507323548924221791494984272651357
437138920132223219443638836978784258118448653181013535998674372089
887703992234288860553683159878274566334260006052785284967897252639
297495200599625245679986690983574636110806722217622811807691920625
264869013641532888344975644253412796776830577354644384417106088410
844141037912472026065451227914576587848567012746683525904795253781
432452168658310913366139102555828627723984610952150923974300726851
635724455773831109277851064017385959197571566975693682380039304349
564336982618604119997982574422479721320629923825869389320511631138
359027223978185629308094563981241807236611575357176577175091525862
864244992398890845159196092623326804154020284991403352937994886612
990584837989974532198280774853964998370900118975783632922156991006
513522516477779268457359327682761052771081261930506541554620424278
852614346119590024753219589241287094843962436677304078282904295097
980336698019966186249102271524901476483474090913930557855179337105
088419991350557649168818312162668498949619048400503943318012298816
877820200144492999901403482280100765091766105003655188517464385880
523002918408011229443178528227624140836036357336513617078847921141
562124355513691112687490209219294994612274047828983932385087752829
253451471516565376335556476399262297744756561928502537832594734218
251730746058849542532733503487603562357419716489287193991241787510
176014605930258256911426829351039928962011749465103455266937094608
260072195362967924730417335114901782640523492069169348865607727271
732145811795659040292770602319237353954825786592886462884348528526
825348873750609726958934934587044101062886316903618945443068427698
726515167281220381812336001874046399131421710754135543229384107296
996321808787177519730938666327606185430818902559606867930963592044
069328545359665472539171193315438809386409188838136400160224151781
605859159085820353938780338296200821409586815670317113139862875148
502193691187061827127541017332355576578305690711675241814208584748
223981851798605404189046121887526287596942450786843515958542051141
540215503297236405369685138247495827220057941325205518884347905170
867245027725908507760268804959261347074275385978300375774215333246
616369314681250709376179652700587770099295260687666281716409120716
092933308815387639430752889779354800620945458072225107915676603443
515845247560437020839663725483717936273281068286082891709423414454
092281109495574619878908754989737358077357516057444196893972602913
518664221789448079327389182916245285007379103218027245713784277297
999090681306053228414600990077698226147928514784499681576790509290
4902518037546080633012624107982680367900215366565252223735824939682
620085077653186321481355706014649087755855014322834897028558376699
777964793929060275706569001926399262952341824046541465511886407912
064464213323797086603172449508444278682597845354473145307516458271
978532834258158419342980531029824883827999285890439100298781170665
388332786779813654750270413559999333024626190811049391862448843199
686765783572010058971263510100913510237620998883642650316390699576
275732242485388549002420214588325300653468044377933360183287074921
613299388840086118619554643342831608069694396712491330981926923874
937790334723097980005361858485283025147638669491520745557574389531
363440303647607958986279085482158324727622116651922838975262245518
591629723238088745693836794956666141808565378105073192301674955830
148770041132113704132471595464645480160266861083603581867540763278
950475084065251046763834685859613818131531429482738425449872106044
865120290887252575181149931348256434052359445475912770308801120747
983405998437193631550871177984491425339393624254435464982285213146
567939514448104326675196927832027690231689056518300202192161156273

030531804426964785229011999527340176092228257643138389550778773702
870704498678896263755237737174670821412188225645736023411513131968
566942459755111310380363968820702702005921532600675195234857887708
906602029932259979608197745614957624692059906125326412993796430544
113860254758704615397092791436324623173261366943786549364958074251
621902258871299639672132035160551711941414171711064213126946277427
189116564054712791949105938834137615430401381317034612174435422639
145777476270722659507521056744671113615239318171327740334775078496
040747405860433074111345414598026409308209688771155105695226772798
089447194067858558993273673253140705777657353017823327817347084150
963752492507429402560064947772534233411562455841355327977725770217
319468412015247866616142286554696136834614700631654442715667369748
279191042098822752414034341001416283414912402388840688354363401328
085201402655663317415381903668740103900591632239459034513886802089
207529266009483871637793446557346687243976613473828575220925156371
720082071666955578952596050351873781829303539407734491751670162421
527094211767232473855061745750250311498056022381099948952356447198
129189357907571046576887311453125221191496589490052954590515675701
452079492342913394200651349951438045107234747730060119699306777906
776824107271811279098968384526750779422343272071153361342239499877
991683575095569687698750832896422721852654592027573433462291886686
939385567945458386653186914350779745883085181605566636178995439193
976530882986072640066432999660308038017228638903286199343515708552
759995425764567556681256278385199247209586267017257529064230787664
523457264442845181926793259936977469701695951838633477653134746947
177198115270460022842857820836803946190676287092391249052893558156
534956984742354377270838995000676293334086361809196781687150588325
472726256714577314649800453048617141717189210581191166709389640766
230100387703153353409122894237379805927310616645007976983069914278
225107776435167371990840842620659730173098646543453759316099568560
366050828171463559817567384530725240895169722747786951315754417344
454722319523842469417657225689889311037411986644891577622736979187
242055865207607989955858443011449299014205538710538737653256080332
968184546168661082811535831816796143045658318071729440669411586376
384846110004382178673118359066846845036385453102254236270946042934
406553755601429869378509382514199542500930627558483658264526731879
554581885165063002404022771824827471174699163927935410648616033465
991717072686386548515713942197487119163570728432245983288208430295
855762347917596524910775098568894147027692006548333496695848885977
090880307681176920005391408470713295101728146121870919515180651104
050378156414129085392169810867650685081213468617979519258789160321
266737026936867990729772817176528048859756030785031816754411800485
873461171377287081212333614156290315558711447403875899669580566531
966052836835225243417605277332934489709242833528086206175715818422
014806307368737556756570745706582673089961967483864487309105251714
390883895120133133349540028408932790917642074993061445626337379960
890861487468977446233380247271000213876001300164198791415031148345
460857627486519359969189675967682257379101622155788613231255233733
539143843164432343125056995799810688572996058333981035079053978914
876141153023140274880090713606348721978270728572397062463803497628
206843888161338477686617025781753525565289275154815104968334418539
482659075418330051922523845166115509468050771608516584944585498885
652867825971735478195724399898217504400096065664106924168772150111
798982838110992010825761878839763841332362174731603850064661081891
097653601475389658235243305700839361354004621407520683075998941863
503466920355087624862761543111503684306676429082800744409883945324
111861402772721307220166170405481233481404587334350405037400640048

82650787112791443605886719566576176608430634671853980058310774936 3
754126837379073816994764376518091779814851801570066421692286311301
328565337291343042641611603060357027319540538938892339844435680707
069795191913280761647147890317334041302702781450140747862994037749
300647503377440166688518715705453734526709698304292170529597434675
350244840004586064843212510671827261149912555077410283770665338637
717120211281923633582333634038766309968138210374951212629393650538
148276656110365928601709774654711167537735122035630075054294720825
546997293979795750019831806784557491270316937506139078241254533143
469815572851473507209251404023028448931252592843427738742020066023
604162470003403051318469575972370945828757593832689551107824255905
237124226140278137120057383347299452371362831228766686722822949437
157732084385228665231992849123248528214209907682374110310530431748
937827213276787865767245074580801303563365068736707359071942487583
967331579052340474823998077707411455513131860802577556692934790466
729554212989400725124376653553536991827636459604521109217030113777
192373257056495080197838520131307457041315612801140927391512137410
920021536731457220186439413270998821856217565956593454472985062924
279842233947432058380651422551458784227784575165314523776009283207
874579015939503417778540345247986215608717039042466876449299118987
280419207260330736865800889069795674057332863211874860253691362227
711170390376714966175621422787104763675019772948778697155170553205
021565649232122991575881926241452471728142492041825762382575539221
373125880887736522282642007290285558876661872895653363728796379003
490166278999455845572507232051084269986443707048857956232231282197
645270548569315364622050744086008220164929694727237869663189728853
753529549666452944123839963658670150965468718828024645996291251894
364539598873457490217436540820133920609704305758863484394659969361
375113669922086008507819190021878435776155930155395592882290714274
303686962084517716808692475064253990236003976602710763590656274897
608571123023392663398652398457719280821190751060945189042763079392
461828830799755183177478571334312823282611215450246737271201163721
417916891078903113369966706387684525300759756246752764883645190666
216276230738850097848833668585606757408611065600519414059985915946
811057127179636044550517414402545962458787897976354217883715210870
662976618528428140493331305620685542289307634592013608722600741527
234635029438916116516679812840147280071181734812916556039451105737
266043503924846951965118663270117728399871259803734868520387814457
360903989137798518967218557941470147578936076781244205555533757474
786704419171461334204425205753110107928952220798960062537113023115
682724342731289200738494541613338649273159817016898766960864642844
838496107904322917213332789140406144329435398068987045011338830446
625378659959556367392179771849991083110702771067190624724189771893
139570354097467314946612112539548178352377157073988829716910416634
415102208047022982435195319585403114028385567763114141596271158389
259474611576979407081235440052461052912538447752495471821598134678
282510431564947033719450623152791117464528774651167448893210699979
435682110149129258621397010208745323654641407142526545168531238473
379483867785537183848496938623195854267302067885769105745674943978
946578216915025074427650398620061365815200905790359182816148017456
998470783984396484937130492250552560253877733801856229036997713370
294354918103486670793110644434598113672156791243149007173271354227
374631793217300971755373635075287477847369361952808514424442531166
491578263917224863277460706941835317556506015944046716650787309712
851114516831425539658871799031365781193469304017768834145175238533
600125784407635367123495080171102680510462781859364235701439131209
488143580409049813846003499713666533991597525203039985161958980583

0700192560727840369693729873556529024364319340585148901918365225712
922601242295107624031283464403286263713634470007263192351521020747
520098458750934980401237494797294662122948993842044193016904841204
390646281364098983818727797541099387485557986284301459207059431329
445612545199073257324237580094766758101266122854048507226973202573
1849141493880004856742892

www.ingramcontent.com/pod-product-compliance
Lightning Source LLC
Chambersburg PA
CBHW061205220326
41597CB00015BA/1501
* 9 7 8 1 6 3 2 7 0 5 5 1 8 *